浙江省生态环境质量状况及变化趋势研究

（2016—2020年）

ZHEJIANG SHENG

SHENGTAI HUANJING ZHILIANG ZHUANGKUANG JI BIANHUA QUSHI YANJIU 2016—2020NIAN

浙江省生态环境监测中心／编

中国环境出版集团·北京

图书在版编目（CIP）数据

浙江省生态环境质量状况及变化趋势研究：2016—2020年 / 浙江省生态环境监测中心编．-- 北京：中国环境出版集团，2022.12
ISBN 978-7-5111-5251-0

Ⅰ．①浙… Ⅱ．①浙… Ⅲ．①生态环境－环境质量－研究－浙江－2016-2020 Ⅳ．① X821.255

中国版本图书馆 CIP 数据核字 (2022) 第 149925 号

出 版 人　武德凯
责任编辑　孙　莉
装帧设计　岳　帅

出版发行　中国环境出版集团
（100062 北京市东城区广渠门内大街16号）
网　　址：http://www.cesp.com.cn
电子邮箱：bjgl@cesp.com.cn
联系电话：010-67112765（编辑管理部）
发行热线：010-67125803 010-67113405（传真）
印　　刷　北京中科印刷有限公司
经　　销　各地新华书店
版　　次　2022年12月第1版
印　　次　2022年12月第1次印刷
开　　本　787×1092 1/16
印　　张　25.75
字　　数　470千字
定　　价　115.00元

编委会

主编部门： 浙江省生态环境监测中心

批准部门： 浙江省生态环境厅

主　　编： 俞　洁　连　纲

副 主 编： 林　广　徐冰烨　于海燕

编写人员：（排名不分先后）

俞　洁　连　纲　林　广　徐冰烨　于海燕
楼振纲　傅智慧　陈　露　沈俏会　胡　晔
俞丽丽　谢　晔　陈　微　边　境　张晚楚
何晓云　孙　忠　李华明　肖　宏　张　兰
戴　昕　王江飞　王晓元　徐圣辰　徐　达
唐　倩　俞　建　胡尊英　张自力　徐杭英
韩明春　顾　卿　洪正昉　孙晓慧　孙琴琴
周菁清　王　静　姜　想　应洪仓　杜　波
沈加思　李震宇　毛俊豪　周柯锦　周丹平
（浙江省生态环境监测中心）

王晓芬　蔡笑涯　孙亚敏　徐茗荟
（浙江省辐射环境监测站）

孙　毅　柴小平　魏　娜
（浙江省海洋生态环境监测中心）

审　　核： 陈　渊　蔡文祥　赵顺平　倪士英
高　祥　唐静亮　王益鸣

审　　定： 王以淼　周树勋

提供数据： 各驻市生态环境监测中心

浙江省自然资源厅

浙江省住房和城乡建设厅

浙江省水利厅

浙江省农业农村厅

浙江省统计局

浙江省林业局

浙江省气象局

前　言

“十三五”期间，浙江省以习近平生态文明思想为指导，积极践行“绿水青山就是金山银山”理念，全面贯彻党中央、国务院关于生态文明建设和生态环境保护的决策部署，以改善生态环境质量为核心，坚持“减污降碳”协同增效，积极应对气候变化，深入实施生态文明示范创建行动计划，全面打好污染防治攻坚战，统筹推进生态文明体制改革，大力推进环境风险防范、生态保护修复、治理能力建设，全省生态环境质量持续改善，公众生态环境满意度持续提升，生态环境保护取得显著成效。

根据国家有关生态环境质量报告的编制要求，结合浙江省生态环境管理工作的实际需要，本书力求全面、准确、客观地反映“十三五”期间全省生态环境质量及变化趋势，深入分析存在的问题及原因，提出有针对性的对策建议，以期更好地为生态环境管理决策提供科学依据。本书采用浙江省生态环境监测中心提供的生态环境监测数据，内容涵盖地表水、地下水、海洋、环境空气、酸雨、噪声、土壤、辐射、生态、农村环境等要素。

由于编写时间仓促和编写水平所限，不足之处恳请读者批评指正。对提供数据、建议和帮助的领导、专家和有关单位（部门）在此一并致谢！

编写组

2021 年 6 月

目 录

第一章

自然与社会经济概况

ZHEJIANG SHENG
SHENGTAI HUANJING ZHILIANG ZHUANGKUANG
JI BIANHUA QUSHI YANJIU

（2016—2020年）

第一节　自然环境

一、地理概况

浙江省地处中国东南沿海长江三角洲南翼，地跨北纬27°02′～31°11′，东经118°01′～123°10′。东临东海，南接福建，西与江西、安徽相连，北与上海、江苏接壤。境内最大的河流为钱塘江，因江流曲折，故称折江，又称浙江，省以江名，简称“浙”，省会为杭州市。

浙江省东西和南北的直线距离均为450 km左右，陆域面积为10.55万km^2，占全国陆域面积的1.1%，是中国面积较小的省份之一。浙江省陆域中，山地和丘陵面积占比为74.6%，水域面积占比为5.1%，平坦地面积占比为20.3%，故有“七山一水两分田”之说。浙江省海域面积为26万km^2，面积大于500 m^2的海岛有2 878个，大于10 km^2的海岛有26个，是全国岛屿最多的省份，其中面积为502.65 km^2的舟山岛为中国第四大岛。

二、地形地貌

浙江省濒临大海，丘陵、山地、盆地、平原、海岛兼而有之，复杂多样的地形地貌是其自然环境的一个特征。地形大致可分为浙北平原、浙西中山丘陵、中部金衢盆地、浙南山地、东南沿海平原及滨海岛屿6个地形区。

浙江省地势西南高，东北低，西南部山峦盘结，大部分在海拔1 000 m以上，其中龙泉境内的黄茅尖海拔1 929 m，是浙江省内第一高峰；中部多为海拔500 m左右的丘陵，40余个大小不等的盆地错落其间；东北部平均海拔低于10 m，是水网密布、江湖相连、地势平衍的平原。

三、气候

浙江省处于欧亚大陆与西北太平洋的过渡地带，属于典型的亚热带季风气候区。气候总体特点是：冬夏季风交替显著，气温适中，四季分明；光照充足，热量丰富；雨量充沛，空气湿润。因濒临海洋，受海洋气候影响，温、湿条件比同纬度的内陆季风区优越，是我国自然条件最优越的地区之一。但年际间气候波动大，气象灾害频繁，主要的灾害性天气有夏秋的热带气旋、雨涝、冰雹大风、伏秋干旱等。

浙江省年均气温为 15 ～ 18℃。无霜期为 230 ～ 270 d，≥ 10℃积温为 4 700 ～ 5 600℃。近 20 年年平均太阳总辐射量为 4 835.8MJ/m^2。年均降水量为 1 472 mm，年均蒸发量为 1 200 mm，总体上降水量大于蒸发量；但梅雨以后的 7—8 月及 10 月晴热少雨，蒸发量大于降水量，常有旱象；大部分地区干湿指数为 0.5 ～ 1.0，属湿润状态，杭嘉湖平原及金衢盆地干湿指数为 1.0 ～ 1.3，属半湿润状态。浙江省主要气象参数见表 1-1。

表 1-1　浙江省主要气象参数

参数	2016 年	2017 年	2018 年	2019 年	2020 年	常年平均水平
年降水量 /mm	1 834.8	1 448.7	1 571.3	1 792.6	1 560.4	1 472.0
年平均气温 /℃	18.3	18.2	18.2	18.1	18.4	17.2
年日照时数 /h	1 560	1 780	1 612	1 636	1 496	1 759

注：摘自《浙江省气候公报》。

四、水资源与水文

浙江省河流众多，流域面积在 50 km^2 以上的河流有 35 条。主要有钱塘江、曹娥江、瓯江、椒江、苕溪、甬江、飞云江、鳌江 8 条水系，这些河流除苕溪外，都独流入海。浙江省湖泊主要分布在杭嘉湖平原和宁绍平原。杭州西湖、绍兴东湖、嘉兴南湖、宁波东钱湖为浙江四大名湖。东钱湖面积约为 22 km^2，是浙江省内面积最大的天然湖泊；千岛湖面积约为 580 km^2，是浙江省内面积最大的人工湖泊，为国家级风景名胜区。浙江省海域广阔，海岸线曲折，形成了众多的港湾，如杭州湾、象山港、三门湾、台州湾、温州湾、乐清湾等。杭州湾是浙江省最大的港湾，注入其中的钱塘江河口呈喇叭形，由于潮汐的作用，在海宁附近形成举世闻名的钱江潮。

浙江省水资源总量较为丰富，全省多年平均水资源量约为 940 亿 m^3，平均单位面积水资源量约为 92 万 m^3/km^2，按单位面积计算的水资源量较为丰富，仅次于台湾、福建、广东，居全国第四位；但人均水资源量相对较低，仅为 2 100 m^3 左右。近年来，浙江省水资源实际利用量约为 210 亿 m^3/a，占多年平均水资源总量的 22%，约占可开发利用量的 60%，虽然仍有水资源可开发利用空间，但由于开发条件较优的项目在前期已经实施，余下的资源开发成本将成倍增长，开发难度也相对较大，所以必须通过较大的投入才可获得可利用的水资源。

浙江省地表水资源量状况见表 1-2。

表 1-2　浙江省地表水资源量状况

单位：亿 m^3

地区	2016 年	2017 年	2018 年	2019 年	2020 年	多年平均
杭州市	210.82	144.95	143.90	186.06	218.89	143.42
宁波市	107.58	79.30	70.66	126.66	80.68	77.78
温州市	182.31	103.00	126.39	143.87	83.93	129.55
嘉兴市	36.43	23.90	32.22	29.36	42.17	17.59
湖州市	82.70	35.45	50.68	50.67	59.85	38.39
绍兴市	77.81	60.00	56.92	90.13	78.43	61.81
金华市	118.28	88.88	69.95	141.05	106.76	91.73
衢州市	128.16	103.22	80.64	137.35	123.97	101.32
舟山市	13.16	9.90	6.93	15.04	9.73	7.95
台州市	99.30	61.60	77.08	148.53	60.32	89.71
丽水市	250.66	171.74	133.26	234.19	161.87	184.59

地区	2016 年	2017 年	2018 年	2019 年	2020 年	多年平均
全省	1 307.21	881.94	848.63	1 302.91	1 026.60	943.84

注：摘自《浙江省水资源公报》。

五、土壤与生物资源

浙江省土壤类型丰富，主要有红壤、黄壤、水稻土、潮土和滨海盐土、紫色土、石灰土、粗骨土等。土壤的类型与分布受地形、气候、母质、水文等自然条件和人类活动的影响，有着明显的区域分布特征。其中面积较大、与农业生产关系密切的土壤类型有红壤、水稻土、滨海盐土和潮土 4 类。浙江省红壤分布面积最大，主要分布在浙南、浙东、浙西丘陵山地，具有黏、酸、瘦等主要肥力特征，旱季保水性能差；水稻土是经过长期平整土地、修筑排灌系统、耕耘、轮作形成的人为土壤，主要分布在浙北平原和浙东南滨海平原，分布面积排在第二位；滨海平原分布着滨海盐土，土壤性状的主要特征是土体中含盐量高，成为农业生产的限制因素；潮土类土层深厚，水源丰富，土质肥沃，分布在江河两岸及杭嘉湖平原，是粮食、棉麻、蚕桑、蔬菜、瓜类等作物及林果的重要生产基地。

浙江省是我国高产综合性农业区，杭嘉湖平原、宁绍平原是著名的粮仓和丝、茶产地，舟山渔场是中国最大的渔场，浙江省的茶叶、蚕丝、水产品、柑橘、竹制品等在全国占有重要地位。

浙江省森林覆盖率居全国前列，树种资源丰富，素有“东南植物宝库”之称。适宜的气候和独特的地貌孕育了亚热带常绿阔叶林——红、黄壤生物气候带和丰富多样的动植物物种，特有的属种和珍稀动植物较多。全省有高等植物 4 550 余种，其中，木本植物为 1 407 种，蕨类植物为 499 种，种子植物为 3 379 种；两栖动物为 44 种，爬行动物为 82 种，鸟类为 474 种。海域有浮游植物 224 种，浮游动物 198 种，底栖生物 509 种，游泳动物 539 种，潮间带生物合计有 769 种。全省被列入国家重点保护名录的野生植物有 50 种，其中一级国家重点保护植物有 12 种，二级国家重点保护植物有 38 种；列入国家重点保护名录的动物有 123 种，其中一级国家重点保护动物有 19 种，二级国家重点保护动物有 104 种。

六、矿产资源

浙江省矿产资源种类较多，已发现矿产有 113 种。最新统计全省矿产资源储量有 93 种（不包括油气、放射性矿产）。全省被列入统计的矿区有 2 392 个，其中，固体矿产矿区有 2 343 个，地热矿泉水矿区有 49 个。

浙江省矿产资源总的特点是丰歉并存，陆域燃料（煤炭、石油）矿产贫乏；金属矿产短缺，铁矿资源有限，铜、钼矿质优，但后备储量不足，铅锌量较大，但以贫矿为主；非金属矿产丰富，部分矿种的探明资源储量位居全国前列，就已探明资源储量的非金属矿产而言，明矾石、叶蜡石居全国之首，萤石、伊利石、铸型辉绿岩居全国第二，饰面闪长岩居全国第三，沸石、硅灰石、透辉石、硼矿、膨润土、珍珠岩等位列全国前十名。多数矿床规模大，埋藏浅，开采条件好。省域成煤地质条件差，煤炭资源贫乏；陆域尚未发现油气资源，但海域油气前景看好；石煤资源储量虽居全国第二位，但受环境污染所限不能很好地加以利用；地热资源作为清洁绿色的新能源，近年逐步加大了勘查力度。

第二节　社会经济

“十三五”时期，面对大变局大变革大事件的深刻影响，浙江省坚决贯彻习近平总书记重要指示精神和党中央决策部署，坚持一张蓝图绘到底，忠实践行“八八战略”，奋力打造“重要窗口”，扎实推动中国特色社会主义在浙江省的生动实践。聚焦聚力高质量发展、竞争力提升、现代化先行，坚决打好三大攻坚战，为发展聚力、为企业赋能、为小康增色、为治理提效，经济综合实力跃上新台阶，社会治理体系和治理能力实现新提升，开辟了干在实处、走在前列、勇立潮头的新局面。

一、行政区划及人口

浙江省以浙江（又称钱塘江）得名。唐朝时期浙江属于江南东道，设置浙东观察使和浙西观察使；北宋时期设置两浙路，南宋又分两浙东路和两浙西路，简称浙东路和浙西路；元朝时期设置浙东海右道和江南浙西道；明朝时期设置浙江省，为浙江省得名的开始，后改浙江布政使司；清朝时期改名浙江省，省名至今未变。

浙江省辖杭州市、宁波市、温州市、嘉兴市、湖州市、绍兴市、金华市、衢州市、舟山市、台州市、丽水市 11 个地级市，共有 90 个县级行政区划单位（其中包括 37 个市辖区、20 个县级市、32 个县、1 个自治县），1 360 个乡级行政区划单位（其中包括 482 个街道、619 个镇、259 个乡）（表 1-3）。

表 1-3 浙江省行政区划

地市名称	县级行政单位 / 个				县级行政单位名称
	合计	区	市	县	
杭州市	13	10	1	2	上城区、下城区、江干区、拱墅区、西湖区、滨江区、萧山区、余杭区、富阳区、临安区、建德市、桐庐县、淳安县
宁波市	10	6	2	2	海曙区、江北区、北仑区、镇海区、鄞州区、奉化区、余姚市、慈溪市、象山县、宁海县
温州市	12	4	3	5	鹿城区、龙湾区、瓯海区、洞头区、瑞安市、乐清市、龙港市、永嘉县、平阳县、苍南县、文成县、泰顺县
嘉兴市	7	2	3	2	南湖区、秀洲区、海宁市、平湖市、桐乡市、嘉善县、海盐县
湖州市	5	2	0	3	吴兴区、南浔区、德清县、长兴县、安吉县
绍兴市	6	3	2	1	越城区、柯桥区、上虞区、诸暨市、嵊州市、新昌县
金华市	9	2	4	3	婺城区、金东区、兰溪市、义乌市、东阳市、永康市、武义县、浦江县、磐安县
衢州市	6	2	1	3	柯城区、衢江区、江山市、常山县、开化县、龙游县
舟山市	4	2	0	2	定海区、普陀区、岱山县、嵊泗县
台州市	9	3	3	3	椒江区、黄岩区、路桥区、温岭市、临海市、玉环市、三门县、天台县、仙居县
丽水市	9	1	1	7	莲都区、龙泉市、青田县、缙云县、遂昌县、松阳县、云和县、庆元县、景宁畲族自治县
全省合计	90	37	20	33	

《浙江省第七次人口普查主要数据公报》数据显示，全省常住人口 64 567 588 人，与 2010 年第六次全国人口普查的 54 426 891 人相比，10 年共增加了 10 140 697 人，增长了 18.63%，年均增长率为 1.72%。全省常住人口中，男性人口为 33 680 008 人，占比为 52.16%；女性人口为 30 887 580 人，占比为 47.84%。居住在城镇的人口为 46 598 465 人，占比为 72.17%；居住在乡村的人口为 17 969 123 人，占比为 27.83%。

二、土地利用情况

根据最新的土地变更调查结果，截至 2018 年 12 月 31 日，浙江省各类土地总面积为 15 837.7 万亩[①]，其中，农用地面积为 12 859.1 万亩，占比为 81.2%；建设用地面积为 2 010.2 万亩，占比为 12.7%；未利用地面积为 968.4 万亩，占比为 6.1%。

农用地面积中，耕地面积为 2 961.9 万亩，占土地总面积的 18.7%，另有可调整土地面积为 123.7 万亩，耕地和可调整土地面积合计为 3 085.6 万亩，继续保持耕地总量的动态平衡；园地面积为 850.8 万亩，占土地总面积的 5.4%；林地面积为 8 449.9 万亩，占土地总面积的 53.3%；其他农用地面积为 596.0 万亩，占土地总面积的 3.8%。

建设用地面积中，城镇村及工矿用地面积为 1 562.6 万亩，占土地总面积的 9.9%；交通运输用地（扣除农村道路）面积为 233.6 万亩，占土地总面积的 1.5%；水利设施用地面积为 214.0 万亩，占土地总面积的 1.3%。

浙江省土地利用结构见图 1-1。

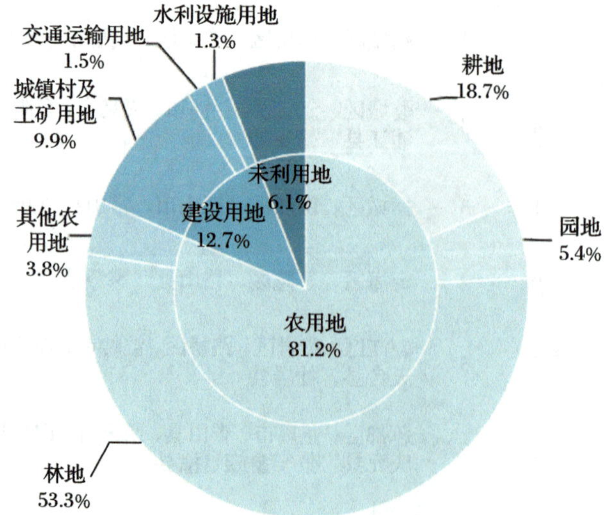

图 1-1　浙江省土地利用结构

① 1 亩≈666.67m²。

三、主要经济指标

根据地区生产总值统一核算结果，2020 年浙江省生产总值（GDP）为 64 613 亿元，按可比价格计算，比上年增长 3.6%，增速高出全国 1.3 个百分点。其中，第一产业增加值为 2 169 亿元，第二产业增加值为 26 413 亿元，第三产业增加值为 36 031 亿元，分别增长 1.3%、3.1%、4.1%。三次产业增加值比例为 3.3 ∶ 40.9 ∶ 55.8。2016—2020 年浙江省生产总值及其增长速度见图 1-2。浙江省国民经济主要指标见表 1-4。

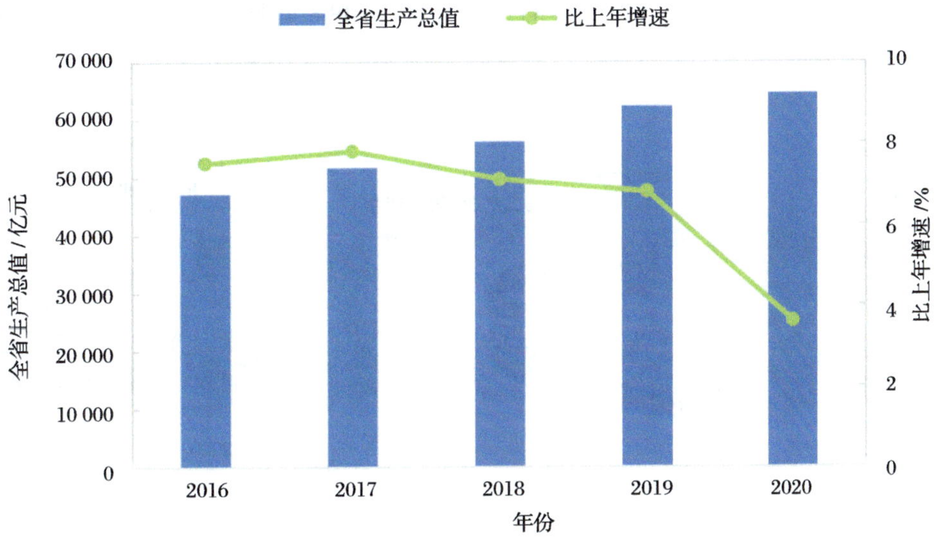

图 1-2　2016—2020 年浙江省生产总值及其增长速度

表 1-4　浙江省国民经济主要指标

指　标	单位	2016 年	2017 年	2018 年	2019 年	2020 年
生产总值	亿元	47 251.36	51 768.26	56 197.15	62 351.74	64 613.00
第一产业	亿元	1 965.18	1 933.92	1 967.01	2 097.38	2 169.00

指　标	单位	2016 年	2017 年	2018 年	2019 年	2020 年
第二产业	亿元	21 194.61	22 232.08	23 505.88	26 566.60	26 413.00
第三产业	亿元	24 091.57	27 602.26	30 724.26	33 687.76	36 031.00
人均生产总值	元	84 916	92 057	98 643	107 624	110 450

注：摘自《浙江省统计年鉴》及《2020 年浙江省国民经济和社会发展统计公报》。

三次产业增加值比例由 2015 年的 4.3 ∶ 45.9 ∶ 49.8 调整为 2020 年的 3.3 ∶ 40.9 ∶ 55.8，见图 1-3。

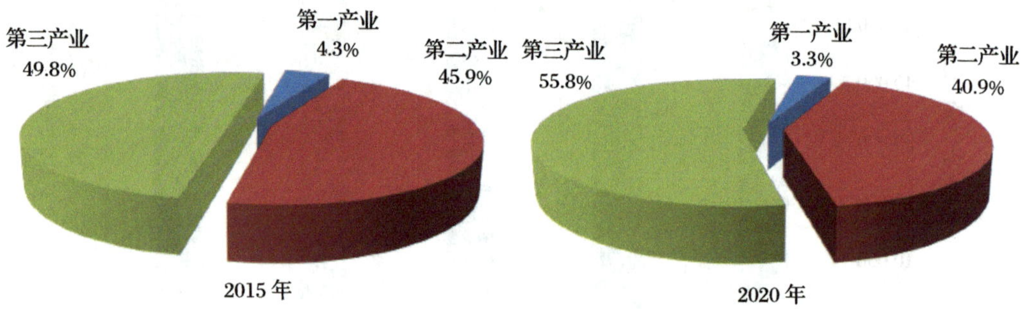

图 1-3　2015 年和 2020 年浙江省三次产业增加值结构

四、城市化水平

浙江省统筹城乡发展，大力推进城市化进程。大城市功能不断增强，中等城市快速发展，小城镇集聚发展，城乡面貌发生了巨大变化。浙江省第七次人口普查主要数据显示，2020 年浙江省常住人口中，居住在城镇的人口为 46 598 465 人，占比为 72.17%；居住在乡村的人口为 17 969 123 人，占比为 27.83%。与 2010 年第六次全国人口普查相比，城镇人口增加了 13 048 256 人，乡村人口减少了 2 907 559 人，城镇人口比重上升了 10.55 个百分点。全国和浙江省城市化水平比较见图 1-4。

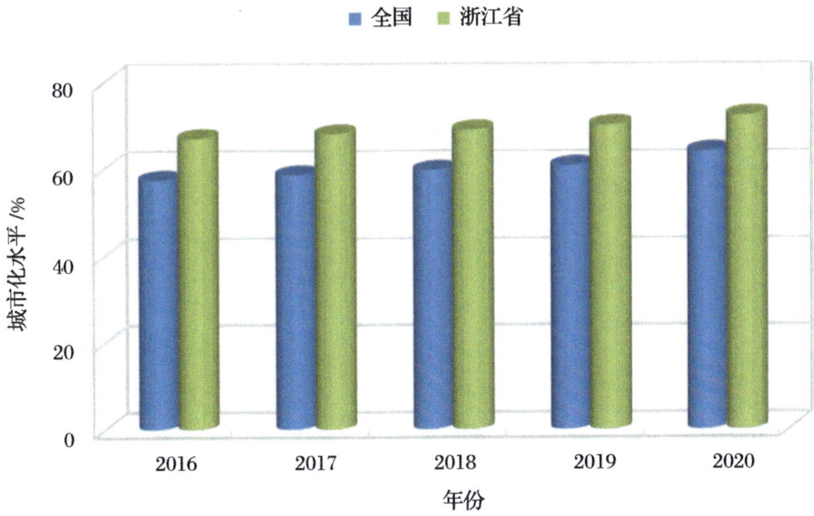

图 1-4 全国和浙江省城市化水平比较

五、能源生产与消费

浙江省能源生产与消费之间存在较大缺口，但能源利用效率不断提高，单位 GDP 能耗不断降低。随着工业经济运行向好态势持续巩固，规模以上工业能耗总量降幅持续缩小，2020 年的初步统计数据显示，扣除浙石化项目单列后，浙江省规模以上工业能耗比上年下降了 0.1%，单位增加值能耗下降了 4.3%（表 1-5 和图 1-5）。

表 1-5 浙江省能源生产和消费情况

项 目	单 位	2016 年	2017 年	2018 年	2019 年	2020 年
能源生产量	10^4 t 标准煤	2 337.52	2 150.88	2 407.37	2 936.52	—
电力生产量	10^8 KW·h	3 197.60	3 312.33	3 438.44	3 537.65	—
能源消费量	10^4 t 标准煤	20 275.60	21 030.01	21 674.56	22 392.77	—
电力消费量	10^8 KW·h	3 873.19	4 192.63	4 532.82	4 706.22	—

注：摘自《浙江省统计年鉴》；“—”表示尚无统计数据。

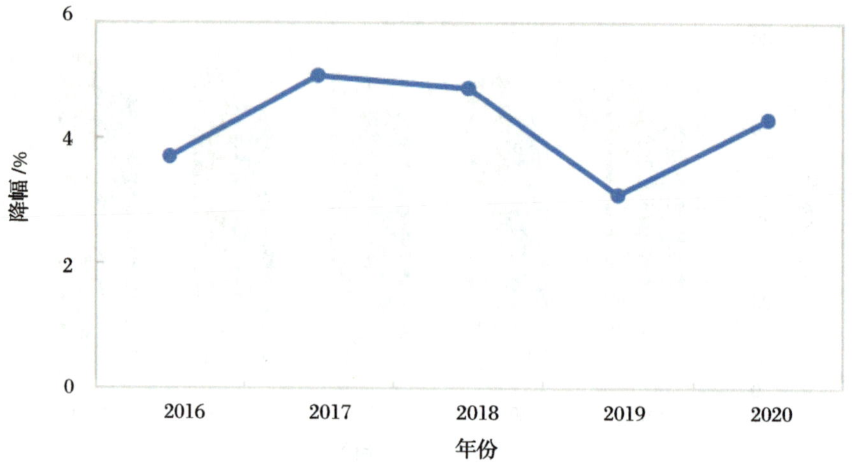

图 1-5　浙江省规模以上工业单位增加值能耗下降幅度

六、交通运输

浙江省交通便捷，现已形成以铁路、公路为主，内河航运、海运、航空运输为辅的立体交通网络。铁路干线主要有沪杭线、浙赣线、宣杭线、萧甬线等。沪杭甬、甬台温、杭金衢、金丽温、杭宁等一大批高速公路已建成通车；省内大部分国道与省道得以全面改造升级；已实现全省所有乡镇通公路，并在发达地区基本实现了村村通公路的交通建设目标；全省已建设完成以高等级公路为主线，县乡公路为支线的公路网络。浙江省机动车拥有量见表 1-6。内河运输以京杭运河、长湖申运河、萧绍运河、东西苕溪、钱塘江、甬江为主要干线。海运依托宁波北仑港、温州港、舟山港、椒江港、乍浦港等重点大型港口，辅以一批小型港口的沿海港口群，架起连接全国主要港口和国际重要口岸的运输桥梁。航空运输以杭州萧山机场、温州龙湾机场、宁波栎社机场为中心，辅以台州路桥机场、义乌机场、衢州机场等，构成航空空运体系。全省四通八达的交通运输网络体系大大缩短了城乡之间的距离，加快了全省城市化进程，有力地保障了浙江省经济社会的持续快速发展。

截至 2020 年年末，浙江省公路总里程为 12.33 万 km，其中，高速公路为 5 096 km，实现陆域县县通高速。浙江省共有民航机场 7 个，全年旅客吞吐量为 4 996 万人次，其中发送量为 2 523 万人次。铁路、公路和水运货物周转量为 12 323 亿 t，比上年下降了 0.5%；旅客周转量为 674 亿人次，下降了 40.3%。全省港口货物吞吐量为 18.5 亿 t，增长了 6.0%，其中，沿海港口货物吞吐量为 14.1 亿 t，增长了 4.5%；宁波舟山港货物吞吐量为 11.7 亿 t，连续 12 年居全球第一；集装箱吞吐量为 2 872 万标箱，连续 3 年居全球第三。

表 1-6 浙江省机动车拥有量

单位：辆

机动车拥有量	2016 年	2017 年	2018 年	2019 年	2020 年
总 计	15 574 032	17 007 649	17 758 902	18 778 927	—
载客汽车	11 403 051	12 668 371	13 913 234	15 083 021	—
载货汽车	1 128 714	1 245 274	1 367 849	1 474 716	—
其他汽车	51 693	52 845	56 193	62 160	—
拖拉机	242 996	212 636	188 647	117 677	—
摩托车	2 688 737	2 759 646	2 154 397	1 950 544	—
载货挂车	58 720	68 804	78 514	90 748	—

注：摘自《浙江省统计年鉴》；“—”表示尚无统计数据。

第二章

生态环境保护工作概况

ZHEJIANG SHENG
SHENGTAI HUANJING ZHILIANG ZHUANGKUANG
JI BIANHUA QUSHI YANJIU

（2016—2020年）

第一节 生态环境管理

“十三五”期间，浙江省以习近平生态文明思想为指导，积极践行“绿水青山就是金山银山”理念，忠实践行“八八战略”、奋力打造“重要窗口”，以改善环境质量为核心，深入实施生态文明示范创建行动计划，全面打好污染防治攻坚战，统筹推进生态文明体制改革，大力推进环境风险防范、生态保护修复、治理能力建设，全省生态环境质量持续改善，公众生态环境满意度持续提升，生态环境保护取得显著成效。

一、生态环境质量高位提升

浙江省坚持精准、科学、依法治污，高标准打赢污染防治攻坚战，提前三年完成国家下达的消除劣Ⅴ类水的任务，国家“大气十条”“水十条”考核持续保持优秀，生态环境质量持续改善，环境空气质量在长三角区域率先实现全省达标。相比于“十二五”期末，设区城市 $PM_{2.5}$ 年均浓度下降了 43.2%，空气质量优良天数比率提高了 9.5 个百分点；地表水省控断面Ⅰ～Ⅲ类比例提高了 21.7 个百分点；近岸海域一、二类海水优良率达到历史最好水平。

浙江省在全国首先完成农用地土壤污染状况详查，高质量完成重点企业用地详查；提前两年实现重点行业重点重金属污染减排目标，台州市土壤污染综合防治先行区建设走在全国前列；在全国首先出台农村污水处理设施管理条例，提前三年完成 1.3 万个行政村环境整治任务；在全国率先开展全域“无废城市”建设，构建覆盖全领域的固体废物处置监管制度体系，危险废物处置能力缺口基本补齐。全省化学需氧量、氨氮、二氧化硫和氮氧化物 4 项主要污染物总量控制超额完成国家下达的“十三五”减排目标，单位生产总值二氧化碳排放量持续下降。“十三五”规划各项主要指标顺利完成。

二、生态文明示范创建大幅提升

浙江省坚持牵头抓总，组织实施生态文明示范创建行动计划，深入推进“部省共建美丽中国示范区”建设，取得了成功荣获联合国地球卫士奖、成功承办世界环境日全球主场活动、首个通过国家生态省试点验收、首个发布省域美丽建设中长期规划纲要、首个开展生态文明先行示范省建设等标志性成果，创成的国家生态文明示范市县和“绿水青山就是金山银山”实践创新基地数量居全国第一，有效提升了美丽浙江的国内外影响力，生动展示了习近平生态文明思想的浙江实践。

三、绿色发展基础不断夯实

不断推动形成绿色产业布局、产业结构和生产方式，绿色发展指数居全国前列。积极服务大湾区、大花园、大通道、大都市区建设，先后发布实施《浙江省环境功能区划》《浙江省“三线一单”生态环境分区管控方案》，在全国率先形成覆盖全省的生态环境空间管控机制。通过治污倒逼转型升级，“十三五”期间累计淘汰改造燃煤小锅炉2.5万台，淘汰落后和过剩产能工业企业8 250家。以国家清洁能源示范省建设为抓手，强力推进能源消费总量和强度“双控”制度，在全国率先完成煤电超低排放改造，2019年单位生产总值二氧化碳排放量较2015年下降了18.5%。在全国率先制定出台了《浙江省温室气体清单管理办法》，对省、市、县三级清单相关活动实施统一管理和监督。控温降碳有序推进，建立了应对气候变化工作推进机制，首次发布了《浙江省适应气候变化评估报告》。

四、生态安全保障持续增强

推进国家公园体制试点工作，自然保护地体系建设不断提升，生物多样性保护水平不断提高。到2020年，浙江省共建成省级以上自然保护区、森林公园、风景名胜区、湿地公园、地质公园和海洋特别保护区（海洋公园）310个，受保护面积显著增加。划定并严守生态保护红线，设立淳安特别生态功能区。统筹推进山水林田湖草系统保护修复，实施了一系列有关湿地、矿山、河湖等生态系统的整治和修复工程，生态系统功能得到有效提升，全省生态环境状况指数连续多年保持全国前列。建成覆盖省、市、县三级的应急预案体系，建成省级社会化环境应急储备中心及专业环境应急处置队伍。核与辐射安全得到全面保障。“十三五”以来，全省未发生较大以上突发环境事件。

五、加速推进环境治理现代化

以“最多跑一次”改革为牵引，重点领域和关键环节的制度建设不断取得新突破。省级以上各类开发区和省级特色小镇基本实现“区域环评＋环境标准”改革全覆盖。建立省、市、县、乡四级全覆盖的生态环境状况报告制度，在全国率先实现省、市、县、乡、村五级河长全覆盖，率先实现省级层面公检法机关驻环保联络机构全覆盖，环境执法力度持续保持全国前列。建立生态环境损害赔偿制度，成立全国首家环境损害司法鉴定联合实验室。建立长三角区域大气和水污染防治协作机制，完善跨界环境处置和应急联动协调机制。推进环境监管能力建设和环保数字化转型，大气复合立体监测体系已基本形成，跨行政区域河流交接断面全面实现水质自动监测，率先建设并应用浙江省环境地图和生态环境保护综合协同管理平台。

第二节　生态环境监测

“十三五”期间，浙江省生态环境监测工作以改善环境质量为根本目标，以满足环境管理需要为基本任务，坚持按照“实现大监测、确保真准全、支撑大保护”的要求，以能力建设为主要抓手，采取切实有效措施，努力提升监测技术水平，各项工作取得了明显进展，为浙江省生态文明建设和生态环境保护工作提供了坚实的支撑和保障。

一、监测主要内容

“十三五”期间，浙江省开展了各要素生态环境质量监测工作，包括陆域水环境、近岸海域、环境空气、酸雨、声环境、土壤、辐射、生态、农村等环境监测。紧跟国家生态环境管理形势，结合浙江省生态环境管理需求和生态环境质量状况，开展了藻类异常增殖预警应急监测、饮用水水源地和典型流域生物监测、跨行政区域河流交接断面水质监测、空气质量预报预警、农村秸秆焚烧监测、二噁英监测等专项和突发性污染事故应急监测工作。

（一）陆域水环境

1. 地表水

浙江省共布设地表水省控监测断面221个，主要分布在“八大水系”（钱塘江水系、曹娥江水系、甬江水系、椒江水系、瓯江水系、飞云江水系、鳌江水系和苕溪水系）、京杭运河、湖泊与水库、河网、独流入海与海岛河流，以及浙闽交界水系。监测项目为《地表水环境质量标准》（GB 3838—2002）表1中的24个项目，湖库增加测量透明度、叶绿素a和水位等指标。监测频次为每月1次。

2. 饮用水水源

浙江省县级以上城市集中式饮用水水源共92个，其中河流型25个，湖库型67个。设区城市每月按照《地表水环境质量标准》（GB 3838—2002）表1、表2及表3优选33项开展1次监测，湖库增测透明度和叶绿素a，每年开展1次109项全项目分析；县级城市每月按照《地表水环境质量标准》（GB 3838—2002）表1、表2项目开展1次监测，湖库增测透明度和叶绿素a，每季度按表3优先选33项开展1次监测，每2年开展1次109项全项目分析。

3. 入海河流河口

浙江省入海河流主要为钱塘江、曹娥江、甬江、椒江、瓯江、飞云江、鳌江，共布设河口监测断面7个。必测项目为水量、流量、盐度、电导率、硝酸盐、亚硝酸盐及《地表水环境质量标准》（GB 3838—2002）表1中的24项指标；选测项目为硫酸盐、氯化物、铁、锰、硅酸盐；监测频次为每月1次。

4. 表层沉积物

在浙江省地表水省控监测断面中选择部分断面开展表层沉积物监测工作，共布设地表水表层沉积物监测点位187个，监测项目为砷、汞、镉、铬、铜、锌、铅、镍和有机质等。监测频次为每5年1次。

5. 地下水

浙江省地下水水质监测区主要包括杭嘉湖、宁绍、温黄、温瑞—平苍等沿海平原和金衢、丽水盆地等可供开发利用的地下水资源主要分布区。监测的地下水类型主要为沿海平原孔隙承压水和金衢、丽水盆地河谷潜水，红层孔隙裂隙水等。监测频次为每年丰水期、枯水期各 1 次。

（二）近岸海域

浙江省近岸海域共设置生态环境质量监测站位 56 个，实施监测面积 57 468 km^2。所有监测站中隶属嘉兴市的有 3 个，舟山市 23 个，宁波市 10 个，台州市 10 个，温州市 10 个。其中 12 个监测站位于重要海湾，分别为杭州湾 5 个、象山港 3 个、三门湾 2 个、乐清湾 2 个。全年监测 3 期，分别于 4—5 月、7—8 月和 10—11 月进行，由浙江省海洋生态环境监测中心（原浙江省舟山海洋生态环境监测站）承担。监测内容主要包括水质理化监测、海洋生物监测和海域表层沉积物监测等。

近岸海域环境功能区水质监测在生态环境质量监测站位的基础上加测了 61 个站位，其中包括嘉兴市 4 个，杭州市 1 个，宁波市 18 个，舟山市 11 个，台州市 15 个，温州市 12 个；由各沿海地市生态环境监测中心承担或组织监测，全年监测 2 期。监测项目为温度、盐度、pH、活性磷酸盐、化学需氧量、亚硝酸盐氮、硝酸盐氮、氨氮、无机氮、石油类等。

（三）环境空气

浙江省 69 个县级以上城市（其中设区城市 11 个，县级城市 58 个）共布设环境空气质量监测点位 152 个（其中设区城市 46 个），各点位均已配备自动监测系统，可实现每天 24h 不间断监测。必测项目为二氧化硫、二氧化氮、可吸入颗粒物、细颗粒物、臭氧、一氧化碳 6 项，选测项目为硫酸盐化速率、氟化物、铅、苯并 [*a*] 芘、降尘等。

（四）酸雨

浙江省 69 个县级以上城市均开展大气降水监测，各城市至少设置 1 个监测点位。逢雨（雪）必测 pH、电导率、降水量、硫酸根（SO_4^{2-}）、硝酸根（NO_3^-）、氟离子（F^-）、氯离子（Cl^-）、铵离子（NH_4^+）、钙离子（Ca^{2+}）、镁离子（Mg^{2+}）、钠离子（Na^+）、钾离子（K^+）等离子组分。

（五）声环境

城市声环境质量监测执行《声环境质量标准》（GB 3096—2008）和《环境噪声监测技术规范　城市声环境常规监测》（HJ 640—2012）的相关要求。由于城市建成区面积的扩大和交通干线的增加，各年间的噪声监测点数量有所变化。2020 年，全省布设区域环境噪声监测点 2 042 个，交通噪声监测点 881 个，功能区定点噪声监测点 147 个。

（六）土壤环境

根据国家土壤环境监测网监测工作安排，“十三五”期间，浙江省对国家土壤环境监测网中 69 个背景点、662 个基础点和 375 个风险监控点开展监测，点位覆盖全省 11 个设区市及各县（市、区）。监测项目主要为土壤理化指标、无机及有机污染物等。

（七）生态环境

生态状况监测与评价内容包括高分系列卫星遥感影像处理及解译、地面核查、MODIS 卫星数据反演，以及气象、水文、主要污染物排放等多源数据综合分析，每年开展 1 次评价。遥感数据来源于中国环境监测总站和浙江省生态环境监测中心，统计数据来源于浙江省生态环境厅（环境统计数据库）、浙江省统计局（浙江省统计年鉴）、浙江省水利厅和浙江省建设厅等。

（八）农村环境

根据《农村环境质量监测技术导则》和《全国农村环境质量试点监测技术方案》（环发〔2014〕125 号）等相关文件要求，农村环境质量监测以县域为基本单元，从县域和村庄 2 个层面开展。“十三五”期间，浙江省累计对 1 153 个村庄开展农村环境质量监测，包括 12 个必测村庄和 1 141 个选测村庄，监测范围覆盖全部县域。

（九）辐射环境

辐射环境监测包括电离辐射环境监测和电磁辐射环境监测。依据各年度《浙江省生态环境监测工作方案》开展相关监测工作，主要包括空气吸收剂量率和累积剂量监测、空气监测、水体监测、土壤监测和环境电磁辐射监测等。

二、质量管理措施

生态环境监测质量管理是生态环境监测工作的重要组成部分，是确保监测结果科学、客观、公正的重要保证。“十三五”期间，浙江省生态环境监测质量管理工作以《中华人民共和国环境保护法》的实施为背景，以实现监测数据“代表性、准确性、精密性、可比性和完整性”为目标，从强化监测人员质量意识、提高质量管理水平和技术能力着手，全面加强监测数据的全过程质量控制和监督检查力度，不断完善质量管理体系，逐步构建形成以省级站（浙江省生态环境监测中心、浙江省辐射环境监测站、浙江省海洋生态环境监测中心）为中心、各驻市生态环境监测中心为依托、各县（市、区）生态环境监测站为基础，覆盖生态环境监测各种技术手段、监测全程序的生态环境监测质量管理体系。

（一）计量认证（资质认定）工作

“十三五”期间，浙江省生态环境监测中心先后通过了国家认证认可的监督管理委员会组织的计量认证复审、监督检查、监督评审和实验室认可等评审工作。截至“十三五”期末，浙江省生态环境监测中心获准的计量认证（资质认定）共 12 大类 491 项、实验室认可共 4 大类 275 项。各级生态环境监测站根据监测工作的需求，也实现了对水和废水、空气和废气、土壤、固体废物、煤质、海水、海洋沉积物、生物、噪声、振动、室内空气、辐射等要素的全覆盖监测，进一步扩大了生态环境监测工作的范围，增强了为生态环境管理部门和社会提供服务的技术基础。

（二）监测技术人员持证上岗考核工作

监测技术人员持证上岗考核是确保环境监测工作合法的基本前提。“十三五”期间，浙江省生态环境监测中心积极参加由中国环境监测总站组织的国家持证上岗考核工作，并全力组织开展中心内部监测人员的持证上岗考核工作，考核形式主要包括理论考试、现场实际操作、盲样考核等。5 年间共有 209 人次参与了中国环境监测总站组织的 4 511 项次的持证上岗考核。

（三）生态环境监测质量控制

1. 质量管理体系

“十三五”期间，以进一步完善省级站质量管理体系建设为核心，按照《检验检测机构资质认定能力评价　检验检测机构通用要求》（RB/T 214—2017）、《检测和校准实验室能力认可准则》（ISO/IEC 17025:2017）等标准的要求，逐步规范质量管理工作程序，积极促进全省各级监测站质量管理体系建设。随着生态环境管理需求、监测能力的进一步提升，浙江省生态环境监测中心及时对质量手册、程序文件和作业指导书等质量管理体系文件进行改版，重点加强人员管理工作程序规范，及时组织对质量管理体系文件的宣贯培训，逐步形成了以省级站为技术中心、各驻市站为依托、各县（市、区）站为基础，覆盖生态环境质量和污染源监测系统等方面的全程序质量管理体系。

2. 生态环境监测内部管理

为进一步加强对生态环境监测的内部管理，按照《检验检测机构资质认定能力评价　检验检测机构通用要求》（RB/T 214—2017）、《检测和校准实验室能力认可准则》（ISO/IEC 17025:2017）和质量管理体系文件的要求，通过采取组织内审、上岗证考核、有证标准物质考核、密码平行样考核、加标回收考核、留样复测考核、分析方法 / 人员 / 仪器比对试验，以及参加中国环境监测总站组织的能力考核、市场监督管理局组织的能力验证、标准样品研究所组织的协作定值等方式，全面加强生态环境监测质量内部管理。

“十三五”期间，浙江省共开展有证标准物质考核 115 人次 206 项次，密码平行样考核 87 人次 188 项次，加标回收考核 93 人次 210 项次，留样复测考核 72 人次 164 项次；共计参与能力考核、能力验证和协作定值等国家级考核项目 40 余次，且考核结果均为满意。同时，对日常监测工作中的监测质量活动和监测技术活动实施有效监督，对发现的问题及时采取纠正和预防措施，以确保监测工作按照质量管理体系文件和国家相关标准、规范进行。

3. 生态环境监测监督管理

（1）质控考核

“十三五”期间，为确保质量管理体系的有效运行，浙江省生态环境监测中心每年在全省范围内组织开展质控考核工作：一是县（市、区）站飞行考核，即每年抽取部分县（市、区）站，进行理论考核、盲样考核、实验室现场查看以及质量管理体系检查；

二是驻市站持证上岗考核及质量管理体系运行交叉检查，即由浙江省生态环境监测中心组织建立专家组，全面检查驻市站质量体系运行情况，对发现的共性问题及时进行处理，以增强各级监测站履行质量管理各项规定的自觉性；三是县（市、区）站的持证上岗考核，考核具体工作由驻市站负责，浙江省生态环境监测中心负责检查、审核考核资料，并发放上岗证，具体考核情况在每年的县（市、区）站飞行考核时一并予以检查，以确保质量管理体系持续有效运行。

（2）技术培训

“十三五”期间，为提升全省监测技术人员的业务能力，更新监测技术人员的业务知识，浙江省生态环境监测中心根据各地监测工作的实际需要制订切实可行的培训计划，开展监测技术培训。培训形式多样，一是邀请行业内专家对全省技术人员进行集中授课；二是进行一对一的全过程指导，采用跟班实验为主、理论授课和实践操作相结合的方式进行培训，使受训人员学于实践、用于实践，充分发挥浙江省生态环境监测中心作为培训中心的重要作用。

（3）采测分离

为进一步规范国家地表水环境质量监测网采测分离监测，统一并加强实验室分析数据质量，确保监测数据“真、准、全”，根据《关于进一步加强采测分离监测实验室分析数据质量保证的通知》（总站水字〔2019〕263 号）及《采测分离作业指导书》等文件要求，以季报的形式将数据审核中出现的问题进行全省通报，并且每年对全省 11 个分析测站进行一次质量保证检查。通过实验室自查、专家抽查以及盲样考核等方式，规范统一了监测分析技术，提高了监测数据的质量意识，促进了各分析测站样品分析过程中质量保证和质量控制工作的开展，确保了全省国控地表水采测分离监测数据的准确性。

（4）国家网土壤环境监测

根据中国环境监测总站发布的《国家网土壤环境监测工作技术要求》，为确保国家网土壤环境监测数据的准确性和可比性，浙江省生态环境监测中心每年制订《浙江省国家网土壤环境监测质量管理计划》。浙江省生态环境监测中心按照不低于本辖区任务量 10% 的比例进行省内质量控制与评价，确保省级质控样覆盖全部实验室和全部测试项目，并对承担任务的实验室定期开展质量监督检查，以确保国家网土壤环境监测数据的准确性。

4. 生态环境监测质量控制课题研究

为进一步提升各站的质量管理水平，“十三五”期间，浙江省生态环境监测中心带领各级监测站开展生态环境监测质量管理领域方面的科学研究。研究内容涉及“浙江省重点行业企业用地调查质量保证与质量控制”“国家地表水环境质量监测网采测分离监测质量控制”“实验室能力验证、能力考核结果统计与评价”“浙江省县级站质量管理体系研究”“国家网土壤环境监测质量管理”“团体标准编制”等多个方面。此外，针对全省监测技术人员换岗频繁，新上岗人员理论知识、基本技能掌握不全等现状，浙江省生态环境监测中心组织全省专家编写了《环境监测人员持证上岗考核习题集（第二册）》及《浙江省环境监测质量保证技术规定（第三版试行）》。习题集及质量保证技术规定的出版，促进了新上岗人员的学习积极性，为其快速掌握基本技能、全面提升技术水平及业务素质给予了充分的专业技术支持。

（四）生态环境监测实验室信息化系统建设

为规范实验室内部管理、提高分析数据的综合利用率及时效性、挖掘分析数据的潜在价值，“十三五”期间，浙江省生态环境监测中心积极开展实验室信息化建设工作。目前，实验室信息化系统已通过二期验收，现正处于运行阶段。二期系统在项目管理、工作安排、数据处理、业务统计等各方面发挥作用，降低了报告出具的复杂度。此外，实验室信息化系统也为适应新形势下生态环境监测工作，解决工作量不断增大、监测范围不断扩大与人手不足之间的矛盾起到积极有效的作用。

三、监测工作成效

生态环境监测是生态环境保护的基础，是生态文明建设的重要支撑。“十三五”期间，浙江省监测系统深入推进生态环境监测网络建设，不断强化生态环境监测综合能力，提升生态环境监测服务水平，努力适应生态环境管理发展的新形势、新要求，为生态环境保护工作提供有力的支撑。

（一）支撑生态环保能力明显提高

围绕生态环境部门职责调整，浙江省优化完善监测网络体系，将海洋、地下水、温室气体、生态状况、移动源和农业面源等全面纳入监测体系，切实履行好“统一监测评估”

职责，推进传统环境监测向生态环境监测的重要转变，全面完成各类生态环境质量监测评价与管理工作。组织开展了全省生态状况评价和以浦阳江为典型河流的水生态质量监测评估工作，开展主要饮用水水源地生物监测、藻类预警应急监测。全力做好新冠肺炎疫情防控期间饮用水水源监测工作等，指导定点医疗机构、污水处理厂等做好自行监测。组织开展了全省生态环境应急监测能力评估和相关应急监测培训、实战拉练活动，应急监测与保障能力进一步提升。“十三五”期间成功应对了磐安溴乙烷泄漏、衢州中天公司火灾等 60 余起突发环境事件应急监测工作。先后参与并圆满完成了 G20 杭州峰会、世界环境日主场活动及多届世界互联网大会环境监测保障任务。

（二）自动监测与预报预警能力大幅提升

浙江省已实现县级以上城市环境空气质量监测全覆盖，地表水国控断面自动站的建设和改造、长江经济带水质自动监测能力项目建设等工作如期完成，饮用水水源地水质自动监测指标进一步完善，跨行政区域河流交接断面全面实现水质自动监测，地方乡镇级水、气自动监测站建设深入推进。到“十三五”期末，全省共建成 205 个地表水水质自动监测站、88 个饮用水水源地水质自动监测站和 453 个乡镇小微水站；建成了 153 个城市空气站、19 个大气功能站、100 个工业园区空气站、41 个物流通道空气站和 260 个清新空气站，以及 579 个乡镇小微空气站。建立健全空气质量预测预警应急监测体系，建成省、市两级环境空气质量预报预警中心和区域大气环境质量预报系统，空气质量预报时长由 3 ～ 5d 增至 7 ～ 10d，设区城市的空气质量预报准确率达 90%。建立了全省藻类应急监测网络，及时掌握水域藻类群落状况及演变趋势；初步构建了重点排污单位污染源排放自动监控预警体系，逐步建立排污单位自行监测体系，不断提高移动源监测监控能力，初步构建了“天地一体化”的生态环境监测网络。

（三）监测基础能力与科研水平持续提升

浙江省生态环境监测预警体系及重点实验室顺利通过浙江省科技厅认定，浙江省生态环境监测中心与浙江省人民检察院成立了全国首家公益诉讼（环境损害）司法鉴定联合实验室，在全国率先建成“消耗臭氧层物质监测实验室”，全省有 3 个监测站建成了二噁英监测实验室。生态遥感监测能力不断提升，建成“浙江省环境遥感监测业务平台”，实现对大气中气溶胶、颗粒物、秸秆焚烧和水体中藻类、黑臭水体等遥感监测；建成地面生态监测站点和全省生态遥感监测数据库，形成了覆盖全省的生态状况动态监测能力。

浙江省海洋生态环境监测中心启动了 800 t 的专业海洋环境监测船建设项目，杭州市千岛湖建成了国内首套大型深水湖泊水华预测预警系统。科研攻关成果不断取得新进展，分别与北京大学等高校及科研院所建立合作关系，推动监测科研和人才培养工作。

（四）生态环境监测信息公共服务能力持续提升

在省、市、县三级监测数据联动共享机制下，通过生态环保协同平台和“浙政钉”应用平台，输出水、气等环境质量各类旬报、月报、通报等，在“浙里办”“浙政钉”等平台输出“环境地图”“环境空气质量”等公共产品，在浙江政务服务网及相关省厅网站发布环境质量实时数据和评价报告，为企业、公众提供环境质量数字化产品，不断满足社会公众的环境需求。杭州等地还开发了“身边的空气站”App 和触摸一体查询机等，可以使公众实时了解周边空气质量，参与大气治理工作的监督。这一系列措施受到了公众的广泛好评。

专 栏 ▶

应急监测能力进一步提升

根据国家《生态环境应急监测能力建设指南》，浙江省生态环境监测中心投入了大量资金用于应急监测硬件及软件的升级改造。2020 年实施的“应急监测能力建设更新、新增设备购置”专项项目，添置了便携式气相色谱—质谱仪，傅立叶红外分析仪，挥发性有机物、大气常规六参数、颗粒物联合走航分析系统，无人机、无人船等，大大提升了应急监测能力。目前，中心已基本满足生态环境部对省级站生态环境应急监测能力装备配置要求。

同时，中心将着力构建浙江省生态环境应急监测系统，充分利用：①地表水环境自动监测系统、环境空气自动监测系统、工业企业污染源在线监测系统等在线自动监控系统；②大气颗粒物、激光雷达及 VOCs 走航监测系统，无人机在线监测、无人船水下巡航系统等自动监控及巡航系统；③污染事故手工应急监测系统等。构建应急监测基础数据库，结合污染物特征、点源或面源排放信息、污染区域地形地貌分布、大气环境气象信息以及水文、水利数据等，利用大数据统计及模型预测评估，实现应急监测的实时化和区域应急预警预测的常态化运行和动态化展示，从而构建“区域一体化，天地一体化，水陆一体化”的突发污染事故应急监测系统。

现代化快速应急监测设备

专 栏

新冠肺炎疫情应急监测

新型冠状病毒肺炎疫情发生以来，浙江省生态环境监测中心党委在省厅党组的坚强领导下，高度重视疫情防控工作，迅速成立新型冠状病毒肺炎疫情防控工作领导小组，制订疫情防控工作方案和应急预案，进一步强化环境应急监测工作，同时下发《致省生态环境监测中心全体党员的一封信》，号召全体党员携起手来，勠力同心，众志成城，坚决打赢这场疫情防控阻击战。

浙江省生态环境监测中心第一时间制定了《浙江省应对新型冠状病毒感染肺炎疫情生态环境应急监测方案》《应对新型冠状病毒感染肺炎疫情生态环境监测防护工作要求（试行）》；每日汇总全省空气自动站、国控地表水水质自动站、省交接断面水质自动站、饮用水水源地水质自动站数据，结合全省 11 个地市报送的环境应急监测信息，撰写《浙江省疫情防控期间环境应急监测信息》。连续组织开展全省水、气自动监测数据每日审核报送工作，第一时间对全省 207 个地表水省级以上站点、88 个饮用水水源地站点、152 个环境空气省级以上站点的进场运维情况进行梳理，对运维车辆的通行、人员的安排进行协调，尽最大努力保障全省环境自动监测站点的正常运行。与此同时，每日对 1 500 多组自动监测数据进行处理与分析，评价水质状况及变化情况，并及时上报监测结果。

专栏▶

未雨绸缪，以演促练——开展全省生态环境监测系统应急演练

为检验浙江省生态环境监测系统突发环境事件的日常战备能力，进一步提升全省应急监测实战能力，2020 年 12 月 29 日，浙江省生态环境监测中心在东阳市歌山镇组织开展了 2020 年全省生态环境监测系统应急演练。浙江省生态环境监测中心、11 个省驻市监测中心及义乌、东阳、磐安 3 个县级站参加演练。在事先不通知各单位的情况下，选取东阳市歌山镇邻近东阳江的某邻水路段模拟发生交通事故导致次生突发环境事件，模拟场景为某危险化学品（三氯甲烷）运输车辆与另一辆化学品（氨水）运输车在歌山镇一处道路桥梁相撞并发生侧翻，导致大量危化品泄漏至桥面，部分危化品沿路面漫流进入桥下水体。

演练中，各应急监测队伍先后抵达现场，严格按照演练要求完成了应急监测方案制订、现场采样与分析、应急监测报告编制及结果上报等工作，充分展现了生态环境监测铁军的风采。从演练情况来看，各级生态环境监测系统对生态环境应急监测工作总体上较为重视，能够根据各单位应急监测预案开展应急监测工作，应急响应迅速，现场应急方案和报告编制基本符合突发环境事件性质和相关规范要求，现场样品采集基本符合规范要求，省、市、县三级联动组织有序，效果明显，较好地完成了本次突发环境事件应急监测演练任务。

专 栏 ▶

浙江省生态环境监测预警及质控研究重点实验室

“十三五”期间，依托浙江省生态环境监测中心建设的“浙江省生态环境监测预警及质控研究重点实验室”（以下简称重点实验室）成功通过浙江省科技厅认定。

重点实验室以监测技术为主体，融合遥感信息、数据模型、仪器分析、质量管理等领域，形成推动生态环境预报预警技术创新，打造陆海统筹、天地一体生态环境监测体系以及构建精细化质控管理系统的科研平台。紧扣浙江省生态环境监测领域的紧迫需求，确立了特色鲜明的四大研究方向：生态环境监测新技术、环境污染预测预警及溯源技术、生态质量监测与风险评价技术、环境监测质量控制技术。

重点实验室设立了以北大张远航院士等国内外知名学者为智库的学术委员会，目前有研究人员 53 人，其中正高级职称 6 人、副高级职称 34 人、博士 11 人，副高（含）以上或博士学位人数占总人数的 81.13%。实验室场地约 7 000 m^2，拥有飞行时间质谱、高分辨磁质谱、臭氧激光雷达等高精尖设备，建有国内领先的遥感、水质、环境空气质量预警预测研究系统，固定资产原值超过 5 000 万元。

重点实验室将依托浙江省的区域经济优势、信息化优势及人才优势，聚焦环境监测领域新技术，强化原始创新，形成自身特色，构建体现浙江省“绿色发展、走在前列”区域特色的科研技术创新平台，扩大重点实验室在生态环境领域的影响力和创造力，充分发挥其技术示范与引领作用。

浙江省科学技术厅

浙江省科学技术厅
关于印发 2021 年度省级重点实验室认定和培育建设名单的通知

浙江省生态环境监测预警及质控研究重点实验室挂牌

第三章

污染源排放与监测

ZHEJIANG SHENG
SHENGTAI HUANJING ZHILIANG ZHUANGKUANG
JI BIANHUA QUSHI YANJIU

（2016—2020年）

2020 年，全省化学需氧量排放量 53.22 万 t，氨氮排放量 3.84 万 t，二氧化硫排放量 5.15 万 t，氮氧化物排放量 38.73 万 t。污染源排放量数据来源于 2016—2020 年环境统计数据。2020 年环境统计体系中的统计范围、产排系数与往年相比都发生了变化，如生活源统计范围由“城镇”扩大到“城镇和农村”，农业源统计范围由“大型畜禽养殖场”扩大到“畜禽养殖业、种植业和水产养殖业”，产排系数由二污普系数代替环境统计系数等。故本章节不将 2020 年污染物排放量与 2019 年进行对比，“十三五”期间，污染物排放量变化趋势也只针对 2016—2019 年的数据进行分析。

从重点源监测情况来看，“十三五”期间，全省废水重点源、重金属废水重点源和固定污染源废气 VOCs 达标率总体呈上升趋势，废气重点源、污水处理厂和危险废物重点源达标率总体保持稳定。

第一节　废水

一、废水排放

2020 年，全省废水排放共计 41.21 亿 t，其中工业源排放 10.03 亿 t、生活源排放 31.10 亿 t、集中式污染治理设施排放 0.08 亿 t，所占比重分别为 24.3%、75.5%、0.2%。

2016—2019 年，由于生活源和集中式污染治理设施排放的增加，全省废水排放量呈增加态势，年均增幅约 0.93%。2016—2019 年浙江省废水排放情况见表 3-1。

表 3-1　2016—2019 年浙江省废水排放情况

单位：亿 t

年份	排放量合计	其中			
		工业源	生活源	集中式污染治理设施	农业源
2016	34.14	12.87	21.20	0.07	—
2017	34.18	12.33	21.77	0.08	—
2018	34.31	11.85	22.39	0.07	—

年份	排放量合计	其中			
		工业源	生活源	集中式污染治理设施	农业源
2019	35.10	11.77	23.25	0.08	—
年均变化 /%	0.93	-2.92	3.13	5.36	—

注：2016—2019 年，集中式污染治理设施包括垃圾处理厂（场）、危险废物处置厂和医疗废物处置厂 3 类，污水处理厂作为治污设施不计排放，下同。

二、废水主要污染物排放

（一）化学需氧量

1. 总体情况

2020 年，全省化学需氧量排放总量 53.22 万 t，其中工业源排放 4.44 万 t、农业源排放 8.01 万 t、生活源排放 40.74 万 t、集中式污染治理设施排放 260.9 t，所占比重分别为 8.3%、15.1%、76.6%、0.1%。

2016—2019 年，全省化学需氧量排放呈下降态势，年均降幅约 9.37%。各类源排放量均有所下降，年均降幅 3.99% ～ 47.96%。2016—2019 年浙江省化学需氧量排放情况见表 3-2。

表 3-2　2016—2019 年浙江省化学需氧量排放情况

单位：万 t

年份	排放量合计	其中			
		工业源	生活源	集中式污染治理设施	农业源
2016	27.8	7.0	17.4	0.3	3.1
2017	23.3	5.8	16.8	0.1	0.5
2018	21.7	5.2	16.2	0.1	0.2
2019	20.6	4.9	15.4	0.1	0.2
年均变化 /%	-9.37	-11.09	-3.99	-22.22	-47.96

2. 区域分布

2020 年，全省 11 个设区市中，化学需氧量排放居前的是温州市、宁波市、台州市和杭州市，分别为 11.72 万 t、6.91 万 t、5.97 万 t 和 5.63 万 t，合计占全省排放总量的 56.8%。

按各类源排放分布，工业源排放居前的是绍兴市、嘉兴市和杭州市，合计 2.79 万 t，占工业源排放总量的 62.8%；生活源排放居前的是温州市、宁波市和台州市，合计 20.35 万 t，占生活源排放总量的 50.0%；农业源排放居前的是台州市、湖州市和宁波市，合计 3.61 万 t，占农业源排放总量的 45.1%；集中式污染治理设施排放居前的是金华市、宁波市和台州市，合计 152.00 t，占集中式污染治理设施排放总量的 58.3%。2020 年浙江省化学需氧量排放区域分布情况见图 3-1。

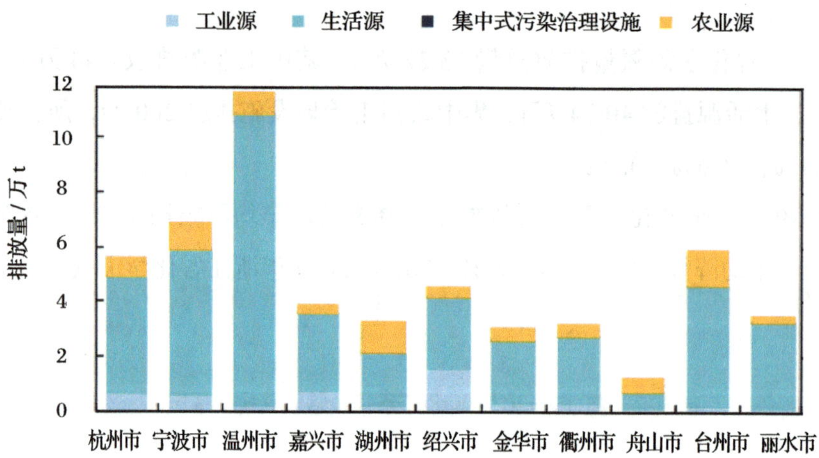

图 3-1　2020 年浙江省化学需氧量排放区域分布情况

（二）氨氮

1. 总体情况

2020 年，全省氨氮排放总量 3.84 万 t，其中工业源排放 0.09 万 t、农业源排放 0.57 万 t、生活源排放 3.18 万 t、集中式污染治理设施排放 12 t，所占比重分别为 2.3%、14.8%、82.8%、0.03%。

2016—2019 年，全省氨氮排放呈下降态势，年均降幅约 12.45%，各类源排放量均有所下降，年均降幅 9.52% ～ 34.44%。2016—2019 年浙江省氨氮排放情况见表 3-3。

表 3-3　2016—2019 年浙江省氨氮排放情况

单位：万 t

年份	排放量合计	其中			
		工业源	生活源	集中式污染治理设施	农业源
2016	2.01	0.28	1.64	0.02	0.07
2017	1.6	0.17	1.38	0.006	0.04
2018	1.45	0.13	1.28	0.006	0.04
2019	1.34	0.10	1.21	0.004	0.026
年均变化 /%	−12.45	−28.63	−9.52	−34.44	−22.62

2. 区域分布

2020 年，11 个设区市中，氨氮排放居前的是温州市、绍兴市、杭州市和宁波市，分别为 0.62 万 t、0.51 万 t、0.49 万 t 和 0.46 万 t，合计占全省排放总量的 54.2%。

按各类源排放分布，工业源排放居前的是绍兴市、宁波市和杭州市，合计 0.05 万 t，占全省工业源排放总量的 55.6%；生活源排放居前的是温州市、绍兴市和杭州市，合计 1.40 万 t，占生活源排放总量的 44.0%；农业源排放居前的是台州市、宁波市和湖州市，合计 0.22 万 t，占农业源排放总量的 38.6%；集中式污染治理设施排放居前的是金华市、衢州市和杭州市，合计 7.0t，占集中式污染治理设施排放总量的 58.3%。2020 年浙江省氨氮排放区域分布情况见图 3-2。

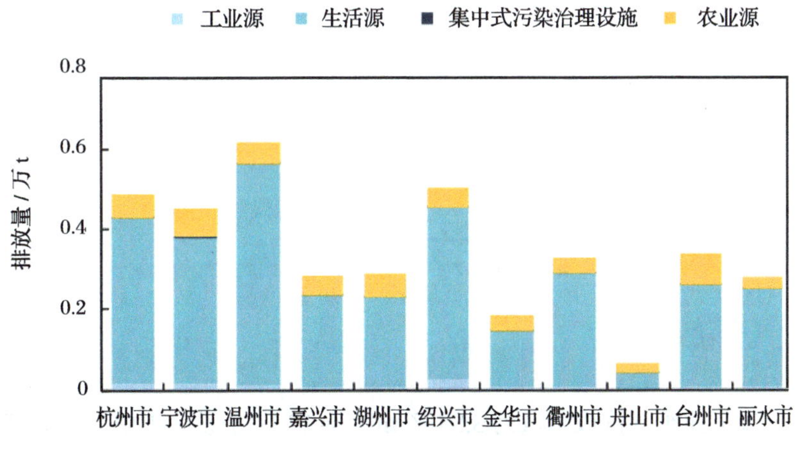

图 3-2　2020 年浙江省氨氮排放区域分布情况

（三）其他主要污染物

2020 年，全省总氮排放量共计 12.3 万 t，其中工业源排放 1.1 万 t、农业源排放 3.8 万 t、生活源排放 7.4 万 t、集中式污染治理设施排放 0.02 t，所占比重分别为 8.9%、30.9%、60.2% 和 0.16%。

2020 年，全省总磷排放量共计 9 878.3 t，其中工业源排放 192.0 t、农业源排放 6 778.7 t、生活源排放 2 905.6 t、集中式污染治理设施排放 2.0 t，所占比重分别为 1.9%、68.6%、29.4% 和 0.02%。

2020 年，其他主要废水污染物排放情况为石油类 157.7 t、挥发酚 799.6 kg、氰化物 1 029.1 kg、总砷 55.9 kg、总铅 408.9 kg、总镉 90.1 kg、总汞 7.0 kg、总铬 2 961.0 kg。

2016—2019 年，全省总磷、总氮、石油类、挥发酚、氰化物、总砷、总铅、总镉、总汞和总铬排放均呈下降态势，降幅在 4.4% ～ 21.5%。2016—2019 年浙江省废水中其他主要污染物变化情况见图 3-3。

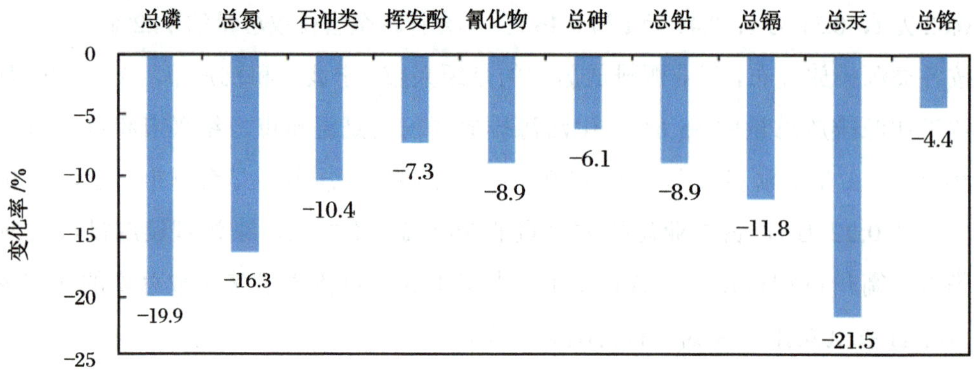

图 3-3　2016—2019 年浙江省废水中其他主要污染物变化情况

第二节　废气

一、废气排放

2020 年，全省工业废气排放总量为 3.88 亿 m^3。全省 11 个设区市中，工业废气排放总量居前的是宁波市、嘉兴市和杭州市，合计 1.79 亿 m^3，占全省排放总量的 46.1%；排在第 4 ～ 9

位的分别为台州市、舟山市、绍兴市、衢州市、湖州市和温州市，共计 1.77 亿 m^3，占全省排放总量的 45.6%；金华市和丽水市的工业废气排放总量最少，共计 0.31 亿 m^3，占全省排放总量的 8%。2020 年浙江省废气排放区域分布情况见图 3-4。

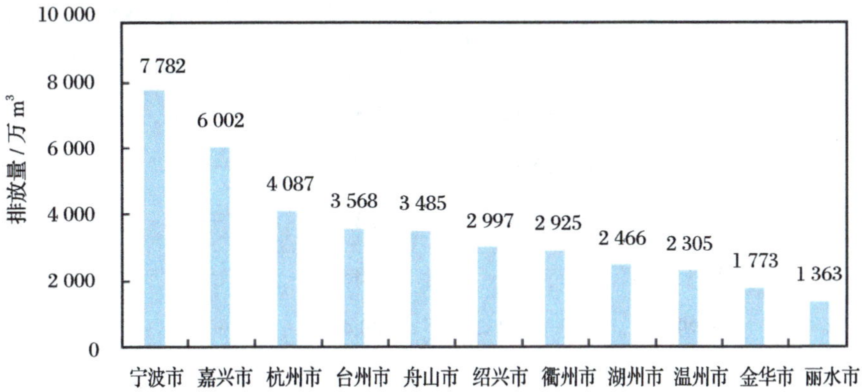

图 3-4　2020 年浙江省废气排放区域分布情况

“十三五”期间，全省工业废气排放总量呈波段上升态势，年均增幅为 16.4%。“十三五”期间浙江省废气排放情况见表 3-4。

表 3-4　“十三五”期间浙江省废气排放情况

单位：亿 m^3

年份	2016	2017	2018	2019	2020	年均变化 /%
废气排放总量	2.22	3.13	2.85	3.28	3.88	+16.4

二、废气主要污染物排放

（一）二氧化硫

1. 总体情况

2020 年，全省二氧化硫排放量共计 5.15 万 t，其中工业源排放 4.95 万 t、生活源排放 0.19 万 t、集中式污染治理设施排放 0.005 万 t，所占比重分别为 96.1%、3.7%、0.1%。

2016—2019 年，全省二氧化硫排放呈下降态势，年均降幅约 16.29%；工业源和生活源排放年均降幅分别为 15.94% 和 26.45%；集中式污染治理设施排放有所上升，年均增幅为

9.44%。2016—2019 年浙江省二氧化硫排放情况见表 3-5 。

表 3-5　2016—2019 年浙江省二氧化硫排放情况

单位：万 t

年份	排放量合计	其中			
		工业源	生活源	机动车	集中式污染治理设施
2016	13.33	12.38	0.85	—	0.10
2017	11.18	10.51	0.55	—	0.12
2018	8.69	8.20	0.38	—	0.12
2019	7.78	7.32	0.33	—	0.13
年均变化 /%	−16.29	−15.94	−26.45	—	9.44

2. 区域分布

2020 年，全省 11 个设区市中，二氧化硫排放居前的是宁波市、金华市和衢州市，合计 2.06 万 t，占全省排放总量的 40.0%。

按各类源排放分布，工业源排放居前的为宁波市、衢州市和湖州市，合计 1.97 万 t，占工业源排放总量的 39.8%；生活源排放居前的是金华市、宁波市和绍兴市，合计 0.15 万 t，占生活源排放总量的 78.9%；集中式污染治理设施排放居前的是宁波市、杭州市和嘉兴市，合计 35.75 t，占集中式污染治理设施排放总量的 77.0%。2020 年浙江省二氧化硫排放区域分布情况见图 3-5。

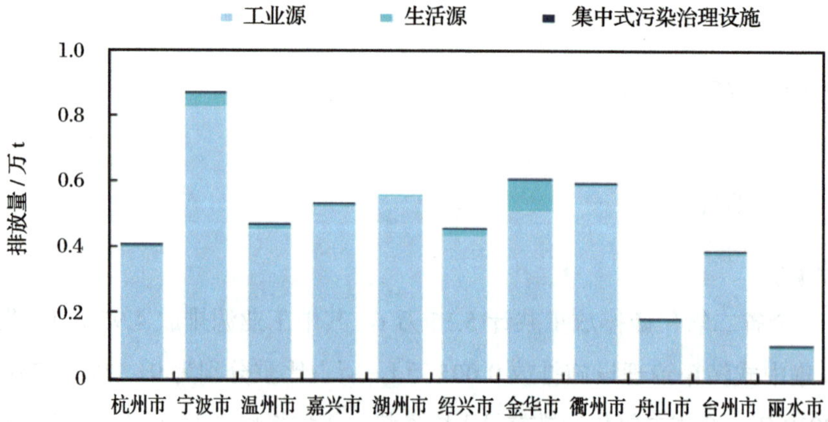

图 3-5　2020 年浙江省二氧化硫排放区域分布情况

（二）氮氧化物

1. 总体情况

2020 年，全省氮氧化物排放量共计 38.73 万 t，其中工业源排放 11.6 万 t、生活源排放 0.25 万 t、机动车排放 26.8 万 t、集中式污染治理设施排放 0.03 万 t，所占比重分别为 30.0%、0.6%、69.3%、0.1%。

2016—2019 年，全省氮氧化物排放呈下降态势，年均降幅约 5.01%。其中工业源排放逐年下降，年均降幅 13.80%；生活源排放年均降幅为 1.58%；机动车和集中式污染治理设施排放呈上升态势，年均增幅分别为 1.95% 和 16.40%。2016—2019 年浙江省氮氧化物排放情况见表 3-6。

表 3-6　2016—2019 年浙江省氮氧化物排放情况

单位：万 t

年份	排放量合计	其中			
		工业源	生活源	机动车	集中式污染治理设施
2016	44.40	21.36	0.63	22.2	0.21
2017	42.09	17.9	0.53	23.4	0.26
2018	39.29	14.65	0.54	23.8	0.30
2019	38.04	13.62	0.59	23.5	0.33
年均变化 /%	−5.01	−13.80	−1.58	1.95	16.40

2. 区域分布

2020 年，全省 11 个设区市中，氮氧化物排放量居前的是杭州市、宁波市和嘉兴市，合计 20.12 万 t，占全省排放总量的 51.9%。

按各类源排放分布，工业源排放居前的为宁波市、杭州市和衢州市，合计 5.30 万 t，占工业源排放总量的 45.7%；生活源排放居前的是金华市、宁波市和杭州市，合计 0.14 万 t，占生活源排放总量的 56.0%；机动车排放居前的是杭州市、宁波市和温州市，合计 15.26 万 t，占机动车排放总量的 56.9%；集中式污染治理设施排放居前的是宁波市、绍兴市和杭州市，合计 0.02 万 t，占集中式污染治理设施排放总量的 66.2%。2020 年浙江省氮氧化物排放区域分布情况见图 3-6。

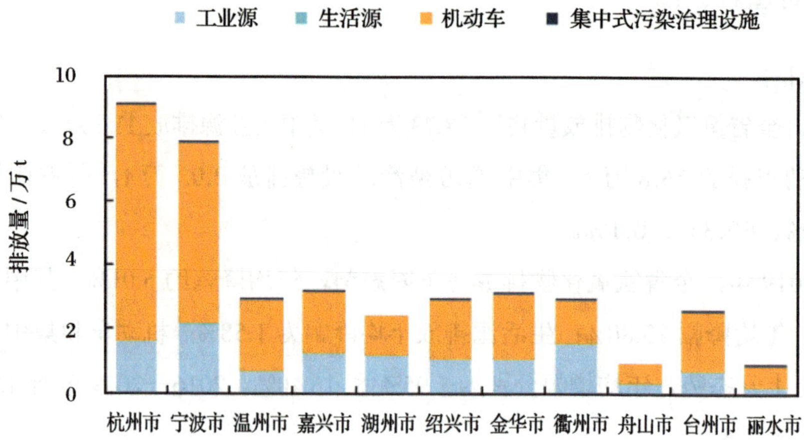

图 3-6　2020 年浙江省氮氧化物排放区域分布情况

（三）颗粒物

2020 年，全省颗粒物排放量共计 8.6 万 t，其中工业源排放 7.7 万 t、生活源排放 0.6 万 t、机动车排放 0.3 万 t、集中式污染治理设施排放 0.002t，所占比重分别为 89.5%、7.0%、3.5%、0.02%。

2016—2019 年，全省颗粒物排放量逐年下降，年均降幅约 14.88%，其中工业源、生活源和机动车排放均呈下降态势，年均降幅分别为 14.65%、26.33% 和 5.86%。2016—2019 年浙江省颗粒物排放情况见表 3-7。

表 3–7　2016—2019 年浙江省颗粒物排放情况

单位：万 t

年份	排放量合计	其中			
		工业源	生活源	机动车	集中式污染治理设施
2016	39.12	37.43	1.31	0.36	0.02
2017	31.45	30.23	0.86	0.34	0.02
2018	27.32	26.37	0.58	0.33	0.03
2019	24.07	23.22	0.51	0.30	0.04
年均变化 /%	−14.88	−14.65	−26.33	−5.86	27.78

（四）挥发性有机物

2020 年，全省挥发性有机物排放量共计 36.55 万 t，其中工业源排放 18.41 万 t、生活源排放 7.66 万 t、机动车排放 10.48 万 t，所占比重分别为 50.4%、21.0%、28.6%。

2016—2019 年，全省挥发性有机物排放呈下降态势，年均降幅约为 17.01%，其中工业源和机动车排放年均降幅分别为 2.93% 和 2.82%；生活源排放年均增幅 33.39%。“十三五”期间浙江省挥发性有机物排放情况见表 3-8。

表 3-8 “十三五”期间浙江省挥发性有机物排放情况

单位：万 t

年份	排放量合计	其中			
		工业源	生活源	机动车	集中式污染治理设施
2016	35.87	23.34	0.00	12.53	0
2017	45.39	25.43	0.06	19.90	0
2018	42.59	24.33	0.06	18.20	0
2019	35.98	25.34	0.05	10.59	0
年均变化 /%	-17.01	-2.93	33.39	-2.82	—

第三节 工业固体废物

一、一般工业固体废物

2020 年，全省一般工业固体废物产生总量为 4 590.5 万 t。产生的全部工业固体废物中，综合利用量为 4 546.1 万 t，处置量为 55.6 万 t，贮存量为 14.6 万 t，无倾倒丢弃量。

2016—2019 年，全省一般工业固体废物产生量和综合利用量均逐年上升；处置量逐年递减，年均降幅为 17.48%；倾倒丢弃量均为 0。2016—2019 年浙江省一般工业固体废物产生、处置情况见表 3-9，2016—2019 年浙江省一般工业固体废物产生、处置年际变化见图 3-7。

表 3-9　2016—2019 年浙江省一般工业固体废物产生、处置情况

单位：万 t

年份	产生量	综合利用量	处置量	倾倒丢弃量
2016	5 562.0	4 886.1	602.4	0
2017	5 651.9	5 033.8	534.9	0
2018	5 719.5	5 188.3	450.5	0
2019	5 721.7	5 355.1	335.8	0
年均变化 /%	0.95	3.10	−17.48	0

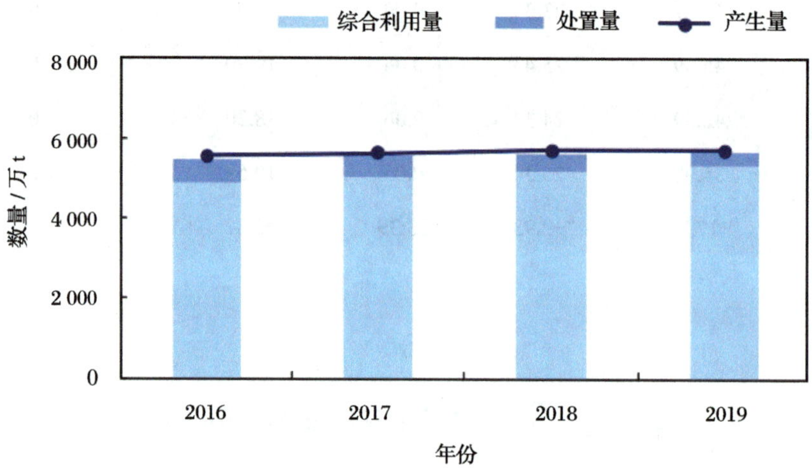

图 3-7　2016—2019 年浙江省一般工业固体废物产生、处置年际变化

二、工业危险废物

2020 年，全省工业危险废物的产生总量为 444.8 万 t。产生的全部工业危险废物中，综合利用处置量和贮存量分别为 440.4 万 t 和 9.7 万 t，无倾倒丢弃量。

2016—2019 年，全省工业危险废物产生量和综合利用处置量均逐年上升，2020 年均有所下降；倾倒丢弃量各年度均为 0。2016—2019 年浙江省工业危险废物产生、处置情况见表 3-10。2016—2019 年浙江省工业危险废物产生、处置年际变化见图 3-8。

表 3-10　2016—2019 年浙江省工业危险废物产生、处置情况

单位：万 t

年份	产生量	综合利用处置量	倾倒丢弃量
2016	386.3	363.8	0
2017	391.3	372.1	0
2018	447.0	439.2	0
2019	502.0	508.5	0
年均变化 /%	9.28	12.03	0

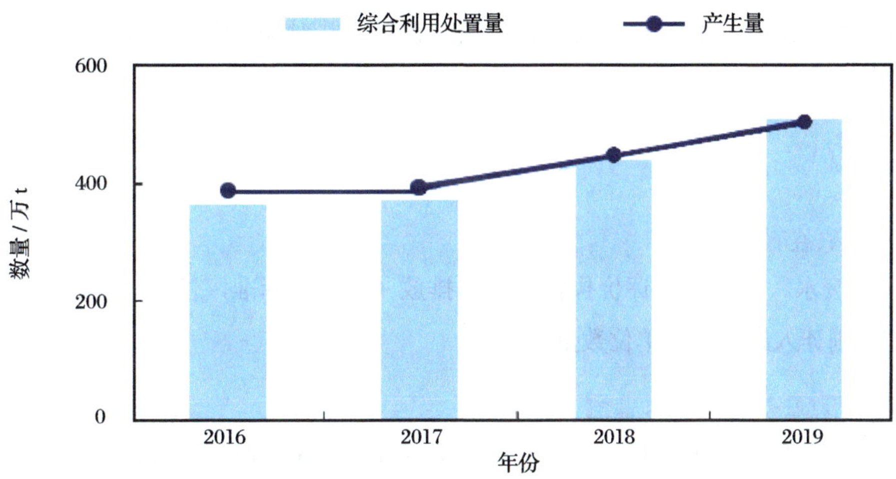

图 3-8　2016—2019 年浙江省工业危险废物产生、处置年际变化

第四节　重点源监测

一、监测概况

（一）监测范围

1. 重点源监测

2020 年，浙江省各级生态环境主管部门共对 1 774 家排污单位工业废水排放、264 家排污单位重金属废水排放、946 家排污单位工业废气排放、343 家集中式污水处理厂废水排放、1 237 家危险废物重点源排放情况开展了执法监测。

2. 固定污染源废气 VOCs 监测

根据《关于加强固定污染源废气挥发性有机物监测工作的通知》（环办监测函〔2018〕123 号）的要求，2020 年浙江省各级生态环境主管部门共对 541 家 VOCs 排污单位开展了执法监测。

（二）评价标准和方法

1.　重点源监测

排污单位废水、废气排放评价执行相应的排放（控制）标准，任意一次监测、任意一项指标超标则计入超标排污单位数量。

2. 固定污染源废气 VOCs 监测

按照排污单位所执行的排放（控制）标准进行评价，对有组织废气、无组织废气分别评价，任意一次监测、任意一项指标超标则计入超标排污单位数量。

二、废水重点源

（一）总体情况

2020 年，全省共监测有工业废水产生的重点排污单位 1 774 家，监测达标率为 96.1%。

“十三五”期间，全省工业废水重点源监测达标率逐年上升，年均上升 2.50%，达标率范围为86.1%～96.1%。“十三五”期间浙江省工业废水重点源达标率变化情况见表3-11。

表 3-11　“十三五”期间浙江省工业废水重点源达标率变化情况

年份	2016	2017	2018	2019	2020	年均变化 /%
监测达标率 /%	86.1	89.4	94.4	95.3	96.1	+2.50

（二）行业分布情况

主要行业中，酒、饮料和精制茶制造业，计算机、通信和其他电子设备制造业，汽车制造业和化学纤维制造业废水监测达标率居前，均为100%，纺织业和食品制造业低于全省平均水平。2020年浙江省工业重点排污单位分行业废水达标情况见图3-9。

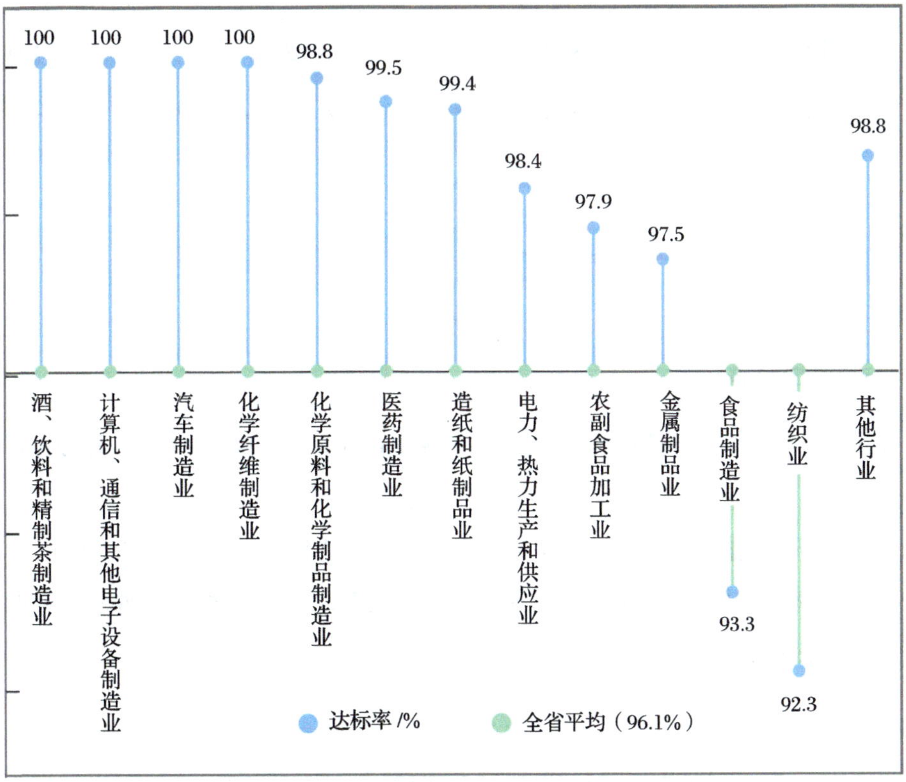

图 3-9　2020年浙江省工业重点排污单位分行业废水达标情况

（三）区域分布情况

2020 年，各设区市中，金华市、衢州市、舟山市和丽水市废水监测达标率居全省前列，均为 100%，台州市和绍兴市均低于全省平均水平。2020 年浙江省工业重点源分区域废水达标情况见表 3-12。

表 3–12　2020 年浙江省工业重点源分区域废水达标情况

设区市	达标率 /%	设区市	达标率 /%
杭州市	98.4	金华市	100
宁波市	99.7	衢州市	100
温州市	97.1	舟山市	100
嘉兴市	99.1	台州市	94.9
湖州市	98.1	丽水市	100
绍兴市	84.5	全省平均	96.1

三、重金属废水重点源

（一）总体情况

2020 年，浙江省共监测重金属废水重点源 264 家，达标率为 99.4%，较 2016 年上升 9.3 个百分点。

“十三五”期间，全省重金属废水重点源监测达标率呈上升趋势，达标率年均增幅 2.32%，达标率范围为 90.1% ～ 99.4%。“十三五”期间浙江省重金属废水重点源达标率变化情况见表 3-13。

表 3–13　“十三五”期间浙江省重金属废水重点源达标率变化情况

年份	2016	2017	2018	2019	2020	年均变化 /%
监测达标率 /%	90.1	97.6	98.9	99.3	99.4	+2.32

（二）行业分布情况

主要行业中，皮革、毛皮、羽毛（绒）及其制品和制鞋业，电气机械和器材制造业，计算机、通信和其他电子设备制造业、水的生产及供应业及汽车制造业重金属废水监测达标率居前，均为100%；金属制品业、有色金属冶炼和压延加工业低于全省平均水平。2020年浙江省重金属重点源分行业废水达标情况见图3-10。

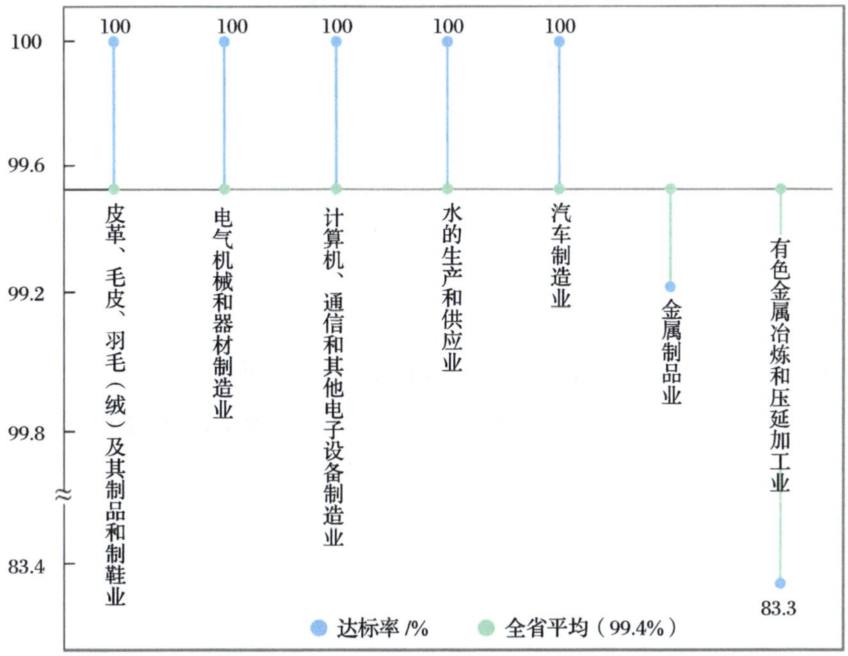

图3-10　2020年浙江省重金属重点源分行业废水达标情况

（三）区域分布情况

2020年，各设区市中，除台州市达标率低于全省平均水平外，其余各市达标率均为100%。2020年浙江省重金属重点源分区域废水达标情况见表3-14。

表3-14　2020年浙江省重金属重点源分区域废水达标情况

设区市	达标率/%	设区市	达标率/%
杭州市	100	金华市	100

设区市	达标率 /%	设区市	达标率 /%
宁波市	100	衢州市	100
温州市	100	舟山市	100
嘉兴市	100	台州市	94.8
湖州市	100	丽水市	100
绍兴市	100	全省平均	99.4

四、废气重点源

（一）总体情况

2020 年，全省共监测工业废气重点源 946 家，监测达标率 98.1%。

“十三五”期间，全省工业废气重点污染源达标率总体保持稳定，年均增幅约为 0.52%。“十三五”期间浙江省工业废气重点源达标率变化情况见表 3-15。

表 3-15 “十三五”期间浙江省工业废气重点源达标率变化情况

年份	2016	2017	2018	2019	2020	年均变化 /%
监测达标率 /%	96.0	98.5	97.2	96.2	98.1	+0.52

（二）行业分布情况

主要行业中，造纸和纸制品业、有色金属冶炼和压延加工业废气监测达标率居前，均为 100%；医药制造业、非金属矿物制品业和纺织业均低于全省平均水平。2020 年浙江省工业重点源分行业废气达标情况见图 3-11。

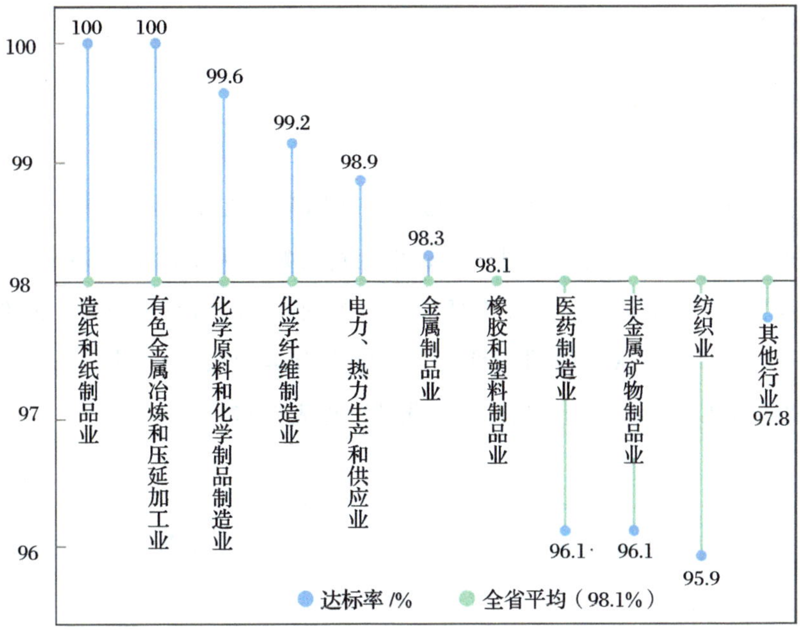

图 3-11　2020 年浙江省工业重点源分行业废气达标情况

（三）区域分布情况

2020 年，各设区市中，宁波市、湖州市、金华市、衢州市和舟山市废气重点源监测达标率居前，均为 100%；温州市、台州市和丽水市均低于全省平均水平。2020 年浙江省工业重点源分区域废气达标情况见表 3-16。

表 3-16　2020 年浙江省工业重点源分区域废气达标情况

设区市	达标率 /%	设区市	达标率 /%
杭州市	98.3	金华市	100
宁波市	100	衢州市	100
温州市	97.9	舟山市	100
嘉兴市	98.8	台州市	92.5
湖州市	100	丽水市	85.1
绍兴市	98.5	全省平均	98.1

五、污水处理厂

（一）总体情况

2020 年，浙江省共监测污水处理厂 343 家，达标率 99.8%。

“十三五”期间，全省污水处理厂达标率年均升幅约为 1.10%，其间由于城镇污水处理厂执行标准变动等原因，达标率有所波动，范围为 94.1% ～ 99.8%。2018 年全省城镇污水处理厂均按照一级 A 标准进行评价，达标率为 94.1%，为“十三五”期间最低。“十三五”期间浙江省污水处理厂达标率变化情况见表 3-17。

表 3–17　“十三五”期间浙江省污水处理厂达标率变化情况

年份	2016	2017	2018	2019	2020	年均变化 /%
监测达标率 /%	95.4	97.3	94.1	99.6	99.8	+1.10

（二）区域分布情况

2020 年，各设区市中，除温州市污水处理厂、嘉兴市污水处理厂和台州市污水处理厂监测达标率均低于全省平均水平外，其余设区市均为 100%。2020 年浙江省污水处理厂分区域达标情况见表 3-18。

表 3–18　2020 年浙江省污水处理厂分区域达标情况

设区市	达标率 /%	设区市	达标率 /%
杭州市	100	金华市	100
宁波市	100	衢州市	100
温州市	99.0	舟山市	100
嘉兴市	99.6	台州市	99.4
湖州市	100	丽水市	100
绍兴市	100	全省平均	99.8

六、危险废物重点源

（一）总体情况

2020 年，浙江省共监测危险废物重点源 1 237 家，监测达标率 97.5%。

“十三五”期间，全省危险废物重点源达标率总体保持稳定，年均增幅约 0.10%。“十三五”期间浙江省危险废物重点源达标率变化情况见表 3-19。

表 3-19 “十三五”期间浙江省危险废物重点源达标率变化情况

年份	2016	2017	2018	2019	2020	年均变化 /%
监测达标率 /%	97.1	97.6	98.0	98.4	97.5	+0.10

（二）区域分布情况

2020 年，各设区市中，金华市和舟山市危险废物重点源监测达标率居前，均为 100%；温州市、湖州市和绍兴市均低于全省平均水平。2020 年浙江省危险废物重点源分区域达标情况见表 3-20。

表 3-20 2020 年浙江省危险废物重点源分区域达标情况

设区市	达标率 /%	设区市	达标率 /%
杭州市	98.4	金华市	100
宁波市	99.9	衢州市	98.1
温州市	96.8	舟山市	100
嘉兴市	97.7	台州市	97.7
湖州市	97.2	丽水市	—
绍兴市	94.1	全省平均	97.5

七、固定污染源废气 VOCs 监测

（一）总体情况

2020 年，浙江省共对 541 家 VOCs 排污单位开展了执法监测，其中有组织 523 家，无组织 150 家，重复 132 家，全省监测达标率为 97.8%。覆盖了石化、化工、工业涂装、包装印刷、电子信息、合成材料、纺织印染、制鞋等行业。

“十三五”期间，全省 VOCs 排污单位排放监测达标率总体呈上升趋势，年均增幅约 2.10%。“十三五”期间浙江省 VOCs 排污单位达标率变化情况见表 3-21。

表 3-21 “十三五”期间浙江省 VOCs 排污单位达标率变化情况

年份	2018	2019	2020	年均变化 /%
监测达标率 /%	93.6	96.3	97.8	+2.10

注：固定污染源废气 VOCs 排污单位专项监测工作从 2018 年开始。

（二）有组织监测情况

有组织监测总体达标率为 97.6%，各设区市达标率范围为 91.7% ～ 100%。2020 年浙江省各设区市 VOCs 有组织排放监测汇总见表 3-22。

表 3-22 2020 年浙江省各设区市 VOCs 有组织排放监测汇总

设区市	达标率 /%	设区市	达标率 /%
杭州市	97.5	金华市	100
宁波市	100	衢州市	100
温州市	96.6	舟山市	100
嘉兴市	100	台州市	96.3
湖州市	91.7	丽水市	96.1
绍兴市	96.0	全省平均	97.6

（三）无组织监测情况

无组织监测总体达标率为 98.7%，各设区市达标率范围为 96.4% ～ 100%。2020 年浙江省各设区市 VOCs 无组织排放监测汇总见表 3-23。

表 3-23　2020 年浙江省各设区市 VOCs 无组织排放监测汇总

设区市	达标率 /%	设区市	达标率 /%
杭州市	100	金华市	100
宁波市	100	衢州市	100
温州市	97.5	舟山市	100
嘉兴市	100	台州市	96.4
湖州市	100	丽水市	100
绍兴市	100	全省平均	98.7

第五节　小结

一、废水

2020 年，浙江省废水排放总量 41.21 亿 t，化学需氧量排放总量 53.22 万 t，氨氮排放总量 3.84 万 t。各设区市中，温州市、宁波市、台州市和杭州市的化学需氧量和温州市、绍兴市、杭州市和宁波市的氨氮污染物排放居前，合计排放化学需氧量 30.23 万 t 和氨氮 2.08 万 t，分别占全省排放总量的 56.8% 和 53.9%。

2016—2019 年，全省废水排放总量呈波段上升态势，主要污染物化学需氧量和氨氮排放量呈逐年下降态势，年均降幅分别达到 9.37% 和 12.45%。

“十三五”期间，全省工业废水重点源监测达标率逐年上升，年均增幅约 2.50%，达标率范围为 86.1% ～ 96.1%。

二、废气

2020 年，全省工业废气排放总量 3.88 亿 m^3，二氧化硫排放量 5.15 万 t，氮氧化物排放量 38.73 万 t。各设区市中，二氧化硫排放居前的是宁波市、金华市和衢州市，合计排放 2.06 万 t，占全省排放总量的 40.0%；氮氧化物排放居前的是杭州市、宁波市和嘉兴市，合计排放 20.12 万 t，占全省排放总量的 51.9%。

2016—2019 年，全省废气排放总量呈波段上升态势，主要污染物二氧化硫和氮氧化物排放量呈逐年下降态势，年均降幅分别达到 16.29% 和 5.01%。

“十三五”期间，废气重点源监测达标率总体保持稳定，达标率范围为 96.0% ～ 98.1%。

三、工业固体废物

2016—2019 年，全省一般工业固体废物产生量、综合利用量逐年递增，年均增幅分别为 0.95%、3.10%，处置量逐年递减，年均降幅为 17.48%，倾倒丢弃量均为 0。

2016—2019 年，全省工业危险废物产生量、综合利用处置量均有增加，年均增幅分别为 9.28%、12.03%，倾倒丢弃量各年度均为 0。

“十三五”期间，全省危险废物重点源达标率总体保持稳定，达标率范围为 97.1% ～ 98.4%。

四、重点源监测

“十三五”期间，全省工业废水重点源监测达标率逐年上升，年均增幅约 2.50%，达标率范围为 86.1% ～ 96.1%；重金属废水重点源监测达标率逐年上升，年均增幅约 2.32%，“十三五”时期末达到 99.4%；工业废气重点污染源达标率总体保持稳定，年均增幅约 0.52%；全省污水处理厂监测达标率总体稳中向好，“十三五”时期末达到 99.8%；全省危险废物重点源达标率总体保持稳定，“十三五”时期末达到 97.5%；全省 VOCs 监测达标率总体保持上升趋势，“十三五”时期末达到 97.8%。

专 栏 ▶

排污单位自行监测监督检查

按照《排污单位自行监测技术指南 总则》和各行业排污单位自行监测技术指南要求，2020 年，全省共对 882 家排污单位开展了自行监测监督检查，占全省已核发排污许可证企业数量的 14.2%。被抽查单位涉及电力、水泥、印染、造纸、制药、化工、电镀、制革、水处理等 20 多个行业。

全省平均分为87.7分，属较为规范[总得分≥80分属较为规范；60(含)~80分属基本规范；<60 分属不规范]，设区市平均分得分范围为 81.5 ～ 91.9 分。

2020 年浙江省各设区市自行监测监督检查得分情况

设区市	得分 / 分	设区市	得分 / 分
杭州市	91.9	金华市	88.2
宁波市	85.6	衢州市	81.5
温州市	84.5	舟山市	83.7
嘉兴市	91.7	台州市	83.8
湖州市	89.2	丽水市	84.7
绍兴市	88.4	全省平均	87.7

规模化畜禽养殖场

2020 年，全省共对 29 家规模化畜禽养殖场（小区）开展执法监测，废水总体达标率为 92.5%。

“十三五”期间，全省规模化畜禽养殖场达标率总体保持稳定，年均增幅约为 5.0%。

"十三五"期间浙江省规模化畜禽养殖场达标率变化情况

年份	2016	2017	2018	2019	2020	年均变化 /%
监测达标率 /%	72.3	75.4	97.3	100	92.5	+5.0

污水处理厂污染削减

2019 年，全省污水处理厂共处理废水 62.44 亿 t，削减化学需氧量 491.50 万 t、氨氮 22.36 万 t、动植物油 0.12 万 t、总氮 57.19 万 t、总磷 1.67 万 t。

"十三五"期间，随着全省污水处理厂污水收集管网的进一步建设和提标改造 [提升至《城镇污水处理厂污染物排放标准》(GB 18918—2002）一级 A] 的全面实施，污水处理量和污染物削减量进一步提升，全省污水处理厂废水处理量逐年增加，年均增幅约为 16.65%。主要污染物中，化学需氧量、氨氮、总氮和总磷削减量大幅增加，年均增幅分别为 96.63%、73.45%、156.34% 和 9.09%；随着环境监管的不断强化，纳入企业的动植物油浓度有所降低，削减量有所下降，年均降幅为 6.14%。

"十三五"期间浙江省污水处理厂主要污染物削减情况

年份	废水处理量 / 亿 t	主要污染物削减量 / 万 t				
		化学需氧量	氨氮	动植物油	总氮	总磷
2016	39.83	113.09	6.41	0.17	8.60	1.29
2017	43.85	125.81	7.02	0.15	9.87	1.47
2018	47.34	131.32	7.28	0.20	10.42	1.63
2019	62.44	491.50	22.36	0.12	57.19	1.67
年均变化 /%	+16.65	+96.63	+73.45	−6.14	+156.34	+9.09

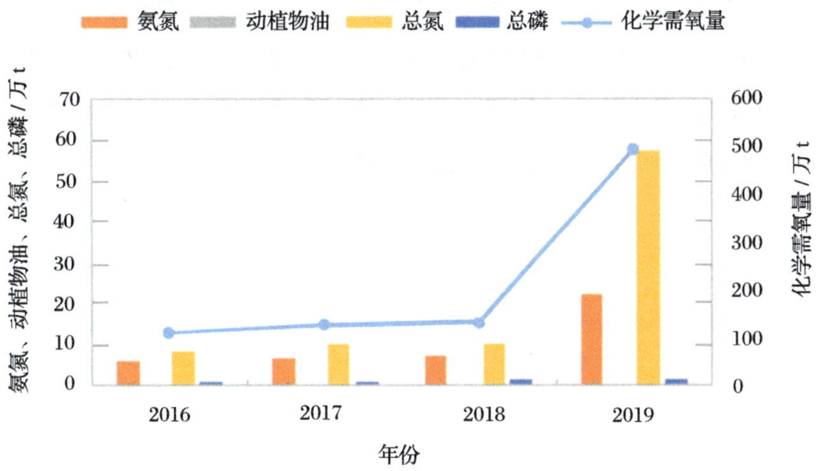

"十三五"期间浙江省污水处理厂主要污染物削减年际变化

浙江省第二次全省污染源普查

根据《全国污染源普查条例》《国务院关于开展第二次全国污染源普查的通知》和《浙江省人民政府关于开展第二次全省污染源普查的通知》要求，2017 年，浙江省开展第二次全省污染源普查工作。普查对象为浙江省内排放污染物的工业污染源、农业污染源、生活污染源、集中式污染治理设施和移动源。

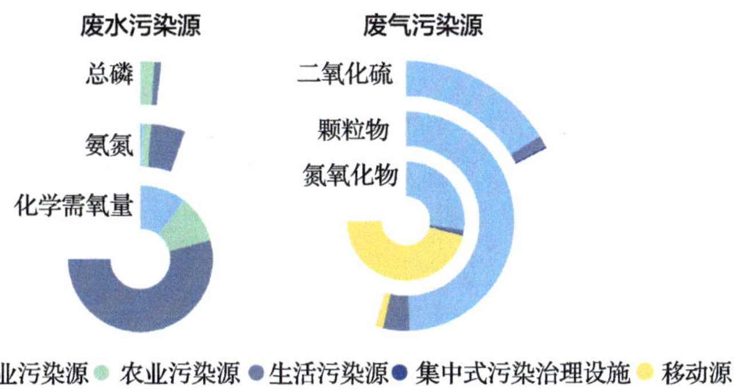

废水和废气污染物来源构成

普查结果显示：废水中化学需氧量、氨氮、总氮和总磷排放量分别为 42.28 万 t、3.09 万 t、12.06 万 t 和 0.98 万 t。废气中二氧化硫、氮氧化物和颗粒物排放量分别为 11.39 万 t、48.86 万 t 和 35.55 万 t。本次普查对部分行业和领域的挥发性有机物进行了尝试性调查，排放量为 78.79 万 t。

第四章

陆域水环境质量

ZHEJIANG SHENG
SHENGTAI HUANJING ZHILIANG ZHUANGKUANG
JI BIANHUA QUSHI YANJIU

（2016—2020年）

“十三五”期间，全省地表水总体水质呈好转趋势，高锰酸盐指数年均浓度无明显变化，氨氮和总磷呈下降趋势。平原河网总体水质呈好转趋势，湖泊水库总体水质和富营养化程度基本保持稳定。交接断面总体水质有所好转，高锰酸盐指数、氨氮、总磷年均浓度总体呈下降趋势。县级以上集中式饮用水水源地水质总体优良。全省地下水水质大多保持天然状态。

第一节　监测概况

浙江省地表水监测断面主要分布在“八大水系”（钱塘江水系、曹娥江水系、甬江水系、椒江水系、瓯江水系、飞云江水系、鳌江水系和苕溪水系）、京杭运河、湖泊水库、河网、独流入海与海岛河流、浙闽交界水系以及城市饮用水水源地，其监测信息用来宏观地分析和反映全省地表水以及省市县交界、入海口、饮用水水源地等的水环境质量状况。地下水水质监测断面主要分布在杭嘉湖、宁绍、温黄、温瑞—平苍等沿海平原和金衢、丽水盆地等可供开发利用的地下水资源主要分布区。

一、监测断面布设

“十三五”期间，全省地表水省控监测断面为 221 个，见表 4-1 和表 4-2。

表 4-1　“十三五”期间浙江省地表水省控监测断面分布及水环境功能区目标水质类别

水系	河流	断面数 / 个	断面名称
钱塘江	马金溪	2	霞山（Ⅱ）、下界首（Ⅲ）
	常山港	2	富足山（Ⅲ）、老鹰潭（Ⅲ）
	衢江	2	浮石渡（Ⅲ）、下童（Ⅲ）
	兰江	3	横山（Ⅲ）、将军岩（Ⅲ）、兰江口（Ⅲ）
	富春江	5	三都大桥（Ⅲ）、桐庐（Ⅲ）、窄溪（Ⅱ）、富阳（Ⅱ）、渔山（Ⅱ）

水系	河流	断面数 / 个	断面名称
钱塘江	干流	3	闸口（Ⅱ）、七堡（Ⅲ）、猪头角（Ⅲ）
	分水江	2	贺州渡（Ⅱ）、桐君山（Ⅲ）
	渌渚江	1	窄溪上港（Ⅲ）
	壶沅江	1	青江口（Ⅲ）
	新安江	2	街口（Ⅱ）、洋溪渡（Ⅲ）
	江山港	2	双塔底（Ⅲ）、双港口（Ⅲ）
	乌溪江	2	黄坛口（Ⅱ）、东迹渡（Ⅲ）
	灵山港	1	郑家（Ⅲ）
	金华江	3	河盘桥（Ⅲ）、婺城大桥（Ⅲ）、费垅（Ⅲ）
	武义江	2	章店（Ⅲ）、范村（Ⅲ）
	东阳江	5	横锦大桥（Ⅲ）、义东桥（Ⅲ）、塔下洲活动坝（Ⅲ）、候芹渡（Ⅲ）、东关桥（Ⅲ）
	南江	2	岩下（Ⅲ）、南江桥（Ⅲ）
	浦阳江	7	金坑岭水库一级电站出口（Ⅱ）、上仙屋（Ⅲ）、安华（Ⅲ）、浣纱大桥（Ⅲ）、湄池（Ⅲ）、街亭（Ⅲ）、浦阳江出口（Ⅱ）
曹娥江	干流	6	屠家埠（Ⅲ）、章镇上游（Ⅲ）、汤曹汇合口（Ⅲ）、百官镇下游（Ⅲ）、桑盆殿（Ⅲ）、曹娥江大闸闸前（Ⅲ）
	澄潭江	1	新市（Ⅲ）
	新昌江	2	长诏水库出口（Ⅱ）、黄泥桥（Ⅲ）
	黄泽江	1	全化大桥（Ⅲ）
甬江	干流	3	三江口（Ⅳ）、张鉴矸（Ⅳ）、游山（Ⅳ）
	奉化江	2	翻石渡（Ⅳ）、澄浪堰（Ⅳ）
	鄞江	2	梁桥（Ⅲ）、皎口水库出口（Ⅱ）

水系	河流	断面数/个	断面名称
甬江	姚江	3	菁江渡（Ⅲ）、浦口闸（Ⅲ）、清林渡（Ⅲ）
	县江	2	龙潭（Ⅲ）、长汀（Ⅳ）
	剡江	2	溪口（Ⅱ）、江口（Ⅲ）
椒江	永安溪	4	曹店（Ⅰ）、茶溪（Ⅱ）、柴岭下（Ⅲ）、柏枝岙（Ⅲ）
	灵江	2	渡头范（Ⅲ）、西岑（Ⅲ）
	干流	2	栅浦（Ⅲ）、老鼠屿（Ⅲ）
	始丰溪	2	响岩（Ⅲ）、沙段（Ⅲ）
	永宁江	1	江口（Ⅲ）
瓯江	龙泉溪	4	小梅桥上（Ⅲ）、临江（Ⅲ）、石塘电站坝下（Ⅱ）、均溪（Ⅱ）
	大溪	4	碧湖渡口（Ⅱ）、桃山大桥（Ⅲ）、风化（Ⅲ）、石门洞（Ⅱ）
	干流	5	石溪（Ⅱ）、圩仁（Ⅲ）、小旦（Ⅱ）、杨府山（Ⅲ）、龙湾（Ⅲ）
	松阴溪	5	遂昌水厂取水点（Ⅱ）、渡船头（Ⅲ）、松阳二中（Ⅲ）、黄田铺（Ⅲ）、堰后（Ⅲ）
	好溪	3	上东岸（左库水库上）（Ⅱ）、兰口（Ⅲ）、水东桥下（Ⅲ）
	楠溪	3	碧莲（Ⅱ）、沙头（Ⅱ）、清水埠（Ⅲ）
	浮云溪	1	浮云溪口（Ⅲ）
	宣平溪	1	宣平溪口（Ⅲ）
	小溪	3	沙湾上（Ⅱ）、外舍（Ⅲ）、巨浦（Ⅱ）
飞云江	干流	5	百丈口（Ⅱ）、赵山渡（Ⅱ）、潘山（Ⅲ）、飞云渡口（Ⅲ）、第三农业站（Ⅲ）
鳌江	干流	4	埭头（Ⅲ）、江屿（Ⅳ）、方岩渡（Ⅲ）、江口渡（Ⅲ）

水系	河流	断面数 / 个	断面名称
苕溪	东苕溪	9	汪家埠（Ⅲ）、里畈（Ⅱ）、奉口（Ⅲ）、城南翻水站（Ⅲ）、东升（Ⅲ）、城西大桥（Ⅱ）、毗山（Ⅲ）、山水渡（Ⅲ）、大钱（Ⅲ）
	西苕溪	7	塘浦（Ⅲ）、递铺（Ⅲ）、荆湾（Ⅲ）、铁路桥（Ⅲ）、港湖大桥（Ⅲ）、小梅口（Ⅲ）、新港口（Ⅲ）
京杭运河	杭州段	3	顾家桥（Ⅲ）、义桥（Ⅲ）、五杭运河大桥（Ⅲ）
	嘉兴段	4	大麻渡口（Ⅳ）、西双桥（Ⅲ）、龙凤大桥（Ⅲ）、王江泾（Ⅲ）
平原河网	杭嘉湖河网	18	塘汇（Ⅲ）、石臼漾水厂（Ⅲ）、焦山门桥（Ⅲ）、池家浜水文站（Ⅲ）、红旗塘大坝（Ⅲ）、枫南大桥（Ⅲ）、青阳汇（Ⅲ）、松木漾桥（Ⅲ）、东塘桥（Ⅲ）、长山闸一号桥（Ⅲ）、尤甪村（Ⅲ）、双林（Ⅲ）、南浔（Ⅲ）、半山桥（Ⅳ）、小新村（Ⅲ）、乌镇北（Ⅲ）、振兴大桥（Ⅲ）、古溇港（Ⅲ）
	萧绍河网	7	新三江闸（Ⅲ）、偏门公路桥（Ⅳ）、萧山出口（Ⅲ）、王家泾（Ⅲ）、湖塘大桥（Ⅱ）、西泽大桥（Ⅱ）、漓渚江口（Ⅱ）
	宁绍河网	2	浒山东（Ⅳ）、四灶浦闸（Ⅳ）
	温州河网	6	仙门（Ⅲ）、东水厂（Ⅲ）、白象（Ⅲ）、塘下（Ⅳ）、小姜垟（Ⅳ）、蒲岐（Ⅳ）
	台州河网	9	栅浦闸（Ⅲ）、岩头闸（Ⅳ）、下里桥（Ⅲ）、三条埠头（Ⅳ）、滨海（Ⅳ）、金清新闸（Ⅳ）、朱砂堆（Ⅲ）、下埭头（Ⅲ）、温峤（Ⅲ）
	长兴河网	3	下莘桥（Ⅲ）、新塘（Ⅲ）、合溪（Ⅲ）
独流入海与海岛河流		4	大荆（Ⅲ）、礁头闸（Ⅳ）、长屿闸（Ⅳ）、城关海滨桥（Ⅳ）
浙闽交界水系		1	三叉口（Ⅲ）

注：名称后括号内类别指水环境功能区目标水质。

表 4-2 “十三五”期间浙江省湖泊水库省控监测点位分布以及水环境功能区目标水质类别

湖库名称	点位数 / 个	点位名称
西湖	3	西里湖北（Ⅳ）、湖心（Ⅳ）、少年宫（Ⅳ）
东钱湖	2	南湖中心（Ⅲ）、北湖中心（Ⅱ）
南湖	1	南湖中心（Ⅲ）
千岛湖	5	大坝前（Ⅱ）、三潭岛（Ⅱ）、小金山（Ⅱ）、航头岛（Ⅱ）、茅头尖（Ⅱ）
湖南镇水库	2	湖南镇水库大坝（Ⅱ）、龙鼻头（Ⅱ）
铜山源水库	1	铜山源水库（Ⅲ）
长潭水库	3	温潭（Ⅱ）、大众旺（Ⅱ）、坝口（Ⅱ）
里石门水库	1	里石门水库（Ⅱ）
虹桥水库	1	虹桥水库（Ⅱ）
紧水滩水库	2	紧水滩水库中心（Ⅱ）、紧水滩水库近坝（Ⅱ）
汤浦水库	1	汤浦水库（Ⅱ）
珊溪水库	2	珊溪水库中（Ⅱ）、珊溪水库坝前（Ⅱ）
白溪水库	1	白溪水库坝前（Ⅰ）
老虎潭水库	1	老虎潭水库坝前（Ⅱ）
滩坑水库	2	滩坑水库坝前（Ⅱ）、岭根（Ⅱ）

注：名称后括号内类别指水环境功能区目标水质。

根据《浙江省跨行政区域河流交接断面水质保护管理考核办法（2016 年修订）》（浙政办发〔2016〕71 号）、《关于印发浙江省跨行政区域河流交接断面调整暂行规定的通知》（浙环函〔2009〕422 号）、《关于增设部分跨行政区域河流交接断面的通知》（浙环函〔2013〕50 号）和《关于调整部分跨行政区域河流交接断面的函》（浙环函〔2014〕98 号）等相关要求，全省布设交接断面 145 个，包括省界 28 个、市界 29 个、县界 62 个、其他 26 个；其中钱塘江流域设置交接断面 32 个，见表 4-3。

表 4-3　钱塘江流域跨行政区域河流交接断面分布

设区市	断面数 / 个	断面名称（交接区域，目标水质类别）
杭州市	19	雅坊水电站（杭州—绍兴，Ⅲ）、大麻渡口（杭州—嘉兴，Ⅲ）、渡船桥（杭州—嘉兴，Ⅳ）、武林头（杭州—湖州，Ⅲ）、奉口（杭州—湖州，Ⅱ）、萧山市出口（杭州—绍兴，Ⅲ）、金山村（杭州—绍兴，Ⅲ）、七堡（杭州市区入海，Ⅲ）、街口（安徽—浙江，Ⅱ）、大坝前（淳安县—建德市，Ⅱ）、严陵坞（建德市—桐庐县，Ⅱ）、窄溪（桐庐县—富阳区，Ⅱ）、渔山（富阳区—杭州市区，Ⅱ）、青何（临安区—富阳区，Ⅱ）、印渚（临安区—桐庐县，Ⅲ）、汪家埠（临安区—余杭区，Ⅲ）、径山（临安区—余杭区，Ⅲ）、荷花坟（杭州—湖州，Ⅲ）、四通桥（杭州—湖州，Ⅲ）
宁波市	6	四灶浦闸（宁波入海，Ⅳ）、郑家浦（慈溪市入海，Ⅲ）、城山渡（余姚市—宁波市区，Ⅲ）、游山（宁波入海，Ⅳ）、浮礁渡（象山县入海，Ⅲ）、水车（宁海市入海，Ⅲ）
温州市	12	三叉口（浙江—福建，Ⅲ）、氡泉（浙江—福建，Ⅲ）、交溪（浙江—福建，Ⅲ）、赵山渡水库上游（文成县—瑞安市，Ⅱ）、塘下（温州市区—瑞安市，Ⅳ）、龙湾（温州入海，Ⅲ）、清水埠（永嘉县—温州市区，Ⅲ）、第三农业站（瑞安市入海，Ⅲ）、江口渡（平阳县入海，Ⅲ）、蒲岐（乐清市入海，Ⅲ）、长坑（洞头区，Ⅱ）、大荆溪（乐清市入海，Ⅲ）
嘉兴市	28	乌镇北（浙江—江苏，Ⅲ）、青阳汇（浙江—上海，Ⅲ）、小新村（浙江—上海，Ⅲ）、长山闸一号桥（海盐县入海，Ⅲ）、众安桥（海盐县入海，Ⅲ）、枫南大桥（浙江—上海，Ⅲ）、池家浜水文站（浙江—上海，Ⅲ）、红旗塘大坝（浙江—上海，Ⅲ）、清凉大桥（浙江—上海，Ⅲ）、新生新运桥（桐乡市—嘉兴市区，Ⅲ）、杨庙大桥（嘉兴市区—嘉善县，Ⅲ）、油车港出口（嘉兴市区—嘉善县，Ⅲ）、七星（嘉兴市区—嘉善县，Ⅲ）、柏树桥（嘉兴市区—嘉善县，Ⅲ）、嘉兴二县渔坝（海宁市—嘉兴市区，Ⅲ）、联合桥（桐乡市—海宁市，Ⅲ）、杭申公路桥（桐乡市—海宁市，Ⅲ）、南星桥港（海宁市—桐乡市，Ⅲ）、白马水泥厂（嘉兴市区—平湖市，Ⅲ）、斜桥（海盐县—平湖市，Ⅲ）、尤甪村（嘉兴市区—海盐县，Ⅲ）、新文桥（嘉兴市区—海盐县，Ⅲ）、长山河大桥（海宁市—海盐县，Ⅲ）、王江泾（江苏—浙江，Ⅲ）、斜路港（江苏—浙江，Ⅲ）、洛东大桥（江苏—浙江，Ⅲ）、民主水文站（江苏—浙江，Ⅲ）、盐官下河排江枢纽（海宁市入海，Ⅲ）

设区市	断面数 / 个	断面名称（交接区域，目标水质类别）
湖州市	19	新港口（浙江—江苏，Ⅲ）、小梅口（浙江—江苏，Ⅲ）、大钱（浙江—江苏，Ⅲ）、南浔（浙江—江苏，Ⅲ）、古溇港（浙江—江苏，Ⅲ）、幻娄（浙江—江苏，Ⅲ）、汤娄（浙江—江苏，Ⅲ）、新塘（浙江—江苏，Ⅲ）、合溪（浙江—江苏，Ⅲ）、杨家浦（浙江—江苏，Ⅲ）、晚村（湖州—嘉兴，Ⅲ）、乌镇（湖州—嘉兴，Ⅲ）、荆湾（安吉县—长兴县，Ⅲ）、南潘（长兴县—湖州市区，Ⅲ）、金村埠（长兴县—湖州市区，Ⅲ）、东升（德清县—湖州市区，Ⅲ）、含山（德清县—湖州市区，Ⅲ）、东村桥（安徽—浙江，Ⅱ）、沈家墩（德清县—湖州市区，Ⅲ）
绍兴市	7	进化（绍兴—杭州，Ⅲ）、田东（新昌县—嵊州市，Ⅲ）、黄泥桥（新昌县—嵊州市，Ⅲ）、石桥头村（新昌县—嵊州市，Ⅲ）、章镇上游（嵊州市—上虞区，Ⅲ）、曹娥江大闸闸前（柯桥区入海，Ⅲ）、汤家村（绍兴—杭州，Ⅲ）
金华市	20	将军岩（金华—杭州，Ⅲ）、大石堰坝（金华—杭州，Ⅲ）、上仙屋（金华—绍兴，Ⅲ）、里石门水库上游（金华—台州，Ⅱ）、上东岸（金华—丽水，Ⅱ）、赤圩（金华—丽水，Ⅲ）、雅溪水库（金华—丽水，Ⅱ）、沈村（金华市区—兰溪市，Ⅲ）、桐琴桥（永康市—武义县，Ⅲ）、焦岩桥（武义县—金华市区，Ⅲ）、台口（磐安县—东阳市，Ⅲ）、方塘（东阳市—义乌市，Ⅲ）、梓誉（磐安县—东阳市，Ⅱ）、义东桥（东阳市—义乌市，Ⅲ）、低田桥（义乌市—金华市区，Ⅲ）、石斛桥（义乌市—浦江县，Ⅲ）、夹溪大桥（金华—绍兴，Ⅱ）、冲背（金华—台州，Ⅱ）、龙潭（义乌市—浦江县，Ⅲ）、青石渡（金华—绍兴，Ⅱ）
衢州市	5	洋港（衢州—金华，Ⅲ）、文图（开化县—常山县，Ⅲ）、航埠（常山县—衢州市区，Ⅲ）、老鹰嘴（衢州市区—龙游县，Ⅲ）、后溪（江山市—衢州市区，Ⅲ）
舟山市	3	临城（舟山市入海，Ⅲ）、磨心水库（岱山县，Ⅱ）、基湖（嵊泗县，Ⅲ）
台州市	12	罗渡大桥（仙居县—临海市，Ⅲ）、红光（临海市—台州市区，Ⅲ）、百步（天台县—临海市，Ⅲ）、泽国界（台州市区—温岭市，Ⅳ）、黄礁（临海市—台州市区，Ⅲ）、老鼠屿（台州市入海，Ⅲ）、新河（温岭市入海，Ⅳ）、温峤（温岭市入海，Ⅲ）、善岙蒋（三门县入海，Ⅲ）、健跳（三门县入海，Ⅲ）、礁头闸（玉环市入海，Ⅳ）、分水山闸（玉环市入海，Ⅲ）
丽水市	14	岩下（浙江—福建，Ⅲ）、贵南洋电站（浙江—福建，Ⅱ）、龙鼻头（丽水—衢州，Ⅱ）、马戌口（丽水—衢州，Ⅲ）、光瑶（丽水—金华，Ⅲ）、小旦（丽水—温州，Ⅱ）、黄坦（丽水—温州，Ⅱ）、赤石（龙泉市—云和县，Ⅱ）、均溪（云和县—丽水市区，Ⅱ）、风化（丽水市区—青田县，Ⅲ）、大石（遂昌县—松阳县，Ⅲ）、堰后（松阳县—丽水市区，Ⅲ）、好溪电站（缙云县—丽水市区，Ⅲ）、岭根（景宁县—青田县，Ⅱ）

全省共有县级以上城市集中式饮用水水源地 92 个，其中河流型为 25 个，湖库型为 67 个，见表 4-4。

表 4-4 浙江省县级以上城市集中式饮用水水源地分布

设区市	个数	水源地名称（监测点位）
杭州市	7	钱塘江杭州水源地（西区水厂、赤山埠水厂、清泰门水厂、南星桥水厂、萧山 123 水厂）、东苕溪杭州水源地（祥符桥水厂、临平水厂）、富春江富阳水源地（富阳水厂）、里畈水库水源地（里畈）、富春江桐庐水源地（桐庐镇水厂）、新安江建德水源地（新安江水厂）、新安江水库淳安水源地（县自来水厂）
宁波市	13	横山水库水源地（横山水库）、周公宅—皎口水库水源地（皎口水库）、白溪水库水源地（白溪水库坝前）、亭下水库（萧镇）水源地（亭下水库）、西溪—黄坛水库水源地（黄坛水库）、陆埠水库水源地（陆埠水库）、梁辉水库水源地（梁辉水库）、四明湖水库水源地（四明湖水库）、双溪口水库水源地（双溪口水库）、上林湖水库水源地（上林湖水库）、仓岙水库水源地（仓岙水库）、溪口水库水源地（溪口水库）、上张—隔溪张水库水源地（上张水库）
温州市	10	山根水源地（山根）、泽雅水库水源地（泽雅）、珊溪—赵山渡水库水源地（赵山渡）、淡溪水库水源地（淡溪水库）、珊溪—赵山渡水库水源地（珊溪水库坝前）、桥墩水库水源地（桥墩水库）、友谊水库水源地（友谊水库）、长坑水库水源地（长坑）、楠溪江西向供水工程水源地（取水口）、楠溪江东向供水工程水源地（沙头）
嘉兴市	8	新塍塘嘉兴水源地（石臼漾水厂）、长水塘嘉兴水源地（贯泾港水厂）、长水塘海宁水源地（海宁第三水厂）、盐官下河海宁水源地（泰山桥水厂）、太浦河嘉善平湖水源地（太浦河取水口）、运河桐乡水源地（单桥）、广陈塘平湖水源地（广陈水厂）、千亩荡水源地（千亩荡）
湖州市	7	西苕溪港湖大桥水源地（城北水厂）、老虎潭水库水源地（老虎潭水库）、包漾河水源地（包漾河）、合溪水库水源地（合溪水库）、凤凰水库水源地（凤凰水库）、赋石水库水源地（赋石水库）、对河口水库水源地（武康水厂）
绍兴市	4	汤浦水库水源地（汤浦水库西出水口）、长诏水库水源地（长诏水库引水渠）、陈蔡水库水源地（陈蔡水库取水口）、南山水库水源地（南山水库取水口）
金华市	8	沙金兰水库水源地（沙金兰库头）、芝堰水库水源地（芝堰水库坝前）、八都水库水源地（八都水库坝前）、横锦水库水源地（横锦水库出口）、金坑岭水库水源地（金坑岭水库口）、源口水库水源地（源口水库坝前）、杨溪水库水源地（杨溪水库坝前）、马蹄坑水库水源地（磐安水厂）

设区市	个数	水源地名称（监测点位）
衢州市	7	黄坛口水库水源地（黄坛口）、碗窑水库水源地（碗窑水库坝头）、峡口水库水源地（峡口水库）、常山港水源地（枧头）、芙蓉水库水源地（芙蓉水库）、马金溪开化水源地（龙潭）、洪畈水库水源地（洪畈）
舟山市	9	城北水库水源地（城北水库）、虹桥水库水源地（虹桥水库）、岑港水库水源地（岑港水库）、陈岙—洞岙水库水源地（陈岙水库）、陈岙—洞岙水库水源地（洞岙水库）、芦东—应家湾—沙田岙水库水源地（芦东水库）、芦东—应家湾—沙田岙水库水源地（应家湾水库）、小高亭水库水源地（小高亭水库）、长弄堂水库水源地（长弄堂水库）
台州市	9	长潭水库水源地（长潭水库坝口）、湖漫水库水源地（湖漫水库）、牛头山水库水源地（牛头山水库）、西岙水库水源地（西岙水库）、黄龙水库水源地（黄龙水库）、里石门水库水源地（里石门水库）、佃石水库水源地（佃石水库）、双庙水库水源地（双庙水库）、里墩水库水源地（里墩水库）
丽水市	10	黄村水库水源地（黄村水库）、玉溪水库水源地（玉溪水库）、岩樟溪二级电站水库水源地（龙泉水厂取水口）、小溪青田水源地（小奕）、雾溪水库水源地（雾溪水库）、好溪缙云水源地（缙新水厂取水口）、成屏二级电站水库水源地（遂昌水厂取水口）、东坞水库水源地（东坞水库）、兰溪桥水库水源地（兰溪桥水库）、龙潭桥水库水源地（龙潭桥水库）

二、监测项目和频次

地表水省控断面水质监测项目为《地表水环境质量标准》（GB 3838—2002）表 1 中的水温、pH、溶解氧、高锰酸盐指数、化学需氧量、五日生化需氧量、氨氮、总磷、总氮、铜、锌、氟化物、硒、砷、汞、六价铬、铅、镉、石油类、挥发酚、氰化物、阴离子表面活性剂、硫化物和粪大肠菌群 24 项；湖库加测透明度、叶绿素 a 等指标。手工监测频次为每月 1 次。

交接断面水质监测项目为 pH、溶解氧、高锰酸盐指数、氨氮和总磷 5 项。手工监测频次为每月 1 次。

集中式饮用水水源监测项目为《地表水环境质量标准》（GB 3838—2002）表 1、表 2 中的 29 项，监测频次为每月 1 次；设区城市饮用水水源每月增加表 3 中优选 33 项监测，每年开展 1 次 109 项全分析；县级城市每季度增加 1 次表 3 中优选 33 项监测，每两年开展 1 次 109 项全分析。

地下水水质监测项目为《地下水质量标准》（GB/T 14848—2017）中钠、铁、铜、锰、铅、锌、镉、铬（六价）、汞、砷、硒、铝、氯化物、氰化物、氟化物、碘化物、硫酸盐、硝酸盐、亚硝酸盐、溶解性总固体、总硬度、氨氮、挥发性酚类、硫化物、耗氧量（COD_{Mn}）、阴离子合成洗涤剂、pH 27 项。监测频次为丰水期、枯水期各 1 次。

三、评价项目与标准

（一）水质评价项目

地表水省控断面水质评价项目为《地表水环境质量标准》（GB 3838—2002）表 1 中除水温、总氮、粪大肠菌群以外的 21 项。总氮作为参考指标单独评价（河流总氮除外）。

集中式饮用水水源水质常规评价项目为《地表水环境质量标准》（GB 3838—2002）表 1 和表 2 中除水温、总氮、粪大肠菌群外的 26 项。总氮、粪大肠菌群作为参考指标单独评价。

交接断面水质评价项目为高锰酸盐指数、氨氮和总磷 3 项。

湖泊水库营养状态评价项目为高锰酸盐指数、总氮、总磷、叶绿素 a 和透明度 5 项。

（二）水质评价标准

地表水水质评价执行《地表水环境质量标准》（GB 3838—2002），其中饮用水水源水质达标评价执行《地表水环境质量标准》（GB 3838—2002）表 1 中Ⅲ类标准限值和表 2 补充项目标准限值。

地下水水质评价执行《地下水质量标准》（GB/T 14848—2017）。

四、评价方法

地表水省控断面评价方法执行《地表水环境质量评价办法（试行）》（环办〔2011〕22 号）。此外，在评价时还与被评价水域的功能要求相结合，评价该水域能否符合水环境功能区的目标水质要求，以提高环境管理服务效能。地表水水环境功能区水质达标情况按《浙江省水功能区水环境功能区划分方案》（浙政函〔2015〕71 号）确定的目标水质进行评价。

集中式饮用水水源分别进行水质类别、水量达标率、个数达标率评价。水质类别以水源年均浓度进行评价，水量达标率为各月达标取水量之和占全年总取水量的比例，个数达标率为各月水质均达标的水源个数占区域水源总个数的比例。

交接断面评价方法参照《浙江省跨行政区域河流交接断面水质保护管理考核办法（2016年修订）》（浙政办发〔2016〕71号）。

地下水监测断面评价方法采用单因子评价法。

五、污染变化趋势的定量分析

污染变化趋势的定量分析采用Spearman的秩相关系数法，进行Daniel趋势检验，衡量环境污染变化趋势在统计上有无显著性。

六、综合污染指数

地表水省控断面水质综合污染指数选取《地表水环境质量标准》（GB 3838—2002）表1中高锰酸盐指数、氨氮、总磷、五日生化需氧量、化学需氧量5项指标，以Ⅲ类标准限值为基准计算得到各指标的污染分指数，污染分指数的平均值为综合污染指数。

第二节　地表水总体水质

一、水质现状

（一）总体水质为优

2020年，浙江省地表水总体水质为优。全省221个省控断面中，Ⅰ～Ⅲ类水质断面占94.6%（其中Ⅰ类占11.8%、Ⅱ类占45.2%、Ⅲ类占37.6%），Ⅳ类占5.0%，Ⅴ类占0.4%；满足水环境功能区目标水质要求的断面占98.2% 见图4-1。

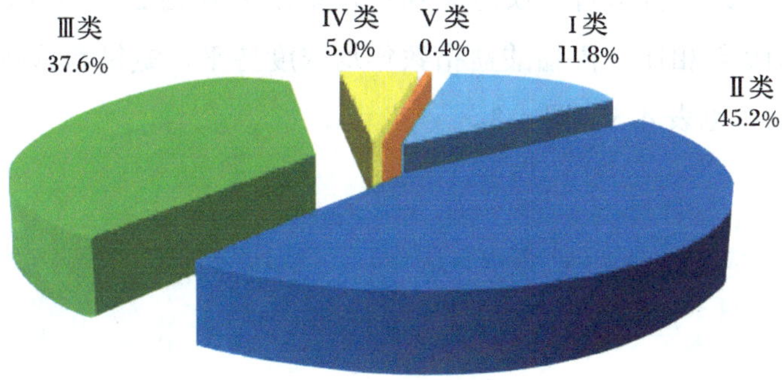

图 4-1 浙江省地表水总体水质类别组成比例

与上年相比，Ⅰ～Ⅲ类水质断面比例增加 3.2 个百分点，均无劣Ⅴ类；满足水环境功能区目标水质要求的断面比例增加 2.3 个百分点，总体水质基本保持稳定见图 4-2。

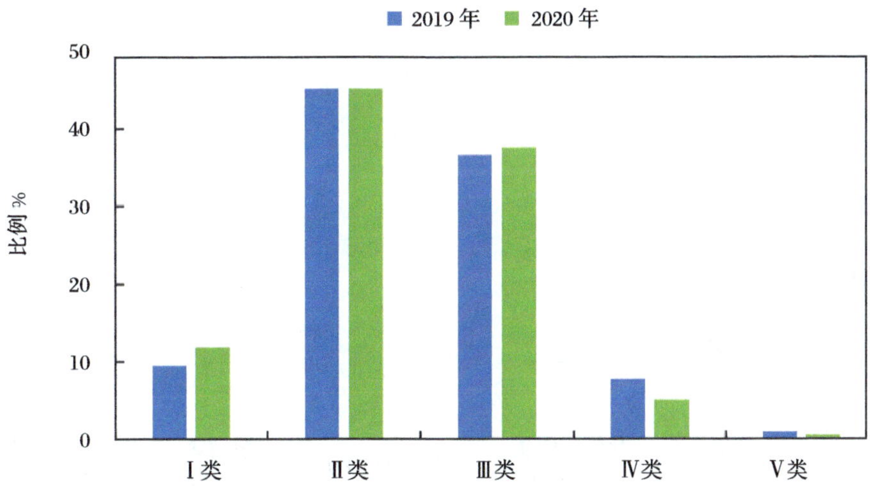

图 4-2 2019—2020 年浙江省地表水水质类别比较

（二）主要超标指标为氨氮、总磷、化学需氧量

全省地表水省控断面年均值出现超Ⅲ类水质指标的有氨氮、总磷、化学需氧量、溶解氧和五日生化需氧量 5 项，超标率分别为 3.6%、3.2%、3.2%、2.3% 和 1.4%。

高锰酸盐指数、氨氮和总磷 3 项污染物年均浓度分别为 2.7 mg/L、0.28 mg/L 和 0.085 mg/L。与 2019 年相比，高锰酸盐指数年均浓度持平，氨氮和总磷年均浓度分别下降 12.5% 和 5.6%。见表 4-5、图 4-3。

表 4-5　2020 年浙江省各水系超标指标及断面超标率

水系名称	超标指标（超标率）				
钱塘江	—	—	—	—	—
曹娥江	—	—	—	—	—
甬江	—	—	—	—	—
椒江	—	—	—	—	—
瓯江	—	—	—	—	—
飞云江	—	—	—	—	—
鳌江	—	—	—	—	—
苕溪	—	—	—	—	—
京杭运河	—	—	—	—	—
湖库	总磷 (3.6%)	—	—	—	—
平原河网	氨氮 (17.8%)	化学需氧量 (13.3%)	总磷 (11.1%)	溶解氧 (11.1%)	五日生化需氧量 (4.4%)
独流入海与海岛河流	总磷 (25.0%)	化学需氧量 (25.0%)	五日生化需氧量 (25.0%)	—	—
浙闽交界水系	—	—	—	—	—
全省	氨氮 (3.6%)	总磷 (3.2%)	化学需氧量 (3.2%)	溶解氧 (2.3%)	五日生化需氧量 (1.4%)

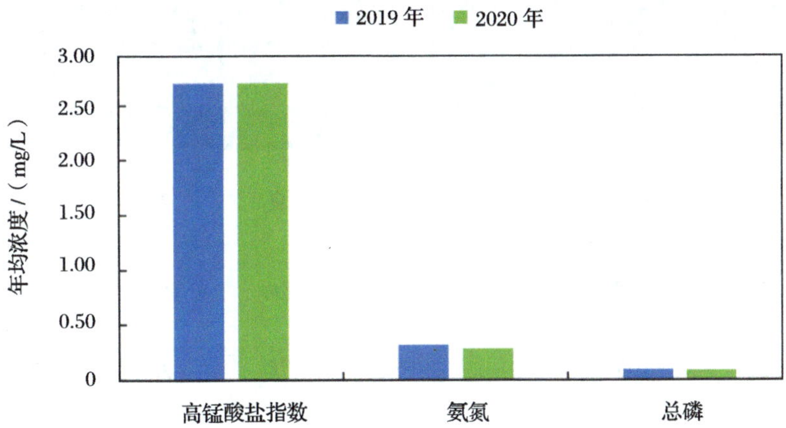

图 4-3　浙江省地表水 3 项污染物年均浓度比较

（三）各设区市水质差异较大

从区域分布情况来看，11 个设区市地表水水质差异较大，其中杭州市、嘉兴市、湖州市、绍兴市、金华市、衢州市和丽水市总体水质为优；宁波市、温州市、舟山市和台州市为良。高锰酸盐指数年均浓度高于全省均值的有宁波市、嘉兴市、湖州市、金华市和台州市 5 市；氨氮年均浓度高于全省均值的有宁波市、温州市、嘉兴市、金华市、舟山市和台州市 6 市；总磷年均浓度高于全省均值的有宁波市、嘉兴市、湖州市、金华市、舟山市和台州市 6 市。见表 4-6。

表 4-6　2020 年浙江省各设区市地表水水质状况

设区市	断面数 / 个	断面比例 /%			水质状况	污染物浓度 / (mg/L)		
		Ⅰ～Ⅲ类	劣Ⅴ类	满足功能要求		高锰酸盐指数	氨氮	总磷
杭州市	32	100	0	100	优	2.2	0.20	0.059
宁波市	19	89.5	0	100	良	3.0	0.30	0.103

设区市	断面数 / 个	断面比例 /%			水质状况	污染物浓度 /（mg/L）		
		Ⅰ～Ⅲ类	劣Ⅴ类	满足功能要求		高锰酸盐指数	氨氮	总磷
温州市	24	87.5	0	95.8	良	2.0	0.40	0.083
嘉兴市	16	93.8	0	93.8	优	4.2	0.36	0.151
湖州市	21	100	0	95.2	优	3.6	0.25	0.091
绍兴市	21	100	0	100	优	2.6	0.23	0.074
金华市	17	100	0	100	优	3.2	0.31	0.114
衢州市	13	100	0	100	优	1.6	0.08	0.038
舟山市	2	50.0	0	100	良	2.3	0.48	0.114
台州市	26	80.8	0	96.2	良	3.3	0.48	0.121
丽水市	28	100	0	100	优	1.8	0.12	0.039
全省	221	94.6	0	98.2	优	2.7	0.28	0.085

（四）月度水质变化较大

从月度水质变化情况来看，各月地表水Ⅰ～Ⅲ类水质断面比例呈波动变化，上半年先升后降，3 月最高达到 90.5%，丰水期 6—8 月相对较低，6 月仅为 76.0%，下半年逐月提高，11—12 月回升到 90.0%。

从 3 项污染物浓度变化来看，高锰酸盐指数和总磷月均浓度变化相似，在 2 月、3 月相对较低，4 月起逐步上升，6—7 月全年最高，下半年逐渐下降。氨氮月均浓度在 1 月最高，后开始波动，6—7 月和 12 月相对较高，8—11 月稳定在 0.2 mg/L 左右。见图 4-4、图 4-5、表 4-7。

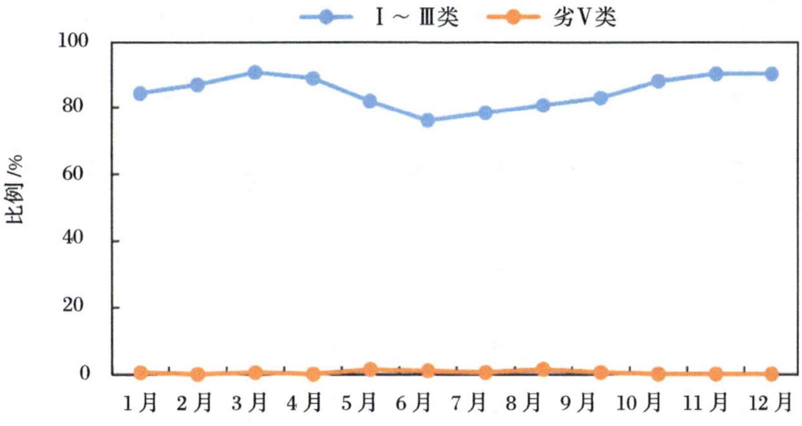

图 4-4 Ⅰ～Ⅲ类水质比例月度变化

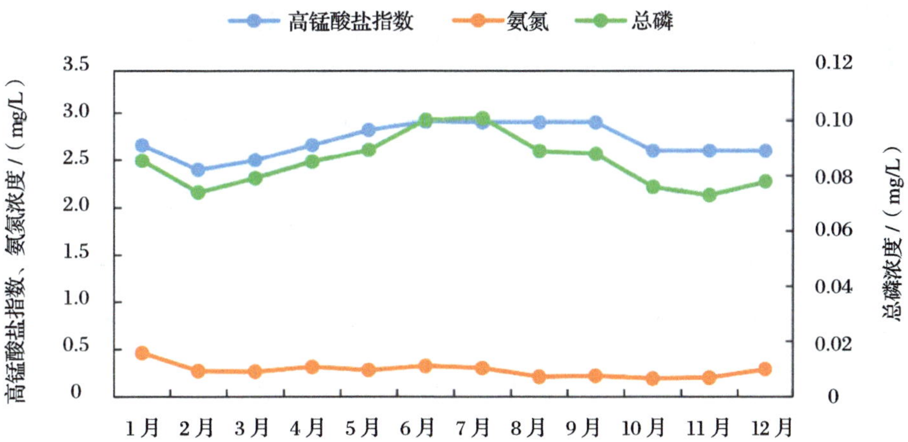

图 4-5 3 项污染物浓度月度变化

表 4-7　2020 年浙江省地表水水质状况汇总

水系名称		总断面数/个	断面数/个						断面比例/%						满足功能断面		不满足功能断面		水质状况
			Ⅰ类	Ⅱ类	Ⅲ类	Ⅳ类	Ⅴ类	劣Ⅴ类	Ⅰ类	Ⅱ类	Ⅲ类	Ⅳ类	Ⅴ类	劣Ⅴ类	个数/个	比例	个数/个	比例	
『八大水系』和京杭运河	钱塘江	47	5	29	13	0	0	0	10.6	61.7	27.7	0	0	0	47	100	0	0	优
	曹娥江	10	0	8	2	0	0	0	0	80.0	20.0	0	0	0	10	100	0	0	优
	甬江	14	1	4	9	0	0	0	7.1	28.6	64.3	0	0	0	14	100	0	0	优
	椒江	11	1	5	5	0	0	0	9.1	45.5	45.5	0	0	0	11	100	0	0	优
	瓯江	29	6	21	2	0	0	0	20.7	72.4	6.9	0	0	0	29	100	0	0	优
	飞云江	5	2	2	1	0	0	0	40.0	40.0	20.0	0	0	0	5	100	0	0	优
	鳌江	4	0	1	3	0	0	0	0	25.0	75.0	0	0	0	4	100	0	0	优
	苕溪	16	1	9	6	0	0	0	6.3	56.3	37.5	0	0	0	15	93.8	1	6.2	优
	京杭运河	7	0	0	7	0	0	0	0	0	100	0	0	0	7	100	0	0	优
	小计	143	16	79	48	0	0	0	11.2	55.2	33.6	0	0	0	142	99.3	1	0.7	优
湖库		28	10	13	4	0	1	0	35.7	46.4	14.3	0	3.6	0	27	96.4	1	3.6	优

水系名称		总断面数/个	断面数/个						断面比例/%						满足功能断面		不满足功能断面		水质状况
			Ⅰ类	Ⅱ类	Ⅲ类	Ⅳ类	Ⅴ类	劣Ⅴ类	Ⅰ类	Ⅱ类	Ⅲ类	Ⅳ类	Ⅴ类	劣Ⅴ类	个数/个	比例	个数/个	比例	
平原河网	杭嘉湖河网	18	0	1	17	0	0	0	0	5.6	94.4	0	0	0	18	100	0	0	优
	萧绍河网	7	0	5	2	0	0	0	0	71.4	28.6	0	0	0	7	100	0	0	优
	宁绍河网	2	0	0	0	2	0	0	0	0	0	100	0	0	2	100	0	0	轻度污染
	台州河网	9	0	0	5	4	0	0	0	0	55.6	44.4	0	0	8	88.9	1	11.1	轻度污染
	温州河网	6	0	0	3	3	0	0	0	0	50.0	50.0	0	0	5	83.3	1	16.7	轻度污染
	长兴河网	3	0	0	3	0	0	0	0	0	100	0	0	0	3	100	0	0.0	优
	小计	45	0	6	30	9	0	0	0	13.3	66.7	20.0	0	0	43	95.6	2	4.4	良

水系名称	总断面数/个	断面数/个						断面比例/%						满足功能断面		不满足功能断面		水质状况
		Ⅰ类	Ⅱ类	Ⅲ类	Ⅳ类	Ⅴ类	劣Ⅴ类	Ⅰ类	Ⅱ类	Ⅲ类	Ⅳ类	Ⅴ类	劣Ⅴ类	个数/个	比例	个数/个	比例	
独流入海与海岛河流	4	0	1	1	2	0	0	0	25.0	25.0	50.0	0	0	4	100	0	0	良
浙闽交界水系	1	0	1	0	0	0	0	0	100	0	0	0	0	1	100	0	0	优
合计	221	26	100	83	11	1	0	11.8	45.2	37.6	5.0	0.4	0	217	98.2	4	1.8	优

二、水质变化趋势

根据 Spearman 秩相关系数定量分析，“十三五”期间浙江省地表水Ⅰ～Ⅲ类水质断面比例为 77.4% ～ 94.6%，呈上升趋势；满足功能要求水质断面比例为 80.5% ～ 98.2%，呈上升趋势；劣Ⅴ类水质断面比例为 0 ～ 2.7%，2017—2020 年连续四年均无劣Ⅴ类水质断面；高锰酸盐指数年均浓度无明显变化，氨氮和总磷年均浓度呈下降趋势。见表 4-8、图 4-6、图 4-7。

表 4-8 “十三五”期间浙江省地表水水质统计

年份	断面数 / 个	断面比例 /%			污染物浓度 /（mg/L）		
		Ⅰ～Ⅲ类	劣Ⅴ类	满足功能要求	高锰酸盐指数	氨氮	总磷
2016	221	77.4	2.7	80.5	2.9	0.47	0.106
2017	221	82.8	0	86.0	2.9	0.39	0.094
2018	221	84.6	0	89.6	2.8	0.37	0.090
2019	221	91.4	0	95.9	2.7	0.32	0.090
2020	221	94.6	0	98.2	2.7	0.28	0.085
秩相关系数		1.00	-0.25	1.00	-0.85	-1.00	-0.92

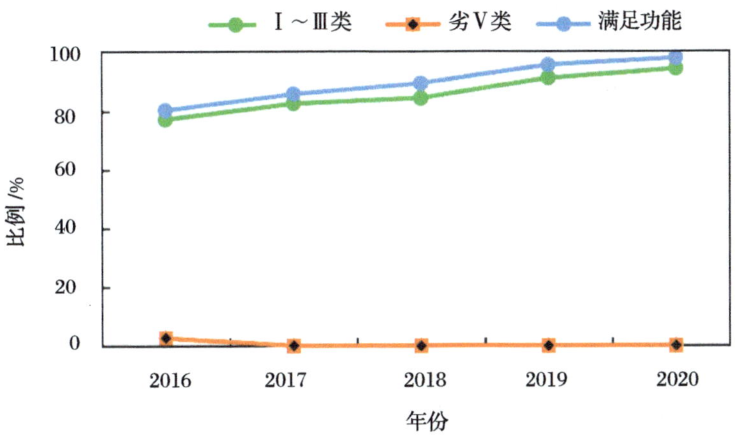

图 4-6 “十三五”期间浙江省地表水总体水质变化

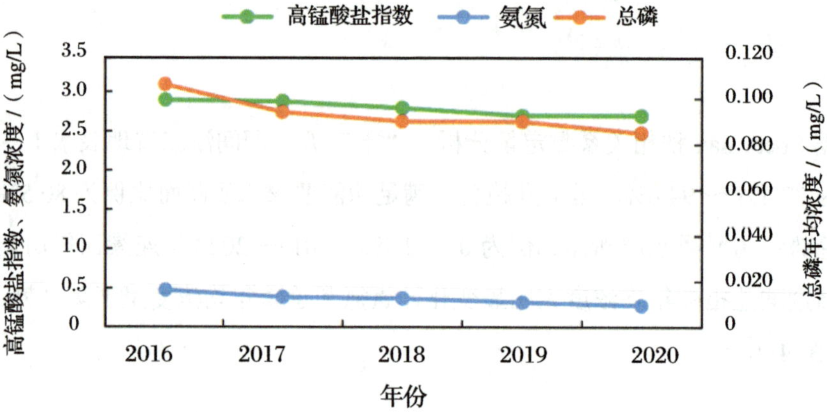

图 4-7 “十三五”期间浙江省地表水 3 项污染物年均浓度变化

与“十二五”时期末相比，“十三五”时期末浙江省地表水总体水质由轻度污染转为优。其中，Ⅰ～Ⅲ类水质断面比例增加 21.7 个百分点，劣Ⅴ类减少 6.8 个百分点；满足功能要求断面比例增加 23.1 个百分点；高锰酸盐指数、氨氮和总磷年均浓度分别下降 12.9%、60.0% 和 30.3%。

11 个设区市中，湖州市、衢州市和丽水市继续保持优，舟山市保持良，杭州市和绍兴市由良转优，嘉兴市和金华市由轻度污染转为优，宁波市由轻度污染转为良，温州市和台州市由中度污染转为良。见图 4-8、图 4-9。

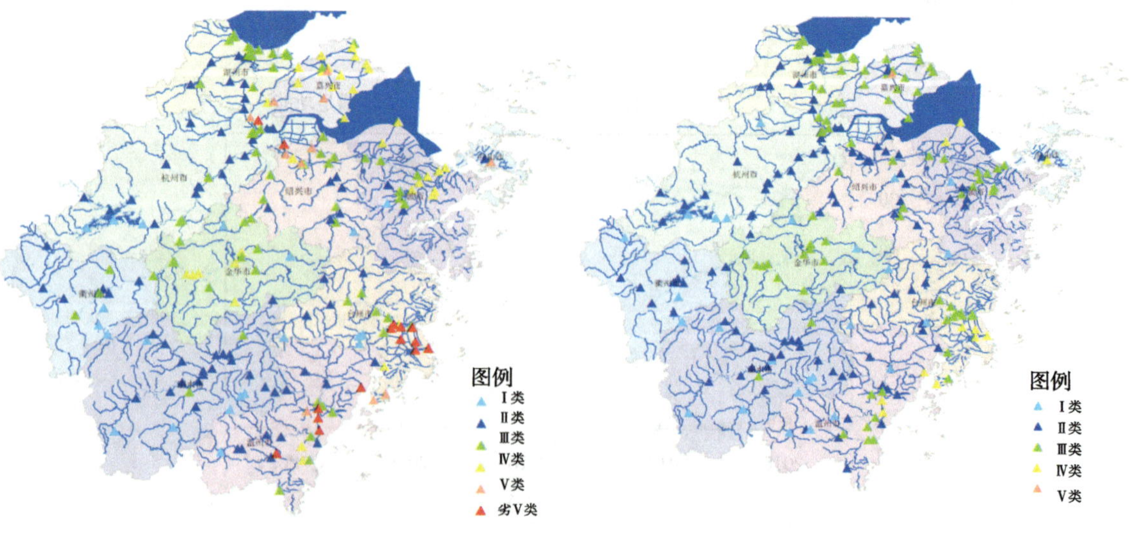

图 4-8 2015 年和 2020 年浙江省省控断面水质状况示意图

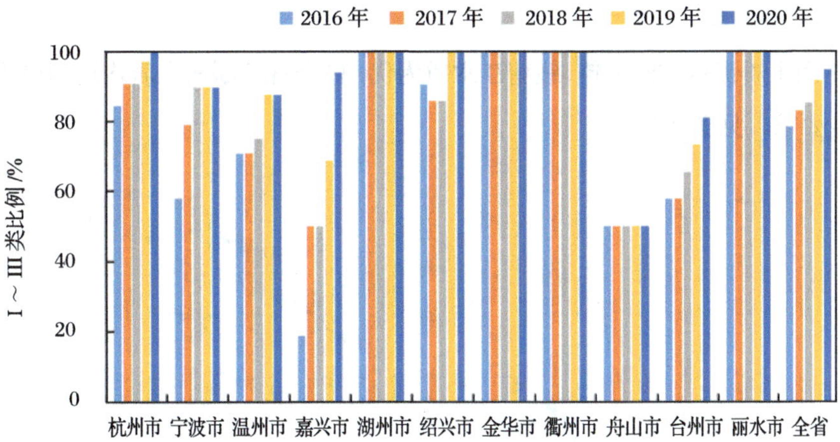

图 4-9 “十三五”期间浙江省各设区市省控断面Ⅰ～Ⅲ类水质断面比例

第三节 各水系水质

一、“八大水系”和京杭运河

2020 年，浙江省“八大水系”和京杭运河水质均为优，Ⅰ～Ⅲ类水质断面比例均为 100%，均无劣Ⅴ类水质断面。见图 4-10。

与 2019 年相比，2020 年各水系水质基本保持稳定。

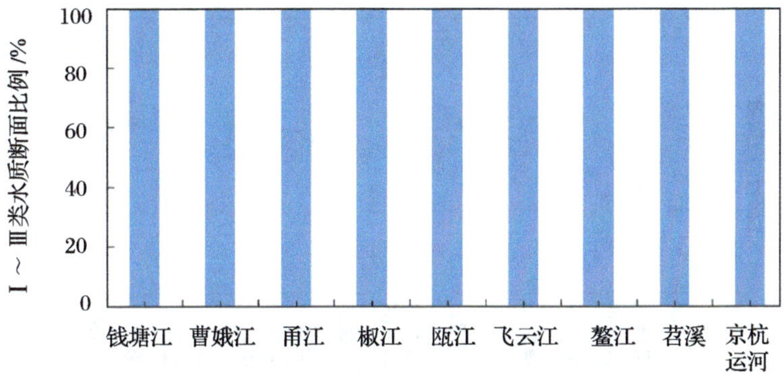

图 4-10 2020 年浙江省“八大水系”和京杭运河Ⅰ～Ⅲ类水质断面比例

（一）钱塘江

（1）断面水质优良。2020年，钱塘江水质为优，47个省控断面水质均达到或优于Ⅲ类，且满足功能要求。见图 4-11。

图 4-11　2020 年钱塘江水系各监测断面水质状况

（2）干流水质沿程变化特征。钱塘江马金溪和常山港段水质较好，衢江和兰江段（浮石渡至三都大桥）水质稍差，富春江至入海口（桐庐至猪头角）水质有所好转。见图 4-12。

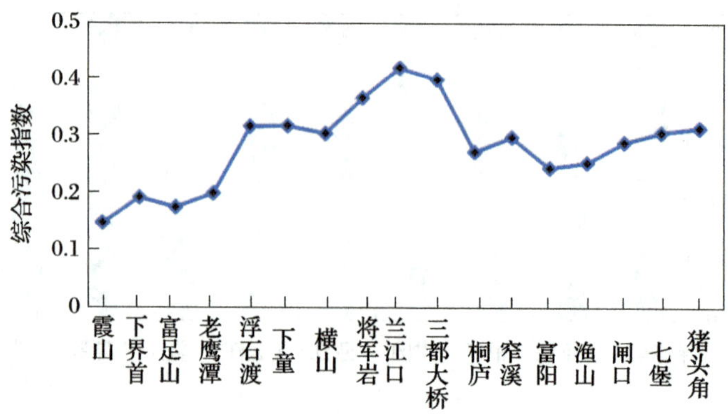

图 4-12　2020 年钱塘江干流水质沿程变化

（3）年际变化特征。与2019年相比，2020年钱塘江水系总体水质继续保持优，Ⅰ～Ⅲ类水质断面比例均为100%，均无劣Ⅴ类水质断面，满足功能要求断面比例增加2.1个百分点；高锰酸盐指数年均浓度持平，氨氮和总磷年均浓度分别下降16.7%和3.8%。

（4）水质变化趋势。“十三五”期间，钱塘江水质保持优，水体中氨氮年均浓度呈下降趋势，高锰酸盐指数和总磷年均浓度变化趋势均不明显；总体水质保持稳定。

（5）与“十二五”期末相比，“十三五”期末钱塘江水系总体水质有所好转。其中，Ⅰ～Ⅲ类水质断面比例增加12.8个百分点，均无劣Ⅴ类，满足功能要求断面比例增加14.9个百分点；高锰酸盐指数、氨氮和总磷年均浓度分别下降10.7%、55.6%和23.2%。见表4-9、图4-13。

表4-9 “十三五”期间钱塘江水系水质统计

年份	断面数 / 个	断面比例 /%			污染物浓度 /（mg/L）		
		Ⅰ～Ⅲ类	劣Ⅴ类	满足功能要求	高锰酸盐指数	氨氮	总磷
2016	47	100	0	97.9	2.5	0.31	0.090
2017	47	100	0	100	2.6	0.28	0.076
2018	47	100	0	100	2.6	0.26	0.078
2019	47	100	0	97.9	2.5	0.24	0.079
2020	47	100	0	100	2.5	0.20	0.076
秩相关系数		−0.50	−0.50	0.38	−0.55	−1.00	−0.43

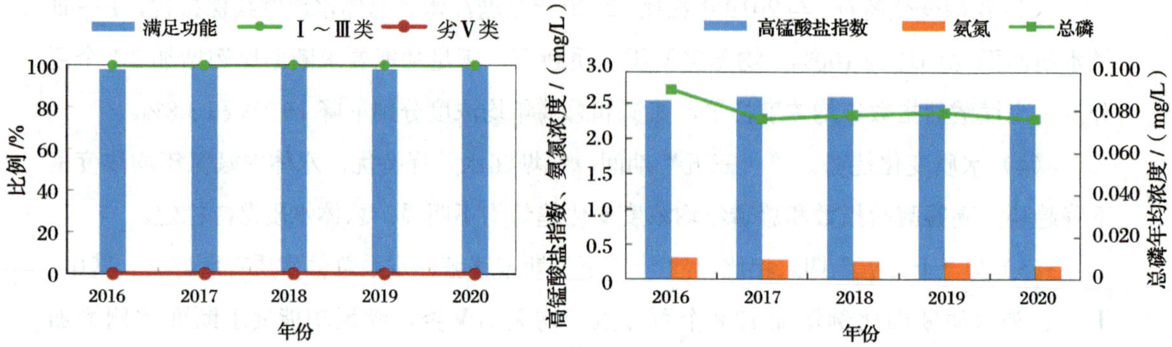

图 4-13　“十三五”期间钱塘江水系水质年际变化

（二）曹娥江

（1）断面水质优良。2020 年，曹娥江水质为优。10 个监测断面水质均达到或优于Ⅲ类，且满足功能要求。见图 4-14。

图 4-14　2020 年曹娥江水系各监测断面水质状况

（2）干流水质沿程变化特征。曹娥江干流自上游至下游综合污染指数先下降后上升（图 4-15）。

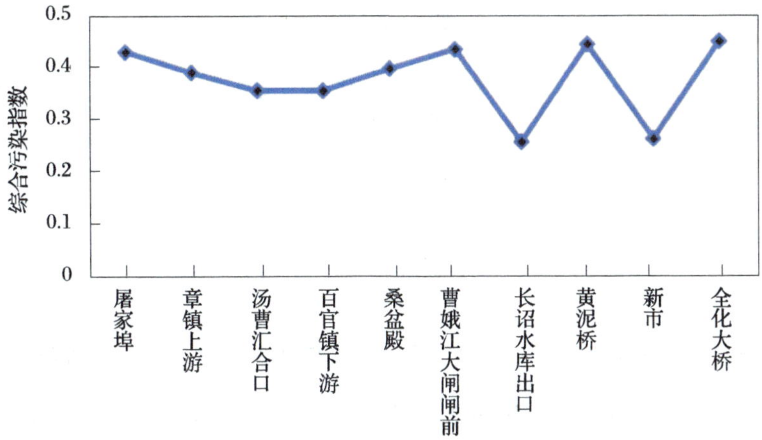

图 4-15 2020 年曹娥江干流水质沿程变化

（3）年际变化特征。2020 年与 2019 年相比，曹娥江水系总体水质继续保持优，Ⅰ～Ⅲ类水质断面比例和满足功能要求断面比例均为 100%，均无劣Ⅴ类水质断面；高锰酸盐指数年均浓度上升 4.3%，氨氮年均浓度下降 5.0%，总磷年均浓度持平。

（4）水质变化趋势。“十三五”期间，曹娥江水质保持优，水体中氨氮年均浓度呈下降趋势，高锰酸盐指数和总磷年均浓度变化趋势均不明显；总体水质保持稳定见表 4-10，图 4-16。

表 4-10 “十三五”期间曹娥江水系水质统计

年份	断面数 / 个	断面比例 /%			污染物浓度 /（mg/L）		
		Ⅰ～Ⅲ类	劣Ⅴ类	满足功能要求	高锰酸盐指数	氨氮	总磷
2016	10	100	0	100	2.4	0.32	0.073
2017	10	100	0	100	2.9	0.24	0.064
2018	10	100	0	100	2.4	0.23	0.073
2019	10	100	0	100	2.3	0.20	0.078
2020	10	100	0	100	2.4	0.19	0.078
秩相关系数		-0.50	-0.50	-0.50	-0.30	-1.00	0.80

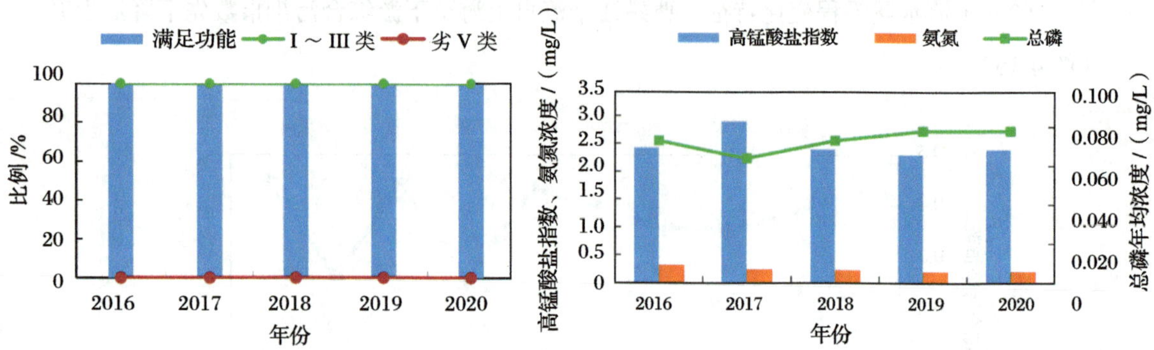

图 4-16　“十三五”期间曹娥江水系水质年际变化

（5）与“十二五”期末相比，“十三五”期末曹娥江水系总体水质保持稳定。其中，Ⅰ～Ⅲ类和满足功能要求断面比例均持平，均无劣Ⅴ类，高锰酸盐指数和氨氮年均浓度分别下降 11.1% 和 50.0%，总磷年均浓度上升 5.4%。

（三）甬江

（1）断面水质优良。2020 年，甬江水质为优。14 个监测断面水质均达到或优于Ⅲ类，且满足功能要求。见图 4-17。

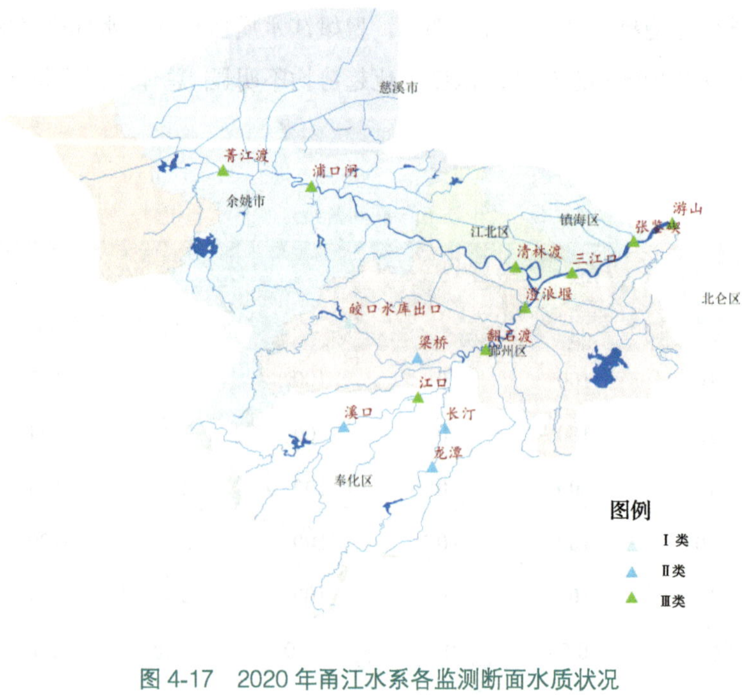

图 4-17　2020 年甬江水系各监测断面水质状况

（2）干流水质沿程变化特征。甬江干流各断面水质均保持Ⅲ类，综合污染指数上游（溪口）和入海口（游山）相对较低，中下游相对较高。见图 4-18。

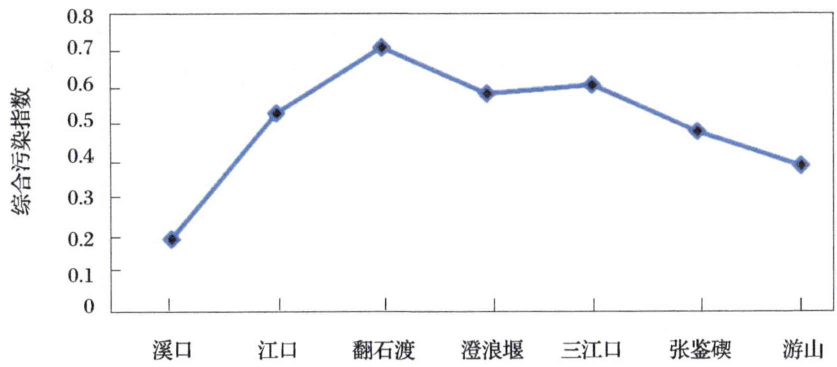

图 4-18　2020 年甬江干流水质沿程变化

（3）年际变化特征。与 2019 年相比，2020 年甬江水系总体水质继续保持优，Ⅰ～Ⅲ类水质断面比例和满足功能要求断面比例均为 100%，均无劣Ⅴ类水质断面；高锰酸盐指数、氨氮和总磷年均浓度分别下降 6.7%、22.9% 和 7.5%。

（4）水质变化趋势。“十三五”期间，甬江水质为轻度污染至优，水体中高锰酸盐指数、氨氮和总磷年均浓度呈下降趋势；总体水质呈好转趋势。见表 4-11 和图 4-19。

表 4-11　“十三五”期间甬江水系水质统计

年份	断面数 / 个	断面比例 /%			污染物浓度 /（mg/L）			水质状况
		Ⅰ～Ⅲ类	劣Ⅴ类	满足功能要求	高锰酸盐指数	氨氮	总磷	
2016	14	71.4	0	100	3.2	0.54	0.133	轻度
2017	14	85.7	0	100	3.2	0.45	0.115	良
2018	14	100	0	100	3.1	0.42	0.113	优
2019	14	100	0	100	3.0	0.35	0.107	优

年份	断面数 / 个	断面比例 /%			污染物浓度 /（mg/L）			水质状况
		Ⅰ～Ⅲ类	劣Ⅴ类	满足功能要求	高锰酸盐指数	氨氮	总磷	
2020	14	100	0	100	2.8	0.27	0.099	优
秩相关系数		0.90	−0.50	−0.0	−0.92	−1.00	−1.00	—

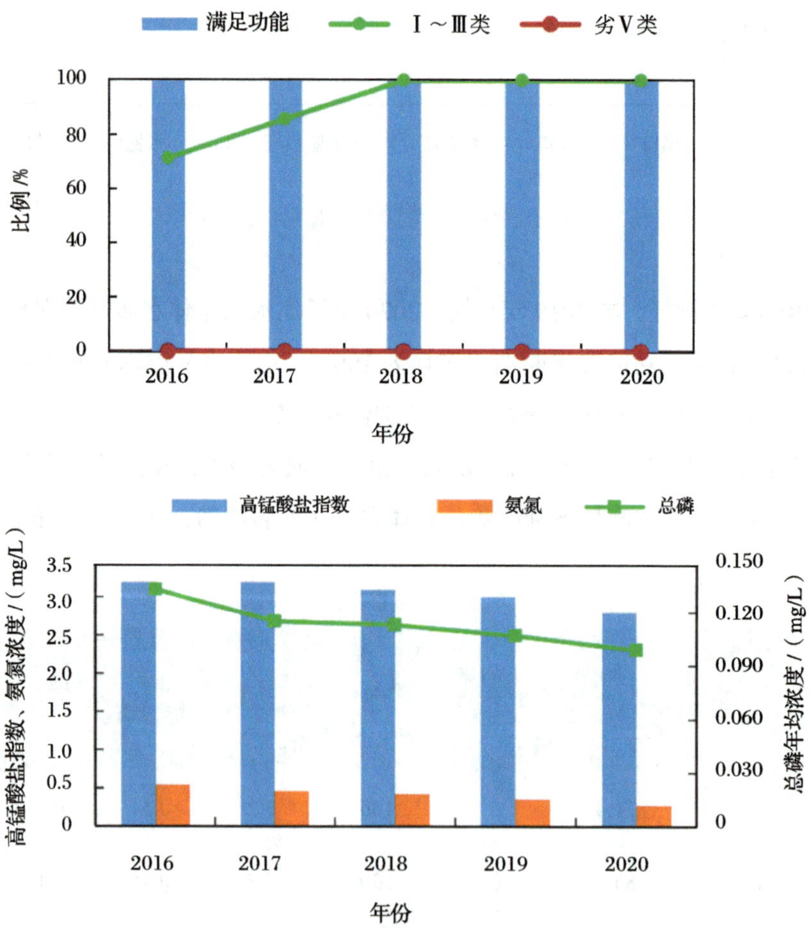

图 4-19 “十三五”期间甬江水系水质年际变化

（5）与“十二五”期末相比，“十三五”期末甬江水系总体水质明显好转。其中，Ⅰ～Ⅲ类水质断面比例增加35.7个百分点，满足功能要求断面比例持平，均无劣Ⅴ类；高锰酸盐指数、氨氮和总磷年均浓度分别下降22.2%、53.4%和20.2%。

（四）椒江

（1）断面水质优良。2020年，椒江水质为优。11个监测断面水质均达到或优于Ⅲ类，且满足功能要求。见图4-20。

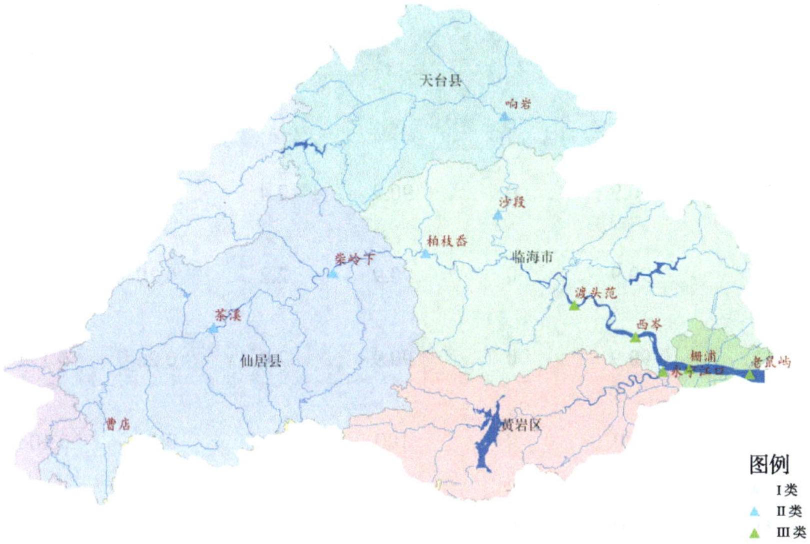

图4-20 2020年椒江水系各监测断面水质状况

（2）干流水质沿程变化特征。椒江干流综合污染指数沿程呈波动上升，其中灵江和干流下游（渡头范至老鼠屿）明显升高。见图4-21。

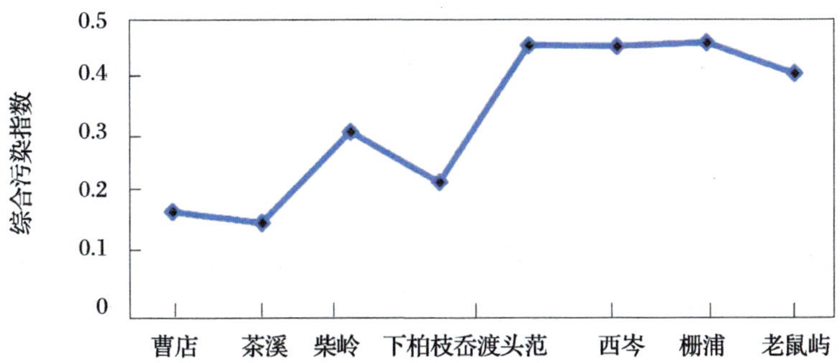

图4-21 2020年椒江干流水质沿程变化

（3）年际变化特征。2020 年与 2019 年相比，椒江水系总体水质继续保持优，Ⅰ～Ⅲ类水质断面和满足功能要求断面比例均为 100%，均无劣Ⅴ类断面；高锰酸盐指数年均浓度持平，氨氮和总磷年均浓度分别下降 16.7% 和 13.2%。

（4）水质变化趋势。“十三五”期间，椒江水质保持优，水体中高锰酸盐指数、氨氮和总磷年均浓度变化趋势均不明显；总体水质保持稳定。见表 4-12、图 4-22。

表 4-12 “十三五”期间椒江水系水质统计

年份	断面数 / 个	断面比例 /%			污染物浓度 / （mg/L）			水质状况
		Ⅰ～Ⅲ类	劣Ⅴ类	满足功能要求	高锰酸盐指数	氨氮	总磷	
2016	11	90.9	0	90.9	2.4	0.23	0.116	优
2017	11	90.9	0	90.9	2.2	0.20	0.118	优
2018	11	90.9	0	90.9	2.0	0.26	0.114	优
2019	11	100	0	100	2.1	0.18	0.106	优
2020	11	100	0	100	2.1	0.15	0.092	优
秩相关系数		0.88	0.50	0.88	−0.62	−0.70	−0.90	—

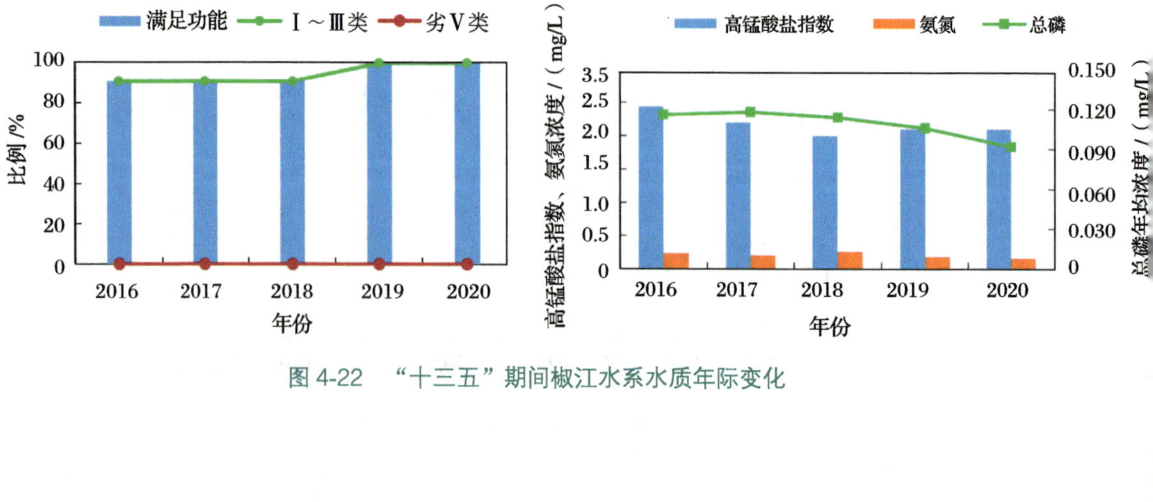

图 4-22 “十三五”期间椒江水系水质年际变化

（5）与“十二五”期末相比，“十三五”期末椒江水系总体水质保持稳定。其中，Ⅰ～Ⅲ类和满足功能要求断面比例均增加 9.1 个百分点，均无劣Ⅴ类；高锰酸盐指数、氨氮和总磷年均浓度分别下降 16.0%、67.4% 和 32.4%。

（五）瓯江

（1）断面水质优良。2020 年，瓯江水质为优。29 个监测断面水质均达到或优于Ⅲ类，且满足功能要求。见图 4-23。

图 4-23　2020 年瓯江水系各监测断面水质状况

（2）干流水质沿程变化特征。瓯江干流上游龙泉溪段综合污染指数较低，中游大溪段沿程平稳，入海口（龙湾）有所升高，总体处于较低水平。见图 4-24。

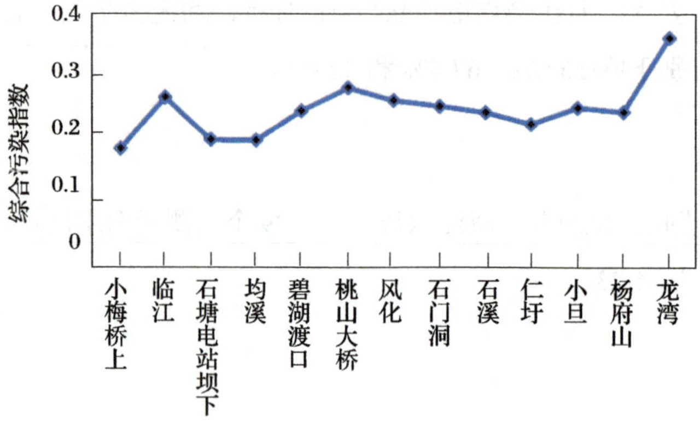

图 4-24　2020 年瓯江干流水质沿程变化

（3）年际变化特征。与 2019 年相比，2020 年瓯江水系总体水质继续保持优，Ⅰ～Ⅲ类水质断面比例和满足功能要求断面比例均为 100%，均无劣Ⅴ类水质断面；高锰酸盐指数和总磷年均浓度分别下降 5.3% 和 4.0%，氨氮年均浓度上升 8.3%。

（4）水质变化趋势。“十三五”期间，瓯江水质保持优，水体中高锰酸盐指数、氨氮和总磷年均浓度变化趋势均不明显；总体水质保持稳定。见表 4-13、图 4-25。

表 4-13　“十三五”期间瓯江水系水质统计

年份	断面数 / 个	断面比例 /%			污染物浓度 /（mg/L）			水质状况
		Ⅰ～Ⅲ类	劣Ⅴ类	满足功能要求	高锰酸盐指数	氨氮	总磷	
2016	28	100	0	100	2.0	0.21	0.058	优
2017	28	100	0	100	1.9	0.18	0.049	优
2018	28	100	0	100	1.9	0.16	0.053	优
2019	28	100	0	100	1.9	0.12	0.050	优
2020	28	100	0	100	1.8	0.13	0.048	优
秩相关系数		0.50	0.50	0.50	−0.70	−0.90	−0.70	—

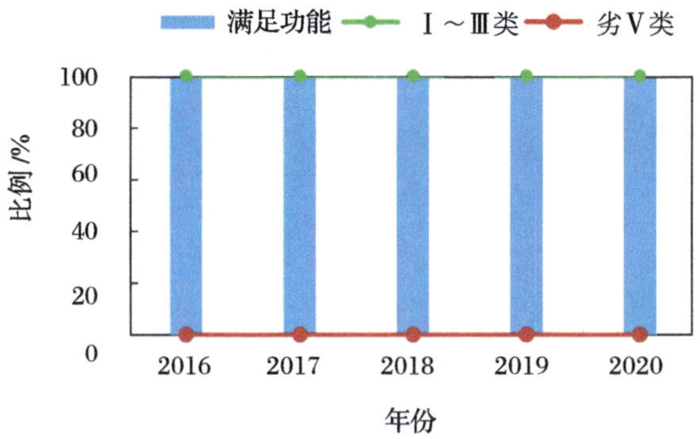

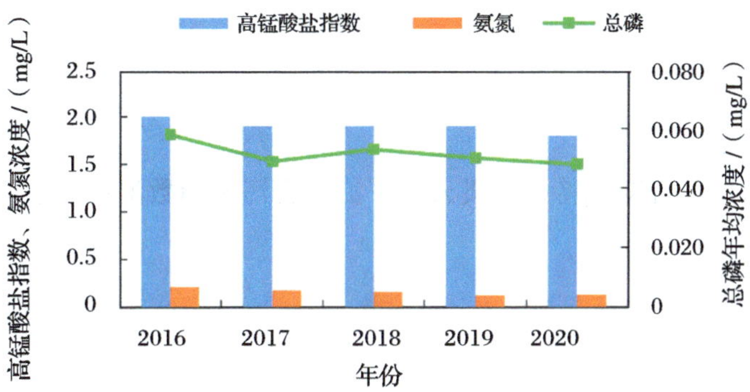

图 4-25 “十三五”期间瓯江水系水质年际变化

（5）与“十二五”期末相比，“十三五”期末瓯江水系总体水质保持稳定。其中，Ⅰ～Ⅲ类和满足功能要求断面比例均持平，均无劣Ⅴ类。高锰酸盐指数、氨氮和总磷年均浓度分别下降 10.4%、33.0% 和 20.0%。

（六）飞云江

（1）断面水质优良。2020 年，飞云江水质为优。5 个断面水质均达到或优于Ⅲ类，且满足功能要求。见图 4-26。

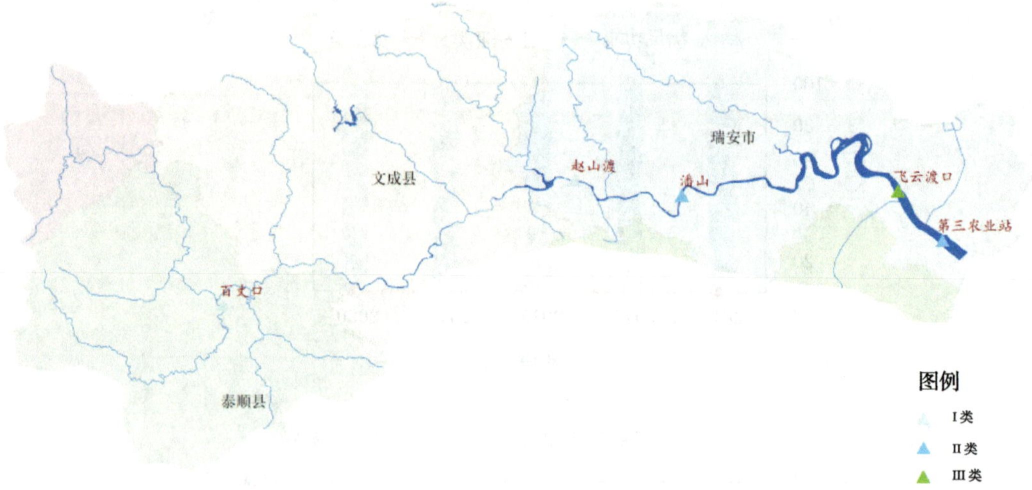

图 4-26　2020 年飞云江水系各监测断面水质状况

（2）干流水质沿程变化特征。飞云江干流综合污染指数沿程呈波动上升趋势。见图 4-27。

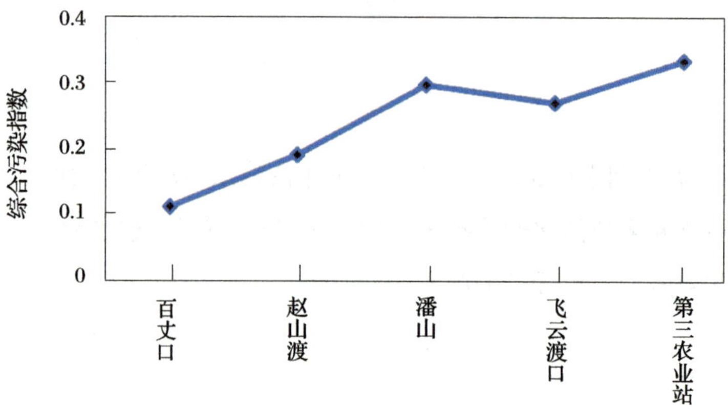

图 4-27　2020 年飞云江干流水质沿程变化

（3）年际变化特征。与 2019 年相比，2020 年飞云江水系总体水质继续保持优，各河段水质均达到或优于III类。

（4）水质变化趋势。“十三五”期间，飞云江水质保持优，水体中高锰酸盐指数、氨氮和总磷年均浓度变化趋势均不明显；总体水质保持稳定。见表 4-14、图 4-28。

表 4-14 "十三五"期间飞云江水系水质统计

年份	断面数 / 个	断面比例 /%			污染物浓度 / (mg/L)			水质状况
		Ⅰ～Ⅲ类	劣Ⅴ类	满足功能要求	高锰酸盐指数	氨氮	总磷	
2016	5	100	0	100	1.4	0.09	0.067	优
2017	5	100	0	100	1.6	0.16	0.061	优
2018	5	100	0	100	1.6	0.19	0.06	优
2019	5	100	0	100	1.6	0.21	0.055	优
2020	5	100	0	100	1.5	0.18	0.058	优
秩相关系数		0.50	0.50	0.50	0.30	0.70	-0.90	—

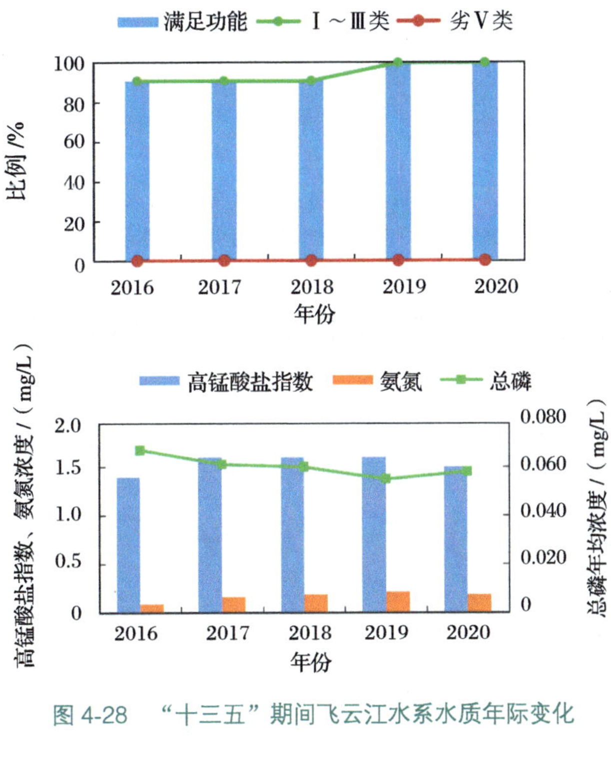

图 4-28 "十三五"期间飞云江水系水质年际变化

（5）与"十二五"期末相比，"十三五"期末飞云江水系总体水质保持稳定。其中，Ⅰ～Ⅲ类和满足功能要求断面比例均持平，均无劣Ⅴ类。高锰酸盐指数和氨氮年均浓度分别上升 15.4% 和 125.0%，总磷年均浓度下降 18.3%。

（七）鳌江

（1）断面水质优良。2020 年，鳌江水质为优。4 个监测断面中，Ⅱ类 1 个，Ⅲ类 3 个，均满足功能要求。见图 4-29。

图 4-29　2020 年鳌江水系各监测断面水质状况

（2）干流水质沿程变化特征。鳌江干流沿程综合污染指数呈波动上升趋势。见图 4-30。

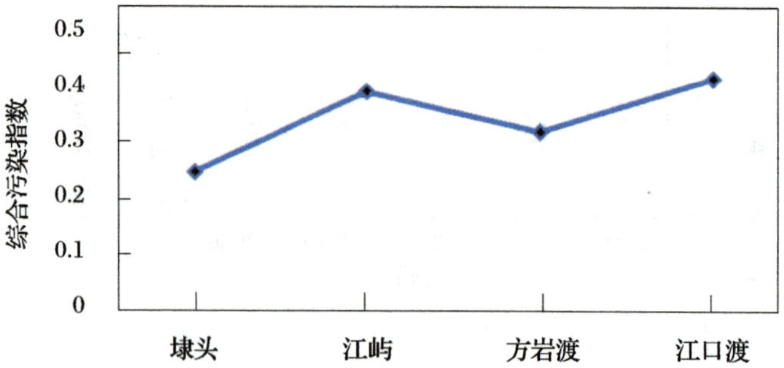

图 4-30　2020 年鳌江干流水质沿程变化

（3）年际变化特征。与 2019 年相比，2020 年鳌江水系总体水质继续保持优，高锰酸盐指数、氨氮和总磷年均浓度分别下降 5.6%、3.0% 和 10.8%。

（4）水质变化趋势。“十三五”期间，鳌江水质由良到优，水体中高锰酸盐指数、氨氮和总磷年均浓度变化趋势均不明显；总体水质有所好转。见表 4-15、图 4-31。

表 4-15 “十三五”期间鳌江水系水质统计

年份	断面数 / 个	断面比例 /%			污染物浓度 /（mg/L）			水质状况
		Ⅰ～Ⅲ类	劣Ⅴ类	满足功能要求	高锰酸盐指数	氨氮	总磷	
2016	4	75.0	0	75.0	1.3	0.41	0.112	良
2017	4	75.0	0	75.0	1.3	0.34	0.107	良
2018	4	50.0	0	50.0	1.7	0.38	0.112	良
2019	4	100	0	100	1.8	0.33	0.093	优
2020	4	100	0	100	1.7	0.32	0.083	优
秩相关系数		0.65	0.50	0.65	0.80	-0.90	-0.77	—

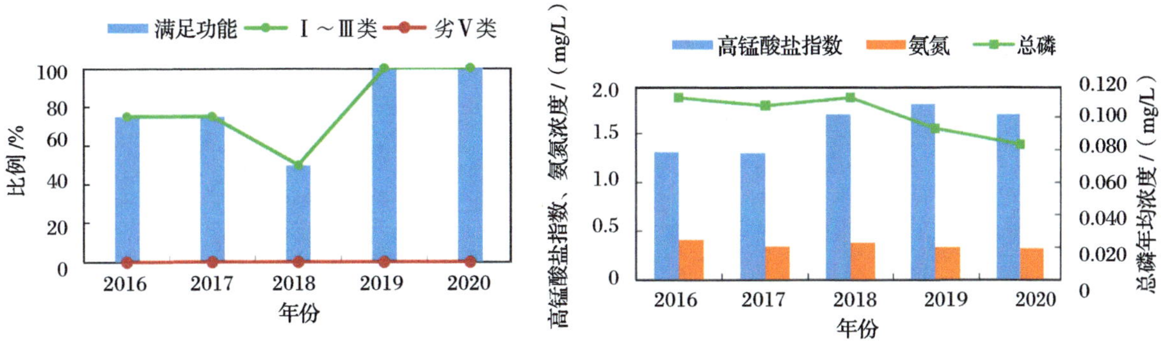

图 4-31 “十三五”期间鳌江水系水质年际变化

（5）与“十二五”期末相比，“十三五”期末鳌江水系总体水质由良改善到优。其中，Ⅳ类和劣Ⅴ类各减少 1 个，满足功能要求断面增加 2 个。高锰酸盐指数、氨氮和总磷年均浓度分别下降 29.2%、54.3% 和 38.5%。

（八）苕溪

（1）断面水质优良。2020 年，苕溪水质为优。16 个监测断面水质均达到或优于Ⅲ类，满足功能要求断面占 93.8%。见图 4-32。

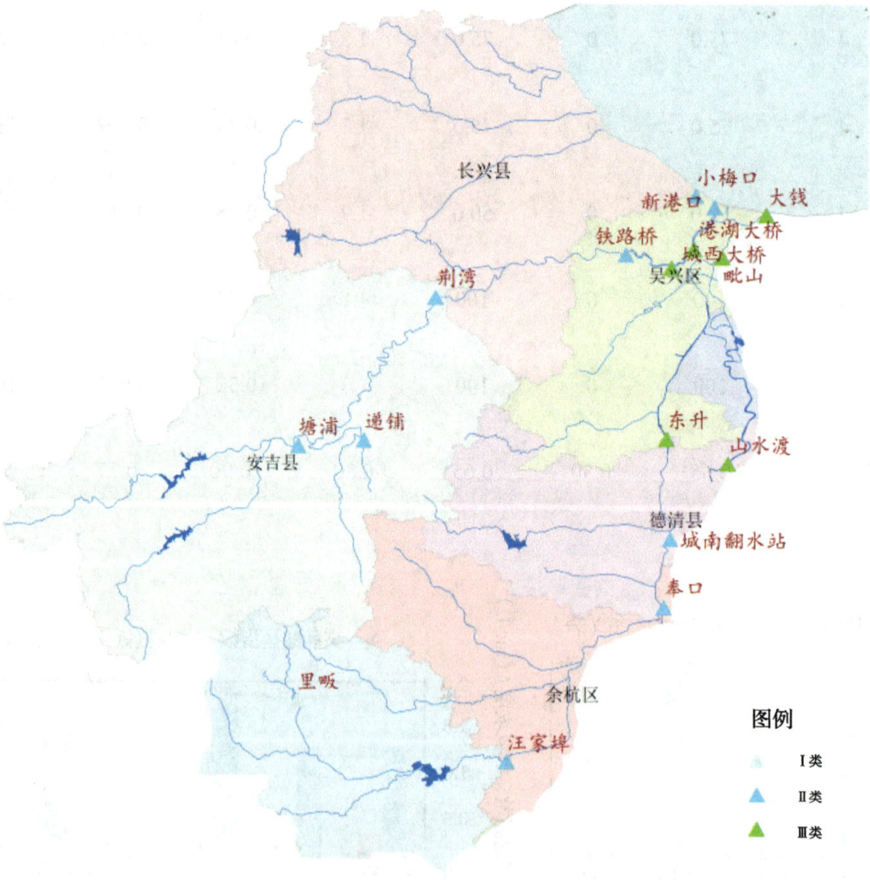

图 4-32　2020 年苕溪水系各监测断面水质状况

（2）干流水质沿程变化特征。东苕溪和西苕溪干流综合污染指数沿程均呈波动上升趋势。见图 4-33、图 4-34。

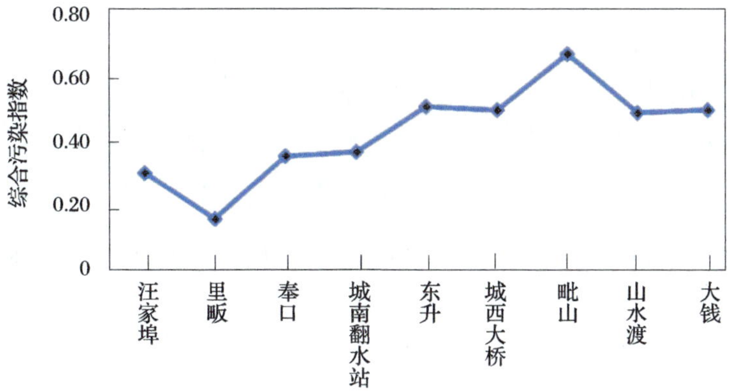

图 4-33　2020 年东苕溪干流水质沿程变化

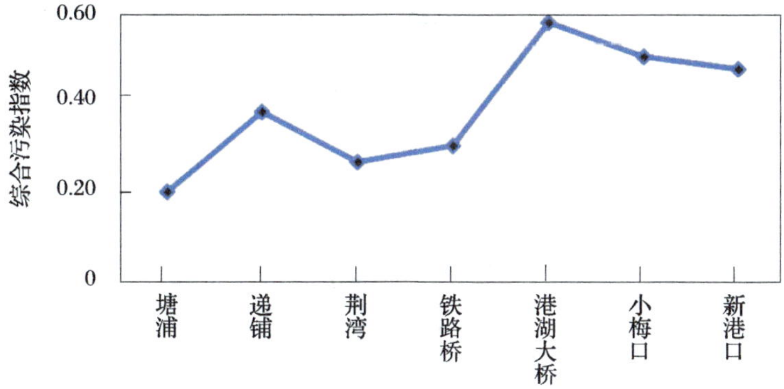

图 4-34　2020 年西苕溪干流水质沿程变化

（3）年际变化特征。与 2019 年相比，2020 年苕溪水系总体水质继续保持优，Ⅰ～Ⅲ类水质断面比例均为 100%，满足功能要求断面比例减少 6.2 个百分点，均无劣Ⅴ类断面；高锰酸盐指数年均浓度上升 3.3%，氨氮和总磷年均浓度分别下降 16.0% 和 2.4%。

（4）水质变化趋势。“十三五”期间，苕溪水质继续保持优；水体中高锰酸盐指数、氨氮和总磷年均浓度变化趋势均不明显；总体水质保持稳定。见表 4-16、图 4-35。

表 4-16　“十三五”期间苕溪水系水质统计

年份	断面数 / 个	断面比例 /%			污染物浓度 / （mg/L）			水质状况
		Ⅰ～Ⅲ类	劣Ⅴ类	满足功能要求	高锰酸盐指数	氨氮	总磷	
2016	16	100	0	100	3.1	0.27	0.078	优
2017	16	100	0	100	3.2	0.27	0.083	优
2018	16	100	0	100	2.7	0.29	0.057	优
2019	16	100	0	100	3.0	0.25	0.083	优
2020	16	100	0	93.8	3.1	0.21	0.081	优
秩相关系数		0.50	0.50	−0.25	−0.27	−0.62	0.22	—

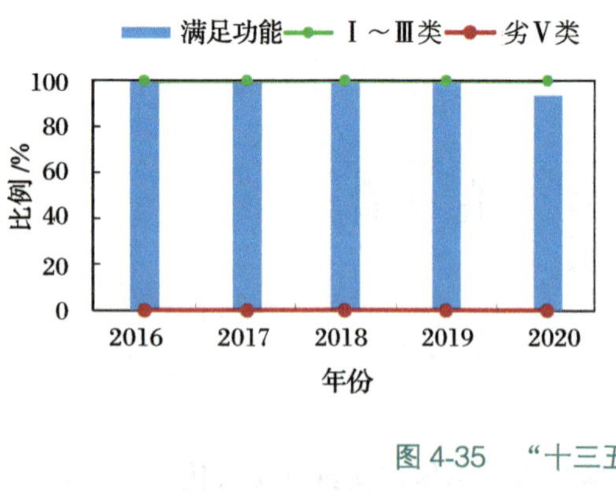

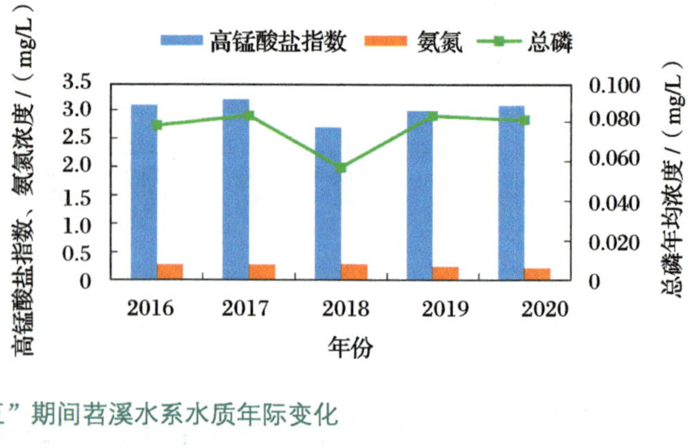

图 4-35　“十三五”期间苕溪水系水质年际变化

（5）与“十二五”期末相比，“十三五”期末苕溪水系总体水质保持稳定。其中，Ⅰ～Ⅲ类水质断面比例持平，均无劣Ⅴ类，满足功能要求断面比例减少 6.2 个百分点。高锰酸盐指数、氨氮和总磷年均浓度分别下降 6.1%、40.0% 和 6.9%。

（九）京杭运河

（1）总体水质。2020 年，京杭运河水质总体为优。7 个监测断面水质均为Ⅲ类，且满足功能要求。见图 4-36。

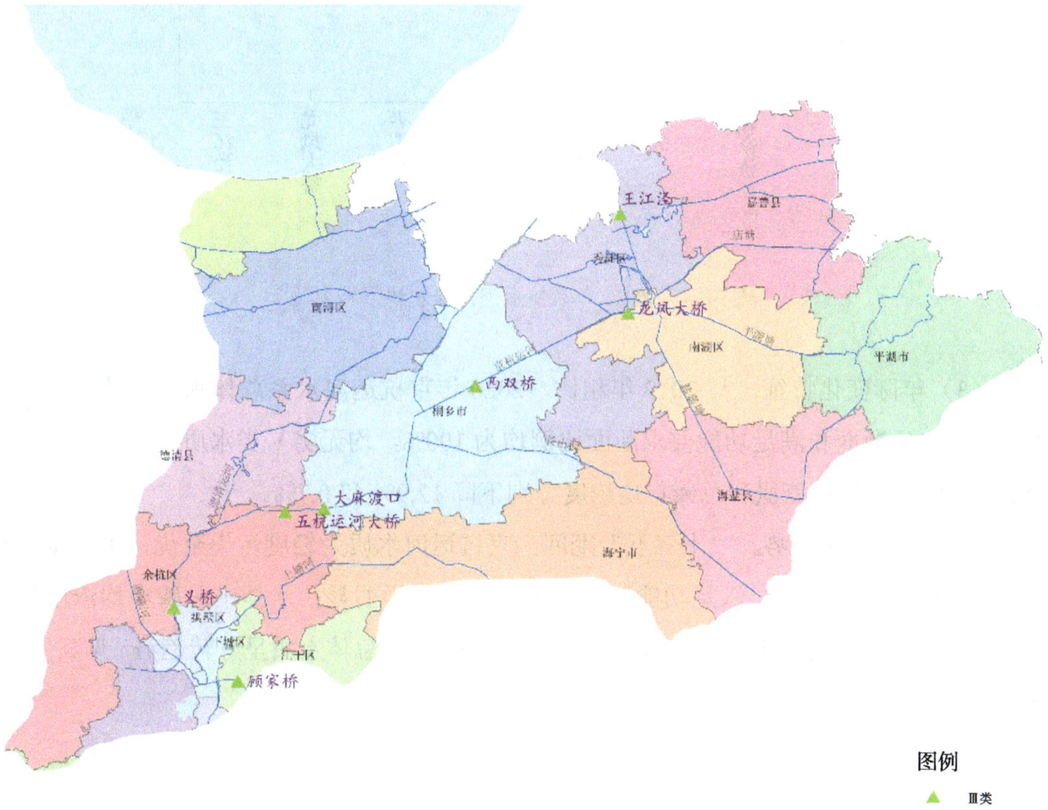

图 4-36　2020 年京杭运河各监测断面水质状况

（2）干流水质沿程变化特征。京杭运河干流综合污染指数沿程呈先上升后下降趋势，大麻渡口段相对较高。见图 4-37。

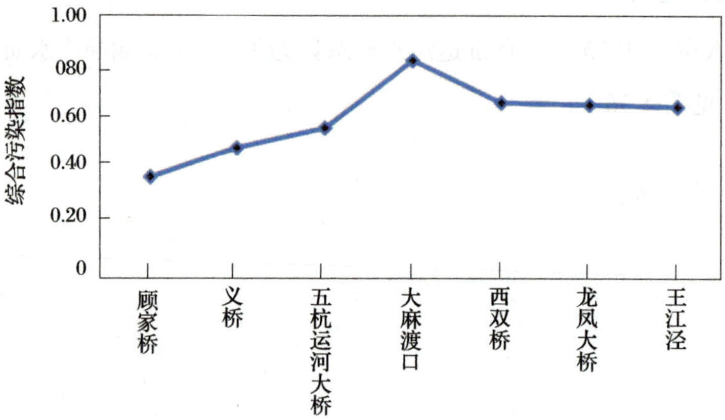

图 4-37　2020 年京杭运河干流水质沿程变化

（3）年际变化特征。与 2019 年相比，2020 年京杭运河水系总体水质继续保持优，Ⅰ～Ⅲ类水质断面和满足功能要求断面比例均为 100%，均无劣Ⅴ类水质断面；高锰酸盐指数年均浓度持平，氨氮和总磷年均浓度分别下降 12.9% 和 0.7%。

（4）水质变化趋势。“十三五”期间，京杭运河水质为轻度污染至优，Ⅰ～Ⅲ类水质断面比例呈上升趋势，满足功能要求断面变化趋势不明显；水体中总磷年均浓度呈下降趋势，高锰酸盐指数和氨氮年均浓度变化趋势不明显；总体水质呈好转趋势。见表 4-17、图 4-38。

表 4–17　“十三五”期间京杭运河水系水质统计

年份	断面数 / 个	断面比例 /%			污染物浓度 /（mg/L）			水质状况
		Ⅰ～Ⅲ类	劣Ⅴ类	满足功能要求	高锰酸盐指数	氨氮	总磷	
2016	7	14.3	0	28.6	4.3	1.08	0.160	轻度污染
2017	7	57.1	0	57.1	4.0	0.72	0.149	轻度污染
2018	7	42.9	0	57.1	4.2	0.78	0.149	轻度污染
2019	7	100	0	100	3.8	0.60	0.146	优

年份	断面数/个	断面比例/%			污染物浓度/（mg/L）			水质状况
		Ⅰ～Ⅲ类	劣Ⅴ类	满足功能要求	高锰酸盐指数	氨氮	总磷	
2020	7	100	0	100	3.8	0.52	0.145	优
秩相关系数		0.88	0.50	0.95	−0.82	−0.90	−0.92	—

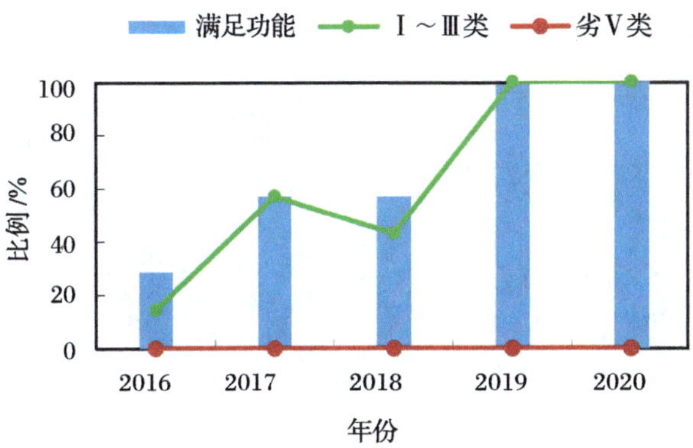

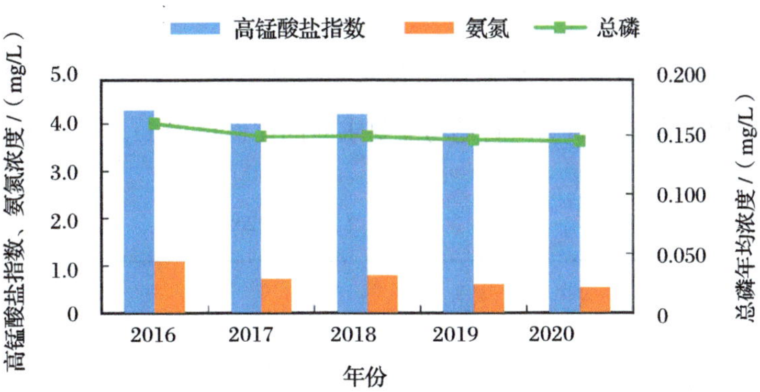

图 4-38 “十三五”期间京杭运河水系水质年际变化

（5）与“十二五”期末相比，“十三五”期末京杭运河水系总体水质明显好转。其中，Ⅰ～Ⅲ类和满足功能要求断面比例均增加 85.7 个百分点，均无劣Ⅴ类。高锰酸盐指数、氨氮和总磷年均浓度分别下降 17.6%、57.4% 和 26.0%。

二、平原河网

平原河网包括杭嘉湖平原河网、萧绍平原河网、宁绍平原河网、台州平原河网、温州平原河网和长兴平原河网六个部分。

（1）总体水质。2020 年，平原河网断面水质为Ⅱ～Ⅳ类，总体水质为良，Ⅱ～Ⅲ类水质断面占 80.0%，满足功能要求断面占 95.6%。见图 4-39。

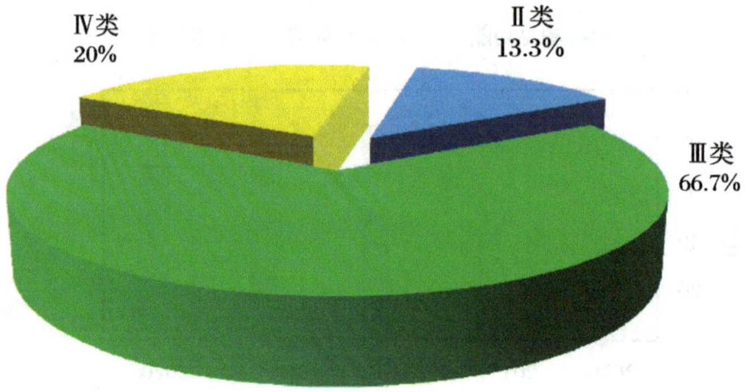

图 4-39　2020 年平原河网总体水质状况

与 2019 年相比，2020 年平原河网总体水质有所好转，Ⅰ～Ⅲ类水质断面比例增加 13.3 个百分点，均无劣Ⅴ类断面；满足功能要求断面比例增加 11.2 个百分点。见图 4-40。

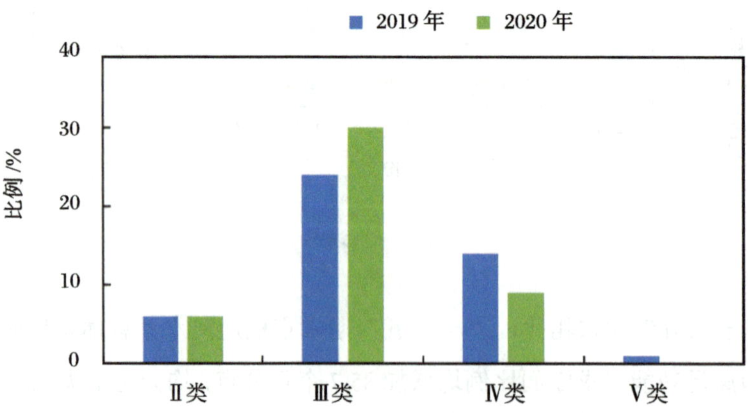

图 4-40　2019—2020 年平原河网水质类别比较

①杭嘉湖平原河网。总体水质为优，18 个省控监测断面水质为Ⅱ～Ⅲ类，均满足功能要求。

②萧绍平原河网。总体水质为优，7 个省控监测断面水质为Ⅱ～Ⅲ类，均满足功能要求。

③宁绍平原河网。总体水质为轻度污染，2 个省控监测断面水质均为Ⅳ类，满足功能要求断面占 100%。主要污染指标为总磷、氨氮和化学需氧量。

④台州平原河网。总体水质为轻度污染，9 个省控监测断面水质为Ⅲ～Ⅳ类，其中Ⅲ类占 55.6%；满足功能要求断面占 88.9%。主要污染指标为化学需氧量、氨氮和总磷。

⑤温州平原河网。总体水质为轻度污染，6 个省控监测断面水质为Ⅲ～Ⅳ类，其中Ⅲ类占 50.0%；满足功能要求断面占 83.3%。主要污染指标为氨氮、化学需氧量和五日生化需氧量。

⑥长兴平原河网。总体水质为优，3 个省控监测断面水质均为Ⅲ类，均满足功能要求。

（2）年际变化特征。与 2019 年相比，平原河网总体水质有所好转，Ⅰ～Ⅲ类水质断面比例增加 13.3 个百分点，均无劣Ⅴ类。

（3）水质变化趋势。“十三五”期间，平原河网总体水质为轻度污染至良，Ⅰ～Ⅲ类和满足功能要求比例呈上升趋势，劣Ⅴ类比例下降至 0；水体中高锰酸盐指数和总磷年均浓度变化趋势不明显，氨氮年均浓度呈下降趋势；总体水质呈好转趋势。见表 4-18、图 4-41。

表 4-18 “十三五”期间平原河网水质统计

年份	断面数 / 个	断面比例 /%			污染物浓度 /（mg/L）			水质状况
		Ⅰ～Ⅲ类	劣Ⅴ类	满足功能要求	高锰酸盐指数	氨氮	总磷	
2016	45	33.3	13.3	37.8	4.5	1.11	0.196	轻度污染
2017	45	46.7	0	55.6	4.4	0.84	0.169	轻度污染
2018	45	57.8	0	71.1	4.1	0.79	0.150	轻度污染
2019	45	66.7	0	84.4	3.9	0.67	0.155	轻度污染
2020	45	80.0	0	95.6	4.1	0.60	0.144	良
秩相关系数		1.00	−0.25	1.00	−0.77	−1.00	−0.90	—

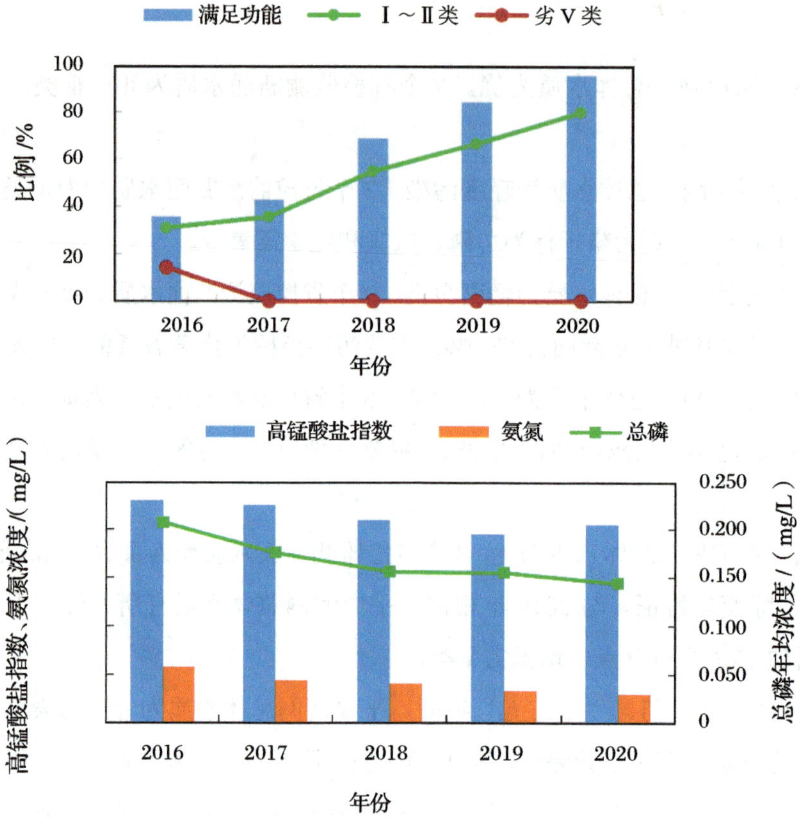

图 4-41　“十三五”期间平原河网水质年际变化

（4）与“十二五”期末相比，“十三五”期末平原河网总体水质明显好转。其中，Ⅰ～Ⅲ类水质断面比例增加 51.4 个百分点，满足功能要求断面比例增加 59.9 个百分点，劣Ⅴ类水质断面减少 31.0 个百分点。高锰酸盐指数、氨氮和总磷年均浓度分别下降 19.6%、69.2% 和 45.5%。

第四节 湖泊水库水质

浙江省省控湖泊水库包括西湖、东钱湖、南湖 3 个湖泊和千岛湖、湖南镇水库、铜山源水库、长潭水库、里石门水库、虹桥水库、紧水滩水库、汤浦水库、珊溪水库、白溪水库、老虎滩水库、滩坑水库 12 个水库。

一、水质现状

（一）总体水质状况

2020 年，15 个省控湖泊水库共设置 28 个监测点位。其中，Ⅰ～Ⅲ类水质点位占 96.4%，Ⅴ类水质点位占 3.6%；满足功能要求点位占 96.4%（按湖泊水库个数统计，Ⅰ～Ⅲ类水质点位 14 个，占 93.3%；Ⅴ类水质点位 1 个，占 6.7%。见图 4-42）。高锰酸盐指数、氨氮和总磷 3 项污染物年均浓度分别为 1.8 mg/L、0.06 mg/L 和 0.021 mg/L。

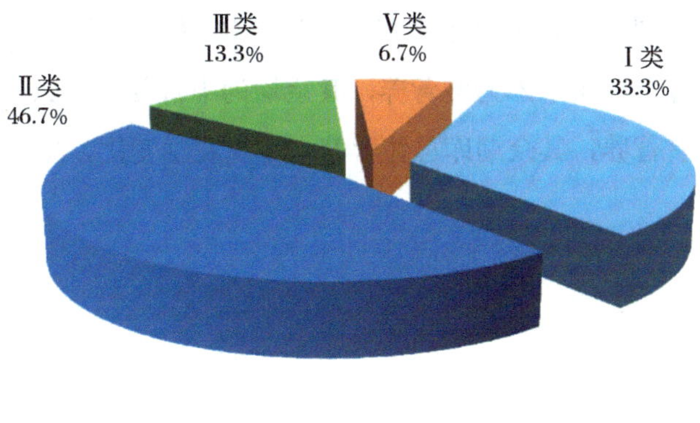

图 4-42　2020 年浙江省省控湖泊水库水质比例

与 2019 年相比，2020 年省控湖泊水库总体水质无明显变化，Ⅰ～Ⅲ类水质点位比例持平，均无劣Ⅴ类点位；高锰酸盐指数和氨氮年均浓度持平，总磷年均浓度下降 4.5%。

（二）湖泊

3 个湖泊中，西湖和东钱湖水质为Ⅲ类，满足功能要求；南湖水质为Ⅴ类，不满足功能要求，主要污染指标为总磷。见表 4-19。

表 4-19　2020 年浙江省省控湖泊超Ⅲ类水质点位

湖库名称	点位名称	县（市、区）	功能类别	水质类别	主要污染指标（超标倍数）
南湖	南湖中心	南湖区	Ⅲ	Ⅴ	总磷 (1.9)

以总氮指标单独评价水质，东钱湖为Ⅲ类，西湖为Ⅳ类，南湖为劣Ⅴ类。

（三）水库

12 个省控水库水质均为Ⅰ～Ⅱ类，水质均为优。

以总氮指标单独评价，汤浦水库水质为Ⅴ类，老虎潭水库水质为Ⅳ类，其余水库水质为Ⅱ～Ⅲ类。

二、营养状况

15 个省控湖泊水库中营养状况以贫营养和中营养为主的共有 14 个，占比为 93.3%；富营养化湖库 1 个，占比为 6.7%，为轻度富营养。具体情况为：南湖为轻度富营养，千岛湖、湖南镇水库、白溪水库和滩坑水库为贫营养，其余均为中营养。与 2019 年相比，2020 年千岛湖由中营养转为贫营养，其余湖库总体营养水平未发生变化。见图 4-43、表 4-20。

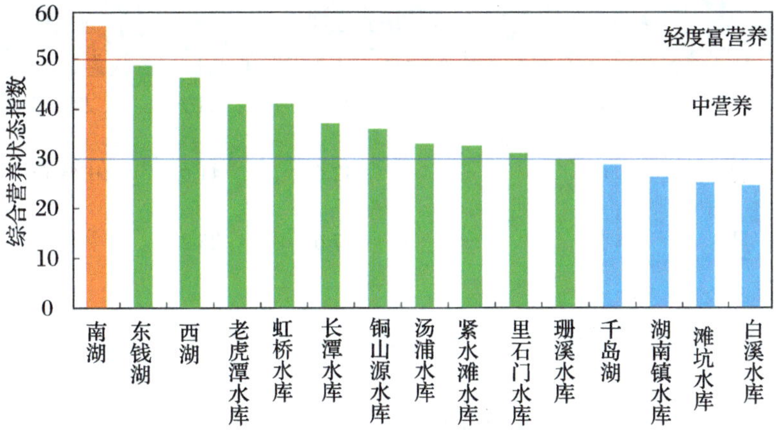

图 4-43　2020 年浙江省省控湖泊水库营养状况

表 4-20　2020 年浙江省省控湖泊水库水质评价结果及年度变化

湖库名称	水质类别		2020 年超标指标	营养指数		富营养化程度	
	2019 年	2020 年		2019 年	2020 年	2019 年	2020 年
西湖	Ⅲ	Ⅲ	—	47.3	46.2	中营养	中营养
东钱湖	Ⅲ	Ⅲ	—	47.7	48.7	中营养	中营养
南湖	Ⅴ	Ⅴ	总磷	57.4	56.6	轻度富营养	轻度富营养
千岛湖	Ⅱ	Ⅱ	—	30.2	28.8	中营养	贫营养
湖南镇水库	Ⅰ	Ⅰ	—	26.0	26.4	贫营养	贫营养
铜山源水库	Ⅱ	Ⅱ	—	34.2	36.0	中营养	中营养
长潭水库	Ⅱ	Ⅱ	—	32.9	37.2	中营养	中营养
里石门水库	Ⅱ	Ⅰ	—	36.4	31.2	中营养	中营养
虹桥水库	Ⅱ	Ⅱ	—	43.8	40.9	中营养	中营养
紧水滩水库	Ⅱ	Ⅱ	—	30.4	32.5	中营养	中营养
汤浦水库	Ⅱ	Ⅰ	—	32.2	33.0	中营养	中营养
珊溪水库	Ⅱ	Ⅱ	—	31.9	30.0	中营养	中营养

湖库名称	水质类别		2020 年超标指标	营养指数		富营养化程度	
	2019 年	2020 年		2019 年	2020 年	2019 年	2020 年
白溪水库	Ⅰ	Ⅰ	—	23.9	24.7	贫营养	贫营养
老虎潭水库	Ⅱ	Ⅱ	—	42.6	41.0	中营养	中营养
滩坑水库	Ⅰ	Ⅰ	—	27.6	25.2	贫营养	贫营养

三、水质与营养状况变化趋势

“十三五”期间，省控湖泊水库水质优良，水质为Ⅰ～Ⅲ类的个数比例为86.7%～93.3%，均无劣Ⅴ类，总体水质保持稳定。见表4-21、图4-44。省控湖泊水质中，西湖为Ⅲ类；东钱湖为Ⅲ～Ⅳ类，南湖为Ⅴ类，主要污染指标均为总磷。省控水库以Ⅱ类水质为主，除铜山源水库水质为Ⅱ～Ⅲ类外，其余11个水库历年水质均达到或优于Ⅱ类。

富营养化湖泊水库个数比例均为6.7%，嘉兴市的南湖为轻度富营养至中度富营养，其余湖库为贫营养至中营养。见表4-22。

表 4-21　“十三五”期间浙江省省控湖泊水库水质统计

年份	湖库总数 / 个	个数比例 /%			水质状况
		Ⅰ～Ⅲ类	劣Ⅴ类	富营养化	
2016	15	86.7	0	6.7	良
2017	15	93.3	0	6.7	良
2018	15	93.3	0	6.7	良
2019	15	93.3	0	6.7	优
2020	15	93.3	0	6.7	优
秩相关系数		0.75	0.50	0.50	—

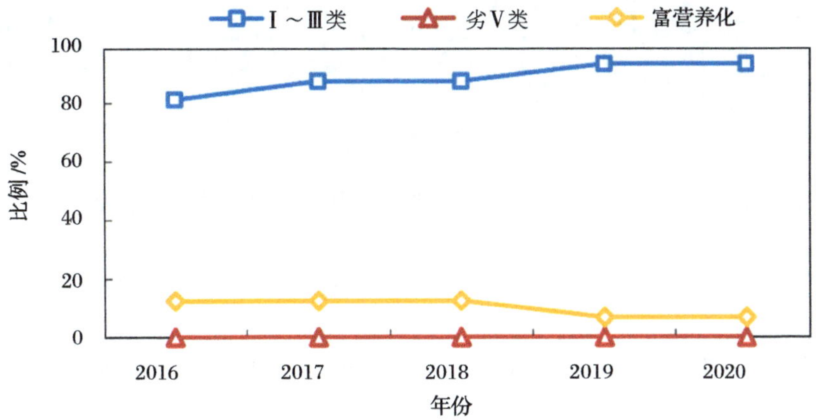

图 4-44 “十三五”期间浙江省省控湖泊水库水质年际变化

表 4-22 “十三五”期间浙江省省控湖泊水库水质和营养状态

湖库名称	水质类别					营养状态				
	2016 年	2017 年	2018 年	2019 年	2020 年	2016 年	2017 年	2018 年	2019 年	2020 年
西湖	Ⅲ	Ⅲ	Ⅲ	Ⅲ	Ⅲ	中营养	中营养	中营养	中营养	中营养
东钱湖	Ⅳ	Ⅲ	Ⅲ	Ⅲ	Ⅲ	中营养	中营养	中营养	中营养	中营养
南湖	Ⅴ	Ⅴ	Ⅴ	Ⅴ	Ⅴ	中度富营养	中度富营养	中度富营养	中度富营养	中度富营养
千岛湖	Ⅰ	Ⅰ	Ⅱ	Ⅱ	Ⅱ	贫营养	贫营养	贫营养	贫营养	贫营养
湖南镇水库	Ⅰ	Ⅰ	Ⅰ	Ⅰ	Ⅰ	贫营养	贫营养	贫营养	贫营养	贫营养
铜山源水库	Ⅲ	Ⅱ	Ⅲ	Ⅱ	Ⅱ	中营养	中营养	中营养	中营养	中营养
长潭水库	Ⅰ	Ⅱ	Ⅱ	Ⅱ	Ⅱ	贫营养	中营养	中营养	中营养	中营养
里石门水库	Ⅱ	Ⅱ	Ⅱ	Ⅱ	Ⅰ	中营养	中营养	中营养	中营养	中营养
虹桥水库	Ⅰ	Ⅱ	Ⅱ	Ⅱ	Ⅱ	中营养	中营养	中营养	中营养	中营养

湖库名称	水质类别					营养状态				
	2016 年	2017 年	2018 年	2019 年	2020 年	2016 年	2017 年	2018 年	2019 年	2020 年
紧水滩水库	Ⅱ	Ⅱ	Ⅱ	Ⅱ	Ⅱ	中营养	中营养	中营养	中营养	中营养
汤浦水库	Ⅱ	Ⅱ	Ⅱ	Ⅱ	Ⅰ	中营养	中营养	中营养	中营养	中营养
珊溪水库	Ⅱ	Ⅱ	Ⅰ	Ⅱ	Ⅱ	中营养	中营养	中营养	中营养	中营养
白溪水库	Ⅰ	Ⅰ	Ⅰ	Ⅰ	Ⅰ	中营养	中营养	中营养	中营养	中营养
老虎潭水库	Ⅱ	Ⅱ	Ⅱ	Ⅱ	Ⅱ	中营养	中营养	中营养	中营养	中营养
滩坑水库	Ⅱ	Ⅰ	Ⅰ	Ⅰ	Ⅰ	中营养	中营养	中营养	中营养	中营养

与“十二五”期末相比，“十三五”期末省控湖泊水库总体水质无明显变化。其中，Ⅰ～Ⅲ类水质个数比例增加 6.6 个百分点，均无劣Ⅴ类。高锰酸盐指数、氨氮和总磷年均浓度分别下降 5.3%、64.7% 和 27.6%。

第五节　交接断面水质

浙江省跨行政区域河流交接断面（简称交接断面）水质联合监测工作始于 2005 年。为强化各级政府保护辖区水环境质量的法定职责，贯彻落实《浙江省跨行政区域河流交接断面水质监测和保护办法》（浙政令第 252 号）要求，2013 年，浙江省政府出台了《浙江省跨行政区域河流交接断面水质保护管理考核办法》（浙政办发〔2013〕134 号），以原有交接断面水质监测工作为基础，在全国率先开展交接断面水质管理考核工作，被考核行政区覆盖全省 11 个设区市和 66 个设区市市区、县（市），并作为省政府环保创新制度之一重点推进，考核结果与地方政府领导班子和领导干部综合考核评价、建设项目环境影响评价和水资源论证审批、经济奖励处罚相挂钩，有效增强了地方政府保护水环境的责任感和紧迫感，对改善全省地表水环境质量起到了促进作用。

一、水质现状

2020 年，全省 145 个跨行政区域河流交接断面中，Ⅰ～Ⅲ类水质断面 142 个，占 97.9%；Ⅳ类水质断面 3 个，占 2.1%；无Ⅴ类和劣Ⅴ类水质断面。满足功能要求的断面 143 个，占 98.6%。高锰酸盐指数、氨氮和总磷年均浓度分别为 3.1 mg/L、0.23 mg/L、0.096 mg/L。见图 4-45。

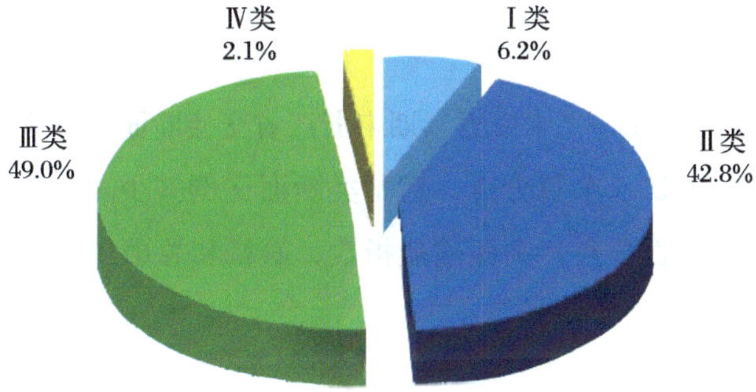

图 4-45　2020 年浙江省交接断面水质类别组成比例

与 2019 年相比，2020 年Ⅰ～Ⅲ类水质断面比例增加 4.1 个百分点，劣Ⅴ类水质断面比例持平；满足功能要求断面比例增加 2.0 个百分点。高锰酸盐指数年均浓度上升 3.3%，氨氮和总磷年均浓度分别下降 14.8% 和 7.7%。

二、水质变化趋势

“十三五”期间，全省交接断面水质稳中趋好，Ⅰ～Ⅲ类断面比例为 88.9%～97.9%，Ⅳ类断面比例为 2.1%～8.3%，Ⅴ类断面比例为 0～3.5%，劣Ⅴ类断面比例为 0～2.1%。满足功能要求断面比例为 88.9%～98.6%，见图 4-46。高锰酸盐指数年均浓度为 3.0～3.2 mg/L，均值 3.1 mg/L；氨氮年均浓度为 0.23～0.44 mg/L，均值 0.33 mg/L；总磷年均浓度为 0.096～0.114 mg/L，均值 0.106 mg/L；高锰酸盐指数和氨氮浓度年均值满足地表水Ⅱ类标准要求，总磷满足地表水Ⅲ类标准要求。见图 4-47。

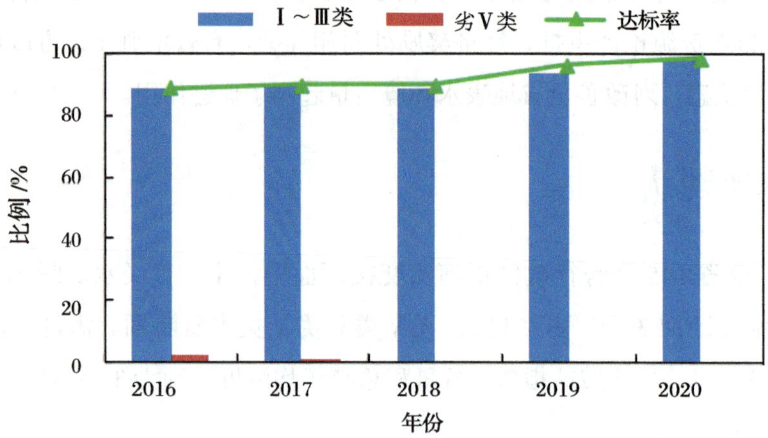

图 4-46 “十三五”期间浙江省交接断面水质变化

与“十二五”期末相比，“十三五”期末浙江省交接断面总体水质有所好转。其中，Ⅰ～Ⅲ类断面比例增加 25.5 个百分点，劣Ⅴ类断面比例减少 4.1 个百分点；满足功能要求断面比例增加 25.5 个百分点。高锰酸盐指数、氨氮和总磷年均浓度分别下降 14.1%、66.2% 和 26.2%。

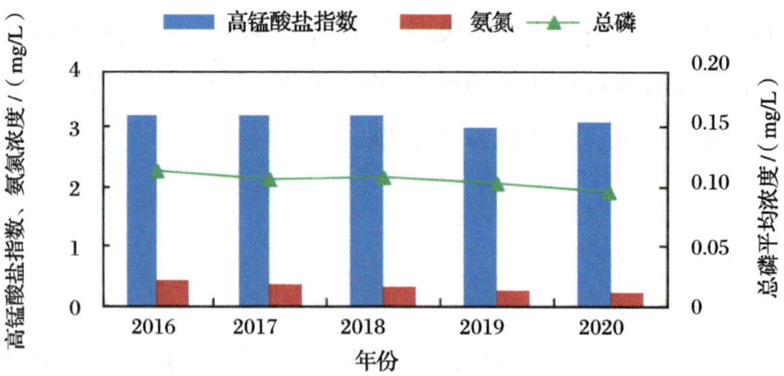

图 4-47 “十三五”期间浙江省交接断面 3 项污染物年均浓度变化

三、行政区考核评价结果

（一）考核评价结果

2020 年，全省各设区市中，10 个设区市考核结果为优秀，1 个设区市为良好。与 2019 年相比，2 个设区市由良好提高为优秀，1 个设区市由优秀变为良好，其余 8 个设区市考核结果保持不变。

66 个设区市市区、县（市）中，49 个地区考核结果为优秀，占 74.2%；17 个地区为良好，占 25.8%。与 2019 年相比，考核结果为优秀的行政区减少 1 个；13 个行政区考核结果变好，14 个行政区考核结果变差。各行政区交接断面考核结果总体稳定。

（二）考核结果变化情况

“十三五”期间，全省各设区市市区、县（市）考核结果为优良的行政区数量基本保持稳定。与“十二五”期末相比，各设区市中考核结果为优良的比例持平，均为 100%；设区市市区、县（市）中考核结果为优良的比例增加 7.5 个百分点。

第六节　入海河流河口水质

浙江省入海河流河口环境监测主要是对钱塘江、曹娥江、甬江、椒江、瓯江、飞云江、鳌江七条重要入海河流河口开展水质监测。

一、水质现状

2020 年，钱塘江、曹娥江、瓯江、飞云江河口水质最好，均为Ⅱ类；其次为甬江、椒江、鳌江河口，水质均为Ⅲ类。7 个入海河流河口均满足水环境功能目标要求。见表 4-23。

表 4-23　浙江省入海河流河口水质状况

河口名称	功能类别	水质类别		超标指标
		2019 年	2020 年	
钱塘江河口	Ⅱ	Ⅱ	Ⅱ	—
曹娥江河口	Ⅲ	Ⅱ	Ⅱ	—
甬江河口	Ⅳ	Ⅲ	Ⅲ	—
椒江河口	Ⅲ	Ⅲ	Ⅲ	—
瓯江河口	Ⅲ	Ⅲ	Ⅱ	—
飞云江河口	Ⅲ	Ⅲ	Ⅱ	—
鳌江河口	Ⅲ	Ⅲ	Ⅲ	—

与 2019 年相比，2020 年瓯江、飞云江河口水质上升一个类别，其余均没有变化；从高锰酸盐指数年均浓度变化来看，椒江、飞云江河口水质有所下降，钱塘江河口水质有所上升，鳌江河口水质上升显著，其余变化不明显；从氨氮年均浓度变化来看，曹娥江、甬江、椒江、飞云江河口水质下降显著，鳌江河口水质有所上升，其余变化不明显；从总磷年均浓度变化来看，曹娥江、甬江、鳌江河口水质下降显著，瓯江、飞云江河口水质有所下降，其余变化不明显；从总氮年均浓度变化来看，曹娥江河口水质下降显著，甬江河口水质有所下降，椒江河口水质有所上升，瓯江、飞云江河口水质上升显著，其余变化不明显。见图 4-48 ～图 4-51。

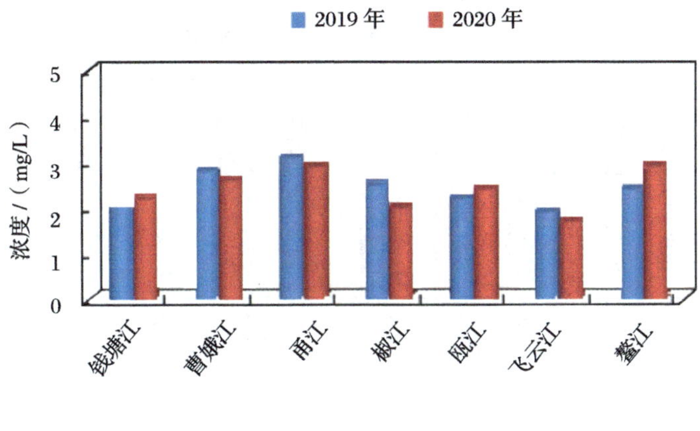

图 4-48　浙江省各入海河口高锰酸盐指数年均浓度比较

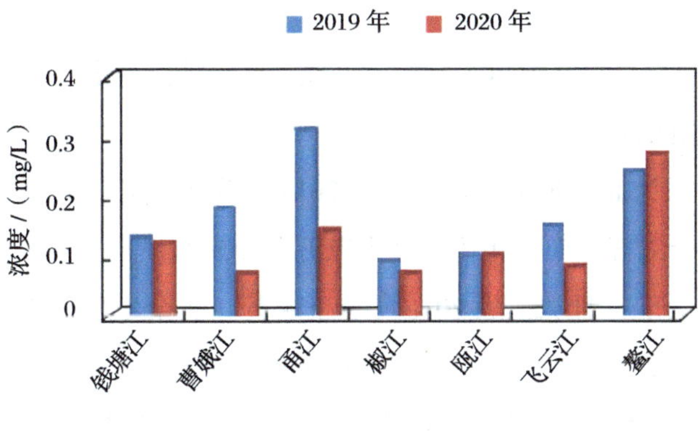

图 4-49　浙江省各入海河口氨氮年均浓度比较

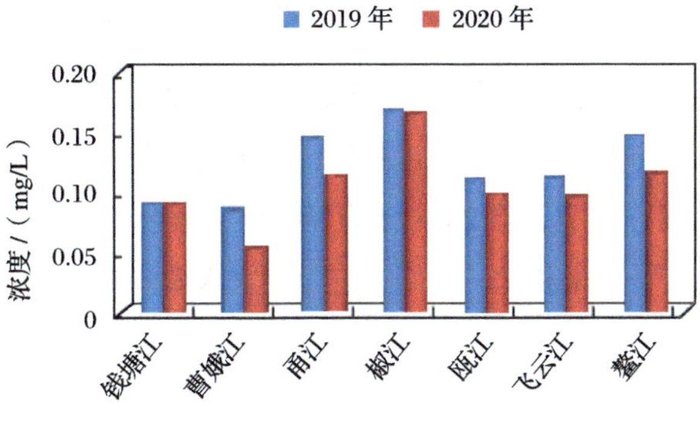

图 4-50　浙江省各入海河口总磷年均浓度比较

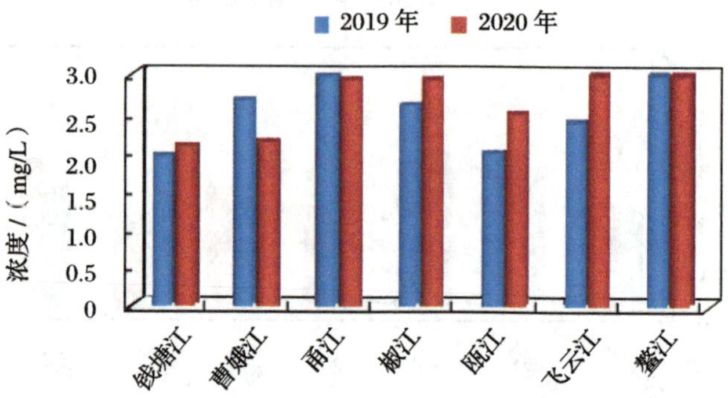

图 4-51　浙江省各入海河口总氮年均浓度比较

二、水质变化趋势

“十三五”期间，钱塘江河口水质均为Ⅱ类，总体维持稳定；与“十二五”期末相比，“十三五”期末水质没有变化。

曹娥江河口水质为Ⅱ～Ⅲ类，除 2016—2017 年为Ⅲ类外，其余年份均为Ⅱ类，总体呈好转趋势；与“十二五”期末相比，“十三五”期末水质上升一个类别。

甬江河口水质为Ⅱ～Ⅲ类，除 2018 年为Ⅱ类外，其余年份均为Ⅲ类，总体基本保持稳定；与“十二五”期末相比，“十三五”期末水质上升一个类别。

椒江河口水质均为Ⅲ类，总体维持稳定；与“十二五”期末相比，“十三五”期末水质没有变化。

瓯江河口水质为Ⅱ～Ⅲ类，除 2016 年、2019 年为Ⅲ类外，其余年份均为Ⅱ类，总体水质基本维持稳定；与“十二五”期末相比，“十三五”期末水质上升一个类别。

飞云江河口水质为Ⅱ～Ⅲ类，除 2016 年、2019 年为Ⅲ类外，其余年份均为Ⅱ类，总体水质基本维持稳定；与“十二五”期末相比，“十三五”期末水质上升一个类别。

鳌江河口水质为Ⅲ～Ⅳ类，除 2018 年为Ⅳ类外，其余年份均为Ⅲ类，总体水质基本维持稳定；与“十二五”期末相比，“十三五”期末水质没有变化。见表 4-24。

表 4-24 “十三五”期间浙江省入海河流各河口水质变化情况

年份	入海河流水质类别						
	钱塘江河口	曹娥江河口	甬江河口	椒江河口	瓯江河口	飞云江河口	鳌江河口
2016	Ⅱ	Ⅲ	Ⅲ	Ⅲ	Ⅲ	Ⅲ	Ⅲ
2017	Ⅱ	Ⅲ	Ⅲ	Ⅲ	Ⅱ	Ⅱ	Ⅲ
2018	Ⅱ	Ⅱ	Ⅱ	Ⅲ	Ⅱ	Ⅱ	Ⅳ
2019	Ⅱ	Ⅱ	Ⅲ	Ⅲ	Ⅲ	Ⅲ	Ⅲ
2020	Ⅱ	Ⅱ	Ⅲ	Ⅲ	Ⅱ	Ⅱ	Ⅲ

第七节 集中式饮用水水源水质

2020 年，浙江省 11 个设区市共有县级以上城市集中式饮用水水源 92 个，其中河流型 25 个，湖库型 67 个。

一、水质现状

（一）城市饮用水水源水质均达标

2020 年，浙江省县级以上城市集中式饮用水水源至少开展一次监测的有 92 个，水质每月均达标，个数达标率为 100%，较 2019 年增加 3.3 个百分点；若按水量计，则实际取水总量为 42.79 亿 t，达标水量为 42.79 亿 t，水量达标率为 100%，较 2019 年增加 1.1 个百分点。

设区市主要集中式饮用水水源个数达标率为 100%，较 2019 年增加 4.5 个百分点；若按水量计，则实际取水总量为 22.79 亿 t，达标水量为 22.79 亿 t，水量达标率为 100%，较 2019 年增加 1.2 个百分点。见图 4-52。

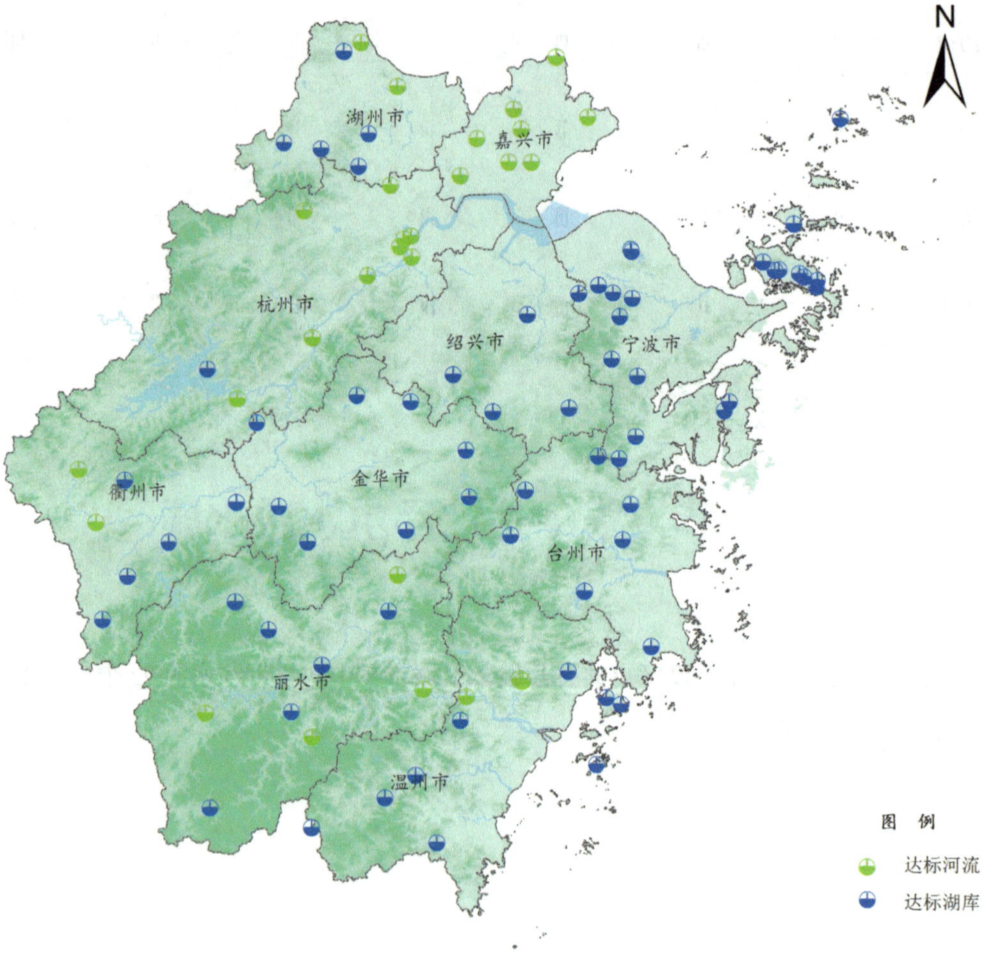

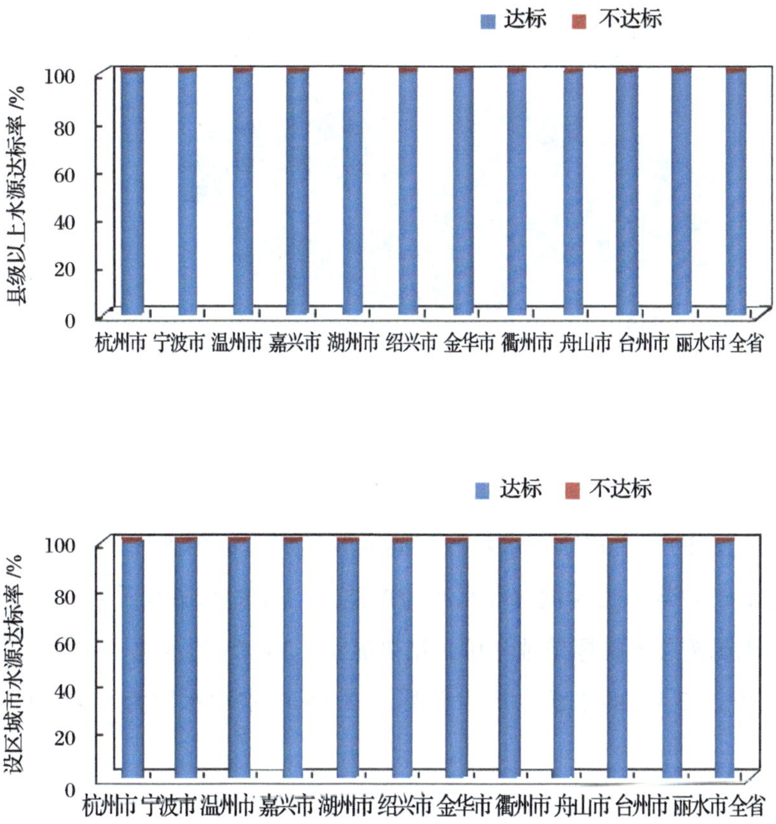

图 4-52 2020 年浙江省集中式饮用水水源水质达标情况示意图

（二）饮用水水源年均水质以Ⅰ～Ⅱ类为主

以年均值评价，90.2% 的水源水质为Ⅰ～Ⅱ类（其中Ⅰ类占 22.8%，Ⅱ类占 67.4%），水质为优；9.8% 为Ⅲ类，水质为良好；无Ⅳ类、Ⅴ类和劣Ⅴ类。全省 11 个设区市所有水源年均水质均为优良。见图 4-53。

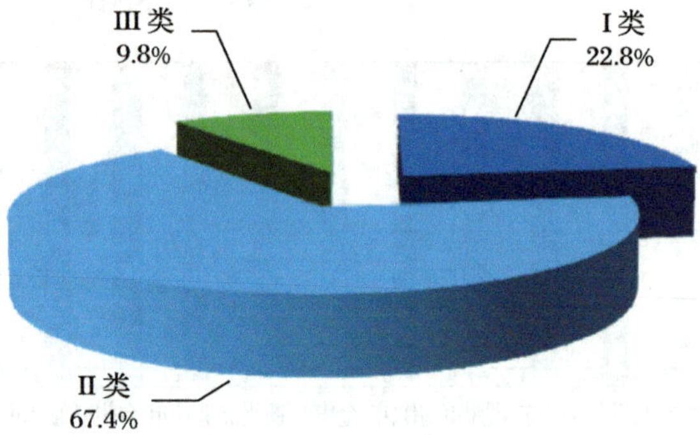

图 4-53　2020 年浙江省集中式饮用水水源年均水质类别情况

92 个开展监测的集中式饮用水水源按粪大肠菌群指标单独评价，结果显示：95.6% 的水源水质为Ⅰ～Ⅲ类，3.3% 的水源水质为Ⅳ类，1.1% 的水源水质为劣Ⅴ类。67 个开展监测的湖库型水源按总氮指标单独评价，结果显示：14.9% 的水源水质为Ⅱ类，47.8% 的水源水质为Ⅲ类，22.4% 的水源水质为Ⅳ类，13.4% 的水源水质为Ⅴ类，1.5% 的水源水质为劣Ⅴ类。

（三）湖库型水源营养状况大部分为中营养

67 个湖库型水源均至少开展了一次富营养化评价 5 项指标的监测，评价结果显示：贫营养的 12 个，占 17.9%；中营养的 55 个，占 82.1%；无轻度、中度、重度富营养。

（四）部分特定项目有检出但均低于标准限值

设区市有 24 个主要集中式饮用水水源共设置了 29 个监测点位，其中 28 个分别开展了 12 次《地表水环境质量标准》（GB 3838—2002）表 3 中 33 项优选项目监测，温州市山根备用水源开展了 5 次。评价结果显示：各水源监测点位在各次监测中各项目均达到标准限值要求，但部分项目有检出，检出的特定项目及检出该项目的水源监测点位数分别为三氯甲烷（1）、四氯乙烯（3）、甲醛（6）、1,4- 二氯苯（1）、2,4- 二硝基氯苯（10）、邻苯二甲酸二丁酯（6）、邻苯二甲酸二（2- 乙基己基）酯（8）、苦味酸（2）、活性氯（1）、滴滴涕（1）、钼（25）、钴（17）、铍（8）、硼（22）、锑（24）、镍（23）、钡（29）、钒（26）、钛（2）、铊（5）；温州市、丽水市水源单月最多存在检出项目 12 项，杭州市、嘉兴市水源单月最多存在检出项目 9 项，绍兴市水源单月最多存在检出项目 8 项，宁波、湖州市、舟山市、台州市等城市水源单月最多存在检出项目 5 ～ 7 项，金华市、衢州市等城市水源单月最多存在检出项目 2 项。

68 个县级城市主要集中式饮用水水源中，67 个开展了 4 次《地表水环境质量标准》（GB 3838—2002）表 3 中 33 项优选项目监测，双庙水库水源地开展了 3 次。评价结果显示：各水源监测点位在各次监测中各项目均达到标准限值要求，但部分项目有检出，检出的特定项目及检出该项目的水源个数分别为三氯甲烷（2）、四氯化碳（2）、甲醛（17）、甲苯（1）、邻苯二甲酸二丁酯（5）、异丙苯（1）、四氯乙烯（1）、邻苯二甲酸二（2-乙基己基）酯（12）、苯并（a）芘（2）、钼（50）、钴（27）、铍（7）、硼（48）、锑（60）、镍（41）、钡（66）、钒（52）；温州市、丽水市各县（市）水源存在检出项目 0 ～ 11 项，嘉兴市存在检出项目 8 ～ 10 项，杭州市、衢州市存在检出项目 6 ～ 9 项，其余各市的县（市）级水源存在检出项目均小于或等于 8 项。

92 个县级以上城市主要集中式饮用水水源共设置 97 个监测点位，分别开展了 1 次《地表水环境质量标准》（GB 3838—2002）表 3 中 80 项特定项目的监测。评价结果显示：各水源监测点位在各次监测中各项目均达到标准限值要求，但有 25 项项目存在检出，检出但未超标的特定项目及检出该项目的水源监测点位个数分别为三氯甲烷（2）、四氯化碳（2）、二氯甲烷（5）、1,2- 二氯乙烷（4）、环氧氯丙烷（1）、1,2- 二氯乙烯（1）、甲醛（16）、丙烯酰胺（1）、邻苯二甲酸二丁酯（1）、邻苯二甲酸二（2- 乙基己基）酯（17）、水合肼（1）、苦味酸（5）、活性氯（5）、百菌清（1）、甲基汞（9）、钼（60）、钴（33）、铍（9）、硼（60）、锑（64）、镍（40）、钡（93）、钒（61）、钛（43）、铊（10）。从各设区市看，杭州市水源监测点位检出项目为 7 ～ 12 项，宁波市水源监测点位检出项目为 2 ～ 3 项，温州市水源监测点位检出项目为 2 ～ 11 项，嘉兴市水源监测点位检出项目为 9 ～ 13 项，湖州市水源监测点位检出项目为 3 ～ 9 项，绍兴市水源监测点位检出项目为 1 ～ 6 项，金华市水源监测点位检出项目为 0 ～ 3 项，衢州市水源监测点位检出项目为 4 ～ 10 项，舟山市水源监测点位检出项目为 4 ～ 6 项，台州市水源监测点位检出项目为 5 ～ 8 项，丽水市水源监测点位检出项目为 1 ～ 12 项。

二、水质变化趋势

（一）饮用水水源水质达标状况稳定向好

1. 水源个数达标率持续向好

“十三五”期间，浙江省县级以上城市集中式饮用水水源个数达标率总体持续向好，至“十三五”期末个数达标率为 100%，较“十二五”期末增加 14.9 个百分点。嘉兴市由于区位限制，部分饮用水水源水质达不到Ⅲ类水质标准要求，但整体水质明显好转，至“十三五”期末个数达标率为 100%，较“十二五”期末增加 88.9 个百分点；绍兴市、舟山市个别年份个别水源存在超标，水质略有波动；其余设区市各水源历年水质均达标。见表 4-25、图 4-54。

表 4-25 “十三五”期间浙江省县级以上城市集中式饮用水水源个数达标情况

设区市	达标率 /%				
	2016 年	2017 年	2018 年	2019 年	2020 年
杭州市	100	100	100	100	100
宁波市	100	100	100	100	100
温州市	100	100	100	100	100
嘉兴市	12.5	25	50.0	62.5	100
湖州市	100	100	100	100	100
绍兴市	100	100	75.0	100	100
金华市	100	100	100	100	100
衢州市	100	100	100	100	100
舟山市	85.7	100	100	100	100
台州市	100	100	100	100	100
丽水市	100	100	100	100	100
全省	91.1	93.4	94.5	96.7	100

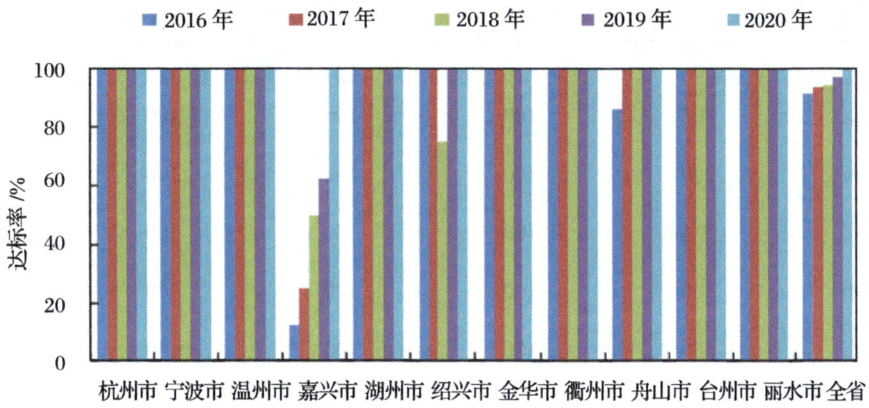

图 4-54 "十三五"期间浙江省各设区市水源个数达标率年际变化

2. 水源水量达标率稳步向好

"十三五"期间，浙江省县级以上集中式饮用水水源水量达标率稳步向好，至"十三五"期末水量达标率为 100%，较"十二五"期末增加 10.6 个百分点。嘉兴市由于区位限制，大部分饮用水水源水质达不到Ⅲ类水质标准要求，但整体水质好转趋势明显，至"十三五"期末水量达标率为 100%，较"十二五"期末增加 74.2 个百分点；绍兴市、舟山市个别年份个别水源存在超标，水质略有波动，但水量达标率基本在 95% 以上；其余设区市水量达标率历年均为 100%。见表 4-26、图 4-55。

表 4-26 "十三五"期间浙江省县级以上集中式饮用水水源水量达标情况

设区市	达标率 /%				
	2016 年	2017 年	2018 年	2019 年	2020 年
杭州市	100	100	100	100	100
宁波市	100	100	100	100	100
温州市	100	100	100	100	100
嘉兴市	45.7	72.1	77.3	91.3	100
湖州市	100	100	100	100	100
绍兴市	100	100	99.1	100	100

设区市	达标率 /%				
	2016 年	2017 年	2018 年	2019 年	2020 年
金华市	100	100	100	100	100
衢州市	100	100	100	100	100
舟山市	99.8	100	100	100	100
台州市	100	100	100	100	100
丽水市	100	100	100	100	100
全省	93.0	96.4	97.0	98.9	100

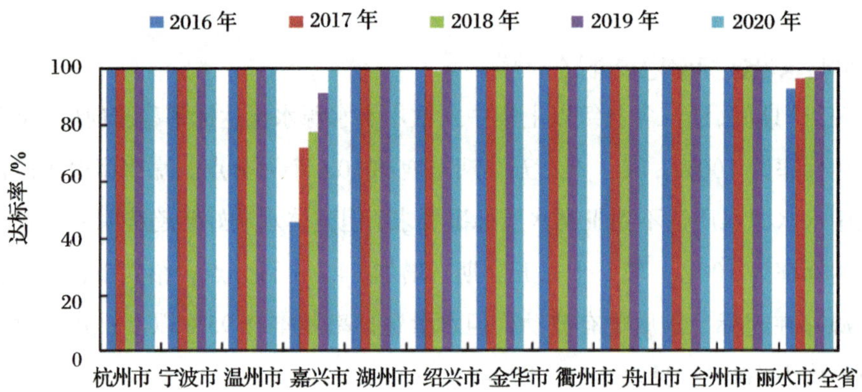

图 4-55 “十三五”期间浙江省各设区市水源水量达标率年际变化

3. 水源年均水质为优良

“十三五”期间，浙江省县级以上城市集中式饮用水水源年均水质总体优良，近三年全部水源年均水质均达到Ⅲ类水质标准要求；年均水质为Ⅰ～Ⅱ类的水源个数比例由“十二五”期末的 87.8% 上升到“十三五”期末的 90.2%，增加 2.4 个百分点，整体呈上升趋势。见表 4-27。

表 4-27 “十三五”期间浙江省县级以上城市集中式饮用水水源年均水质类别

年份	水源个数/个	水质类别/个						比例/%						达标情况	
		Ⅰ类	Ⅱ类	Ⅲ类	Ⅳ类	Ⅴ类	劣Ⅴ类	Ⅰ类	Ⅱ类	Ⅲ类	Ⅳ类	Ⅴ类	劣Ⅴ类	个数/个	比例/%
2016	90	14	62	10	4	0	0	15.6	68.9	11.1	4.4	0	0	86	95.6
2017	91	18	60	12	1	0	0	19.8	65.9	13.2	1.1	0	0	90	98.9
2018	91	22	54	15	0	0	0	24.2	59.3	16.5	0	0	0	91	100
2019	92	20	60	12	0	0	0	21.7	65.2	13	0	0	0	92	100
2020	92	21	62	9	0	0	0	22.8	67.4	9.8	0	0	0	92	100

（二）特定项目检出情况变化不明显

“十三五”期间，全省设区市 22 个集中式饮用水水源的 27 个监测点位均开展了水质全项目分析，《地表水环境质量标准》（GB 3838—2002）中表 1 基本项目（24 项）、表 2 补充项目（5 项）部分监测点位存在超标，表 3 特定项目（80 项）均达标，但存在检出。

（1）超标情况：“十三五”期间，基本项目（24 项，包括水温、总氮、粪大肠菌群）超标的监测点位分别为 15 个、11 个、11 个、10 个、12 个，主要为不参与评价的总氮与粪大肠菌群；补充项目 2018 年、2019 年个别监测点位存在超标，主要为锰；特定项目（80 项）均达标。其中，嘉兴市 2 个水源监测点位基本项目和补充项目部分年份存在超标，但超标项目数近年有所减少，总体水质改善明显；杭州市 2 个水源 7 个监测点位中个别年份个别点位粪大肠菌群指标存在超标；宁波市 5 个水源监测点位部分总氮存在超标；温州市 2 个水源监测点位个别年份总氮、粪大肠菌群存在超标；湖州市老虎潭水库、绍兴市汤浦水库监测点位总氮指标历年均超标；金华市沙金兰水库监测点位除 2018 年外总氮指标均超标；衢州市 1 个水源监测点位除 2017 年粪大肠菌群指标超标外，其余均能达到标准限值；舟山市 5 个水源监测点位中个别点位个别年份总氮指标超标；台州市长潭水库监测点位基本项目和补充项目历年均达标；丽水市 2 个水源监测点位中个别点位个别年份总氮指标超标。

（2）特定项目检出情况："十三五"期间，每年检出的特定项目分别为 19 项、21 项、17 项、16 项、17 项；检出钡、锑、硼、钼、钒等金属类项目的水源监测点位比例较高，甲醛、二氯甲烷、邻苯二甲酸二（2- 乙基已基）酯、邻苯二甲酸二丁酯等有机类项目也在一部分水源监测点位中有检出；总体来看，检出的项目年际变化不明显，近年有所减少。从各设区市来看，2016 年以来，嘉兴市水源监测点位检出项目 8 ～ 11 项，历年检出的项目均较多；杭州市水源监测点位检出项目 5 ～ 11 项，呈上升趋势；宁波市水源监测点位检出项目 3 ～ 6 项，历年相对较少；温州市水源监测点位检出项目 5 ～ 9 项，呈减少趋势；湖州市水源监测点位检出项目 1 ～ 7 项，年际变化明显；绍兴市水源监测点位检出项目 1 ～ 5 项，2018 年最少；金华市水源监测点位检出项目 1 ～ 3 项，维持在较低水平；衢州市水源监测点位检出项目 2 ～ 9 项，年际间变化幅度大；舟山市水源监测点位检出项目 4 ～ 7 项，近年基本维持稳定；台州市水源监测点位检出项目 2 ～ 8 项，年际间变化幅度大；丽水市水源监测点位检出项目 6 ～ 11 项，呈上升趋势。

（三）富营养化状况基本保持稳定

"十三五"期间，浙江省县级以上城市湖库型饮用水水源营养状况总体基本保持稳定，其中营养化状况为贫营养的水源个数比例范围为 14.3% ～ 28.1%，中营养个数比例范围为 71.9% ～ 85.7%，变化趋势均不明显；历年平均营养化状况均为中营养，富营养化指数范围为 33.3 ～ 36.1，变化趋势不明显。

与"十二五"期末相比，"十三五"期末营养状况为贫营养水源的个数比例由 23.1% 下降到 17.9%，减少 5.2 个百分点；中营养水源的个数比例由 73.8% 上升到 82.1%，增加 8.3 个百分点；轻度富营养水源的个数比例由 3.1% 下降到 0，减少 3.1 个百分点；平均富营养化指数由 37.9 下降到 35.8。见表 4-28。

表 4-28 "十三五"期间浙江省县级以上城市湖库型集中式饮用水水源营养状况统计

营养状况	2016 年		2017 年		2018 年		2019 年		2020 年		秩相关系数
	个数	比例 /%	个数	比例 /%	个数	比例 /%	个数	比例 /%	个数	比例 /%	
贫营养	9	14.3	12	18.5	18	28.1	10	14.7	12	17.9	0.20
中营养	54	85.7	53	81.5	46	71.9	58	85.3	55	82.1	-0.20
轻度	0	0	0	0	0	0	0	0	0	0	—

营养状况	2016年		2017年		2018年		2019年		2020年		秩相关系数
	个数	比例/%	个数	比例/%	个数	比例/%	个数	比例/%	个数	比例/%	
中度	0	0	0	0	0	0	0	0	0	0	—
重度	0	0	0	0	0	0	0	0	0	0	—
汇总	63	—	65	—	64	—	68	—	67	—	—

第八节　地下水水质

浙江省地下水水质监测区主要包括杭嘉湖、宁绍、温黄、温瑞—平苍等沿海平原和金衢、丽水盆地等可供开发利用的地下水资源主要分布区，监控面积约 1.86 万 km^2，监测的地下水类型主要为沿海平原孔隙承压水和金衢、丽水盆地河谷潜水、红层孔隙裂隙水等。

一、水质现状

2020 年，全省 290 个地下水水质监测点水质评价结果表明，地下水水质基本以Ⅳ类、Ⅴ类水为主，超Ⅲ类指标组分主要有溶解性总固体、总硬度、高锰酸盐指数、氨氮、铁、锰、碘化物、氯化物，主要受原生水文地球化学环境影响，属天然高背景值所致。其中沿海平原孔隙承压水水质总体较差，杭嘉湖、温黄、温瑞平原少数监测点为Ⅱ～Ⅲ类，其余均为Ⅳ～Ⅴ类；平原区孔隙潜水水质较差，为Ⅳ～Ⅴ类；河谷孔隙潜水、杭州市西部山区岩溶水、基岩裂隙水、金衢盆地红层孔隙裂隙水水质较好，为Ⅱ～Ⅳ类。

二、水质变化趋势

“十三五”期间，全省地下水水质大多保持天然状态，各项指标组分含量无明显变化趋势，地下水环境质量多年基本保持稳定状态。与“十二五”期末相比，全省地下水整体水质基本保持稳定。

第九节　小结

一、小结

（一）地表水总体水质稳中趋好

2020 年，浙江省地表水总体水质为优。全省 221 个省控断面中，Ⅰ～Ⅲ类水质断面占 94.6%，无劣Ⅴ类；满足水环境功能区目标水质要求的断面占 98.2%。

“十三五”期间，浙江省地表水总体水质呈好转趋势，Ⅰ～Ⅲ类水质断面比例为 77.4% ～ 94.6%，满足功能要求水质断面比例为 80.5% ～ 98.2%，劣Ⅴ类为 0 ～ 2.7%，2017 年至 2020 年连续四年无劣Ⅴ类水质断面；高锰酸盐指数年均浓度无明显变化，氨氮和总磷年均浓度呈下降趋势。各水系中，甬江、鳌江和京杭运河水质有所好转，钱塘江、曹娥江、椒江、瓯江、飞云江和苕溪保持优。

各设区市中，湖州市、衢州市和丽水市继续保持优，舟山市保持良，杭州市和绍兴市由良转优，嘉兴市和金华市由轻度污染转为优，宁波市由轻度污染转为良，温州市和台州市由中度污染转为良。

（二）湖泊水库水质稳定，富营养化程度减轻

“十三五”期间，浙江省省控湖泊水库水质优良，水质为Ⅰ～Ⅲ类的个数比例为 86.7% ～ 93.3%，均无劣Ⅴ类，总体水质保持稳定。省控湖泊中，西湖均为Ⅲ类；东钱湖为Ⅲ～Ⅳ类；南湖均为Ⅴ类，主要污染指标为总磷。省控水库以Ⅱ类为主，除铜山源水库水质为Ⅱ～Ⅲ类外，其余 11 个水库历年水质均达到或优于Ⅱ类。富营养化个数比例均为 6.7%，嘉兴市的南湖为轻度富营养至中度富营养，其余湖库为贫营养至中营养。

（三）平原河网总体水质有所好转

“十三五”期间，平原河网水质为轻度污染至良；Ⅰ～Ⅲ类和满足功能要求的水质比例呈上升趋势，劣Ⅴ类比例下降至 0；水体中高锰酸盐指数和总磷年均浓度变化趋势不明显，氨氮年均浓度呈下降趋势；总体水质呈好转趋势。

（四）饮用水水源水质良好

“十三五”期间，县级以上集中式饮用水水源个数达标率为 91.1% ～ 100%，水量达标率为 93.0% ～ 100%，逐年稳步向好；“十三五”期末，个数、水量达标率均为 100%，较“十二五”期末分别增加 14.9 个百分点、10.6 个百分点；11 个设区市中，嘉兴市水质明显好转，绍兴市、舟山市个别年份个别水源存在超标，其余设区市各水源历年水质均达标；水源特定项目历年均未超标，但存在检出，检出的项目个数维持稳定；湖库型水源营养状况以中营养为主，其余为贫营养。

（五）地下水水质保持稳定

“十三五”期间，全省地下水水质大多保持天然状态，各项指标组分含量无明显变化趋势，地下水环境质量多年基本保持稳定状态。

二、存在的问题

（一）水质改善成效尚不稳固，水质季节性波动明显

虽然 2020 年全省地表水Ⅰ～Ⅲ类水质断面比例达到 94.6%，年均无劣Ⅴ类断面，但月度水质不稳定，呈现季节性波动。丰水期 5—9 月水质相对较差，劣Ⅴ类水质出现反弹，尤其在 6 月Ⅰ～Ⅲ类水质断面比例仅为 76.0%，劣Ⅴ类水质断面比例达到 1.0%。交接断面未达标断面虽然污染物年均浓度呈下降趋势，但个别单月仍存在污染物浓度过高现象。

（二）部分平原河网总体水质仍需提升

宁绍平原河网、温州平原河网和台州平原河网 3 个平原河网总体水质仍需提高，17 个省控监测断面中，有 9 个断面水质为Ⅳ类。其中，宁绍平原河网的四灶浦闸、温州平原河网的蒲岐、台州平原河网的金清新闸和温峤等个别断面单月水质甚至出现Ⅴ～劣Ⅴ类。

（三）个别饮用水水源营养化指数呈升高趋势

“十三五”期间，湖库型饮用水水源营养状况基本为贫营养、中营养，但个别水源呈上升趋势；部分湖库型饮用水水源总氮指标超标，超标比例为 37.3% ～ 50.7%。

三、原因分析

（一）多种因素导致丰水期溶解氧偏低

5—9 月丰水期全省水质相对较差，湖州市、嘉兴市、舟山市及杭州市、宁波市、台州市部分平原河网地区的水体中溶解氧偏低，一方面，是因为在副热带高压下，气温较高，溶解氧下降；另一方面，这些地区地势平缓，水体中有机还原性污染物含量较多，而生态补水少，河道闸门众多，导致水体流动性差，空气补氧速度慢。

（二）平原河网控源截污仍需巩固

平原河网人口密集、工业发达、农业面积大，控源截污任务重。部分地区污水处理厂处理能力不平衡、不充分的矛盾依然存在，城市排水管网破损、雨污错接或混接现象时有发生，农村污水处理设施整体达标率不高。分散畜禽养殖业的粪污和水产养殖业排水污染相对较重，农业面源污染治理有待深化。

（三）水资源保障机制尚需建立

生态流量监测、保障机制尚需完善。山溪性河流及源头地区水利设施较多，生态流量保障不足；平原河网地区水体流动性差、生态流量不足，水体自净能力较弱，水质及水生态环境改善压力较大。各地污水处理厂尾水人工湿地建设比例较低，再生水利用不足，生态补水少。

（四）水生态修复有待加强

部分河道生态流量不足、岸线硬质化和水下“荒漠化”现象较为普遍，水体自净能力较差，缺水型城市再生水利用不足，水生生物多样性下降趋势总体上未得到根本性好转。

四、对策建议

（一）多措并举，深化碧水行动

以巩固提升水生态环境质量为核心，坚持系统治水、精准治水、科学治水、全民治水，聚焦水生态、水环境、水资源、水安全、水文化“五向发力”，实施控源、截污、扩容、修复、连通“五措并举”；坚持问题导向，加强涉水问题的分析研判，抓住问题根源及变化趋势，因地制宜，精准施策，从生态系统整体性和流域系统性出发，不断强化上下游、左右岸、干支流、江河湖库、陆域海洋协同治理。

（二）加快污水处理设施提质增效

推动城市建成区老旧破损污水管网全面修复改造，加快推进雨污合流管网的分流改造。全面推进工业园区“污水零直排区”建设，对已建城镇生活小区内部、单位内部和企业内部排水管网深入实施分流改造。

（三）加快推进农业转型升级，不断提升绿色农业水平

在粮食生产功能区、现代农业园区等基础条件较好、农业面源污染相对严重的区域先行开展氮磷拦截沟建设，建立并完善农田氮磷生态拦截沟渠系统的维护管理机制和定期监测评价制度。加强畜禽养殖污染防治，严格执行畜禽养殖区域和污染物排放总量“双控制”制度与“禁养区、限养区”制度。推广生态养殖模式，探索具有区域生态特色的水产养殖。

（四）强化规划水资源论证，保障生态流量

以河湖生态流量保障目标、江河流域水量分配指标、地下水取用水总量和水位管控指标、用水总量和效率控制指标、用水定额标准等作为约束条件，完善水量调度方案，合理安排闸坝下泄水量和泄流时段，维持河湖基本生态用水需求，重点保障枯水期生态基流。开展河流、湖库的自然生境状况、水环境质量现状、水生生物群落现状调查，构建水生态监测体系。

（五）加快推进治水体系和治水能力现代化

加强数字赋能，充分运用信息化、智能化科技手段，强化治水新技术研发应用持续深化治理，打好“五水共治”巩固提升持久战。

专 栏▶

国家“水十条”目标任务完成情况

根据《浙江省水污染防治目标责任书》，浙江省水污染防治目标：到 2020 年，东南诸河、长江流域水质优良（达到或优于Ⅲ类）比例分别达到 82.9%、59.3% 以上，消除地表水丧失使用功能（劣于Ⅴ类）的水体；地级及以上城市集中式饮用水水源水质达到或优于Ⅲ类比例高于 90.9%，入海河流消除劣于Ⅴ类的水体。

完成情况：2020 年，浙江省东南诸河、长江流域水质优良（达到或优于Ⅲ类）比例分别为 97.4%、100%，消除劣Ⅴ类水体；地级及以上城市集中式饮用水水源水质达到或优于Ⅲ类比例为 100%；入海河流消除劣Ⅴ类水体。

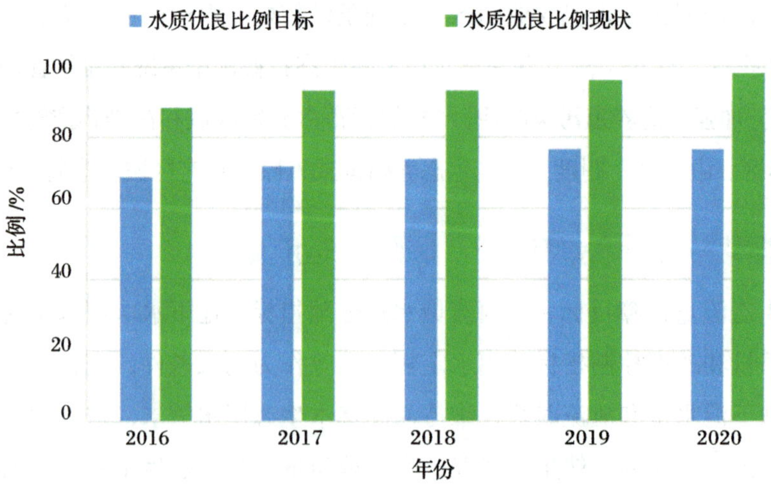

浙江省“水十条”流域考核断面水质优良比例目标完成情况

专 栏▶

“千吨万人”集中式饮用水水源监测状况

浙江省共上报“千吨万人”集中式饮用水水源 298 个，其中河流型 50 个，湖库型 242 个，地下水型 6 个；实际服务人口约 1 180 万，供水量约 231 万 t/d；11 个设区市中，除嘉兴市外均有分布。

2020 年，至少开展一次监测的集中式饮用水水源 296 个，因水库维修等原因无法采样监测的 2 个。296 个开展监测的水源中，季度监测水质均达标的 275 个，占 92.9%；存在超标的 21 个，占 7.1%；其中河流、湖库型水源主要超标指标为总磷、铁、锰、pH 等，地下水型水源主要超标指标为 pH、挥发酚、总大肠菌群等。11 个设区市中，绍兴市、衢州市季度监测水质均达标的比例为 100%，宁波市、金华市、丽水市达标比例 95% 以上，温州市、湖州市、舟山市达标比例为 90% ~ 95%，杭州市、台州市达标比例为 85% ~ 90%。

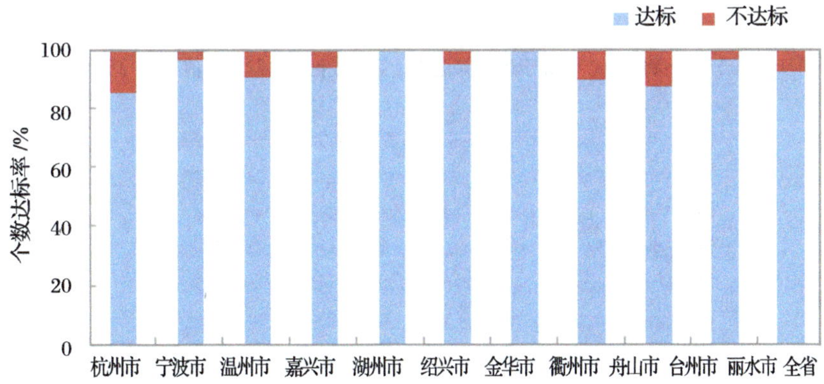

浙江省“千吨万人”集中式饮用水水源水质达标状况

专　栏▶

地表水表层沉积物监测

"十三五"期间，浙江省 11 个设区市共 187 个断面开展了地表水表层沉积物监测。监测指标主要为《土壤环境质量　农用地土壤污染风险管控标准（试行）》（GB 15618—2018）表 1 中的基本项目。

187 个表层沉积物样品中，等于或低于风险筛选值的有 130 个，占 69.5%；高于风险筛选值、等于或低于风险管制值的有 52 个，占 27.8%；高于风险管制值的有 5 个，占 2.7%。从各监测指标来看，除铬和镍外，镉、汞、砷、铅、铜、锌 6 项指标含量均存在超出风险筛选值情况，其中镉有 5 个样品超出风险管制值。从各大水系来看，飞云江、椒江、鳌江、独流入海与海岛河流及浙闽交界水系的表层沉积物样品重金属含量均等于或低于风险筛选值；钱塘江、甬江、曹娥江、瓯江、飞云江、苕溪及部分河网表层沉积物的部分重金属含量高于风险筛选值、等于或低于风险管制值；湖库和部分河网有个别样品重金属含量高于风险管制值，须予以高度重视。

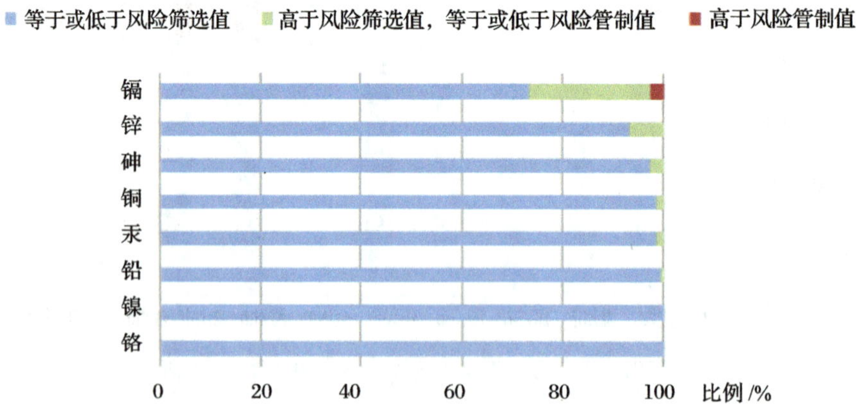

"十三五"期间浙江省地表水表层沉积物重金属污染评价情况

第五章

近岸海域环境质量

ZHEJIANG SHENG
SHENGTAI HUANJING ZHILIANG ZHUANGKUANG
JI BIANHUA QUSHI YANJIU

（2016—2020 年）

2020 年，浙江省近岸海域水体处于轻度富营养化状态，一类、二类海水比例为 62.9%，三类海水比例为 6.5%，四类和劣四类海水比例为 30.6%，主要超标指标为无机氮和活性磷酸盐，近岸海域环境功能区水质达标率为 31.9%。“十三五”期间，浙江省近岸海域水质总体稳中趋好，一类、二类海水面积比例总体呈上升趋势，四类和劣四类海水面积比例总体呈下降趋势；水体富营养化程度有所缓解，富营养化状况等级由中度降至轻度。

第一节　监测概况

一、站位设置与监测频次

浙江省近岸海域范围内共设生态环境质量监测站位 56 个，实施监测面积 57 468 km^2。各监测站隶属于嘉兴市 3 个，舟山市 23 个，宁波市 10 个，台州市 10 个，温州市 10 个。其中 12 个监测站位于重要海湾，分别为杭州湾 5 个、象山港 3 个、三门湾 2 个、乐清湾 2 个。

每年监测三期，分别于 4—5 月、7—8 月和 10—11 月进行，由浙江省海洋生态环境监测中心承担。见图 5-1。

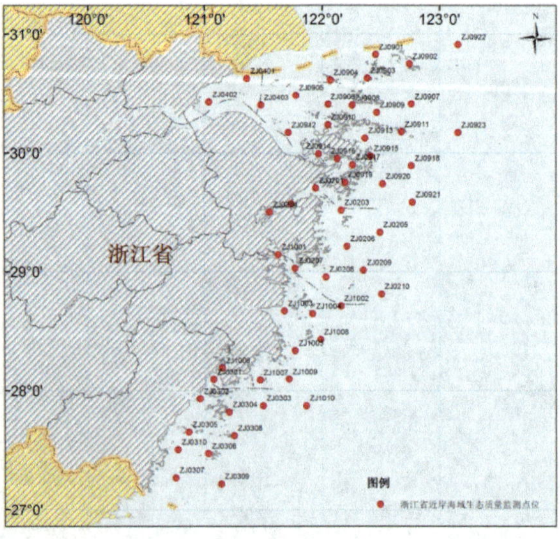

图 5-1　浙江省近岸海域生态环境质量监测站位示意图

近岸海域环境功能区水质监测在生态环境质量监测站位的基础上加测了61个站位，其中嘉兴市4个、杭州市1个、宁波市18个、舟山市11个、台州市15个、温州市12个，由各沿海城市生态环境监测中心承担或组织监测，全年二期。监测项目为温度、盐度、pH、活性磷酸盐、化学需氧量、亚硝酸盐氮、硝酸盐氮、氨氮、无机氮、石油类等。见图5-2。

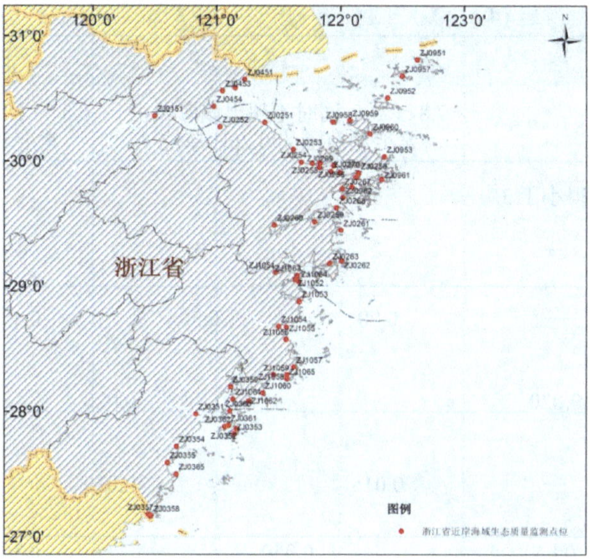

图5-2 浙江省近岸海域环境功能区水质监测站位示意图

二、评价标准与方法

近岸海域水质评价标准采用国家《海水水质标准》（GB 3097—1997）和《渔业水质标准》（GB 11607—89）。

评价项目：近岸海域pH、溶解氧、化学需氧量（碱性锰法）、石油类、活性磷酸盐、无机氮（亚硝酸盐氮、硝酸盐氮、氨氮）、汞、铜、铅、镉10项指标参加水质类别评价，锌、砷、非离子氨等指标参与样品超标评价。

评价方法：采用单因子标准指数法，平均值和超标率均以样品个数为计算单元。海水类别比例按面积计算，即以达到某一类别水质标准的海域面积占监测海域总面积的比值表示。项目浓度均值和样品超标率均以样品个数为计算单元，样品计算时统一采用《海水水质标准》（GB 3097—1997）中二类海水标准限值。

近岸海域环境功能区水质达标评价采用单因子标准指数法，评价指标为pH、无机氮、活性磷酸盐、化学需氧量、石油类5项。以监测站位的任一评价指标平均值与功能区水质保护目标所对应的标准值比较，超过此标准限值的，即为不达标；所有评价指标均在所对应的标准限值内，该功能区水质即为达标。见表5-1。

表5-1 浙江省近岸海域海水水质各评价指标标准限值

<table>
<tr><th rowspan="2">项目</th><th rowspan="2">渔业水质标准</th><th colspan="4">海水水质标准</th></tr>
<tr><th>第一类</th><th>第二类</th><th>第三类</th><th>第四类</th></tr>
<tr><td>pH</td><td>7.8～8.5</td><td colspan="2">7.8～8.5, 同时不超出该海域正常变动范围的0.2pH单位</td><td colspan="2">6.8～8.8, 同时不超出该海域正常变动范围的0.5pH单位</td></tr>
<tr><td>溶解氧></td><td>不得小于3</td><td>6</td><td>5</td><td>4</td><td>3</td></tr>
<tr><td>化学需氧量≤</td><td>—</td><td>2</td><td>3</td><td>4</td><td>5</td></tr>
<tr><td>无机氮(以N计)≤</td><td>—</td><td>0.20</td><td>0.30</td><td>0.40</td><td>0.50</td></tr>
<tr><td>非离子氨(以N计)≤</td><td>0.020</td><td colspan="4">0.020</td></tr>
<tr><td>活性磷酸盐(以P计)≤</td><td>—</td><td>0.015</td><td colspan="2">0.030</td><td>0.045</td></tr>
<tr><td>石油类≤</td><td>0.05</td><td colspan="2">0.050</td><td>0.30</td><td>0.50</td></tr>
<tr><td>汞≤</td><td>0.000 5</td><td>0.000 05</td><td colspan="2">0.000 2</td><td>0.000 5</td></tr>
<tr><td>铜≤</td><td>0.01</td><td>0.005</td><td>0.010</td><td colspan="2">0.050</td></tr>
<tr><td>铅≤</td><td>0.05</td><td>0.001</td><td>0.005</td><td>0.010</td><td>0.050</td></tr>
<tr><td>砷≤</td><td>0.05</td><td>0.020</td><td>0.030</td><td colspan="2">0.050</td></tr>
<tr><td>锌≤</td><td>0.1</td><td>0.020</td><td>0.050</td><td>0.10</td><td>0.50</td></tr>
<tr><td>镉≤</td><td>0.005</td><td>0.001</td><td>0.005</td><td colspan="2">0.010</td></tr>
</table>

注：pH为量纲一，其他均为mg/L。

海域水体富营养化状况评价：

$$\text{富营养化指数（E）}=\frac{\text{化学需氧量}\times\text{无机氧}\times\text{活性磷酸盐}}{4\ 500}\times10^{6} \quad (5\text{-}1)$$

式中，化学需氧量、无机氮、活性磷酸盐指标单位为mg/L。

第二节 近岸海域水质现状

一、水质状况

（一）总体情况

2020 年，浙江省近岸海域实施监测面积 57 468 km^2，一类、二类海水比例占 62.9%，同比上升 21.5 个百分点；三类海水比例占 6.5%，同比上升 4.6 个百分点；四类和劣四类海水比例占 30.6%，同比下降 26.1 个百分点。

各沿海城市近岸海域中，一类、二类海水比例大小依次为温州市 > 宁波市 > 台州市 > 舟山市 > 嘉兴市。近岸海域水体最大超标指标均为无机氮，嘉兴市近岸海域超标倍数最高，为 3.6 倍；其他城市为 0.9 ～ 3.0 倍。

各重要海湾中，象山港二类海水和四类海水比例分别为 66.7% 和 33.3%，杭州湾、三门湾、乐清湾均为四类和劣四类海水。最大超标指标均为无机氮，杭州湾超标倍数最高，为 4.2 倍。见表 5-2、图 5-3。

表 5-2 2020 年浙江省各沿海城市近岸海域及重要海湾海水水质状况

海域＼项目		面积 / km^2	一类海水 / %	二类海水 /%	三类海水 /%	四类海水 /%	劣四类海水 /%	超标指标	最大超标指标与倍数
沿海城市	嘉兴市	3 204	0	0	0	0	100	无机氮、活性磷酸盐	无机氮：3.6
	舟山市	24 264	16.4	26.4	11.0	19.8	26.4	无机氮、活性磷酸盐	无机氮：3.0
	宁波市	9 996	41.2	42.7	0	16.0	0	无机氮、活性磷酸盐	无机氮：0.9
	台州市	10 537	49.3	30.4	10.1	10.1	0	无机氮、活性磷酸盐	无机氮：1.0

海域 \ 项目		面积 / km^2	一类海水 /%	二类海水 /%	三类海水 /%	四类海水 /%	劣四类海水/%	超标指标	最大超标指标与倍数
沿海城市	温州市	9 467	77.4	16.9	0	5.6	0	无机氮	无机氮：1.1
重要海湾	杭州湾	6 608	0	0	0	0	100	无机氮、活性磷酸盐	无机氮：4.2
	象山港	1 602	0	66.7	0	33.3	0	无机氮	无机氮：0.9
	三门湾	1 602	0	0	0	100	0	无机氮、活性磷酸盐	无机氮：1.0
	乐清湾	1 068	0	0	0	100	0	无机氮	无机氮：1.1
全省合计		57 468	35.9	27.0	6.5	13.9	16.7	无机氮、活性磷酸盐	无机氮：3.6
2019 年合计		57 468	19.1	22.3	1.9	11.2	45.5	无机氮、活性磷酸盐、化学需氧量	无机氮：6.3

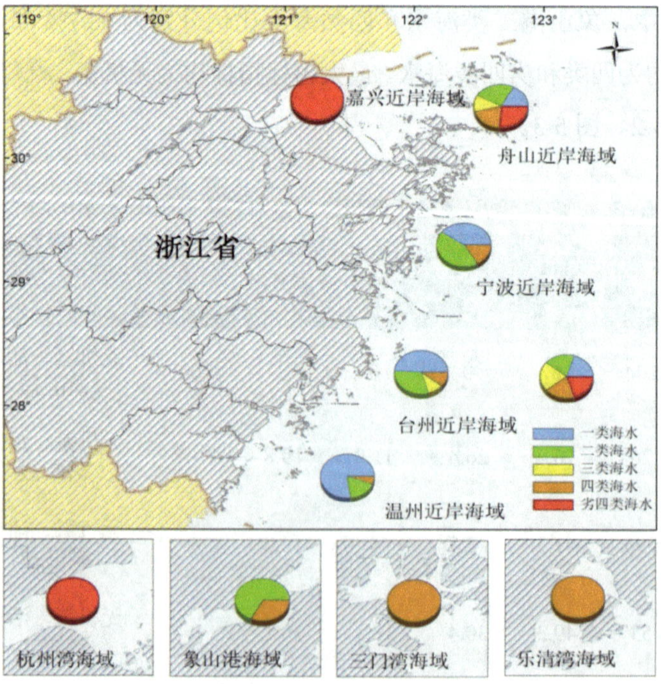

图 5-3　2020 年浙江省各沿海城市近岸海域及重要海湾海水水质示意图

按站位水质类别分析：全省近岸海域共有 27 个站位水质优于 2019 年，其中，舟山市近岸海域 6 个，宁波市近岸海域 8 个，温州市近岸海域 9 个，台州市近岸海域 4 个；3 个站位水质劣于 2019 年；26 个站位水质保持不变。见表 5-3。

表 5–3　浙江省近岸海域各站位水质评价结果比较

序号	站号	水质类别 (2020 年)	水质类别 (2019 年)	变化情况	序号	站号	水质类别 (2020 年)	水质类别 (2019 年)	变化情况
1	ZJ0201	四类	劣四类	↑	29	ZJ0906	劣四类	劣四类	←→
2	ZJ0202	二类	劣四类	↑	30	ZJ0907	二类	一类	↓
3	ZJ0203	二类	劣四类	↑	31	ZJ0908	劣四类	劣四类	←→
4	ZJ0204	二类	劣四类	↑	32	ZJ0909	四类	四类	←→
5	ZJ0205	二类	二类	←→	33	ZJ0910	劣四类	四类	↓
6	ZJ0206	二类	四类	↑	34	ZJ0911	二类	二类	←→
7	ZJ0207	四类	劣四类	↑	35	ZJ0912	劣四类	劣四类	←→
8	ZJ0208	一类	四类	↑	36	ZJ0913	四类	四类	←→
9	ZJ0209	一类	二类	↑	37	ZJ0914	三类	四类	↑
10	ZJ0210	一类	一类	←→	38	ZJ0915	四类	四类	←→
11	ZJ0301	四类	劣四类	↑	39	ZJ0916	三类	劣四类	↑
12	ZJ0302	二类	劣四类	↑	40	ZJ0917	四类	三类	↓
13	ZJ0303	一类	二类	↑	41	ZJ0918	二类	二类	←→
14	ZJ0304	二类	劣四类	↑	42	ZJ0919	三类	三类	←→
15	ZJ0305	一类	劣四类	↑	43	ZJ0920	二类	二类	←→
16	ZJ0306	一类	二类	↑	44	ZJ0921	一类	二类	↑
17	ZJ0307	一类	四类	↑	45	ZJ0922	一类	一类	←→

序号	站号	水质类别(2020 年)	水质类别(2019 年)	变化情况	序号	站号	水质类别(2020 年)	水质类别(2019 年)	变化情况
18	ZJ0308	一类	二类	↑	46	ZJ0923	一类	三类	↑
19	ZJ0309	一类	一类	←→	47	ZJ1001	四类	劣四类	←→
20	ZJ0310	一类	劣四类	↑	48	ZJ1002	二类	二类	←→
21	ZJ0401	劣四类	劣四类	←→	49	ZJ1003	三类	四类	↑
22	ZJ0402	劣四类	劣四类	←→	50	ZJ1004	二类	二类	←→
23	ZJ0403	劣四类	劣四类	←→	51	ZJ1005	一类	三类	↑
24	ZJ0901	四类	劣四类	↑	52	ZJ1006	四类	四类	←→
25	ZJ0902	二类	二类	←→	53	ZJ1007	二类	四类	↑
26	ZJ0903	三类	四类	↑	54	ZJ1008	一类	二类	↑
27	ZJ0904	劣四类	劣四类	←→	55	ZJ1009	一类	一类	←→
28	ZJ0905	劣四类	劣四类	←→	56	ZJ1010	一类	一类	←→

注：“←→”表示水质保持不变；“↑”表示水质好转；“↓”表示水质变差。

（二）监测指标

2020 年，浙江省近岸海域海水主要超标指标为无机氮和活性磷酸盐，少量样品 pH、溶解氧超标见表 5-4。

表 5-4　2020 年浙江省近岸海域水质监测统计结果

序号	项目		样品数	平均值	测值范围	超二类标准 /%	超三类标准 /%	超四类标准 /%
1	透明度	m	117	1.5	0.1 ～ 11	—	—	—
2	水温	℃	260	22.9	14 ～ 30.5	—	—	—
3	盐度	—	359	26.9	3.3 ～ 35.1	—	—	—

序号	项目		样品数	平均值	测值范围	超二类标准 /%	超三类标准 /%	超四类标准 /%
4	悬浮物	mg/L	362	180	<2 ～ 3.07×10^3	—	—	—
5	溶解氧	mg/L	362	6.99	3.00 ～ 14.3	11.3	6.1	0.3
6	pH	—	362	8.06	7.77 ～ 8.77	2.2	0	0
7	活性磷酸盐	mg/L	362	0.019	<0.001 ～ 0.059	22.4	22.4	3.6
8	化学需氧量	mg/L	362	0.91	0.15 ～ 2.65	0	0	0
9	亚硝酸盐氮	mg/L	362	0.008	<0.001 ～ 0.039	—	—	—
10	硝酸盐氮	mg/L	362	0.278	<0.001 ～ 1.34	—	—	—
11	氨氮	mg/L	362	0.020	<0.001 ～ 0.047	—	—	—
12	无机氮	mg/L	362	0.305	0.010 ～ 1.38	39.5	26.0	17.4
13	石油类	μg/L	168	10.7	<3.5 ～ 45.0	0	0	0
14	非离子氨	mg/L	260	0.001	<0.001 ～ 0.003	0	0	0
15	汞	μg/L	324	0.021	<0.007 ～ 0.037	0	0	0
16	铜	μg/L	324	1.68	<0.10 ～ 3.85	0	0	0
17	铅	μg/L	324	0.289	0.014 ～ 0.93	0	0	0
18	镉	μg/L	324	0.049	<0.030 ～ 0.123	0	0	0
19	砷	μg/L	324	1.09	<0.5 ～ 2.6	0	0	0
20	锌	μg/L	324	4.95	<0.1 ～ 14.8	0	0	0

序号	项目		样品数	平均值	测值范围	超二类标准 /%	超三类标准 /%	超四类标准 /%
21	总铬	μg/L	324	0.563	0.109 ～ 1.31	0	0	0
22	总氮	mg/L	225	0.781	0.102 ～ 2.05	—	—	—
23	总磷	mg/L	225	0.072	0.006 ～ 0.311	—	—	—
24	水色	—	111	—	1 ～ 21	—	—	—
25	叶绿素 a	mg/m^3	324	1.75	0.12 ～ 22.54	—	—	—

1. 无机氮

无机氮实测范围 0.010 ～ 1.38 mg/L，均值 0.305 mg/L，其中 39.5% 的样品超二类海水标准，26.0% 的样品超三类海水标准，17.4% 的样品超四类海水标准。与 2019 年相比，无机氮均值下降 39.6%，超标率下降 26.7 个百分点。见图 5-4。

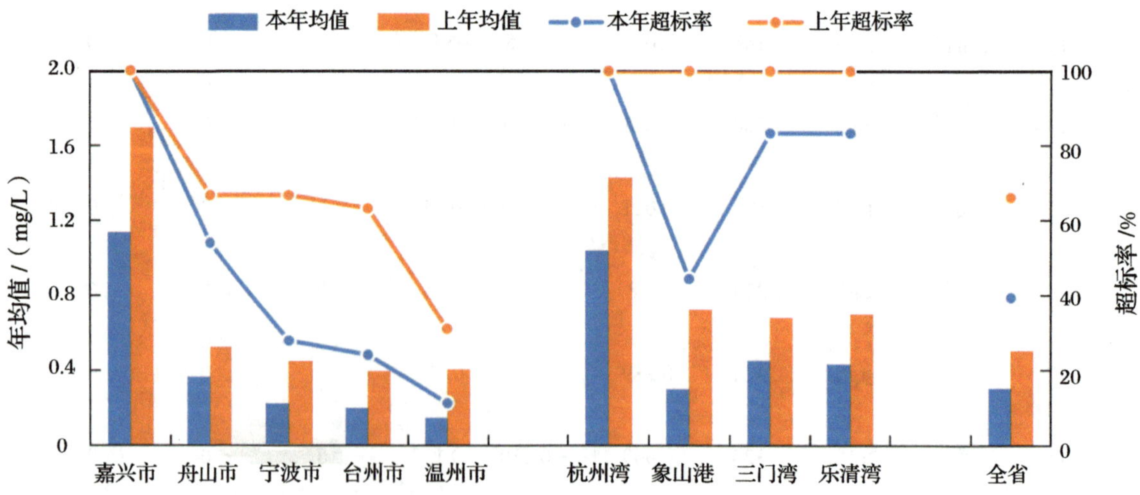

图 5-4　2020 年浙江省各城市近岸海域及重要海湾水体无机氮均值含量及超标率比较

各沿海城市近岸海域无机氮均值和超标率大小均为嘉兴市 > 舟山市 > 宁波市 > 台州市 > 温州市。与 2019 年相比，各城市近岸海域无机氮均值均有明显下降，超标率嘉兴市维持 100%，其他城市均有不同程度的下降。

各重要海湾无机氮均值大小依次为杭州湾 > 三门湾 > 乐清湾 > 象山港；超标率大小依次为杭州湾 > 三门湾 = 乐清湾 > 象山港。与 2019 年相比，各港湾均值均有明显下降，超标率杭州湾维持 100%，其他海湾均有不同程度的下降。

2. 活性磷酸盐

活性磷酸盐实测范围 < 0.001 ～ 0.059 mg/L，均值为 0.019 mg/L，其中 22.4% 的样品超二类、三类海水标准，3.6% 的样品超四类海水标准。与 2019 年相比，活性磷酸盐均值下降 13.6%，超标率下降 6.2 个百分点。见图 5-5。

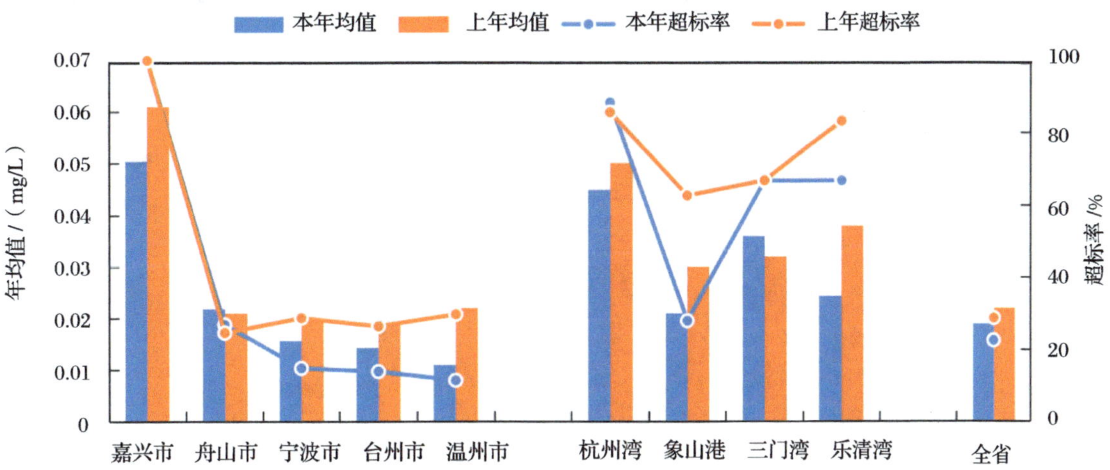

图 5-5　2020 年浙江省各沿海城市近岸海域及重要海湾水体活性磷酸盐均值及超标率比较

各沿海城市近岸海域活性磷酸盐均值含量和样品超标率大小均为嘉兴市 > 舟山市 > 宁波市 > 台州市 > 温州市。与 2019 年相比，各城市活性磷酸盐均值含量舟山市基本持平，其他城市均有不同程度的下降，超标率嘉兴市保持 100%，舟山市基本持平，其他城市均有不同程度的下降。

各重要海湾活性磷酸盐均值含量大小依次为杭州湾 > 三门湾 > 乐清湾 > 象山港；超标率大小依次为杭州湾 > 三门湾 = 乐清湾 > 象山港。与 2019 年相比，均值含量三门湾有所上升，其他各港湾均有不同程度的下降；超标率杭州湾和象山港基本持平，三门湾和乐清湾有所下降。

3. 其他

溶解氧测值范围为 3.00 ～ 14.3 mg/L，均值 6.99 mg/L，11.3% 的样品超二类海水标准限值，6.1% 的样品超三类海水标准限值，0.3% 的样品超四类海水标准限值。pH 测值范围为 7.77 ～ 8.77，2.2% 的样品超二类海水标准限值。其他评价指标如化学需氧量、石油类、非离子氨、汞、铜、铅、镉、砷、锌等均在二类海水标准限值范围内，无超标样品。

二、富营养化状况

2020 年，浙江省近岸海域水体富营养化指数均值为 1.55，处于轻度富营养化状态。与 2019 年相比，2020 年富营养化指数有所下降，富营养化程度减轻一个等级。见图 5-6。

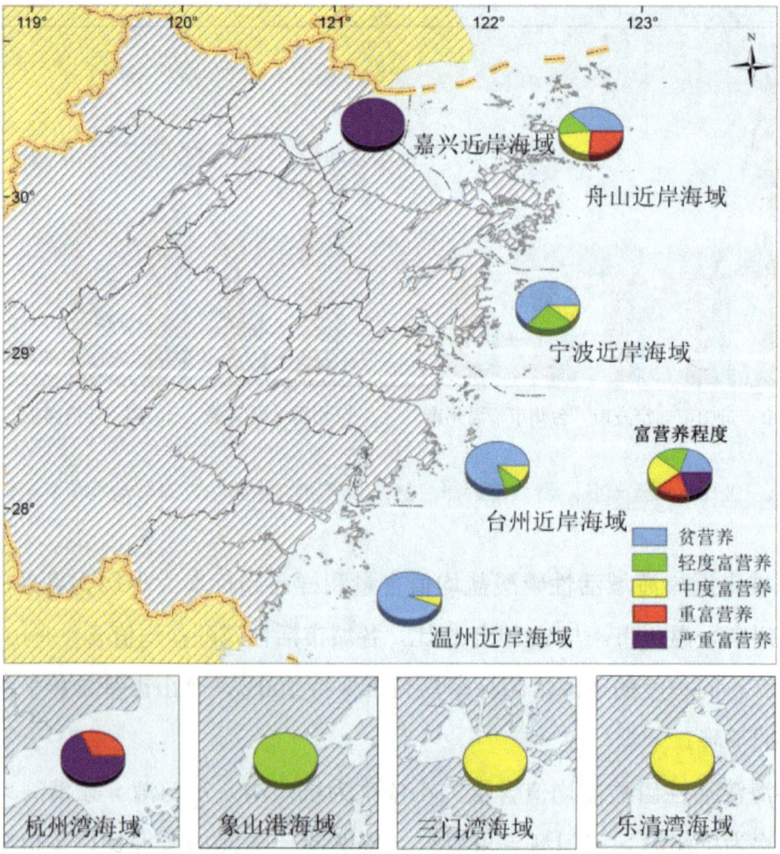

图 5-6　2020 年浙江省各沿海城市近岸海域及重要海湾富营养状况示意图

按面积比例统计，海域贫营养水体57.3%，同比上升8.4个百分点；轻度和中度富营养水体比例占25.9%，同比下降5.7个百分点；重和严重富营养水体比例占16.8%，同比下降2.7个百分点。

各沿海城市近岸海域中，嘉兴市近岸海域富营养化指数均值为22.4，属严重富营养；舟山市近岸海域富营养化指数为2.33，属中度富营养；宁波市、台州市、温州市近岸海域富营养化指数分别为0.93、0.70、0.32，属贫营养。见表5-5。

表5-5 2020年浙江省各沿海城市近岸海域及重要海湾富营养化状况（按面积统计）

海域		面积/km^2	E值	富营养化程度	贫营养/%	轻度富营养/%	中度富营养/%	重富营养/%	严重富营养/%
沿海城市	嘉兴市	3 204	22.4	严重	0	0	0	0	100
	舟山市	24 264	2.33	中度	38.4	13.2	22.0	26.4	0
	宁波市	9 996	0.93	贫	62.6	26.7	10.7	0	0
	台州市	10 537	0.70	贫	79.7	10.1	10.2	0	0
	温州市	9 467	0.32	贫	94.4	0	5.6	0	0
重要海湾	杭州湾	6 608	18.4	严重	0	0	0	32.3	67.7
	象山港	1 602	1.63	轻度	0	100	0	0	0
	三门湾	1 602	3.84	中度	0	0	100	0	0
	乐清湾	1 068	2.25	中度	0	0	100	0	0
全省合计		57 468	1.55	轻度	57.3	12.1	13.8	11.2	5.6
2019年合计		57 468	2.78	中度	48.9	7.4	24.2	10.2	9.3

各重要海湾中，杭州湾富营养化指数为18.4，属严重富营养；三门湾、乐清湾富营养化指数分别为3.84、2.25，属中度富营养；象山港富营养化指数为1.63，属轻度富营养。

三、功能区水质达标情况

浙江省近岸海域 93 个环境功能区实施水质监测的有 70 个，涉及面积 44 136.7 km^2，占区划总面积的 99.7%。近岸海域环境功能区水质监测结果评价表明：舟山市中部二类区有 25.0% 的区域达标、浙江北部一类区有 27.3% 的区域达标、六横—虾峙—桃花四类区有 33.3% 的区域达标、浙江南部一类区有 37.5% 的区域达标、舟山环岛四类区有 50.0% 的区域达标、浙中中部一类区有 58.3% 的区域达标，洞头四类区、洞头渔港四类区、坎门四类区、南麂一类区、霓屿北三类区、嵊山—花鸟二类区为 100% 的区域达标。近岸海域环境功能区合计水质达标面积 14 093.5 km^2，达标面积比例为 31.9%。与 2019 年相比，2020 年达标面积上升 8 278.56 km^2，达标比例上升 27.0 个百分点见图 5-7 ～图 5-9、表 5-6。

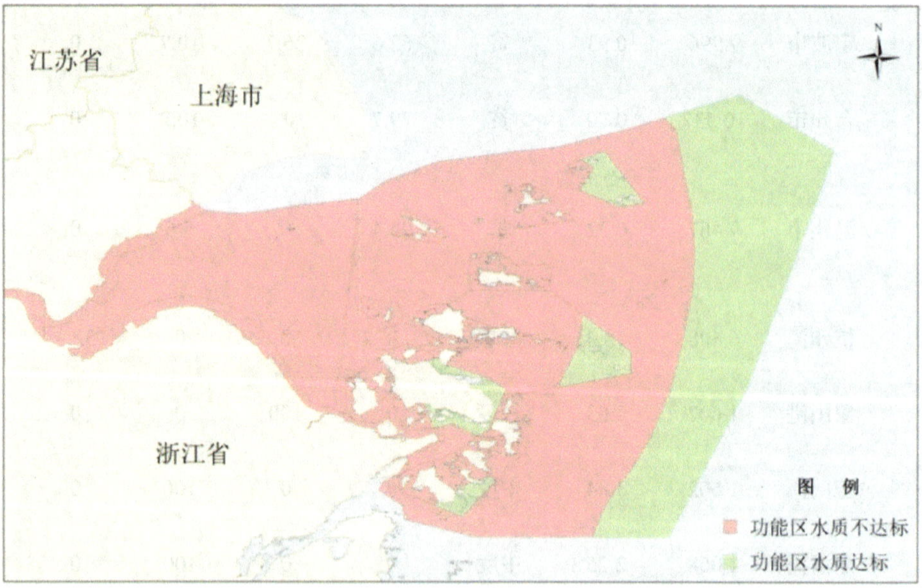

图 5-7　2020 年浙江省北部近岸海域环境功能区水质达标示意图

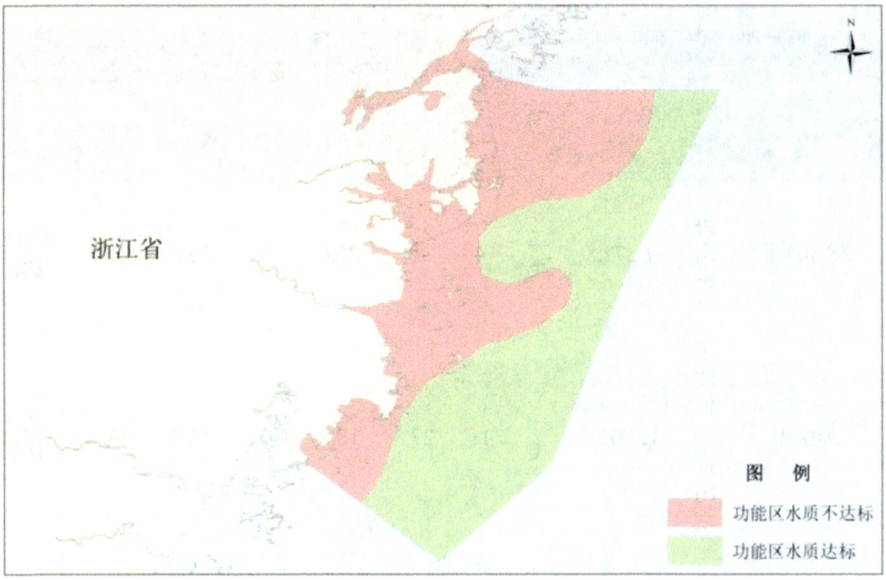

图 5-8 2020 年浙江省中部近岸海域环境功能区水质达标示意图

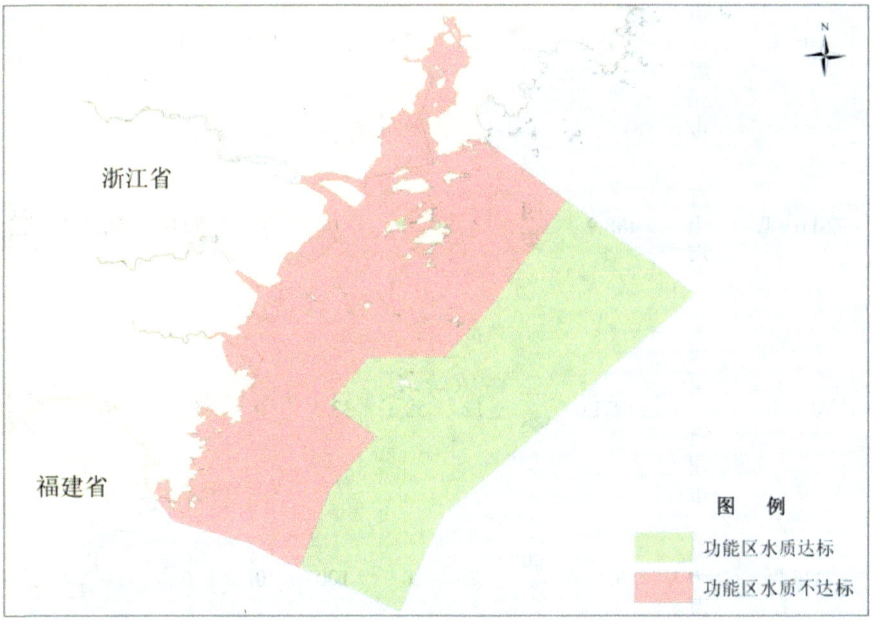

图 5-9 2020 年浙江省南部近岸海域环境功能区水质达标示意图

表 5-6　2020 年浙江省近岸海域环境功能区水质达标统计情况

功能区名称	功能区代码	所属地区	面积/km^2	水质目标	测站数/个	水质现状					达标情况	超标指标
						一类/%	二类/%	三类/%	四类/%	劣四类/%		
舟山中部二类区	ZSB03 Ⅱ	舟山市	1 572.8	二类	4	0	25.0	0	50.0	25.0	25.0%达标	活性磷酸盐、无机氮
浙江北部一类区	A02 Ⅰ	宁波市、舟山市	11 909.0	一类	11	27.3	18.2	0	18.2	36.4	27.3%达标	活性磷酸盐、无机氮
六横—虾峙—桃花四类区	ZSD12 Ⅳ	舟山市	342.3	四类	3	0	0	33.3	0	66.7	33.3%达标	无机氮
浙江南部一类区	A05 Ⅰ	台州市、温州市	8 445.5	一类	8	37.5	50.0	12.5	0	0	37.5%达标	活性磷酸盐、无机氮
舟山环岛四类区	ZSD10 Ⅳ	舟山市	488.9	四类	4	0	0	0	50.0	50.0	50.0%达标	活性磷酸盐、无机氮
浙中中部一类区	A04 Ⅰ	宁波市、台州市	10 271.0	一类	12	58.3	33.3	0	8.3	0	58.3%达标	活性磷酸盐、无机氮
洞头四类区	D26 Ⅳ	温州市	6.7	四类	1	0	100	0	0	0	达标	—
洞头渔港四类区	D27 Ⅳ	温州市	7.2	四类	1	0	100	0	0	0	达标	—

功能区名称	功能区代码	所属地区	面积/km^2	水质目标	测站数/个	水质现状					达标情况	超标指标
						一类/%	二类/%	三类/%	四类/%	劣四类/%		
坎门四类区	D24 Ⅳ	台州市	1.6	四类	1	0	0	100	0	0	达标	—
南麂一类区	A06 Ⅰ	温州市	706.0	一类	1	100	0	0	0	0	达标	—
霓屿北三类区	WZC04 Ⅱ	温州市	5.2	二类	1	0	100	0	0	0	达标	—
嵊山—花鸟二类区	ZSB01 Ⅱ	舟山市	209.4	二类	1	0	100	0	0	0	达标	—

四、渔业水质达标分析

2020 年浙江省近岸海域渔业水质达标情况见表 5-7。pH 达标率为 98.1%，其余指标达标率均为 100%，基本符合渔业用水要求。

表 5-7 2020 年浙江省近岸海域渔业水质达标情况

项目	渔业水质标准限值	监测结果	达标率/%
pH	7.0 ～ 8.5	7.77 ～ 8.77	98.1
溶解氧/(mg/L)	⩾ 3	3.00 ～ 14.3	100
石油类/(mg/L)	⩽ 0.05	< 0.003 5 ～ 0.045	100
非离子氨/(mg/L)	⩽ 0.02	< 0.001 ～ 0.003	100
汞/(μg/L)	⩽ 0.5	< 0.007 ～ 0.037	100
铜/(μg/L)	⩽ 10	< 0.10 ～ 3.85	100
铅/(μg/L)	⩽ 50	0.014 ～ 0.93	100

项目	渔业水质标准限值	监测结果	达标率 /%
镉 /(μg/L)	≤ 5	< 0.030 ～ 0.123	100
砷 /(μg/L)	≤ 50	< 0.5 ～ 2.6	100
锌 /(μg/L)	≤ 100	< 0.1 ～ 14.8	100

第三节　水质变化趋势

一、水质类别

“十三五”期间，浙江省近岸海域水质总体上稳中趋好，一类、二类海水面积比例总体呈上升趋势，四类和劣四类海水面积比例总体呈下降趋势。与“十二五”期末相比，一类、二类海水面积比例上升了 37.9 个百分点，四类和劣四类海水面积比例下降了 27.9 个百分点。近岸海域水质主要受高浓度的营养盐影响，2020 年超标指标为无机氮和活性磷酸盐，其余各年均为无机氮、活性磷酸盐和化学需氧量。见表 5-8、图 5-10。

表 5-8　“十三五”期间浙江省近岸海域水质评价结果

年份	面积 / km^2	一类海水 /%	二类海水 /%	三类海水 /%	四类海水 /%	劣四类海水 /%	超标指标
2016	57 468	15.7	22.0	11.2	5.6	45.5	无机氮、活性磷酸盐、化学需氧量
2017	57 468	19.1	13.0	16.8	13.9	37.2	无机氮、活性磷酸盐、化学需氧量

年份	面积 / km^2	一类海水 /%	二类海水 /%	三类海水 /%	四类海水 /%	劣四类海水 /%	超标指标
2018	57 468	29.4	10.2	17.6	5.6	37.2	无机氮、活性磷酸盐、化学需氧量
2019	57 468	19.1	22.3	1.9	11.2	45.5	无机氮、活性磷酸盐、化学需氧量
2020	57 468	35.9	27.0	6.5	13.9	16.7	无机氮、活性磷酸盐

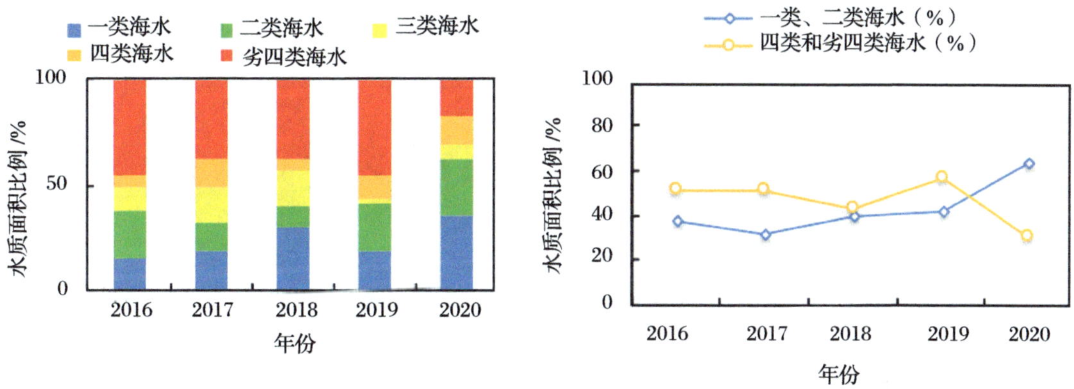

图 5-10 “十三五”期间浙江省近岸海域水质类别比例年际变化

按区域分析，“十三五”期间浙江省各沿海城市近岸海域中，嘉兴市近岸海域各年均 100% 为四类和劣四类海水；其余城市近岸海域一、二类海水面积比例总体均呈上升趋势，四类和劣四类海水面积比例温州市近岸海域变化不显著，其他城市近岸海域均有不同程度的下降。重要海湾中，象山港在 2020 年出现了 66.7% 的一类、二类海水，其余各年各港湾均 100% 为四类和劣四类海水。见图 5-11。

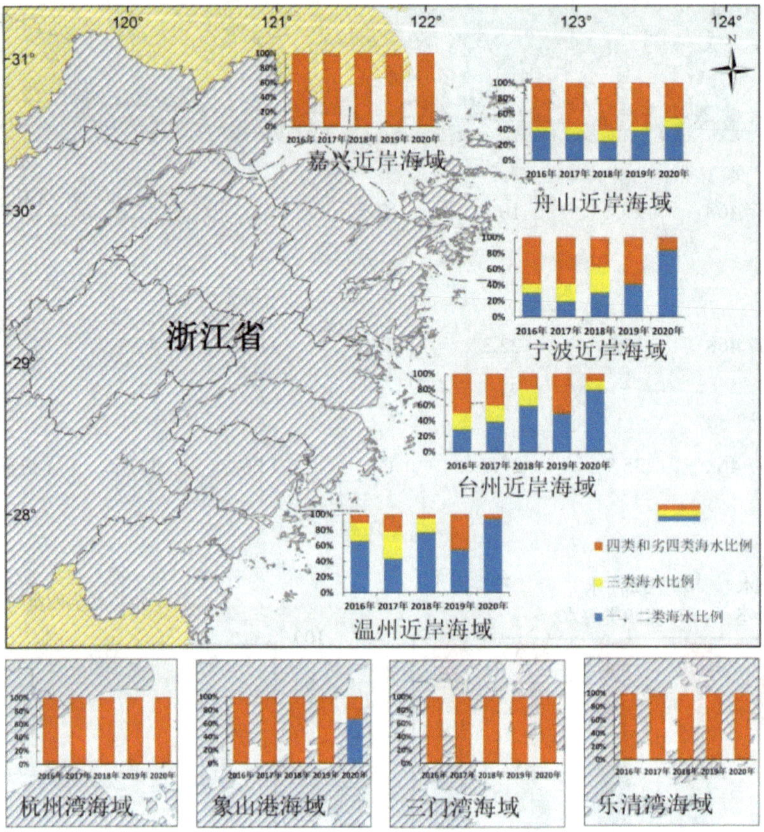

图 5-11 “十三五”期间浙江省各区域近岸海域水质类别比例变化示意图

嘉兴市近岸海域各年均 100% 为四类和劣四类海水，水质超标指标 2016—2019 年为无机氮、活性磷酸盐和化学需氧量，2020 年减少为无机氮和活性磷酸盐 2 项。与“十二五”期末相比，水质类别无变化。

宁波市近岸海域一类、二类海水比例上升趋势明显；四类和劣四类海水比例总体呈波动下降的趋势。水质超标指标各年均为无机氮和活性磷酸盐。与“十二五”期末相比，一类、二类海水比例上升了 42.8 个百分点；四类和劣四类海水比例下降了 42.8 个百分点。

舟山市近岸海域一类、二类海水比例先降后升，总体略有上升；四类和劣四类海水比例前四年基本稳定，2020 年有所下降。水质超标指标 2016—2019 年为无机氮、活性磷酸盐和化学需氧量，2020 年减少为无机氮和活性磷酸盐 2 项。与“十二五”期末相比，一类、二类海水比例上升了 13.2 个百分点；四类和劣四类海水比例下降了 15.4 个百分点。

台州市近岸海域一类、二类海水比例基本呈逐年上升趋势；四类和劣四类海水比例除在 2019 年出现突升外，总体下降趋势较为明显。水质超标指标 2017 年为无机氮，其余四年均为无机氮和活性磷酸盐 2 项。与“十二五”期末相比，一类、二类海水比例上升了 50.7 个百分点；四类和劣四类海水比例下降了 20.3 个百分点。

温州市近岸海域一类、二类海水比例呈震荡上升趋势；四类和劣四类海水比例年际波动较大，无明显升降趋势。水质超标指标 2016 年、2019 年为无机氮和活性磷酸盐，其余三年均为无机氮。与“十二五”期末相比，一类、二类海水比例上升了 94.3 个百分点；四类和劣四类海水比例下降了 39.6 个百分点。

二、主要监测指标

“十三五”期间，浙江省近岸海域 13 项海水评价指标中，无机氮、活性磷酸盐、化学需氧量、溶解氧、pH、非离子氨 6 项指标有样品超标，其中无机氮和活性磷酸盐为主要超标指标，“十三五”期间超标率分别为 59.0% 和 28.7%，其他超标指标超标率均较低。见表 5-9。

表 5-9 “十三五”期间浙江省近岸海域海水监测统计结果

序号	项目	单位	样品数 / 个	平均值	测值范围	超二类标准 /%	超三类标准 /%	超四类标准 /%
1	溶解氧	mg/L	1 778	7.15	1.60 ～ 17.20	8.1	4.7	0.8
2	pH	—	1 779	8.03	7.68 ～ 8.92	1.2	0.06	0.06
3	活性磷酸盐	mg/L	1 779	0.022	< 0.001 ～ 0.078	28.7	28.7	7.5
4	化学需氧量	mg/L	1 779	0.85	< 0.15 ～ 14.60	2.2	1.3	0.7
5	无机氮	mg/L	1 779	0.453	0.002 ～ 2.470	59.0	48.7	38.0
6	石油类	μg/L	839	5.6	< 3.50 ～ 45.0	0	0	0
7	非离子氨	mg/L	1 779	0.001	< 0.001 ～ 0.037	0.06	0.06	0.06

序号	项目	单位	样品数 / 个	平均值	测值范围	超二类标准 /%	超三类标准 /%	超四类标准 /%
8	汞	μg/L	1 591	< 0.020	< 0.020 ～ 0.053	0	0	0
9	铜	μg/L	1 592	0.735	< 0.100 ～ 4.660	0	0	0
10	铅	μg/L	1 591	0.152	< 0.003 ～ 2.360	0	0	0
11	镉	μg/L	1 592	0.036	< 0.030 ～ 0.503	0	0	0
12	砷	μg/L	1 123	1.49	< 0.50 ～ 5.18	0	0	0
13	锌	μg/L	1 123	1.98	< 0.100 ～ 20.50	0	0	0

（一）无机氮

“十三五”期间，浙江省近岸海域无机氮均值和超标率普遍较高。均值含量总体呈波动下降趋势；超标率前四年较稳定，2020 年下降幅度较大。与“十二五”期末相比，无机氮均值下降了 51.1%，超标率下降了 35.7 个百分点。见图 5-12。

图 5-12 “十三五”期间浙江省近岸海域无机氮均值与超标率年际比较

各沿海城市近岸海域中，嘉兴市“十三五”期间无机氮均值含量各年均高于 1.0 mg/L，明显高于其他城市，其他城市从北到南均值呈下降分布。各沿海城市均值含量总体均呈不同程度的上升趋势。无机氮超标率嘉兴市一直维持在 100%，其他城市总体均呈下降趋势，宁波市下降幅度最明显，台州市和温州市年际波动较大。见图 5-13。

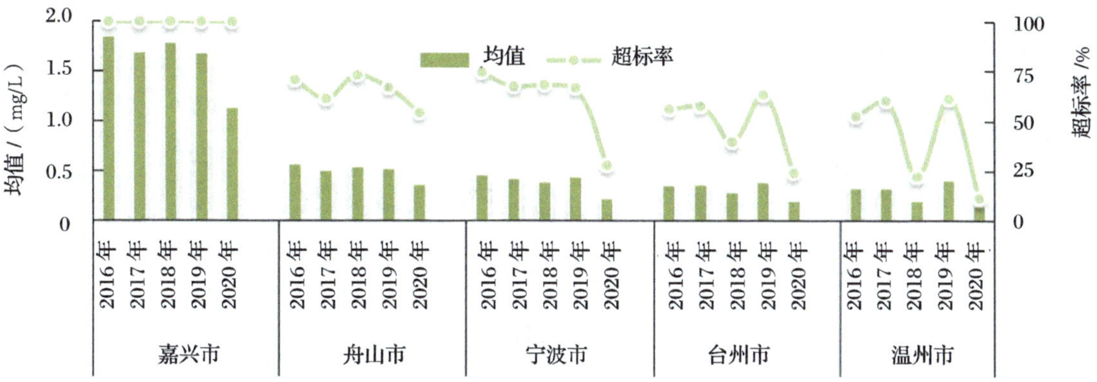

图 5-13 “十三五”期间浙江省各沿海城市近岸海域无机氮均值和超标率比较

各重要港湾中，杭州湾“十三五”期间无机氮均值明显高于其他海湾，各年均高于 1.00 mg/L，总体呈下降趋势；象山港先升后降，2020 年下降幅度较大；三门湾、乐清湾总体呈下降趋势，但在 2019 年均出现了一个高峰。无机氮超标率杭州湾各年均维持在 100%，象山港 2016—2019 年维持在 100%，在 2020 年大幅下降；三门湾和乐清湾 2017 年和 2020 年超标率在 75% 左右，其他年份维持在 100%。见图 5-14。

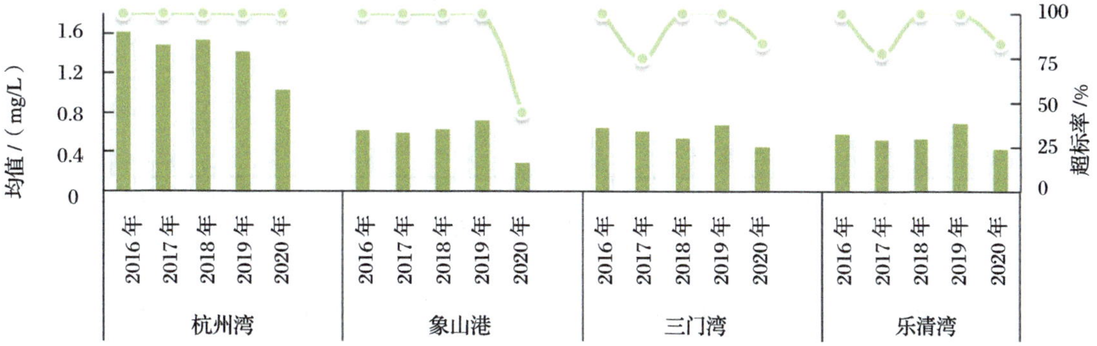

图 5-14 “十三五”期间浙江省各重要海湾无机氮均值和超标率比较

（二）活性磷酸盐

“十三五”期间，浙江省近岸海域活性磷酸盐均值含量和超标率稳中有降。与“十二五”期末相比，均值含量下降了 32.1%，超标率下降了 25.6 个百分点。见图 5-15。

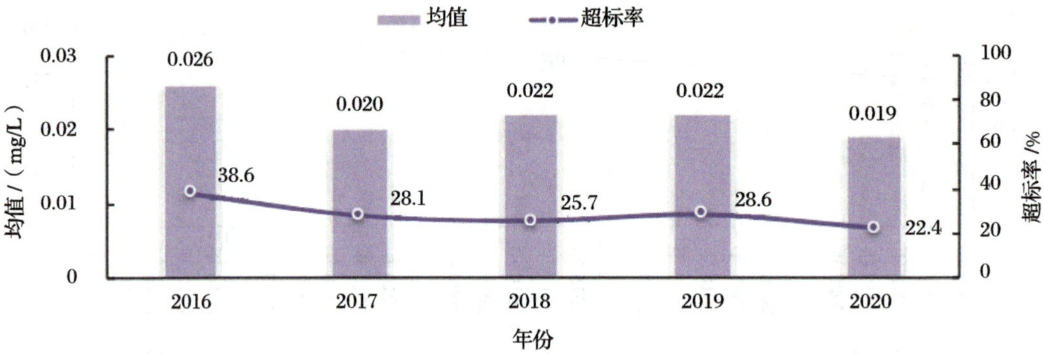

图 5-15 “十三五”期间浙江省近岸海域活性磷酸盐均值与超标率年际比较

各沿海城市近岸海域中，嘉兴市近岸海域“十三五”期间活性磷酸盐均值明显高于其他城市，各年均大于 0.050 mg/L，超标率维持在 100%；舟山近岸海域均值和超标率总体波动较小，呈缓慢下降趋势；宁波市、台州市近岸海域均值和超标率均呈倒“N”形波动，总体均有所下降；温州市近岸海域均值和超标率年际波动较大，总体趋势不明显。见图 5-16。

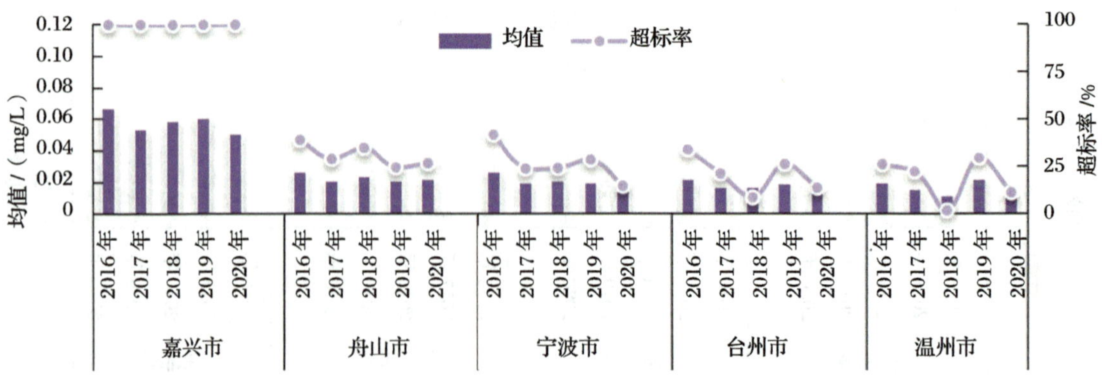

图 5-16 “十三五”期间浙江省各沿海城市近岸海域活性磷酸盐均值和超标率比较

各重要港湾中，杭州湾“十三五”期间活性磷酸盐均值含量略高于其他海湾，各年均在 0.045 mg/L 以上。杭州湾均值和超标率稳中有降；象山港均值和超标率年际波动较大，总体均呈倒“N”形下降；三门湾均值和超标率均呈先降后升趋势；乐清湾均值和超标率均呈倒“N”形波动，变化趋势不明显。见图 5-17。

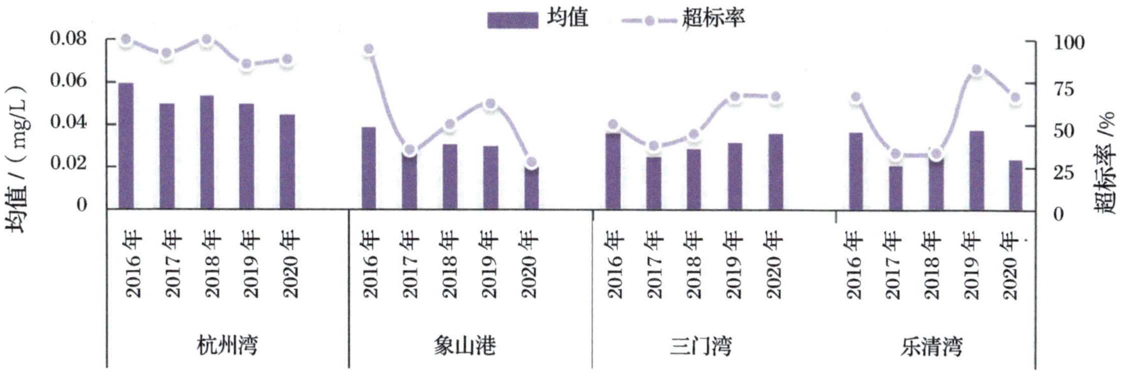

图 5-17 “十三五”期间浙江省各重要海湾活性磷酸盐均值和超标率比较

（三）其他超标指标

“十三五”期间，浙江省近岸海域水体超标指标除无机氮与活性磷酸盐外，另有化学需氧量、溶解氧、pH、非离子氨 4 项指标在不同年份存在不同程度的超标情况，超标率均较小。从超标率的年际变化趋势上看，溶解氧呈“W”形上下波动，总体呈上升趋势；化学需氧量先升后降，2020 年未超标；pH 在 2018 年无样品超标，其他年份在 2.0% 上下波动；非离子氨仅在 2019 年有个别样品超标。见图 5-18。

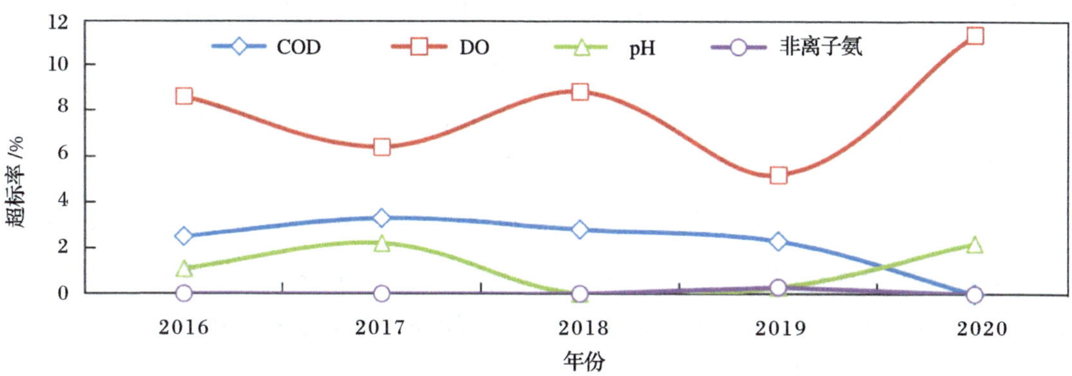

图 5-18 “十三五”期间浙江省近岸海域其他超标指标年际超标率比较

三、富营养化状况

“十三五”期间，浙江省近岸海域除 2020 年处于轻度富营养化状态外，其他年份均呈中度富营养化状态。富营养化指数总体呈下降趋势，最高年均值出现在 2016 年，为 3.51。与“十二五”期末相比，浙江省近岸海域富营养化指数下降了 64.8%，富营养化状况等级由中度降至轻度。见图 5-19。

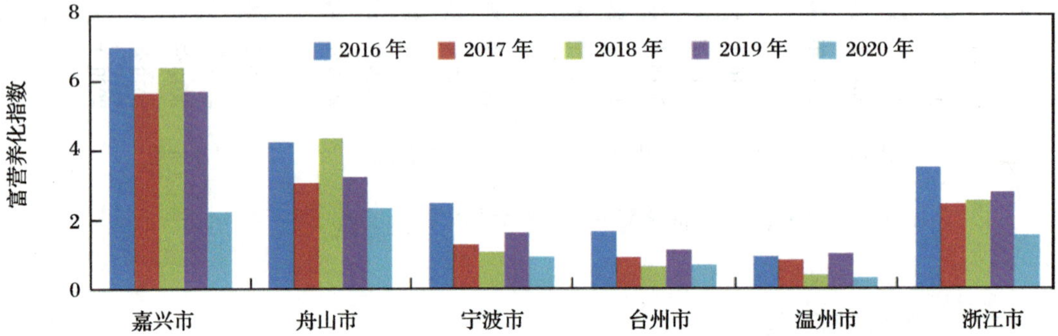

图 5-19　“十三五”期间浙江省及各沿海城市富营养化指数年际比较

各沿海城市中，嘉兴市近岸海域“十三五”期间富营养化指数远高于其他城市，各年均处于严重富营养化状态，富营养化指数总体呈下降趋势；舟山市近岸海域各年处于中度富营养化状态，富营养化指数总体呈下降趋势；宁波市近岸海域富营养化状态由中度转为轻度进而转为贫营养，富营养化指数下降趋势较明显；台州市近岸海域在轻度富营养和贫营养之间波动，富营养化指数总体有所下降；温州市近岸海域 2019 年为轻度富营养，其他年份均为贫营养，富营养化指数总体有所下降。

重要海湾中，杭州湾“十三五”期间富营养化指数远高于其他重要海湾，各年均处于严重富营养化状态，富营养化指数呈下降趋势；象山港 2016—2019 年处于中度富营养化状态，2020 年降为轻度，富营养化指数年际波动较大，总体有所下降；三门湾 2016 年处于重富营养化状态，2017—2020 年处于中度富营养化状态，富营养化指数先降后升；乐清湾 2016 年处于重富营养化状态，2018 年处于轻度富营养化状态，其他年份处于中度富营养化状态，富营养化指数总体有所下降。见图 5-20。

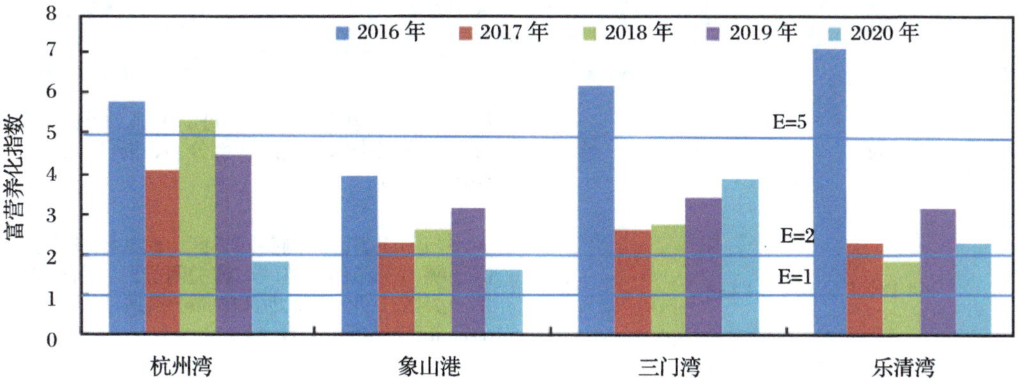

图 5-20 “十三五”期间浙江省各重要海湾富营养化指数年际比较

四、功能区水质

“十三五”期间，浙江省近岸海域功能区水质监测范围基本稳定，监测面积占功能区总面积的 99.7% 以上。近岸海域环境功能区水质年达标率总体呈上升趋势，其中 2016—2018 年稳步上升，2019 年大幅下降，2020 年又明显回升。影响功能区水质的主要超标因子历年均为无机氮和活性磷酸盐。与“十二五”期末相比，浙江省近岸海域功能区水质达标面积比例上升了 22.7 个百分点。见图 5-21、表 5-10。

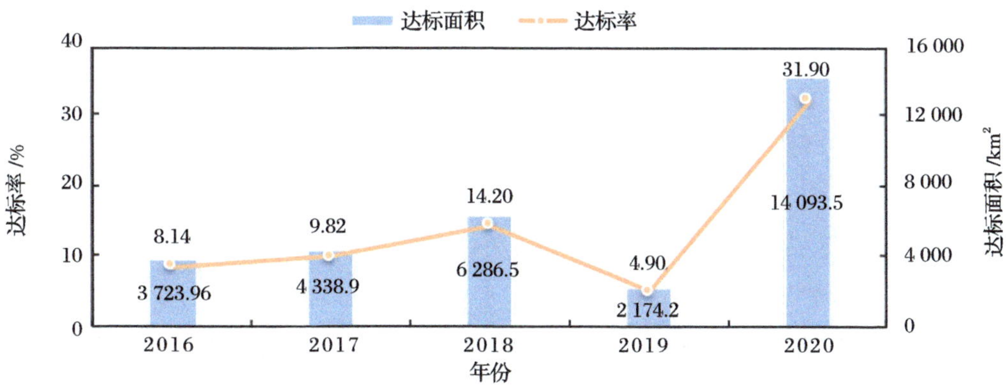

图 5-21 “十三五”期间浙江省近岸海域功能区水质达标情况年际变化

表 5-10 “十三五”期间浙江省近岸海域功能区水质达标情况

年份	监测面积 /km²	达标面积 /km²	达标率 /%	达标区域
2016	44 298.5	3 724.0	8.4	浙江南部一类区（部分）、舟山中部二类区（部分）、浙江中部一类区（部分）、浙江北部一类区（部分）
2017	44 197.1	4 338.9	9.8	大小门岛四类区、洞头四类区、洞头渔港四类区、嵊山—花鸟二类区、霞关四类区、浙江南部一类区（部分）、浙江中部一类区（部分）、浙江北部一类区（部分）
2018	44 136.7	6 286.5	14.2	洞头四类区、洞头渔港四类区、南麂一类区、嵊山—花鸟二类区、霞关四类区、浙江南部一类区（部分）、浙江北部一类区（部分）
2019	44 136.7	2 174.2	4.9	坎门四类区、嵊山—花鸟二类区、霞关四类区、浙江中部一类区（部分）、浙江北部一类区（部分）
2020	44 136.7	14 093.5	31.9	洞头四类区、洞头渔港四类区、坎门四类区、南麂一类区、霓屿北三类区、嵊山—花鸟二类区、舟山中部二类区（部分）、浙江北部一类区（部分）、六横—虾峙—桃花四类区（部分）、浙江南部一类区（部分）、舟山环岛四类区（部分）、浙中中部一类区（部分）

第四节 小结

一、现状与趋势

2020 年，浙江省近岸海域海水水质由北往南逐渐变好，受无机氮、活性磷酸盐超标影响，水体处于轻度富营养化状态，海域还有个别海域样品溶解氧、化学需氧量或 pH 超标；全省近岸海域环境功能区达标率总体较低；水质基本满足渔业用水要求。与 2019 年相比，优良海水比例明显上升，主要超标指标无机氮、活性磷酸盐浓度和超标率均有不同程度的下降，近岸海域环境功能区达标率明显上升，总体水质明显好转。

“十三五”期间，浙江省近岸海域水质总体有所改善，水体富营养化有所缓解。其中一类、二类海水面积比例总体呈上升趋势，四类和劣四类海水面积比例总体呈下降趋势；主要超标指标无机氮和活性磷酸盐均值、超标率均有不同程度的下降；近岸海域环境功能区水质达标率有所上升。

二、主要环境问题与原因分析

“十三五”期间，浙江省近岸海域海水水质总体稳中趋升。但无机氮和活性磷酸盐超标广泛，近岸海域水体富营养化现象长期存在，水质四类和劣四类海水比例依然较高，多数环境功能区依然存在未达到水质保护目标要求等环境问题。长江径流和省内河流输入量依然巨大，氮、磷等营养盐入海总量仍处于上升趋势。入海河流及直排入海污染源监测统计数据显示，2019 年浙江省内 13 个入海河流（溪闸）携带的污染物入海量分别为化学需氧量 907 834 t、总氮 258 900 t、总磷 12 135 t；部分入海河流主要污染物入海总量存在上升趋势，尤其是甬江、椒江、海盐塘和长山河，2017—2019 年高锰酸盐指数、总氮、总磷更是呈逐年上升趋势。面源总氮、总磷污染未见缓解。

全省环保基础能力仍显薄弱，个别城市垃圾处理场、污水处理厂能力仍然不足，垃圾不能完全消纳，城镇截污纳管需进一步完善，浙江省部分污水处理厂负荷率不足 75%，城市污水收集管网“最后一百米”的问题还没有有效解决，部分城区还存在污水管网破损、雨污分流不彻底等问题。船舶运输及资源开发过程的污染防治设施不健全，污水收集设施配置不到位，港口污染物接收设施和码头接收的船舶污染物配套处理处置系统虽有部分已经建成，但与城市公共环卫设施衔接不畅，需要进一步完善。

总之，陆源污染物入海总量短时间内难以有效下降，对海洋生态环境的影响将持续存在。海域水体无机氮和活性磷酸盐含量处于高位，海域水体长期处于富营养化状态，海洋生态环境压力未能得到有效缓解。

三、对策与建议

1. 坚持海陆统筹、河海兼顾

浙江省近岸海域氮、磷等富营养指标污染主要来自陆源输入，而无机氮和活性磷酸盐又是影响和决定海域水质的最主要污染指标。因此，要秉承从“山顶到海洋”一体化环境治理的理念，统筹陆域和海域污染防治工作，将近岸海域污染防治与陆域环境治理有效衔接，坚持河海共治、统筹兼顾的思想。

全面启动近岸海域水污染防治攻坚行动计划，实施入海河流氮磷减排、排海污染源规范整治、沿岸生态修复扩容三大行动。科学划定环境管控单元，制定环境准入清单，坚持“减排”“增容”两手发力、同步施治。持续完善入海河流断面监测和自动监测体系，建立总氮、总磷考核机制，确保入海排污口稳定达标排放。继续深化河（湾、滩）长制，推进“一河一策”“一湾一策”治理，全面推进重点流域水环境治理工作，进一步实施流域水污染防治。加强农业农村面源污染治理，联动推进农村生活污染治理、农业生产污染防治和有机废弃物资源化利用。持续推进超规划养殖清理整顿、养殖证核发和海水围塘养殖尾水治理等工作，加强初级水产品投入品监管，开展渔场“一打三”整治专项执法行动，加强海水养殖污染综合防治。促进船舶和港口的污染防治工作，实施船舶、舰艇、石油开采平台及其相关活动的“零排放”计划，杜绝污染物直接进入海域。

2. 健全法律法规体系和标准体系，完善环境综合管理制度

必须用发展的眼光审视当下生态环境治理中存在的问题，紧紧围绕海洋生态文明体制改革，破除海洋生态环境治理体制障碍，健全完善法律法规体系和标准体系，助力推动《中华人民共和国海洋环境保护法》及《中华人民共和国海洋倾废管理条例》《中华人民共和国防治陆源污染物污染损害海洋环境管理条例》等配套行政法规的修订，加快制定、修订相关规范性文件。统一和完善污染源管理技术规范和评价标准，推动修订海水水质评价标准，加快制定水环境在线监测、生物多样性保护、新型污染物分析评价等领域标准规范，做好监测评价标准规范和方法的陆海统筹衔接。改革完善管理制度体系，形成从陆域到海洋环境保护与污染治理一体化的决策和管理体系，将海洋污染防治与生态修复、陆域污染源控制和综合治理相结合，有效规范产业发展，切实减少污染排放。

3. 完善陆海联防联控体系，坚持全民共治

完善陆海联动的海洋生态环境监管体系与长效协调机制，建立省内各相关单位间的联动合作和信息数据交换平台，实现重点流域和近岸海域治理一盘棋，真正做到联防联控。建立陆海联动机制的重点流域及近岸海域环境污染事故应急监测体系，形成完整统一的省内海洋环境监测信息共享平台和污染事件应急指挥平台、应急信息化系统和应急指挥系统，提高海洋和陆地灾害预警发布、应急处置、应急服务与应急管理的能力。最大限度、

最高效率地提高环保力度，遏制近岸海域环境恶化趋势，改善海洋生态环境。

坚持全民共治，深化生态环境治理体制机制改革，明确环境治理中各主体的责任义务，政府履行主导职责，企业承担主体责任，社会组织和公众发挥参与和监督作用。进一步引导社会公众积极投入海洋生态环境综合治理进程中，实现多方共管、协同共治、责任共担。同时加快海洋环境治理市场培育，探索建立陆海环境综合治理项目与经营开发活动组合开发模式，积极引入企业和社会资本参与海洋环境治理。

第六章

环境空气质量

ZHEJIANG SHENG
SHENGTAI HUANJING ZHILIANG ZHUANGKUANG
JI BIANHUA QUSHI YANJIU

（2016—2020年）

“十三五”期间，浙江省城市环境空气质量总体明显改善。县级及以上城市空气质量达到二级标准的城市比例呈上升趋势，截至 2020 年，所有城市均达标。城市空气质量综合指数呈下降趋势，日空气质量优良天数比例呈上升趋势，设区城市 2019 年以来未出现重度及以上污染天次。城市 $PM_{2.5}$、PM_{10} 和 SO_2 年均浓度呈下降趋势；NO_2 年均浓度较为稳定，下降趋势不显著；CO 日均浓度第 95 百分位数平均值下降趋势不显著；O_3 日最大 8 小时平均浓度第 90 百分位数平均值在 2016 年至 2019 年有所上升，2020 年略有回落。

第一节　监测概况

一、监测点位布设

截至 2020 年，全省 69 个县级及以上城市（其中设区城市 11 个，县级城市 58 个）共布设城市环境空气质量评价监测点位 152 个（其中设区城市 46 个），各点位均已配备自动监测系统，实现每天 24 h 不间断监测。

二、监测项目

必测项目：SO_2、NO_2、PM_{10}、$PM_{2.5}$、CO 和 O_3 共 6 项。

选测项目：硫酸盐化速率、氟化物、铅、苯并 [a] 芘、降尘等。

三、评价标准与方法

（一）评价标准

城市环境空气质量评价执行《环境空气质量标准》（GB 3095—2012）和《关于发布〈环境空气质量标准〉（GB 3095—2012）修改单的公告》（生态环境部公告　2018 年第 29 号），为保证数据的可比性，各年均采用实况数据，见表 6-1。

表 6-1 环境空气质量评价标准

污染物名称	取值时间	浓度限值		单位
		一级标准	二级标准	
二氧化硫（SO_2）	年平均 24h 平均 1h 平均	20 50 150	60 150 500	μg/m³
二氧化氮（NO_2）	年平均 24h 平均 1h 平均	40 80 200	40 80 200	μg/m³
一氧化碳（CO）	24h 平均 1h 平均	4 10	4 10	mg/m³
臭氧（O_3）	日最大 8h 平均 1h 平均	100 160	160 200	μg/m³
颗粒物（粒径小于等于 10 μm）（PM_{10}）	年平均 日平均	40 50	70 150	μg/m³
颗粒物（粒径小于等于 2.5 μm）（$PM_{2.5}$）	年平均 日平均	15 35	35 75	μg/m³

（二）评价方法

1. 评价项目

基本评价项目为 SO_2、NO_2、PM_{10}、$PM_{2.5}$、CO 和 O_3 共 6 项，见表 6-2。

表 6-2 基本评价项目及平均时间

评价时段	评价项目及平均时间
日评价	SO_2、NO_2、PM_{10}、$PM_{2.5}$、CO 的 24h 平均、O_3 的日最大 8h 平均
年评价	SO_2 年平均、SO_2 24 h 平均第 98 百分位数
	NO_2 年平均、NO_2 24 h 平均第 98 百分位数
	PM_{10} 年平均、PM_{10} 24 h 平均第 95 百分位数
	$PM_{2.5}$ 年平均、$PM_{2.5}$ 24 h 平均第 95 百分位数
	CO 24h 平均第 95 百分位数
	O_3 日最大 8 h 滑动平均值的第 90 百分位数

2. 评价方法

城市环境空气质量评价依据《环境空气质量标准》（GB 3095—2012）及修改单、《环境空气质量指数（AQI）技术规定（试行）》(HJ 633—2012)、《环境空气质量评价技术规范（试行）》（HJ 663—2013），达标情况评价指标为SO_2、NO_2、PM_{10}、$PM_{2.5}$、CO和O_3，6 项污染物全部达标为城市环境空气质量达标。空气质量综合指数计算依据为《环境空气质量评价技术规范（试行）》（HJ 663— 2013）、《关于印发〈城市环境空气质量排名技术规定〉的通知》（环办监测〔2018〕19 号）。

第二节　城市环境空气质量现状

一、总体状况

（一）环境空气质量级别

2020 年，浙江省 69 个县级及以上城市（设区城市 11 个，县级城市 58 个）环境空气质量均达到国家二级标准（$PM_{2.5}$、PM_{10}、NO_2 和 SO_2 年均值和特定百分位数同时达标，CO 和 O_3 特定百分位数达标，下同）见表 6-3。

表 6-3　2020 年浙江省城市空气质量级别分布

空气质量级别	全省	设区城市	县级城市
一级城市比例 /%	0	0	0
二级城市比例 /%	100	100	100

县级及以上环境空气质量综合指数范围为2.06～3.92，平均为3.07[参照《关于印发〈城市环境空气质量排名技术规定〉的通知》（环办监测〔2018〕19 号），环境空气质量综合指数范围为 2.03 ～ 3.92，平均为 2.99]，最低为龙泉市，最高为杭州市。其中，29 个城

市综合指数小于 3，空气质量较好；其余 40 个城市综合指数为 3 ～ 4。浙江省中北部城市空气质量相对较差。

就单项指数而言，$PM_{2.5}$、PM_{10}、NO_2、SO_2、CO 和 O_3 6 项污染物的单项指数平均值分别为 0.71、0.60、0.62、0.10、0.23 和 0.81。其中，O_3 单项指数在 6 项污染因子中最高，是城市环境空气的首要污染物；其次为 $PM_{2.5}$、NO_2 和 PM_{10}，单项指数为 0.60 ～ 0.71；SO_2 和 CO 单项指数相对较低。

设区城市环境空气质量综合指数平均为 3.37，县级城市综合指数平均为 3.01，小于设区城市，表明经济较为发达、人口更为密集的设区城市空气质量总体劣于县级城市。

与 2019 年相比，县级及以上城市综合指数平均值下降 0.32，城市空气质量明显改善。见表 6-4。

表 6-4　2020 年浙江省县级及以上城市环境空气质量状况

城市	污染物浓度 /（μg/m³，CO 单位为 mg/m³）										综合级别	综合指数[1]	综合指数[2]
	$PM_{2.5}$		PM_{10}		NO_2		SO_2		CO	O_3			
	年均浓度	日均浓度第 95 百分位数	年均浓度	日均浓度第 95 百分位数	年均浓度	日均浓度第 98 百分位数	年均浓度	日均浓度第 98 百分位数	日均浓度第 95 百分位数	日均浓度第 90 百分位数			
杭州市 *	30	60	55	111	38	72	6	10	1.1	151	二级	3.92	3.92
桐庐县	27	52	53	104	28	68	5	10	0.8	132	二级	3.48	3.33
淳安县	20	46	33	75	14	36	4	6	0.8	137	二级	2.69	2.52
建德市	24	51	41	86	25	52	6	10	1.0	122	二级	3.04	3.01
富阳区	29	58	57	118	28	58	4	7	1.0	126	二级	3.47	3.45
临安区	29	66	54	116	23	55	6	12	1.2	131	二级	3.56	3.40
宁波市 *	23	52	39	85	32	70	8	14	1.0	146	二级	3.43	3.31
象山县	18	40	37	77	18	43	7	11	1.0	134	二级	2.81	2.70
宁海县	23	50	43	87	22	49	8	12	0.8	142	二级	3.11	3.04
余姚市	28	64	48	102	25	59	8	14	1.0	152	二级	3.61	3.44
慈溪市	29	69	49	105	24	58	8	14	1.0	156	二级	3.70	3.49
奉化区	25	56	41	88	22	49	7	11	0.8	141	二级	3.15	3.05
温州市 *	25	48	51	92	30	57	6	10	0.8	140	二级	3.37	3.37
洞头区	18	39	36	73	16	37	8	11	1.0	131	二级	2.69	2.62
永嘉县	24	44	43	76	26	52	5	8	1.0	126	二级	3.07	3.07
平阳县	22	43	40	74	17	36	6	9	0.9	126	二级	2.76	2.73
苍南县	24	46	43	84	18	41	6	9	0.8	126	二级	2.90	2.84
文成县	22	42	38	67	13	28	7	13	0.7	126	二级	2.61	2.58
泰顺县	18	30	31	53	10	20	5	10	0.9	103	二级	2.14	2.14
瑞安市	22	43	38	82	28	52	6	10	0.8	130	二级	2.99	2.98
乐清市	23	46	42	84	18	42	7	10	0.7	128	二级	2.88	2.81
嘉兴市 *	28	58	46	91	32	69	7	11	1.1	160	二级	3.72	3.66
嘉善县	30	65	49	104	29	68	6	11	1.2	146	二级	3.73	3.59

城市	污染物浓度 /（μg/m³，CO 单位为 mg/m³）										综合级别	综合指数 [1]	综合指数 [2]
	$PM_{2.5}$		PM_{10}		NO_2		SO_2		CO	O_3			
	年均浓度	日均浓度第 95 百分位数	年均浓度	日均浓度第 95 百分位数	年均浓度	日均浓度第 98 百分位数	年均浓度	日均浓度第 98 百分位数	日均浓度第 95 百分位数	日均浓度第 90 百分位数			
海盐县	27	62	45	96	24	64	6	10	1.1	136	二级	3.50	3.24
海宁市	29	62	48	100	24	59	6	10	1.0	130	二级	3.42	3.28
平湖市	24	51	41	84	25	62	8	12	1.0	145	二级	3.35	3.19
桐乡市	29	67	48	100	30	70	6	12	1.0	144	二级	3.71	3.52
湖州市 *	26	55	53	100	35	74	6	14	1.0	160	二级	3.77	3.73
德清县	26	57	49	97	23	57	4	8	1.0	150	二级	3.43	3.28
长兴县	29	64	46	98	27	66	5	12	1.2	152	二级	3.66	3.50
安吉县	28	59	43	88	23	50	5	8	1.2	130	二级	3.22	3.18
绍兴市 *	28	59	49	98	30	68	5	11	1.0	148	二级	3.60	3.50
柯桥区	31	68	51	110	29	69	7	12	1.0	146	二级	3.78	3.62
新昌县	26	58	41	88	23	53	4	7	1.0	130	二级	3.15	3.04
诸暨市	29	54	45	86	24	57	5	10	1.0	148	二级	3.43	3.32
上虞市	26	58	45	94	22	58	5	9	1.2	138	二级	3.37	3.17
嵊州市	29	65	45	91	27	52	6	8	0.9	130	二级	3.32	3.28
金华市 *	28	58	49	92	32	65	6	12	0.9	153	二级	3.59	3.58
武义县	27	54	46	96	20	51	7	14	1.0	148	二级	3.36	3.22
浦江县	26	54	43	90	23	54	6	9	1.0	133	二级	3.21	3.11
磐安县	21	40	34	64	17	37	8	11	0.8	119	二级	2.62	2.58
兰溪市	26	48	44	83	20	44	4	9	1.0	126	二级	3.03	2.98
义乌市	26	55	46	94	33	65	6	11	0.8	130	二级	3.33	3.33
东阳市	24	44	43	82	24	55	5	10	0.9	124	二级	3.07	2.98
永康市	29	56	50	96	26	55	4	8	1.0	121	二级	3.31	3.27
衢州市 *	26	48	42	79	29	56	6	15	1.0	140	二级	3.29	3.29
常山县	27	52	45	90	23	50	6	12	0.9	115	二级	3.07	3.03

城市	污染物浓度 /（μg/m³，CO 单位为 mg/m³）										综合级别	综合指数[1]	综合指数[2]
	$PM_{2.5}$		PM_{10}		NO_2		SO_2		CO	O_3			
	年均浓度	日均浓度第 95 百分位数	年均浓度	日均浓度第 95 百分位数	年均浓度	日均浓度第 98 百分位数	年均浓度	日均浓度第 98 百分位数	日均浓度第 95 百分位数	日均浓度第 90 百分位数			
开化县	21	39	31	61	11	24	4	8	0.8	128	二级	2.41	2.39
龙游县	30	60	49	99	27	65	7	15	1.0	125	二级	3.52	3.39
江山市	33	66	52	102	24	56	11	27	1.2	130	二级	3.67	3.57
舟山市 *	17	39	31	62	17	40	5	9	0.9	136	二级	2.61	2.50
岱山县	18	50	30	62	14	39	5	11	0.7	122	二级	2.61	2.31
嵊泗县	14	33	32	68	14	30	4	6	0.9	124	二级	2.35	2.28
台州市 *	25	49	45	87	20	43	4	7	0.7	139	二级	3.01	2.97
玉环市	20	44	36	72	13	30	4	6	0.8	114	二级	2.46	2.38
三门县	21	42	36	68	19	42	6	10	1.0	111	二级	2.67	2.63
天台县	22	42	35	66	18	43	4	6	0.8	106	二级	2.60	2.51
仙居县	22	44	38	75	16	34	5	8	0.8	112	二级	2.57	2.55
温岭市	20	38	38	73	14	36	4	6	1.0	102	二级	2.52	2.42
临海市	22	42	39	73	19	44	5	8	0.8	128	二级	2.82	2.75
丽水市 *	21	45	40	74	20	41	5	8	0.9	124	二级	2.76	2.75
青田县	22	40	37	66	24	45	6	10	0.8	119	二级	2.80	2.80
缙云县	22	50	36	73	25	51	6	9	1.0	117	二级	2.90	2.84
遂昌县	21	42	31	59	13	26	7	14	1.0	118	二级	2.47	2.47
松阳县	21	42	37	68	22	44	7	13	0.8	115	二级	2.72	2.72
云和县	20	38	33	60	10	31	6	10	0.8	106	二级	2.39	2.25
庆元县	19	37	29	58	10	20	4	6	0.8	106	二级	2.13	2.13
景宁县	20	43	35	67	14	30	3	4	0.8	97	二级	2.31	2.28
龙泉市	18	34	30	56	9	20	5	8	0.8	94	二级	2.06	2.03
平均值	24	50	42	84	22	49	6	10	0.9	130	二级	3.07	2.99

注：1. 带 * 为设区城市；2. O_3 为日最大 8 h 滑动平均值；3. 综合指数[1] 依据《环境空气质量评价技术规范（试行）》（HJ 663 — 2013）计算，综合指数[2] 依据《关于印发〈城市环境空气质量排名技术规定〉的通知》（环办监测〔2018〕19 号）计算。

（二）污染因子

1. $PM_{2.5}$

2020 年，浙江省县级及以上城市环境空气中 $PM_{2.5}$ 浓度均达到国家二级标准，其中嵊泗县达到国家一级标准。日均浓度达标率范围为 95.9% ～ 100%，平均为 98.9%，27 个城市达标率为 100%，最低为嘉善县。见图 6-1。

$PM_{2.5}$ 年均浓度范围为 14 ～ 33 μg/m^3，平均为 24 μg/m^3，最低为嵊泗县，最高为江山市。所有城市 $PM_{2.5}$ 年均浓度均低于年均二级标准限值（35 μg/m^3）。

$PM_{2.5}$ 日均浓度第 95 百分位数范围为 30 ～ 69 μg/m^3，平均为 50 μg/m^3。所有城市 $PM_{2.5}$ 日均浓度第 95 百分位数低于日均二级标准限值（75 μg/m^3）。

$PM_{2.5}$ 日均浓度超标率范围为 0 ～ 4.1%，平均为 1.1%，有 42 个城市日均浓度出现超标天次。

就区域分布而言，$PM_{2.5}$ 浓度相对高值区主要集中于浙江省北部地区以及金衢盆地；浓度相对低值区域主要分布在浙西南山区和浙东岛屿。

与 2019 年相比，2020 年县级及以上城市 $PM_{2.5}$ 年均浓度下降 5 μg/m^3，降幅为 17.2%；日均浓度第 95 百分位数平均值下降 10 μg/m^3，降幅为 16.7%。

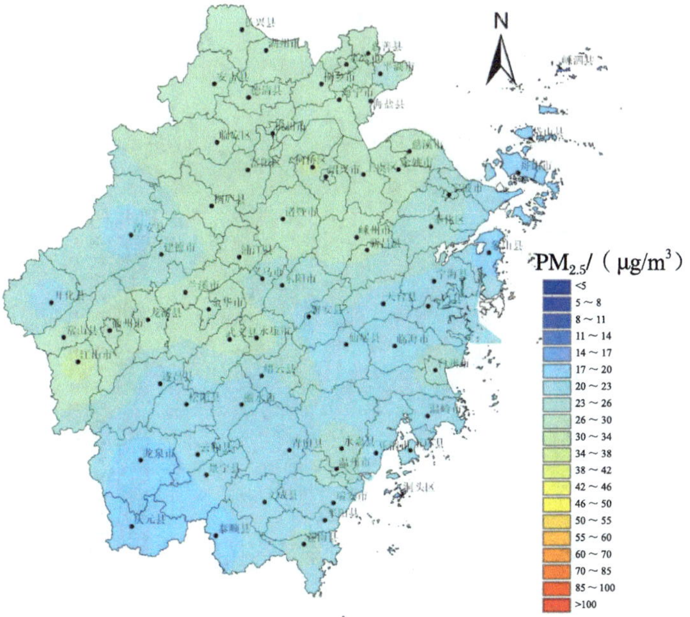

图 6-1　2020 年浙江省城市环境空气中 $PM_{2.5}$ 年均浓度分布

2. PM_{10}

2020 年，浙江省县级及以上城市环境空气中 PM_{10} 浓度均达到国家二级标准。日均浓度达标率范围为 98.4% ～ 100%，平均为 99.8%，47 个城市达标率为 100%，最低为长兴县。见图 6-2。

PM_{10} 年均浓度范围为 29 ～ 57 μg/m^3，平均为 42 μg/m^3，最低为庆元县，最高为富阳区。所有城市 PM_{10} 年均浓度均低于年均二级标准限值（70 μg/m^3）。

PM_{10} 日均浓度第 95 百分位数范围为 53 ～ 118 μg/m^3，平均为 84 μg/m^3。所有城市 PM_{10} 日均浓度第 95 百分位数均低于日均二级标准限值（150 μg/m^3）。

PM_{10} 日均浓度超标率范围为 0 ～ 1.6%，平均为 0.2%，有 22 个城市日均浓度出现超标天次。

就区域分布而言，PM_{10} 浓度相对高值区主要集中于浙江省北部地区；浓度相对低值区域主要分布在浙西南山区和浙东岛屿。与 $PM_{2.5}$ 浓度空间分布基本一致。

与 2019 年相比，2020 年县级及以上城市 PM_{10} 年均浓度下降 7 μg/m^3，降幅为 14.3%；日均浓度第 95 百分位数平均值下降 17 μg/m^3，降幅为 16.8%。

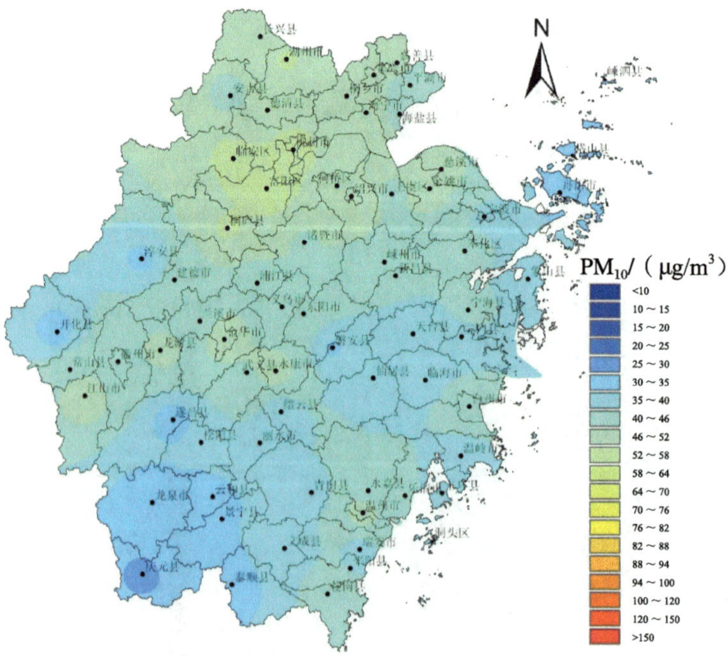

图 6-2　2020 年浙江省城市环境空气中 PM_{10} 年均浓度分布

3. NO_2

2020 年，浙江省县级及以上城市环境空气中 NO_2 浓度均达到国家一级标准。日均浓度达标率范围为 98.9% ～ 100%，平均为 99.9%，其中 59 个城市达标率为 100%，最低为桐乡市和湖州市。见图 6-3。

NO_2 年均浓度范围为 9 ～ 38 μg/m^3，平均为 22 μg/m^3，最低为龙泉市，最高为杭州市。所有城市 NO_2 年均浓度均低于年均一级标准限值（40 μg/m^3）。

NO_2 日均浓度第 98 百分位数范围为 20 ～ 74 μg/m^3，平均为 49 μg/m^3。所有城市 NO_2 日均浓度第 98 百分位数低于日均一级标准限值（80 μg/m^3）。

NO_2 日均浓度超标率范围为 0 ～ 1.1%，平均为 0.1%，有 10 个城市日均浓度出现超标天次。

就区域分布而言，NO_2 浓度相对高值区主要分布在浙江省中北部地区，以及温州和宁波地区部分城市；浓度低值区域主要分布在浙南山区、浙东和浙东南岛屿。

与 2019 年相比，2020 年县级及以上城市 NO_2 年均浓度下降 2 μg/m^3，降幅为 8.3%；日均浓度第 98 百分位数平均值下降 2 μg/m^3，降幅为 3.9%。

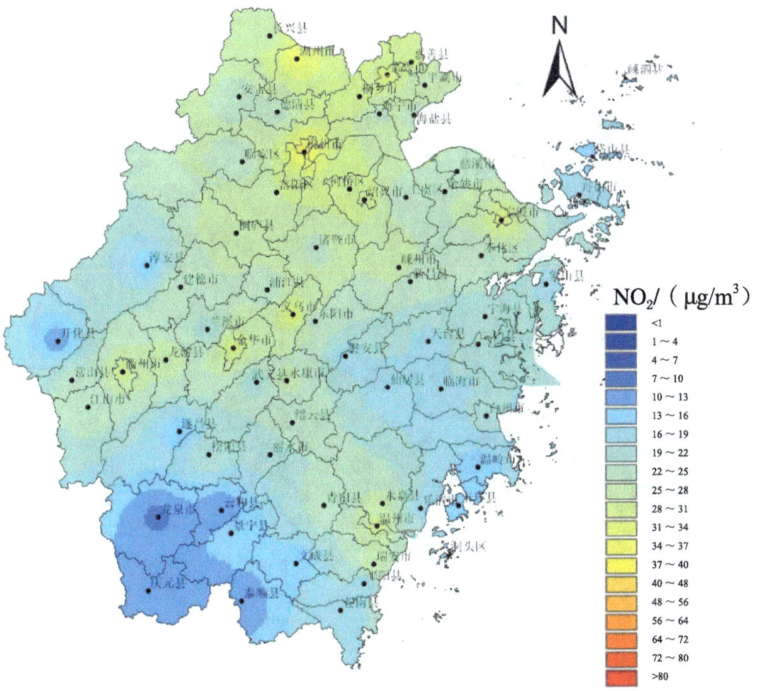

图 6-3　2020 年浙江省城市环境空气中 NO_2 年均浓度分布

4. SO_2

2020 年，浙江省县级及以上城市环境空气中 SO_2 浓度均达到国家一级标准，各城市日均浓度达标率均为 100%。见图 6-4。

SO_2 年均浓度范围为 3 ～ 11 μg/m^3，平均为 6 μg/m^3，最低为景宁县，最高为江山市。各城市 SO_2 年均浓度均低于年均一级标准限值（20 μg/m^3）。

SO_2 日均浓度第 98 百分位数范围为 4 ～ 27 μg/m^3，平均为 10 μg/m^3。各城市 SO_2 日均浓度第 98 百分位数均低于日均一级标准限值（50 μg/m^3）。

各城市 SO_2 日均浓度均未出现超标天次。

就区域分布而言，各城市 SO_2 浓度均较低，宁波部分城市和衢州市、江山市浓度相对略高；其他地区浓度基本均低于（含）7 μg/m^3。

与 2019 年相比，2020 年县级及以上城市 SO_2 年均浓度持平；日均浓度第 98 百分位数平均值下降 1 μg/m^3，降幅为 9.1%。

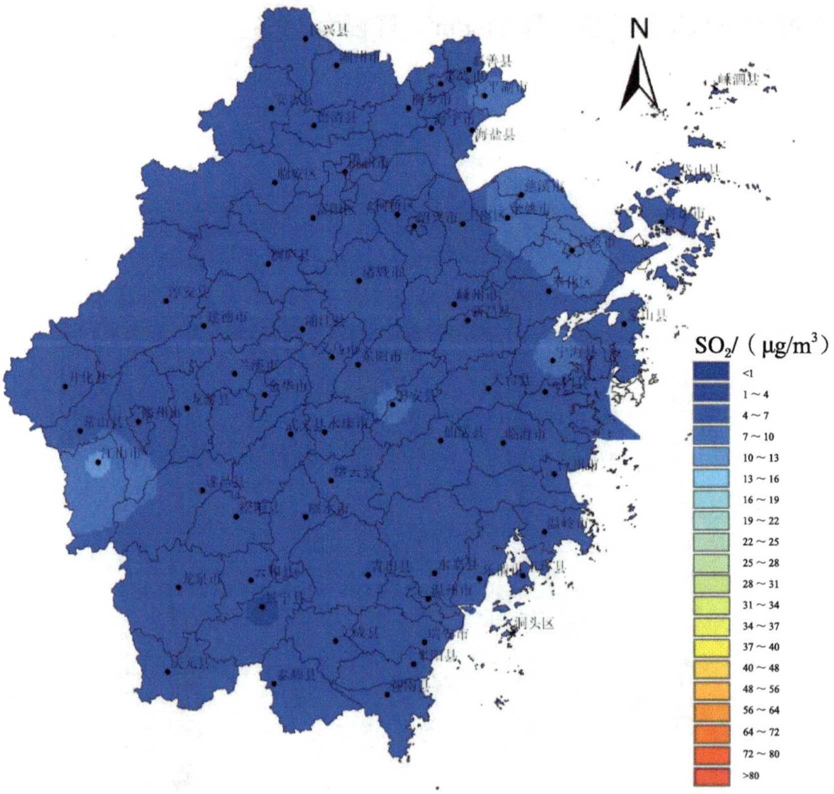

图 6-4 2020 年浙江省城市环境空气中 SO_2 年均浓度分布

5. CO

2020 年，浙江省县级及以上城市环境空气中 CO 日均浓度第 95 百分位数均达到国家一级标准，各城市日均浓度达标率均为 100%。见图 6-5。

CO 日均浓度第 95 百分位数范围为 0.7～1.2 mg/m^3，平均为 0.9 mg/m^3，最低为文成县、乐清市、岱山县、台州市，最高为临安区、嘉善县、安吉县、长兴县、上虞区、江山市。

各城市 CO 日均浓度均未出现超标天次。

就区域分布而言，各城市 CO 日均浓度第 95 百分位数均较低，其相对高值地区主要分布在浙北地区；浓度相对低值区域主要分布在浙南山区和浙东沿海。

与 2019 年相比，2020 年县级及以上城市 CO 日均浓度第 95 百分位数平均值下降 0.1 mg/m^3，降幅为 10.0%。

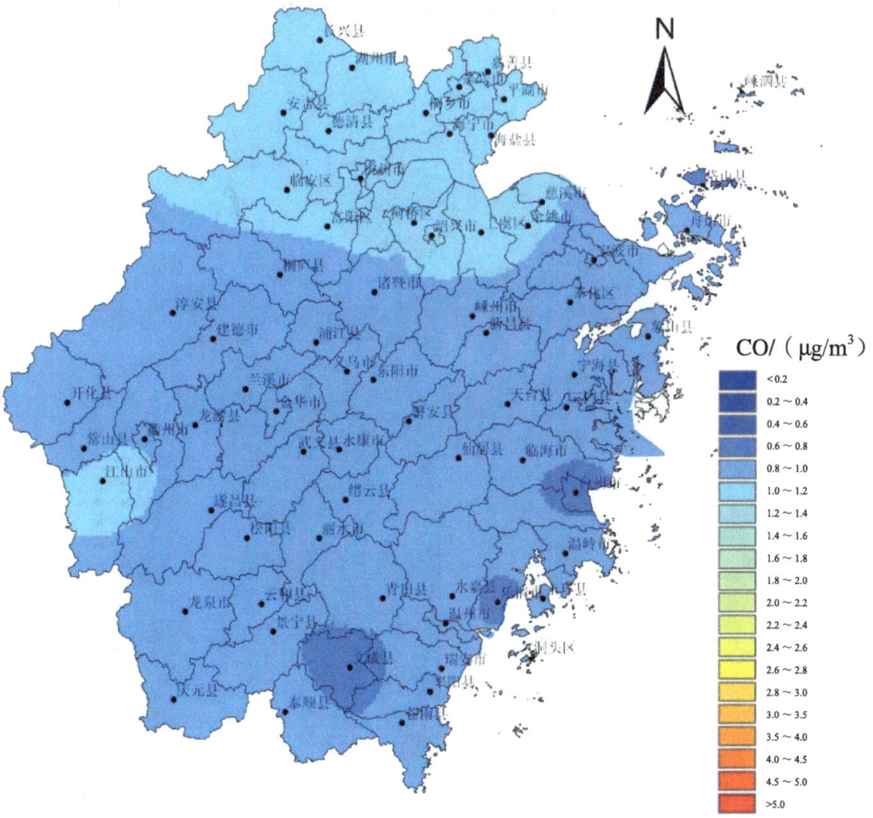

图 6-5 2020 年浙江省城市环境空气中 CO 浓度分布（日均浓度第 95 百分位数）

6. O_3

2020 年，浙江省县级及以上城市环境空气 O_3 日最大 8 h 平均浓度第 90 百分位数均达到国家二级标准，其中龙泉市和景宁县达到一级标准，占 2.9%。O_3 日最大 8 h 平均浓度达标率范围为 90.2% ～ 100%，平均为 97.4%，其中 14 个城市达标率为 100%，最低为嘉兴市和湖州市。见图 6-6。

O_3 日最大 8 h 平均浓度第 90 百分位数范围为 94 ～ 160 μg/m³，平均为 130 μg/m³，最低为龙泉市，最高为嘉兴市和湖州市。

O_3 日最大 8 h 平均浓度超标率范围为 0 ～ 9.8%，平均为 2.6%，有 55 个城市出现超标天次。

就区域分布而言，各城市 O_3 浓度相对高值区主要分布在浙北地区，浓度相对低值区域主要分布在浙西南山区。

与 2019 年相比，2020 年县级及以上城市 O_3 日最大 8 h 平均浓度第 90 百分位数平均值下降 6 μg/m³，降幅为 4.4%。

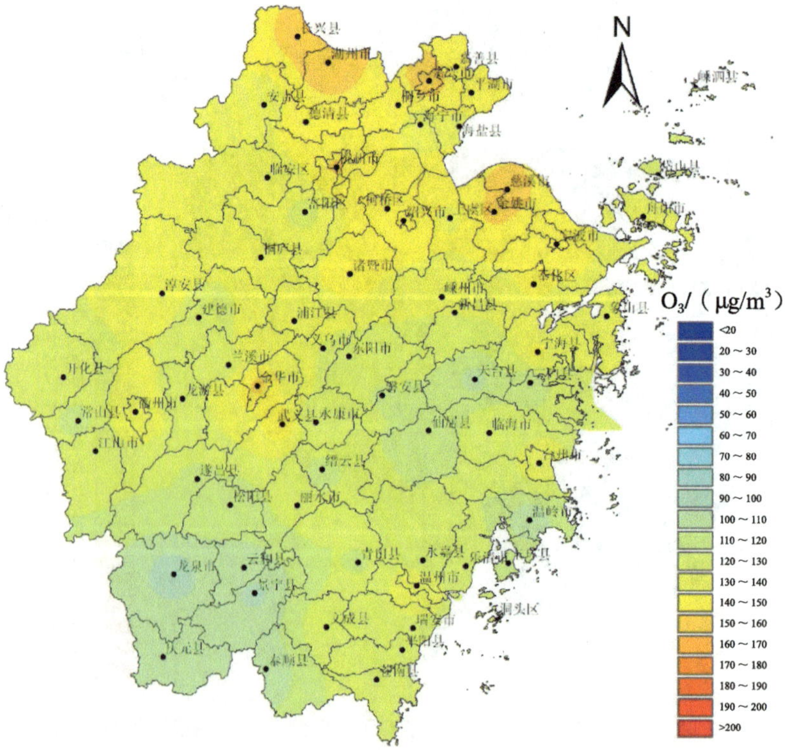

图 6-6　2020 年浙江省城市环境空气中 O_3 浓度分布（日最大 8 h 平均浓度第 90 百分位数）

（三）日空气质量

2020 年，浙江省 69 个县级及以上城市日空气质量优良天数比例为 87.2% ～ 100%，平均为 96.2%，其中有 12 个城市达到 100%，最低为嘉兴市；空气质量为优的天数比例为 27.3% ～ 88.5%，平均为 50.0%。见图 6-7。

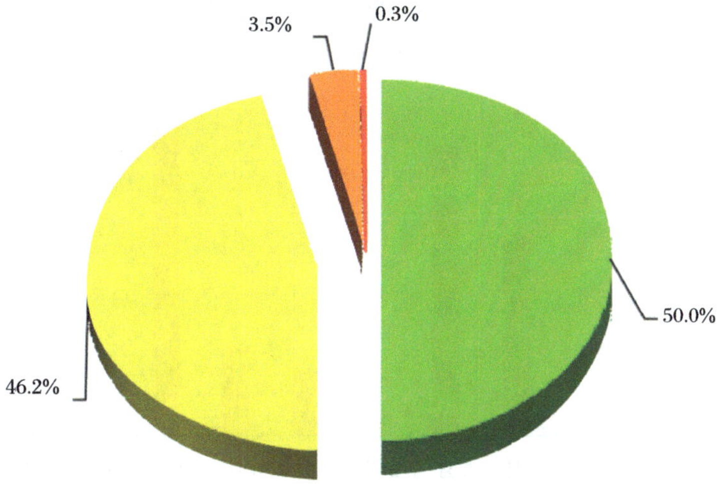

图 6-7　2020 年浙江省县级及以上城市日空气质量状况

超标天数比例平均为 3.8%，其中轻度污染天数比例为 3.5%，中度污染为 0.3%，无重度及以上污染天次。超标天次中以 O_3 为首要污染物的天次最多，占总超标天次的 70.3%；其次为 $PM_{2.5}$，占总超标天次的 28.8%；NO_2 占总超标天次的 0.8%；PM_{10} 占总超标天次的 0.2%；$PM_{2.5}$ 和 PM_{10} 同时超标的占总超标天次的 0.1%。

县级及以上城市中有 57 个城市出现过轻度污染（1 ～ 41 天次），共发生 874 天次；28 个城市出现过中度污染（1 ～ 6 天次），共发生 75 天次；无城市出现重度及以上污染天次。污染天次共出现 949 天次，主要发生在 9 月（204 天次）、5 月（184 天次）、12 月（177 天次）、4 月（128 天次）、1 月（103 天次）、8 月（56 天次）、7 月（42 天次），其余月份污染天次发生较少。其中，中度污染主要集中发生在 12 月（26 天次）、9 月（23 天次）、1 月（10 天次）、5 月（15 天次），其余发生在 8 月（1 天次）；中度污染天次以 O_3 为首要污染物最多（39 天次，出现在 5 月、8 月和 9 月），其余均为 $PM_{2.5}$（36 天次，出现在 1 月和 12 月）。

与 2019 年相比，2020 年日空气质量优良天数比例和优天数比例平均值分别上升 3.1 个百分点和 7.1 个百分点；重度及以上污染天数比例下降 0.01 个百分点（减少 2 天次）；城市空气质量明显好转，无重度及以上污染天次。见图 6-8、表 6-5。

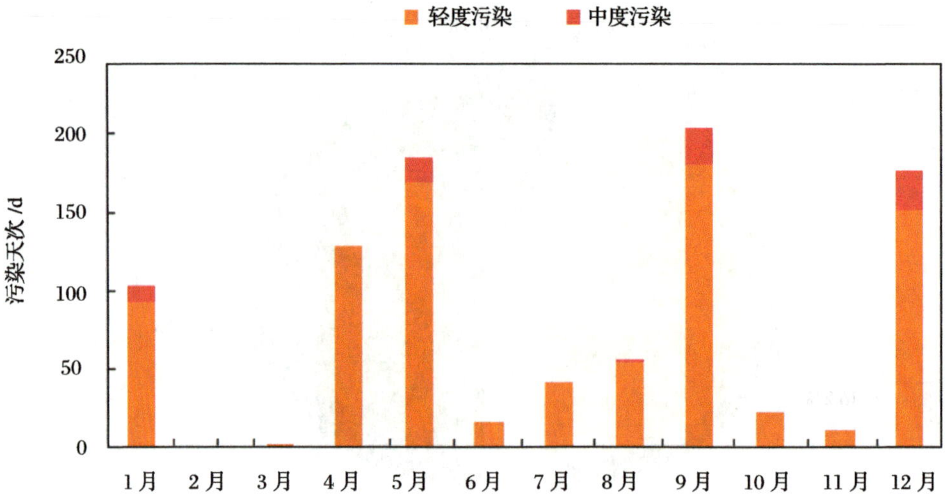

图 6-8　2020 年浙江省县级及以上城市中度污染天次月度变化

表 6-5 2020 年浙江省县级及以上城市日空气质量状况

城市	总天数/d	有效天数/d	优良天数比例/%	优/d	优/%	良/d	良/%	轻度污染/d	轻度污染/%	中度污染/d	中度污染/%	重度污染/d	重度污染/%	严重污染/d	严重污染/%
杭州市*	366	366	91.3	100	27.3	234	63.9	30	8.2	2	0.5	0	0	0	0
桐庐县	366	366	98.1	136	37.2	223	60.9	7	1.9	0	0	0	0	0	0
淳安县	366	365	96.2	211	57.8	140	38.4	14	3.8	0	0	0	0	0	0
建德市	366	366	98.1	207	56.6	152	41.5	7	1.9	0	0	0	0	0	0
富阳区	366	366	96.2	118	32.2	234	63.9	13	3.6	1	0.3	0	0	0	0
临安区	366	366	95.6	135	36.9	215	58.7	15	4.1	1	0.3	0	0	0	0
宁波市*	366	366	92.9	146	39.9	194	53.0	25	6.8	1	0.3	0	0	0	0
象山县	366	365	96.4	199	54.5	153	41.9	12	3.3	1	0.3	0	0	0	0
宁海县	366	366	93.7	151	41.3	192	52.5	23	6.3	0	0	0	0	0	0
余姚市	366	366	88.3	142	38.8	181	49.5	39	10.7	4	1.1	0	0	0	0
慈溪市	366	366	89.3	127	34.7	200	54.6	34	9.3	5	1.4	0	0	0	0
奉化区	366	366	92.1	171	46.7	166	45.4	28	7.7	1	0.3	0	0	0	0
温州市*	366	366	97.0	122	33.3	233	63.7	11	3.0	0	0	0	0	0	0
洞头区	366	355	97.2	196	55.2	149	42.0	10	2.8	0	0	0	0	0	0
永嘉县	366	363	99.7	170	46.8	192	52.9	1	0.3	0	0	0	0	0	0

城市	总天数 /d	有效天数 /d	优良天数比例 /%	优 /d	优 /%	良 /d	良 /%	轻度污染 /d	轻度污染 /%	中度污染 /d	中度污染 /%	重度污染 /d	重度污染 /%	严重污染 /d	严重污染 /%
平阳县	366	366	98.1	210	57.4	149	40.7	7	1.9	0	0	0	0	0	0
苍南县	366	366	99.7	189	51.6	176	48.1	1	0.3	0	0	0	0	0	0
文成县	366	357	99.2	214	59.9	140	39.2	3	0.8	0	0	0	0	0	0
泰顺县	366	326	100	268	82.2	58	17.8	0	0	0	0	0	0	0	0
瑞安市	366	366	99.2	177	48.4	186	50.8	3	0.8	0	0	0	0	0	0
乐清市	366	364	98.4	184	50.5	174	47.8	6	1.6	0	0	0	0	0	0
嘉兴市 *	366	366	87.2	114	31.1	205	56.0	41	11.2	6	1.6	0	0	0	0
嘉善县	366	366	90.7	128	35.0	204	55.7	30	8.2	4	1.1	0	0	0	0
海盐县	366	366	94.8	142	38.8	205	56.0	16	4.4	3	0.8	0	0	0	0
海宁市	366	366	94.3	164	44.8	181	49.5	17	4.6	4	1.1	0	0	0	0
平湖市	366	366	92.9	162	44.3	178	48.6	24	6.6	2	0.5	0	0	0	0
桐乡市	366	365	90.4	116	31.8	214	58.6	31	8.5	4	1.1	0	0	0	0
湖州市 *	366	366	87.7	108	29.5	213	58.2	39	10.7	6	1.6	0	0	0	0
德清县	366	366	91.8	142	38.8	194	53.0	28	7.7	2	0.5	0	0	0	0
长兴县	366	366	89.6	127	34.7	201	54.9	32	8.7	6	1.6	0	0	0	0
安吉县	366	366	94.5	178	48.6	168	45.9	19	5.2	1	0.3	0	0	0	0

城市	总天数/d	有效天数/d	优良天数比例/%	优/d	优/%	良/d	良/%	轻度污染/d	轻度污染/%	中度污染/d	中度污染/%	重度污染/d	重度污染/%	严重污染/d	严重污染/%
绍兴市 *	366	366	90.7	127	34.7	205	56.0	30	8.2	4	1.1	0	0	0	0
柯桥区	366	366	89.3	113	30.9	214	58.5	33	9.0	6	1.6	0	0	0	0
新昌县	366	365	96.4	189	51.8	163	44.7	12	3.3	1	0.3	0	0	0	0
诸暨市	366	366	93.2	127	34.7	214	58.5	23	6.3	2	0.5	0	0	0	0
上虞区	366	366	95.1	176	48.1	172	47.0	17	4.6	1	0.3	0	0	0	0
嵊州市	366	366	96.7	156	42.6	198	54.1	10	2.7	2	0.5	0	0	0	0
金华市 *	366	366	92.1	124	33.9	213	58.2	28	7.7	1	0.3	0	0	0	0
武义县	366	365	93.4	152	41.6	189	51.8	24	6.6	0	0	0	0	0	0
浦江县	366	366	97.5	160	43.7	197	53.8	9	2.5	0	0	0	0	0	0
磐安县	366	361	100	216	59.8	145	40.2	0	0	0	0	0	0	0	0
兰溪市	366	366	98.1	164	44.8	195	53.3	7	1.9	0	0	0	0	0	0
义乌市	366	366	98.6	165	45.1	196	53.6	5	1.4	0	0	0	0	0	0
东阳市	366	366	98.9	192	52.5	170	46.4	4	1.1	0	0	0	0	0	0
永康市	366	365	97.0	178	48.8	176	48.2	11	3.0	0	0	0	0	0	0
衢州市 *	366	366	96.4	161	44.0	192	52.5	13	3.6	0	0	0	0	0	0
常山县	366	365	99.7	178	48.8	186	51.0	1	0.3	0	0	0	0	0	0

城市	总天数/d	有效天数/d	优良天数比例/%	优/d	优/%	良/d	良/%	轻度污染/d	轻度污染/%	中度污染/d	中度污染/%	重度污染/d	重度污染/%	严重污染/d	严重污染/%
开化县	366	357	99.7	226	63.3	130	36.4	1	0.3	0	0	0	0	0	0
龙游县	366	358	98.0	131	36.6	220	61.5	7	2.0	0	0	0	0	0	0
江山市	366	366	95.6	150	41.0	200	54.6	15	4.1	1	0.3	0	0	0	0
舟山市 *	366	366	97.8	196	53.6	162	44.3	7	1.9	1	0.3	0	0	0	0
岱山县	366	363	97.0	206	56.7	146	40.2	11	3.0	0	0	0	0	0	0
嵊泗县	366	351	97.4	201	57.3	141	40.2	7	2.0	2	0.6	0	0	0	0
台州市 *	366	366	94.5	153	41.8	193	52.7	20	5.5	0	0	0	0	0	0
玉环市	366	363	99.7	245	67.5	117	32.2	1	0.3	0	0	0	0	0	0
三门县	366	350	100	240	68.6	110	31.4	0	0	0	0	0	0	0	0
天台县	366	363	99.4	250	68.9	111	30.6	2	0.6	0	0	0	0	0	0
仙居县	366	366	100	235	64.2	131	35.8	0	0	0	0	0	0	0	0
温岭市	366	366	100	265	72.4	101	27.6	0	0	0	0	0	0	0	0
临海市	366	365	98.6	207	56.7	153	41.9	5	1.4	0	0	0	0	0	0
丽水市 *	366	366	98.9	211	57.7	151	41.3	4	1.1	0	0	0	0	0	0
青田县	366	365	99.7	222	60.8	142	38.9	1	0.3	0	0	0	0	0	0
缙云县	366	364	100	222	61.0	142	39.0	0	0	0	0	0	0	0	0

城市	总天数/d	有效天数/d	优良天数比例/%	优/d	优/%	良/d	良/%	轻度污染/d	轻度污染/%	中度污染/d	中度污染/%	重度污染/d	重度污染/%	严重污染/d	严重污染/%
遂昌县	366	366	100	250	68.3	116	31.7	0	0	0	0	0	0	0	0
松阳县	366	365	100	233	63.8	132	36.2	0	0	0	0	0	0	0	0
云和县	366	358	100	268	74.9	90	25.1	0	0	0	0	0	0	0	0
庆元县	366	363	100	294	81.0	69	19.0	0	0	0	0	0	0	0	0
景宁县	366	361	100	272	75.3	89	24.7	0	0	0	0	0	0	0	0
龙泉市	366	365	100	323	88.5	42	11.5	0	0	0	0	0	0	0	0
平均值	366	363	96.2	181	50.0	168	46.2	12	3.5	1	0.3	0	0	0	0

注：带 * 为设区城市。

二、设区城市

（一）总体情况

2020 年，浙江省 11 个设区城市环境空气质量均达到国家二级标准。

浙江省空气质量综合指数范围为 2.61 ~ 3.92，平均为 3.37，最低为舟山市，最高为杭州市［参照《关于印发〈城市环境空气质量排名技术规定〉的通知》（环办监测〔2018〕19 号）］。其中，舟山市和丽水市综合指数小于 3，空气质量优良；其他 9 个城市综合指数为 3 ~ 4。浙中北城市空气质量相对较差。

就单项指数而言，$PM_{2.5}$、PM_{10}、NO_2、SO_2、CO 和 O_3 6 项污染物的单项指数平均值分别为 0.72、0.65、0.75、0.10、0.24 和 0.91。其中，O_3 为 6 项污染因子中最高项，是城市空气环境的首要污染物；其次为 NO_2、$PM_{2.5}$ 和 PM_{10}，单项指数为 0.6 ~ 0.8；SO_2 和 CO 单项指数较低。

与 2019 年相比，2020 年 11 个设区城市空气质量综合指数均有所下降，全省平均下降 0.43，表明设区城市空气质量较 2019 年明显好转。见图 6-9、表 6-6。

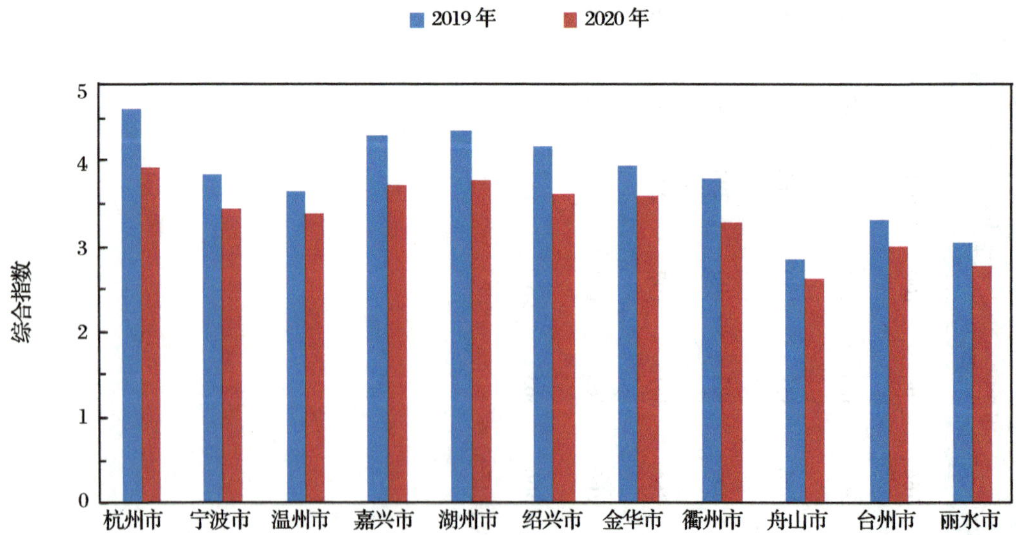

图 6-9 浙江省设区城市空气质量综合指数比较

表 6-6 2020 年浙江省设区城市空气质量综合指数

城市	空气质量单项指数					
	$PM_{2.5}$	PM_{10}	NO_2	SO_2	CO	O_3
杭州市	0.86	0.79	0.95	0.10	0.28	0.94
宁波市	0.69	0.57	0.88	0.13	0.25	0.91
温州市	0.71	0.73	0.75	0.10	0.20	0.88
嘉兴市	0.80	0.66	0.86	0.12	0.28	1.00
湖州市	0.74	0.76	0.92	0.10	0.25	1.00
绍兴市	0.80	0.70	0.85	0.08	0.25	0.92
金华市	0.80	0.70	0.81	0.10	0.22	0.96
衢州市	0.74	0.60	0.72	0.10	0.25	0.88
舟山市	0.52	0.44	0.50	0.08	0.22	0.85
台州市	0.71	0.64	0.54	0.07	0.18	0.87
丽水市	0.60	0.57	0.51	0.08	0.22	0.78
平均值	0.72	0.65	0.75	0.10	0.24	0.91

（二）污染因子

1. $PM_{2.5}$

2020 年，浙江省 11 个设区城市 $PM_{2.5}$ 浓度均达到国家二级标准；日均浓度达标率范围为 97.0% ～ 100%，平均为 98.8%，其中温州市、衢州市、舟山市和丽水市达到 100%，最低为杭州市。见图 6-10。

设区城市 $PM_{2.5}$ 年均浓度范围为 17 ～ 30 μg/m^3，平均为 25 μg/m^3，最低为舟山市，最高为杭州市。所有城市 $PM_{2.5}$ 年均浓度均低于年均二级标准限值（35 μg/m^3）。

$PM_{2.5}$ 日均浓度第 95 百分位数范围为 39 ～ 60 μg/m^3，平均为 52 μg/m^3。所有城市 $PM_{2.5}$ 日均浓度第 95 百分位数均低于日均二级标准限值（75 μg/m^3）。

$PM_{2.5}$ 日均浓度超标率范围为 0 ～ 3.0%，平均为 1.2%，其中 7 个城市日均浓度出现超标；日均浓度最大值为 128 μg/m³，出现在嘉兴市（1 月 14 日），超标 0.71 倍。

与 2019 年相比，2020 年全省设区城市 $PM_{2.5}$ 平均浓度下降 6 μg/m³，降幅为 19.4%；11 个设区城市 $PM_{2.5}$ 年均浓度均有所下降，降幅为 7.4% ～ 26.3%。

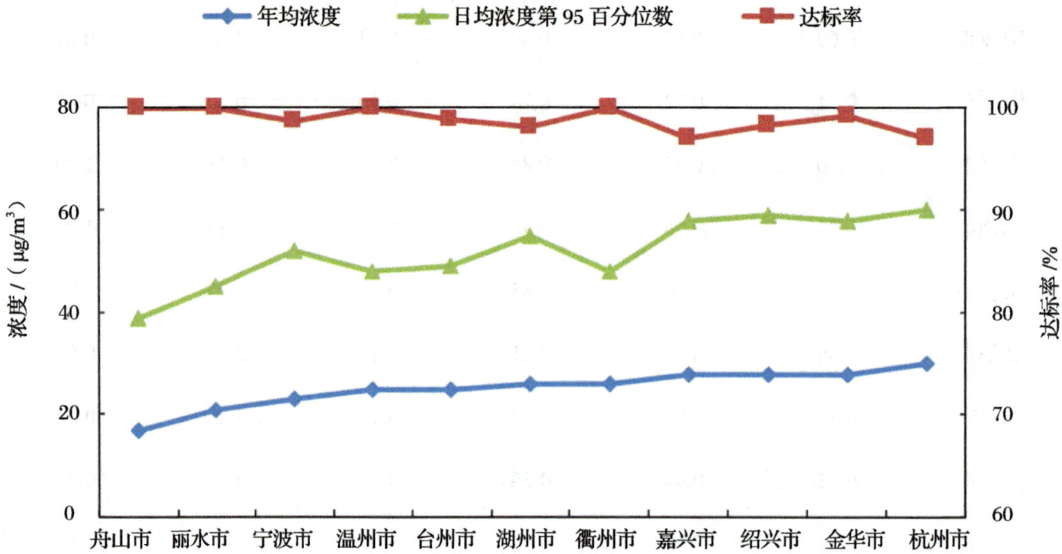

图 6-10　2020 年浙江省设区城市 $PM_{2.5}$ 污染状况示意图

2. PM_{10}

2020 年，浙江省 11 个设区城市 PM_{10} 浓度均达到国家二级标准；日均浓度达标率范围为 98.9% ～ 100%，平均为 99.8%，其中 7 个城市达标率为 100%，最低为杭州市。见图 6-11。

设区城市 PM_{10} 年均浓度范围为 31 ～ 55 μg/m³，平均为 45 μg/m³，最低为舟山市，最高为杭州市；所有城市 PM_{10} 年均浓度均低于年均二级标准限值（70 μg/m³）。

PM_{10} 日均浓度第 95 百分位数范围为 62 ～ 111 μg/m³，平均为 88 μg/m³。所有城市日均浓度第 95 百分位数均低于日均二级标准限值（150 μg/m³）。

PM_{10} 日均浓度超标率范围为 0 ～ 1.1%，平均为 0.2%，其中 4 个城市日均浓度出现超标；日均浓度最大值为 187 μg/m³，出现在杭州市（12 月 28 日），超标 0.25 倍。

与 2019 年相比，2020 年全省设区城市 PM_{10} 平均浓度下降 8 μg/m³，降幅为 15.1%；11 个设区城市 PM_{10} 年均浓度均有所下降，降幅为 3.8% ～ 21.0%。

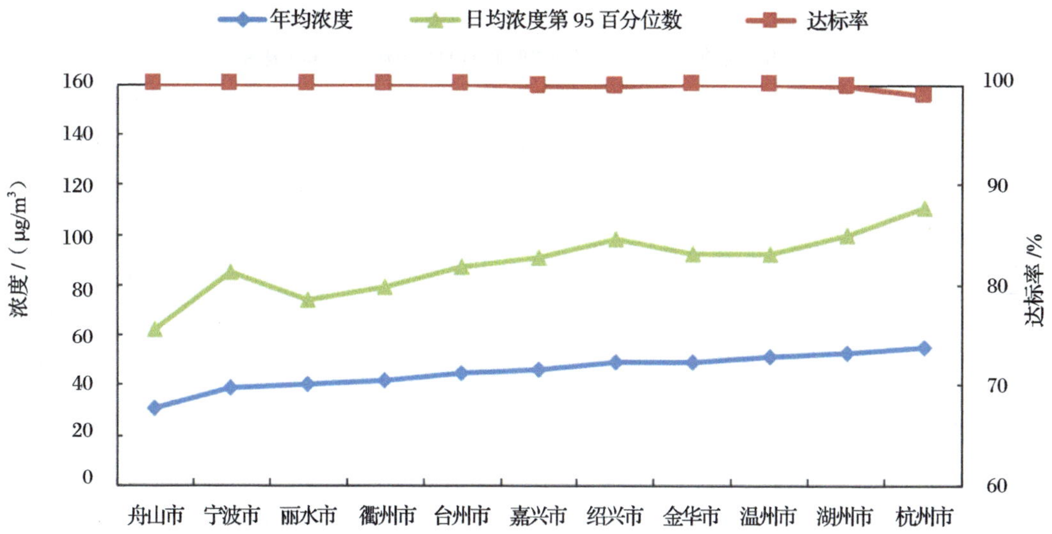

图 6-11 2020 年浙江省设区城市 PM_{10} 污染状况示意图

3. NO_2

2020 年，浙江省 11 个设区城市 NO_2 浓度均达到国家一级标准；日均浓度达标率范围为 98.9% ～ 100%，平均为 99.7%，温州市、金华市、衢州市、舟山市、台州市和丽水市达到 100%，最低为湖州市。见图 6-12。

设区城市 NO_2 年均浓度范围为 17 ～ 38 μg/m³，平均为 29 μg/m³，最低为舟山市，最高为杭州市。所有城市 NO_2 年均浓度均低于年均一级标准限值（40 μg/m³）。

NO_2 日均浓度第 98 百分位数范围为 40 ～ 74 μg/m³，平均为 60 μg/m³。所有城市日均浓度第 98 百分位数均低于日均一级标准限值（80 μg/m³）。

NO_2 日均浓度超标率范围为 0 ～ 1.1%，平均为 0.3%，其中 6 个城市日均浓度均出现超标。NO_2 日均浓度最大值为 97 μg/m³，出现在嘉兴市（12 月 24 日）和湖州市（12 月 22 日），均超标 0.21 倍。

与 2019 年相比，2020 年全省设区城市 NO_2 平均浓度下降 2 μg/m³，降幅为 6.5%；11 个设区城市 NO_2 年均浓度均有所下降，降幅为 3.0% ～ 11.8%。

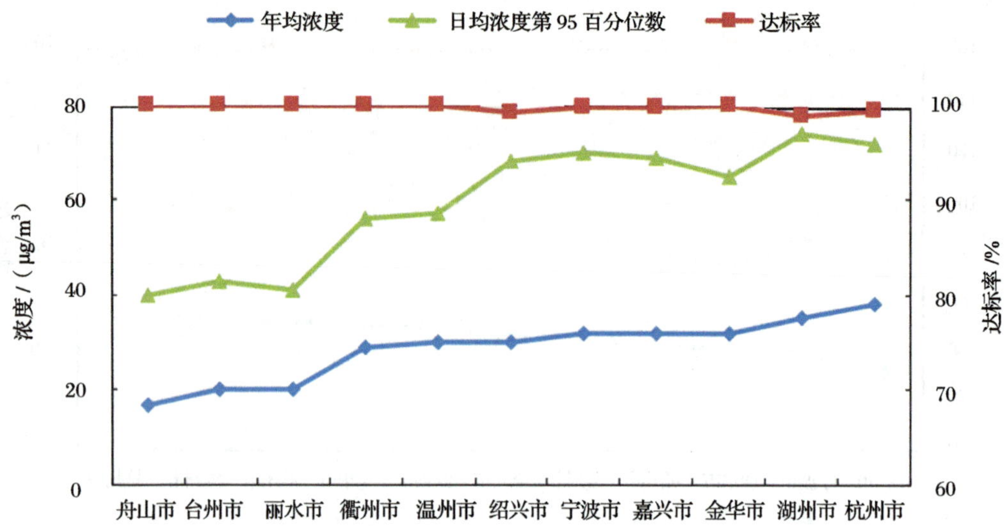

图 6-12　2020 年浙江省设区城市 NO_2 污染状况示意图

4. SO_2

2020 年，浙江省 11 个设区城市 SO_2 浓度均达到国家一级标准；各城市日均浓度达标率均为 100%，未出现超标天次。见图 6-13。

设区城市 SO_2 年均浓度范围为 4 ～ 8 μg/m³，平均为 6 μg/m³，最低为台州市，最高为宁波市。所有城市 SO_2 年均浓度均低于年均一级标准限值（20 μg/m³）。

SO_2 日均浓度第 98 百分位数范围为 7 ～ 15 μg/m³，平均为 11 μg/m³。11 个设区城市 SO_2 日均浓度第 98 百分位数均低于日均一级标准限值（50 μg/m³）。

与 2019 年相比，2020 年全省设区城市 SO_2 平均浓度下降 1 μg/m³，降幅为 14.3%，其中除宁波市、嘉兴市和舟山市 SO_2 年均浓度持平外，其余 8 个城市均有所下降，降幅为 14.3% ～ 28.6%。

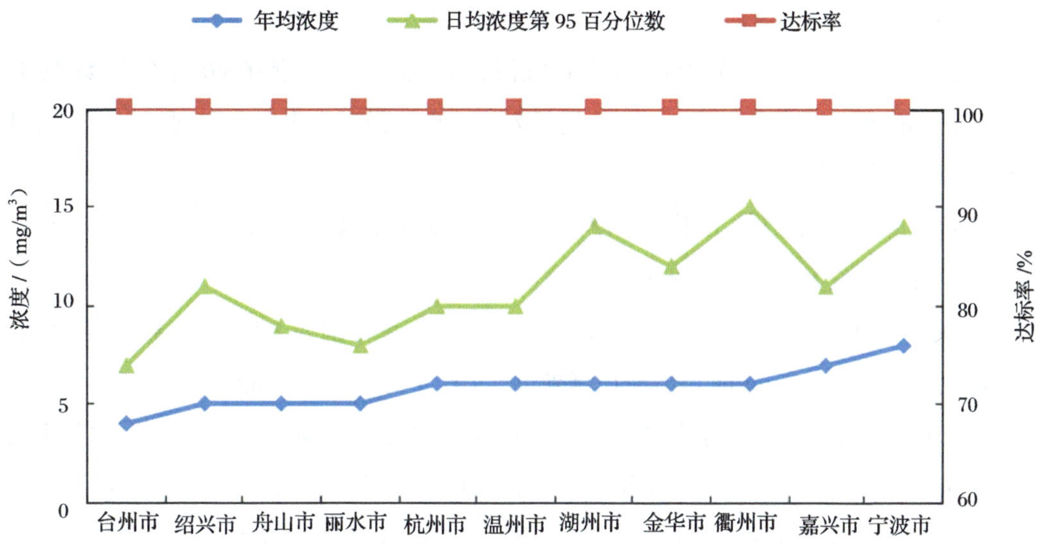

图 6-13　2020 年浙江省设区城市 SO_2 污染状况示意图

5. CO

2020 年，浙江省 11 个设区城市 CO 日均浓度第 95 百分位数范围为 0.7 ～ 1.1 mg/m^3，平均为 0.9 mg/m^3，最低为台州市，最高为杭州市和嘉兴市；所有城市 CO 均达到国家一级标准。见图 6-14。

11 个设区城市日均浓度达标率均为 100%，未出现超标天次。

与 2019 年相比，2020 年全省设区城市 CO 日均浓度第 95 百分位数平均值下降 0.1 mg/m^3，降幅为 10.0%, 其中除杭州市、嘉兴市和舟山市 CO 浓度持平外，其余 8 个城市有所下降，降幅为 9.1% ～ 20.0%。

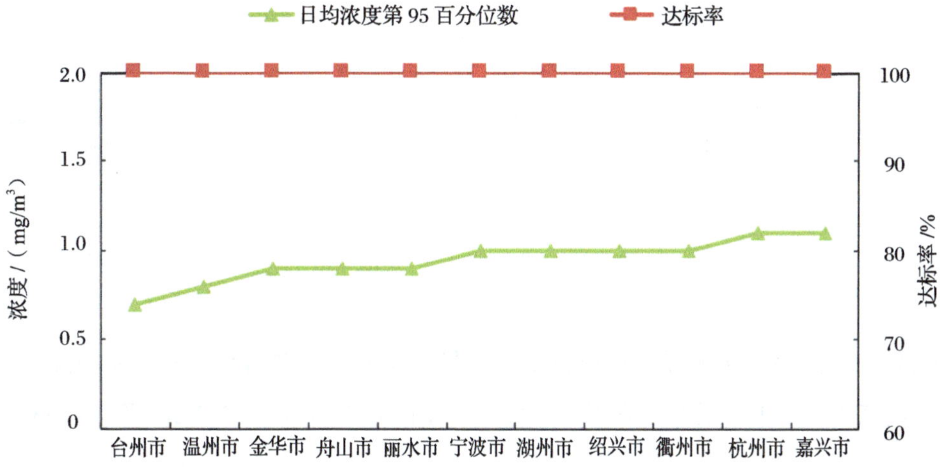

图 6-14　2020 年浙江省设区城市 CO 污染状况示意图

6. O_3

2020 年，浙江省 11 个设区城市 O_3 日最大 8 h 平均浓度第 90 百分位数范围为 124 ～ 160 μg/m^3，平均为 145 μg/m^3，最低为丽水市，最高为嘉兴市和湖州市。所有城市均达到国家二级标准。见图 6-15。

设区城市 O_3 日最大 8 h 平均浓度达标率范围为 90.2% ～ 98.9%，平均为 94.6%，最高为丽水市，最低为嘉兴市和湖州市。

各城市 O_3 日最大 8 h 平均浓度均出现超标，超标率范围为 1.1% ～ 9.8%；日最大 8 h 平均浓度最大值为 260 μg/m^3，出现在嘉兴市（9 月 9 日），超标 0.62 倍。

与 2019 年相比，2020 年全省设区城市 O_3 日最大 8 h 平均浓度第 90 百分位数平均值下降 9 μg/m^3，降幅为 5.8%；其中温州市和舟山市 O_3 日最大 8 h 平均浓度第 90 百分位数有所上升，上升幅度分别为 2.9% 和 4.6%，衢州市持平，其余 8 个城市均有所下降，降幅为 2.7% ～ 16.6%。

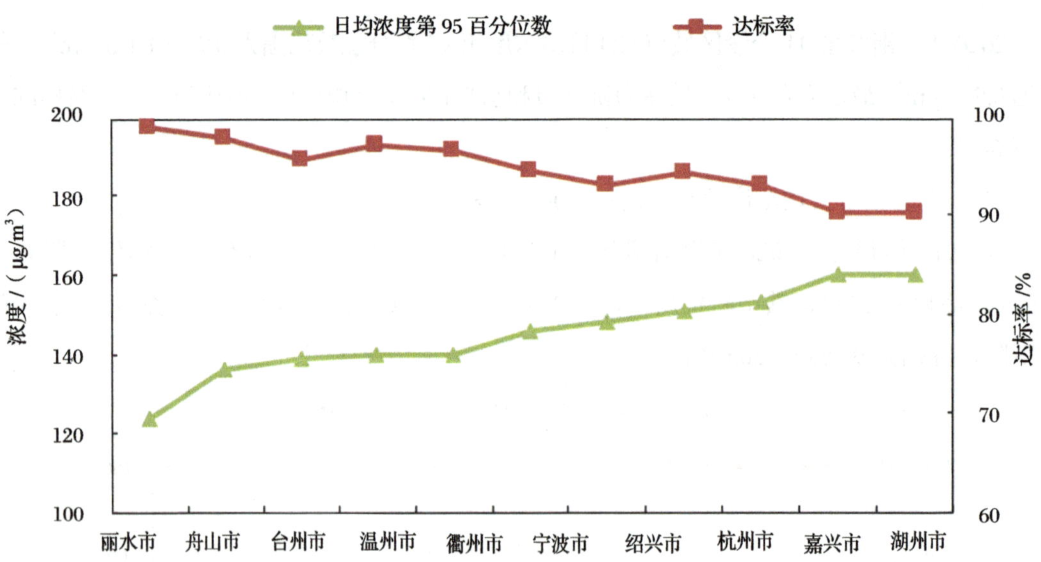

图 6-15　2020 年浙江省设区城市 O_3 污染状况示意图

（三）日环境空气质量

2020 年，浙江省 11 个设区城市日空气质量优良天数比例为 87.2% ～ 98.9%，平均为 93.3%，最高为丽水市，最低为嘉兴市；优天数比例为 27.3% ～ 57.7%，平均为 38.8%。

设区城市污染天数比例平均为6.7%，其中轻度污染天数比例为6.2%，中度污染为0.5%，无重度及以上污染天次。超标天次中以O_3为首要污染物的天次最多，占总超标天次的80.7%；首要污染物为$PM_{2.5}$、NO_2和PM_{10}的依次占17.1%、2.2%和0.4%，其中首要污染物同时为$PM_{2.5}$和PM_{10}的占0.4%。

污染天次共出现269天次，主要发生在5月（59天次）、9月（52天次）、4月（50天次）、12月（34天次）、8月（20天次）、7月（20天次）、1月（18天次），其余月份污染天次发生较少。其中中度污染共发生21天次，主要集中发生在9月（13天次）、5月（6天次），其余发生在1月和8月各1天次；中度污染天次首要污染物除1月14日发生在嘉兴市的为$PM_{2.5}$外，其余20天次均以O_3为首要污染物。见图6-16。

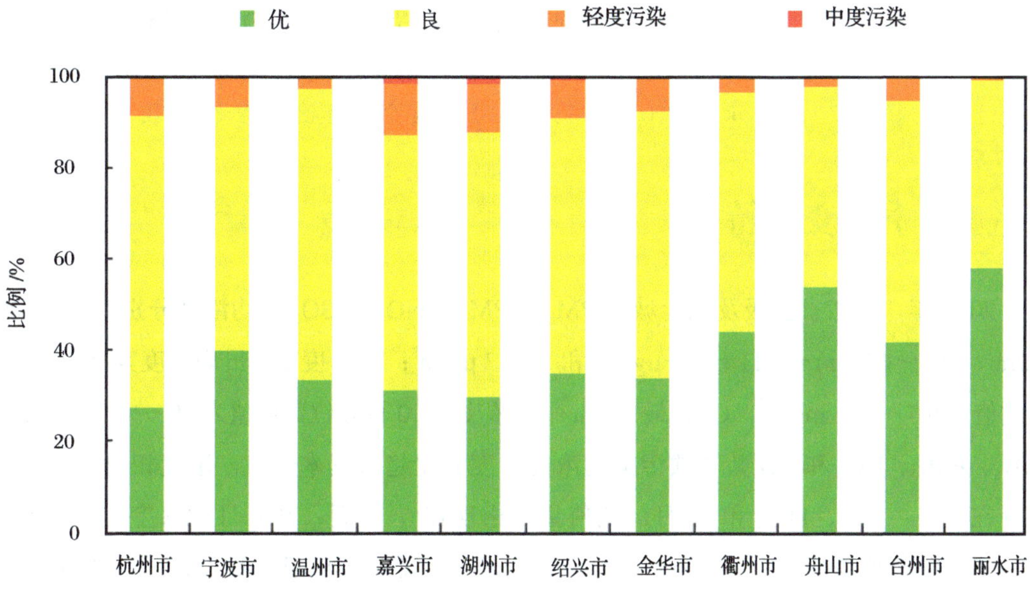

图6-16 2020年浙江省设区城市日空气质量统计结果示意图

与2019年相比，2020年设区城市日空气质量优良天数比例和优天数比例分别上升4.7个百分点和5.6个百分点，连续两年均未发生重度及以上污染天次，见图6-17。

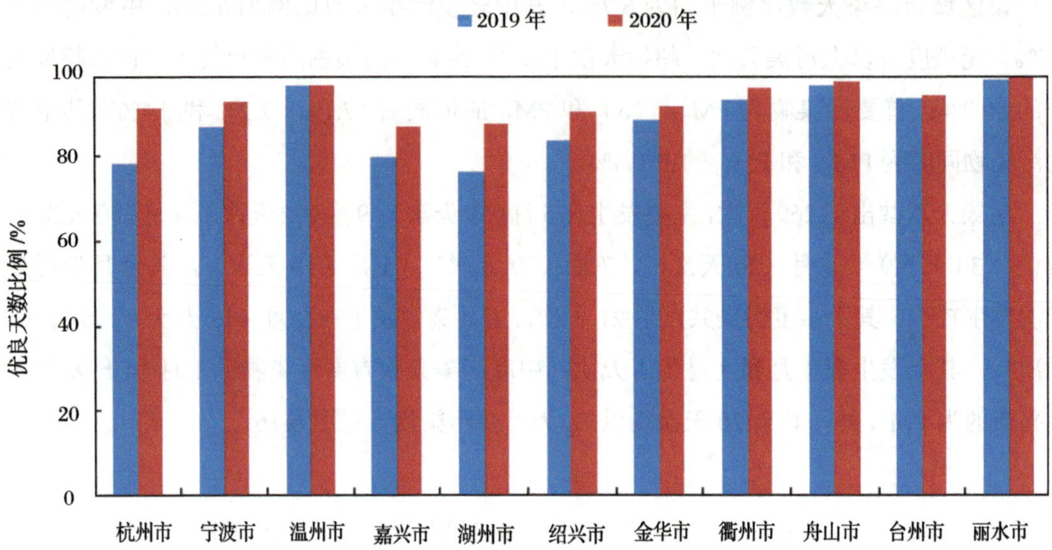

图 6-17　2019 年与 2020 年浙江省设区城市日空气质量优良天数比例比较

三、季节变化特征

2020 年，浙江省县级及以上城市 $PM_{2.5}$、PM_{10}、NO_2 和 SO_2 月均浓度分别为 15 ～ 41 μg/m³、28 ～ 67 μg/m³、11 ～ 39 μg/m³ 和 5 ～ 7 μg/m³；各月度 CO 日均浓度第 95 百分位数均值为 0.7 ～ 1.1 mg/m³，O_3 日最大 8 h 平均浓度第 90 百分位数均值为 79 ～ 156 μg/m³。$PM_{2.5}$、PM_{10}、NO_2 和 CO 共 4 项污染物浓度月度变化趋势基本一致，浓度相对高值主要出现在 1 月、4 月、11 月和 12 月，低值集中出现在 6—9 月；NO_2 月均浓度 2 月最低，应与新冠肺炎疫情防控有关。SO_2 各月浓度均较低，变化不明显，稳定在 5 ～ 7 μg/m³。O_3 浓度月度变化趋势与其他 5 种污染物明显不同，呈现双峰变化趋势，浓度高值主要出现在 4 月和 5 月、9 月和 10 月；低值出现在 1 月、2 月和 12 月，其间各城市 O_3 日最大 8 h 平均浓度未出现超标，见 6-18。

浙江省县级及以上城市 $PM_{2.5}$、PM_{10} 和 CO 共 3 项污染物浓度季节变化特征基本一致，第三季度污染物浓度最低，第一、第四季度污染物浓度较高；NO_2 第一、第三季度浓度较低，第四季度浓度最高；SO_2 四个季度浓度基本保持稳定；O_3 第二、第三季度浓度高于第一、四季度，见图 6-19。

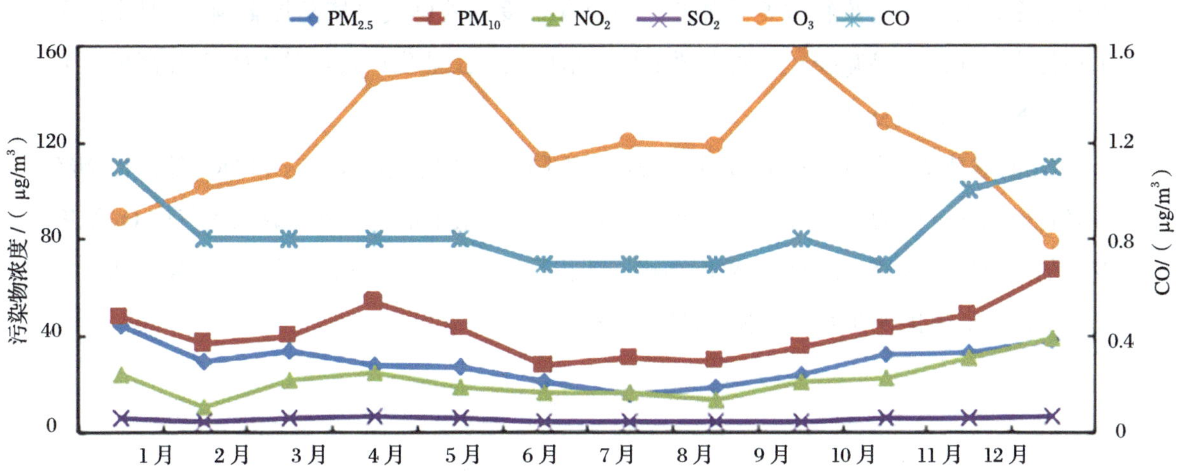

图 6-18　2020 年浙江省县级及以上城市主要空气污染物浓度月度变化情况

注：O_3 为日最大 8 h 平均浓度第 90 百分位数，CO 为日均浓度第 95 百分位数，其余为月均浓度，下同。

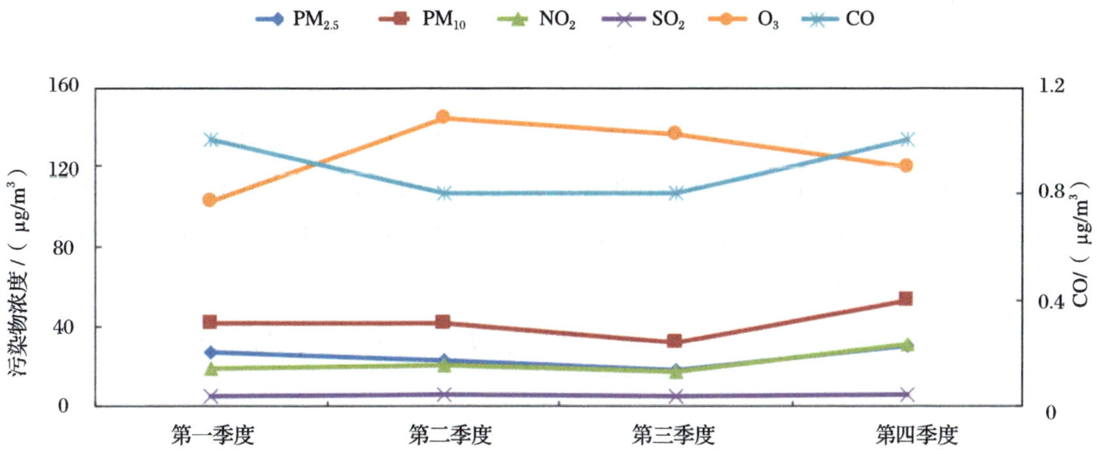

图 6-19　2020 年浙江省县级及以上城市主要空气污染物浓度季度变化

空气污染物浓度呈现明显的季节变化特征，主要受气象条件和人类生产及生活影响。

对于 $PM_{2.5}$、PM_{10}、NO_2、SO_2 和 CO 等污染物而言，一般情况下秋冬季低温干燥，静稳天气出现频率较高，大气边界层高度相对较低，容易出现逆温层结，且降水量少，不利于污染物的扩散和去除；同时北方冬季取暖导致污染排放增加，污染气团随北风入境与本地排放的污染物相叠加易形成污染天气。而夏季受季风和台风影响，扩散条件改善，降水较多，有利于污染物浓度的降低。2020 年，受新冠肺炎疫情防控影响，2 月生产和生活污染物排放明显减少，主要来源于机动车尾气和工业生产排放的 NO_2 明显降低，为一年中 NO_2 浓度最低的月份。

O_3 的季节变化特征与上述 5 种污染物质不同，由于它是由 VOCs 和 NO_x 等前体物经过光化学反应产生的二次污染物，除前体物浓度外，太阳辐射强度是影响大气中 O_3 浓度变化的主要决定因素；因而 O_3 浓度高峰一般出现在一年中太阳辐射最强的初夏至初秋期间，其浓度低值出现在太阳辐射最弱的冬季。

第三节　城市环境空气质量变化趋势

一、空气质量级别变化趋势

“十三五”期间，浙江省 69 个县级及以上城市环境空气质量达到国家二级标准的城市比例为 46.4% ～ 100%。达标城市比例呈上升趋势，2016 年达标比例最低，之后达标城市比例逐年上升，截至 2020 年，所有城市均达到二级标准，达标比例为 100%，为 5 年中最高。见表 6-7、图 6-20。

与“十二五”期末相比，“十三五”期末达标城市比例上升了 73.9 个百分点。

表 6–7　“十三五”期间浙江省县级及以上城市空气质量级别分布

年份	城市个数 / 个				城市比例 /%			
	一级	二级	达标城市	超标城市	一级	二级	达标城市	超标城市
2016	0	32	32	37	0	46.4	46.4	53.6
2017	0	39	39	30	0	56.5	56.5	43.5
2018	0	52	52	17	0	75.4	75.4	24.6
2019	0	51	51	18	0	73.9	73.9	26.1

年份	城市个数 / 个				城市比例 /%			
	一级	二级	达标城市	超标城市	一级	二级	达标城市	超标城市
2020	0	69	69	0	0	100	100	0

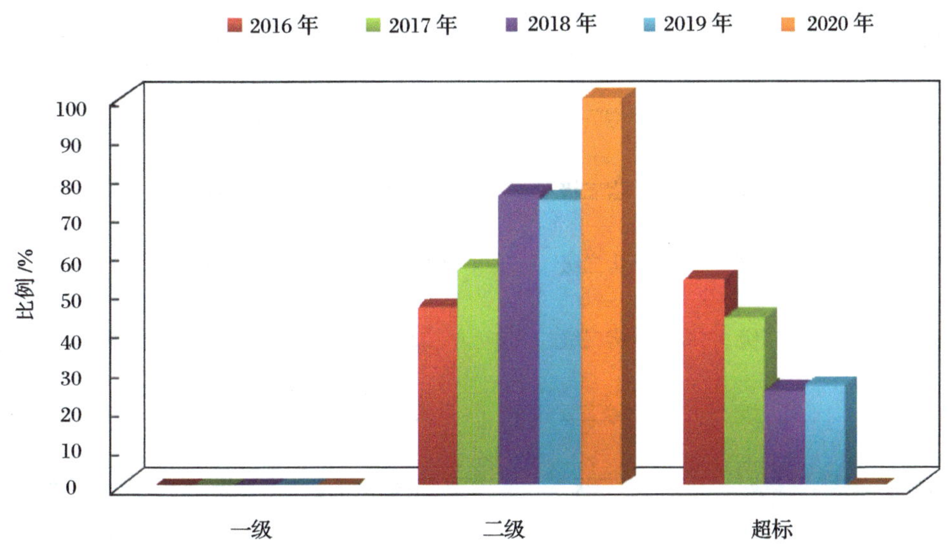

图 6-20 “十三五”期间浙江省县级及以上城市空气质量级别变化

2016 年以来，全省 11 个设区城市空气质量达到国家二级标准的城市比例为 27.3% ～ 100%，呈逐年上升趋势。其中，2016 年和 2017 年大部分城市未达标，分别有 8 个和 7 个城市未达到二级标准；2018 年和 2019 年未达标城市数量减少，达标城市均增至 7 个；截至 2020 年，城市空气质量明显好转，所有城市均达到二级标准。设区城市中，杭州市、嘉兴市、湖州市和绍兴市空气质量相对较差，2016 年至 2019 年空气质量均未达标；舟山市、台州市和丽水市总体较好，各年份均达到二级标准，见表 6-8。

表 6-8 “十三五”期间浙江省设区城市空气质量级别

城市	2016 年	2017 年	2018 年	2019 年	2020 年
杭州市	劣二级	劣二级	劣二级	劣二级	二级
宁波市	劣二级	劣二级	二级	二级	二级
温州市	劣二级	二级	二级	二级	二级
嘉兴市	劣二级	劣二级	劣二级	劣二级	二级
湖州市	劣二级	劣二级	劣二级	劣二级	二级
绍兴市	劣二级	劣二级	劣二级	劣二级	二级
金华市	劣二级	劣二级	二级	二级	二级
衢州市	劣二级	劣二级	二级	二级	二级
舟山市	二级	二级	二级	二级	二级
台州市	二级	二级	二级	二级	二级
丽水市	二级	二级	二级	二级	二级

二、空气质量综合指数变化趋势

“十三五”期间，浙江省 69 个县级及以上城市空气质量综合指数平均值为 3.07 ～ 3.72，呈逐年下降趋势，表明城市空气质量呈逐年好转趋势，尤其是 2020 年城市空气质量与“十三五”前期相比改善明显。

空气质量综合指数低（$P \leqslant 3$）的相对清洁城市比例呈上升趋势，从 2016 年和 2017 年的 18.8% 上升至 2020 年的 42.0%，城市个数增加了 16 个；综合指数较低（$3<P \leqslant 4$）的城市占城市总数的比例最高，为 40.6% ～ 58.0%，呈上升趋势；综合指数较高（$4<P \leqslant 5$）的城市占城市总数的比例为 0 ～ 40.6%，呈逐年下降趋势。2016 年以来，空气质量综合指数最大值呈下降趋势，表明空气污染较重的城市其总体空气质量的好转趋势更为显著；

空气质量综合指数最小值变化趋势不显著，见表 6-9、图 6-21、图 6-22。

与“十二五”期末相比，“十三五”期末县级及以上城市空气质量综合指数平均值下降 1.1 个百分点。

表 6-9 “十三五”期间浙江省县级及以上城市空气质量综合指数变化情况

年份	城市比例 /%			空气质量综合指数		
	P ≤ 3	3<P ≤ 4	4<P ≤ 5	最小值	最大值	平均值
2016	18.8	42.0	39.1	2.08	4.93	3.72
2017	18.8	52.2	29.0	2.29	4.69	3.57
2018	31.9	52.2	15.9	2.01	4.75	3.41
2019	31.9	53.6	14.5	2.18	4.60	3.39
2020	42.0	58.0	0	2.06	3.92	3.07
秩相关系数	0.95	0.98	-1.00	-0.30	-0.90	-1.00

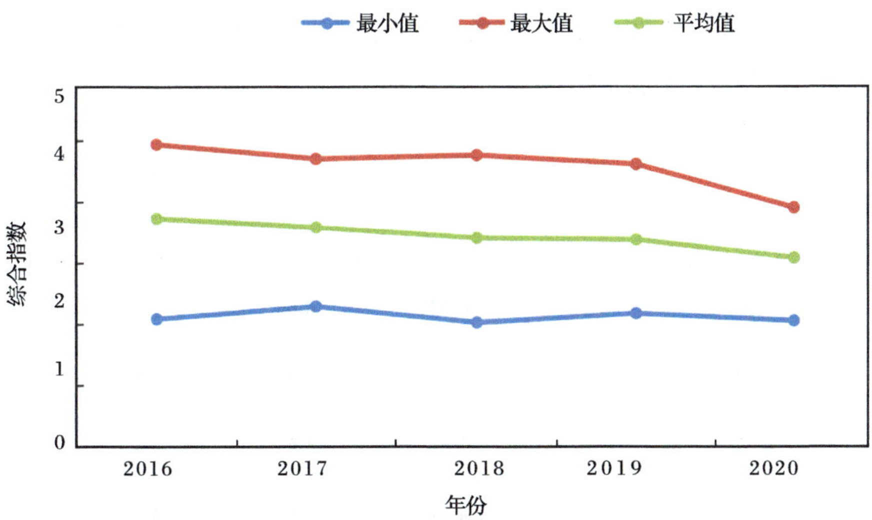

图 6-21 “十三五”期间浙江省县级及以上城市空气综合指数变化

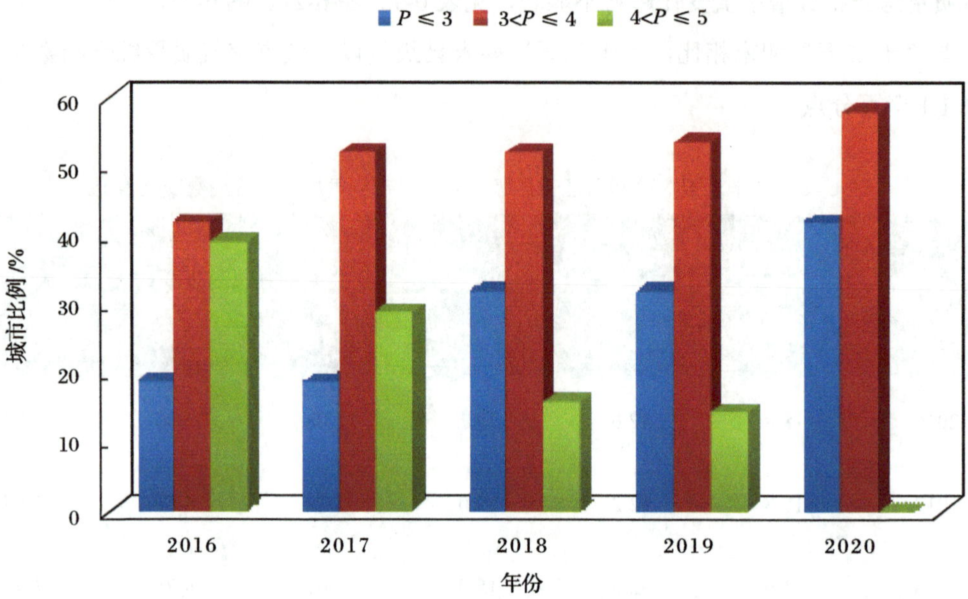

图 6-22 “十三五”期间浙江省县级及以上城市空气质量综合指数各区间城市比例

“十三五”期间，浙江省 11 个设区城市空气质量综合指数平均值为 3.37 ～ 4.16，呈逐年下降趋势。其中，2020 年空气质量总体状况最好，平均综合指数为 3.37；2016 年最差，为 4.16。各设区城市中，舟山市、台州市和丽水市等城市环境空气质量较好，各年空气综合指数均小于 4；杭州市、嘉兴市、湖州市和绍兴市较差，5 年平均空气质量综合指数大于 4。除绍兴市、衢州市和丽水市空气质量综合指数下降趋势不显著外，其他 8 个城市空气质量均呈好转趋势，见表 6-10。

表 6-10 “十三五”期间浙江省设区城市空气质量综合指数

城市	2016 年	2017 年	2018 年	2019 年	2020 年	秩相关系数
杭州市	4.93	4.69	4.63	4.60	3.92	−1.00
宁波市	4.28	4.03	3.75	3.84	3.43	−0.90
温州市	4.22	4.06	3.62	3.64	3.37	−0.90
嘉兴市	4.69	4.44	4.44	4.30	3.72	−0.92

城市	2016 年	2017 年	2018 年	2019 年	2020 年	秩相关系数
湖州市	4.93	4.60	4.42	4.35	3.77	−1.00
绍兴市	4.55	4.52	4.75	4.18	3.60	−0.70
金华市	4.29	4.20	3.87	3.94	3.59	−0.90
衢州市	4.02	4.12	3.72	3.79	3.29	−0.80
舟山市	3.06	3.00	2.72	2.85	2.61	−0.90
台州市	3.61	3.45	3.25	3.30	3.01	−0.90
丽水市	3.21	3.36	3.02	3.06	2.76	−0.80
平均值	4.16	4.04	3.84	3.80	3.37	−1.00

三、日空气质量变化趋势

“十三五”期间，浙江省 69 个县级及以上城市日空气质量优良天数比例平均值为 91.2% ～ 96.2%，呈上升趋势，2016 年最低，2020 年达到最高见表 6-11、图 6-23。

与“十二五”期末相比，“十三五”期末优良天数比例上升了 8.0 个百分点。

11 个设区城市优良天数比例平均值为 86.6% ～ 93.3%，呈上升趋势，2016 年最低，2020 年为 5 年间最高。丽水市、舟山市、温州市和台州市空气质量较好，各年优良天数比例均在 90% 以上，其中，丽水市 5 年平均优良天数比例最高，达到 97.6%；湖州市最低，为 77.7%。2016 年以来，嘉兴市、湖州市日空气质量优良天数比例呈上升趋势，其他城市变化趋势均不显著，见表 6-12。

表 6-11 “十三五”期间浙江省设区城市日空气质量优良天数比例

单位：%

城市	2016 年	2017 年	2018 年	2019 年	2020 年	秩相关系数
县级及以上城市	91.2	92.6	93.4	93.1	96.2	0.90
设区城市	86.6	87.6	89.0	88.6	93.3	0.90

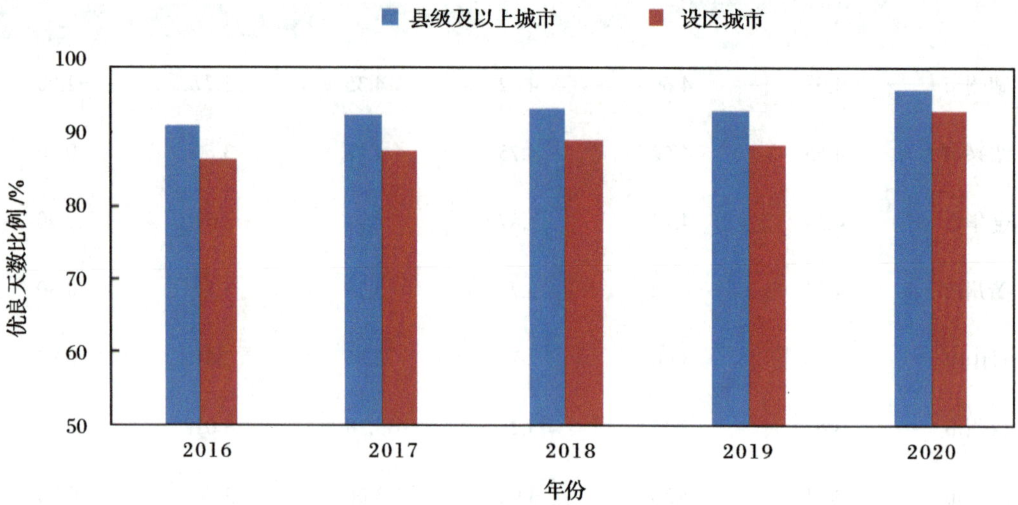

图 6-23 “十三五”期间浙江省设区城市平均优良天数比例变化

表 6-12 “十三五”期间浙江省设区城市日空气质量优良天数比例

城市	优良天数比例 /%					秩相关系数
	2016 年	2017 年	2018 年	2019 年	2020 年	
杭州市	76.2	81.9	80.3	78.6	91.3	0.50
宁波市	88.3	89.6	91.2	87.1	92.9	0.40
温州市	94.0	93.4	96.4	97.0	97.0	0.88
嘉兴市	79.0	79.5	80.0	80.0	87.2	0.98
湖州市	70.2	76.2	77.5	76.7	87.7	0.90
绍兴市	82.2	80.5	81.6	83.8	90.7	0.70
金华市	85.0	83.7	89.6	88.8	92.1	0.80
衢州市	91.3	89.9	94.0	93.4	96.4	0.80
舟山市	95.6	95.9	95.6	96.7	97.8	0.82
台州市	94.0	96.7	95.9	94.0	94.5	−0.02
丽水市	97.3	95.9	97.3	98.1	98.9	0.82

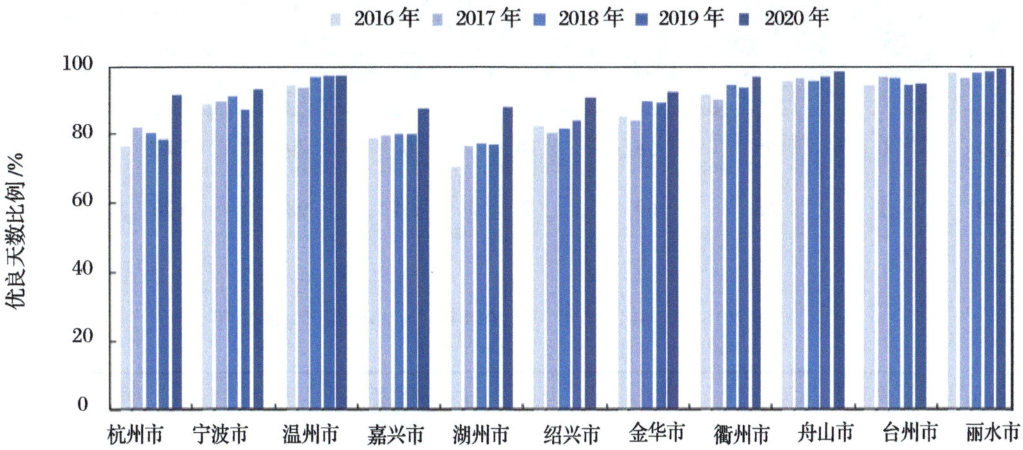

图 6-24 “十三五”期间浙江省各设区城市优良天数比例变化

四、各污染物变化趋势

（一）$PM_{2.5}$

1. 县级及以上城市

“十三五”期间，浙江省 69 个县级及以上城市 $PM_{2.5}$ 浓度达到二级及以上标准的城市个数为 32～69 个，达标城市比例范围为 46.4%～100%，达标城市比例呈逐年上升趋势，2016 年最低，2020 年全部城市达到二级标准。其中，2016—2019 年无城市达到一级标准，2020 年 1 个城市（嵊泗县）达到一级标准，达到一级标准的城市比例为 1.4%。见表 6-13、图 6-25。

表 6-13 “十三五”期间浙江省县级及以上城市 $PM_{2.5}$ 级别分布

年份	城市个数 / 个				城市比例 /%			
	一级	二级	达标城市	超标城市	一级	二级	达标城市	超标城市
2016	0	32	32	37	0	46.4	46.4	53.6
2017	0	39	39	30	0	56.5	56.5	43.5
2018	0	52	52	17	0	75.4	75.4	24.6

年份	城市个数 / 个				城市比例 /%			
	一级	二级	达标城市	超标城市	一级	二级	达标城市	超标城市
2019	0	55	55	14	0	79.7	79.7	20.3
2020	1	68	69	0	1.4	98.6	100	0

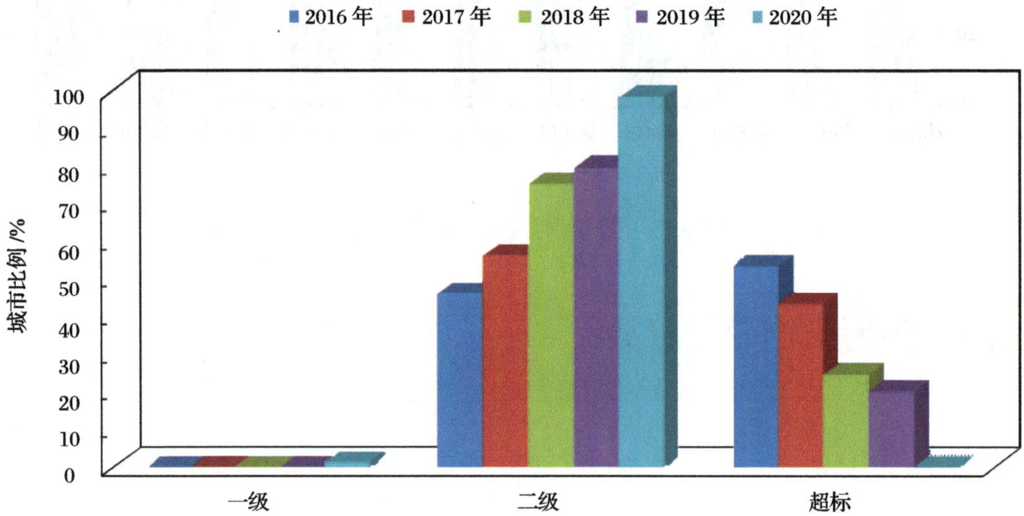

图 6-25 “十三五”期间浙江省县级及以上城市 $PM_{2.5}$ 级别比例变化

县级及以上城市 $PM_{2.5}$ 年均浓度范围为 24 ～ 35 μg/m^3，呈下降趋势；$PM_{2.5}$ 年均浓度低于（含）年均二级标准限值（35 μg/m^3）的城市比例为 49.3% ～ 100%，呈上升趋势，见表 6-14。

县级及以上城市 $PM_{2.5}$ 日均浓度第 95 百分位数范围为 50 ～ 75 μg/m^3，呈逐年下降趋势；$PM_{2.5}$ 日均浓度第 95 百分位数低于（含）日均二级标准限值（75 μg/m^3）的城市比例为 49.3% ～ 100%，呈逐年上升趋势。见图 6-26。

表 6-14 “十三五”期间浙江省县级及以上城市 $PM_{2.5}$ 浓度情况

单位：μg/m³

年份	2016 年	2017 年	2018 年	2019 年	2020 年	秩相关系数
年均浓度	35	33	29	29	24	-0.92
日均浓度第 95 百分位数	75	70	64	60	50	-1.00

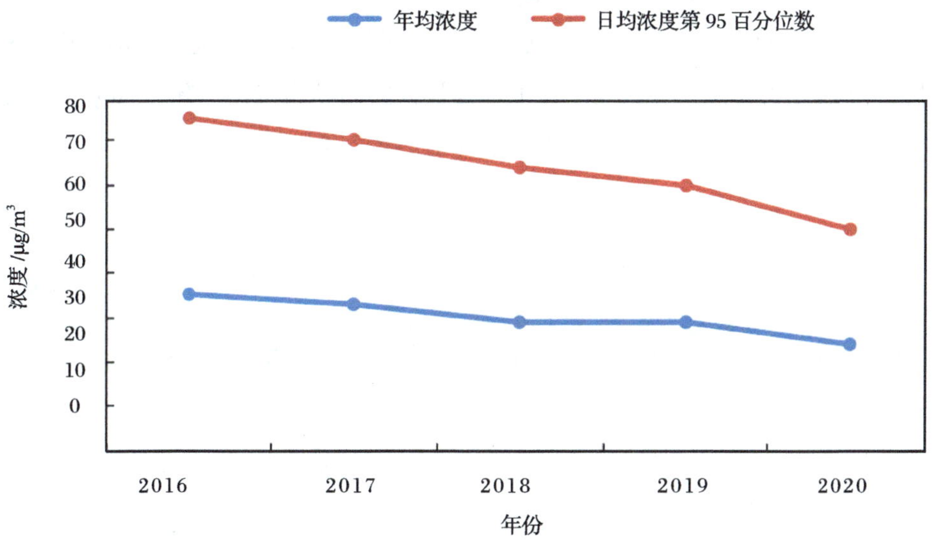

图 6-26 “十三五”期间浙江省县级及以上城市 $PM_{2.5}$ 浓度变化

“十三五”期末，浙江省县级及以上城市环境空气中 $PM_{2.5}$ 年均浓度（24 μg/m³）较“十二五”期末（40 μg/m³）下降 16 μg/m³，降幅达到 40.0%；$PM_{2.5}$ 日均浓度第 95 百分位数（50 μg/m³）较“十二五”期末（88 μg/m³）下降 38 μg/m³，降幅达到 43.2%。

2. 各设区城市

“十三五”期间，浙江省 11 个设区城市 $PM_{2.5}$ 浓度达到二级标准的城市比例范围为 27.3% ～ 100%，呈逐年上升趋势。

设区城市 $PM_{2.5}$ 年均浓度范围为 25 ～ 38 μg/m³，低于（含）年均二级标准限值（35 μg/m³）的城市比例为 27.3% ～ 100%，呈逐年上升趋势。除衢州市 $PM_{2.5}$ 年均浓度变化趋势不显著外，其余 10 个设区城市均呈下降趋势。5 年平均浓度杭州市最高，舟山市最低。见表 6-15。

设区城市 $PM_{2.5}$ 日均浓度第 95 百分位数平均值范围为 52 ～ 82 μg/m³，低于（含）日均二级标准限值（75μg/m³）的城市比例为 36.4% ～ 100%，呈上升趋势。除绍兴市 $PM_{2.5}$ 日均浓度第 95 百分位数平均值变化趋势不显著外，其余 10 个设区城市均呈下降趋势，见表 6-16。

“十三五”期末，浙江省设区城市环境空气中 $PM_{2.5}$ 年均浓度（25 μg/m³）较“十二五”期末（44 μg/m³）下降 19 μg/m³，降幅为 43.2%；$PM_{2.5}$ 日均浓度第 95 百分位数（52 μg/m³）较“十二五”期末（94 μg/m³）下降 42 μg/m³，降幅为 44.7%。

与“十二五”期末相比，“十三五”期末浙江省 11 个设区城市 $PM_{2.5}$ 年均浓度均明显下降，降幅为 35.0% ～ 50.0%，其中降幅最大的为湖州市，下降 26 μg/m³。就年均变化率而言，湖州市下降速度最快，年均下降 12.9%。见图 6-27。

表 6-15 “十三五”期间浙江省设区城市 $PM_{2.5}$ 年均浓度

单位：μg/m³

城市	2016 年	2017 年	2018 年	2019 年	2020 年	秩相关系数
杭州市	46	42	38	38	30	−0.92
宁波市	37	35	31	29	23	−1.00
温州市	36	35	29	28	25	−1.00
嘉兴市	42	40	37	35	28	−1.00
湖州市	44	40	35	32	26	−1.00
绍兴市	43	42	40	38	28	−1.00
金华市	44	39	32	32	28	−0.92
衢州市	39	39	31	33	26	−0.82
舟山市	24	23	21	20	17	−1.00
台州市	34	31	28	27	25	−1.00
丽水市	31	31	26	25	21	−0.92
平均值	38	36	32	31	25	−1.00

表 6-16 “十三五”期间浙江省设区城市 $PM_{2.5}$ 日均浓度第 95 百分位数

单位：$\mu g/m^3$

城市	2016 年	2017 年	2018 年	2019 年	2020 年	秩相关系数
杭州市	101	91	89	74	60	−1.00
宁波市	86	77	67	66	52	−1.00
温州市	67	68	58	56	48	−0.90
嘉兴市	88	81	81	77	58	−0.92
湖州市	102	92	80	68	55	−1.00
绍兴市	98	96	104	80	59	−0.70
金华市	92	88	68	65	58	−1.00
衢州市	82	86	71	65	48	−0.90
舟山市	57	50	45	47	39	−0.90
台州市	69	65	56	60	49	−1.00
丽水市	65	69	59	48	45	−0.90
平均值	82	78	71	64	52	−1.00

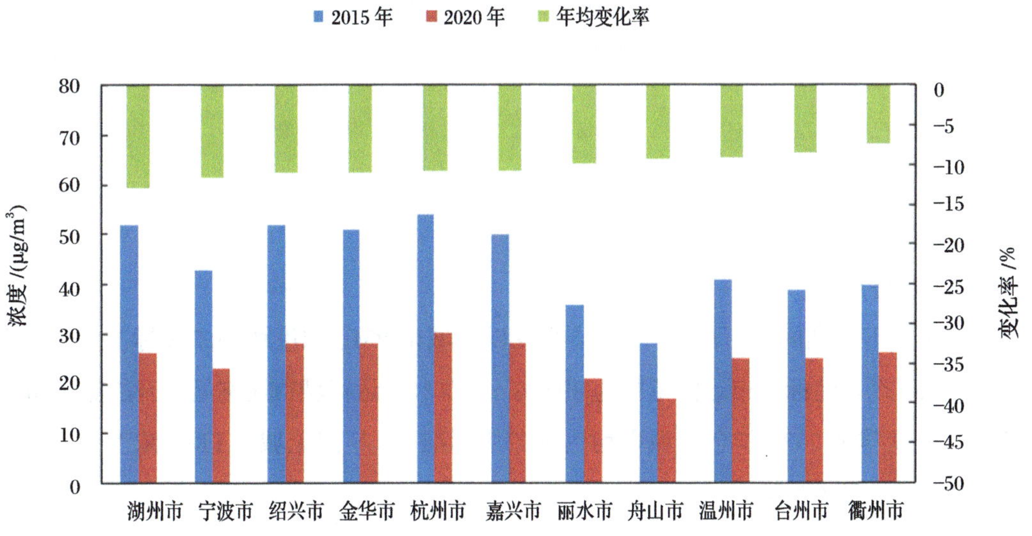

图 6-27 浙江省各设区城市 $PM_{2.5}$ 年均浓度变化

3. 区域分布变化

就区域分布而言，与“十二五”期末相比，“十三五”期末浙江省 $PM_{2.5}$ 浓度相对高值区域明显减少，低值区域明显增加，污染程度明显减轻。

“十二五”期末，$PM_{2.5}$ 浓度高值区主要分布在浙江省中北部地区，包括湖州市、杭州市、绍兴市和嘉兴市部分区域；湖州市浓度最高，超过二级标准限值。“十三五”期末，全省 $PM_{2.5}$ 浓度明显降低，均低于二级标准限值，原浓度相对较高的浙江省中北部地区 $PM_{2.5}$ 浓度明显降低。见图 6-28。

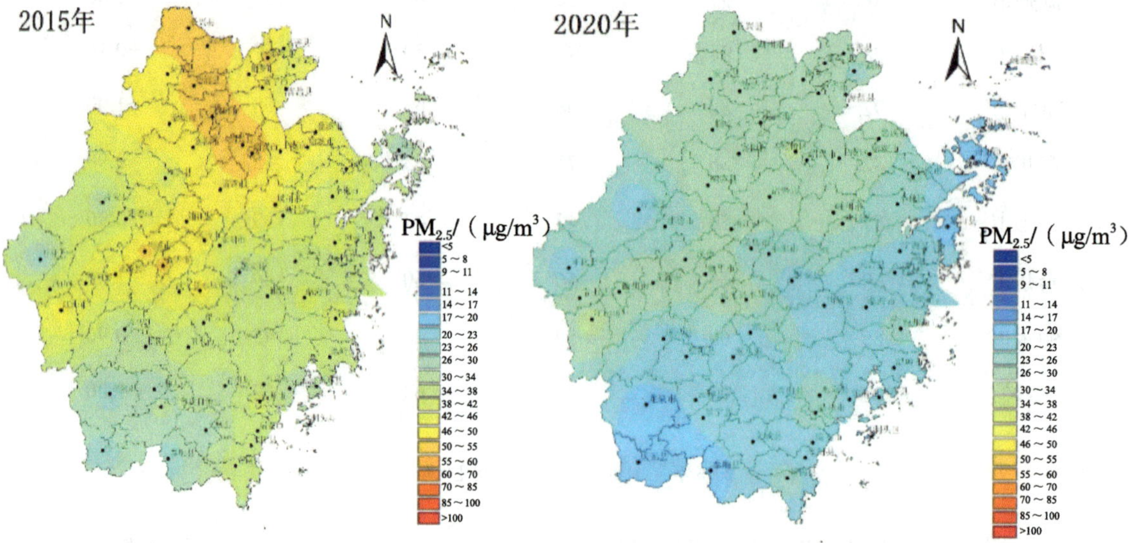

图 6-28　浙江省 $PM_{2.5}$ 浓度区域分布对比示意图

（二）PM_{10}

1. 县级及以上城市

“十三五”期间，浙江省 69 个县级及以上城市 PM_{10} 浓度达到二级标准的城市个数为 62 ～ 69 个，达标城市比例范围为 89.9% ～ 100%，达标城市比例呈上升趋势，2016 年最低，2019 年和 2020 年全部城市均达到二级标准。5 年间无城市 PM_{10} 浓度达到一级标准见表 6-17、图 6-29。

表 6-17 “十三五”期间浙江省县级及以上城市 PM_{10} 级别分布

年份	城市个数 / 个				城市比例 /%			
	一级	二级	达标城市	超标城市	一级	二级	达标城市	超标城市
2016	0	62	62	7	0	89.9	89.9	10.1
2017	0	66	66	3	0	95.7	95.7	4.3
2018	0	67	67	2	0	97.1	97.1	2.9
2019	0	69	69	0	0	100	100	0
2020	0	69	69	0	0	100	100	0

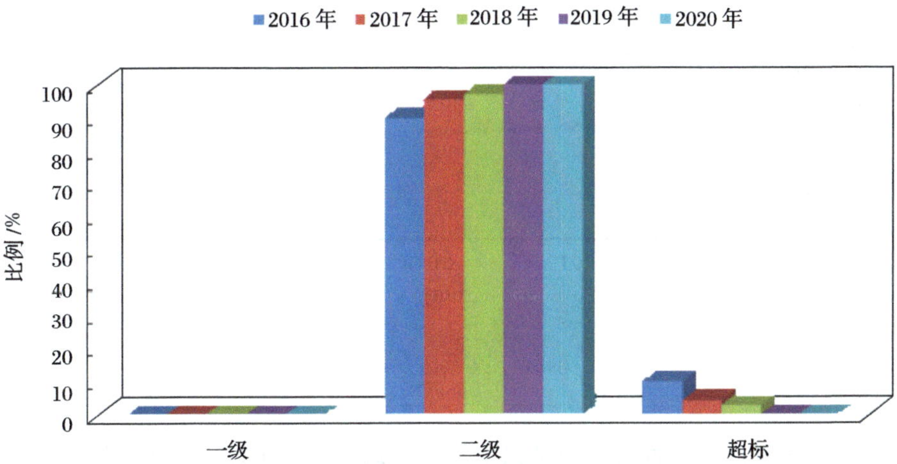

图 6-29 “十三五”期间浙江省县级及以上城市 PM_{10} 级别比例变化

县级及以上城市 PM_{10} 年均浓度范围为 42 ～ 56 μg/m^3，呈下降趋势；PM_{10} 年均浓度低于（含）年均二级标准限值（70 μg/m^3）的城市比例为 91.3% ～ 100%，呈上升趋势，2018—2020 年全部城市 PM_{10} 年均浓度均达到二级标准。见表 6-18。

县级及以上城市 PM_{10} 日均浓度第 95 百分位数范围为 84 ～ 117 μg/m^3，呈逐年下降趋势；PM_{10} 日均浓度第 95 百分位数低于（含）日均二级标准限值（150 μg/m^3）的城市比例为 92.8% ～ 100%，呈上升趋势，2019 年和 2020 年全部城市 PM_{10} 日均浓度第 95 百分位数均达到二级标准。见图 6-30。

表 6-18 “十三五”期间浙江省县级及以上城市 PM_{10} 浓度情况

单位：μg/m³

年份	2016 年	2017 年	2018 年	2019 年	2020 年	秩相关系数
年均浓度	56	53	49	49	42	-0.92
日均浓度第 95 百分位数	117	108	105	101	84	-1.00

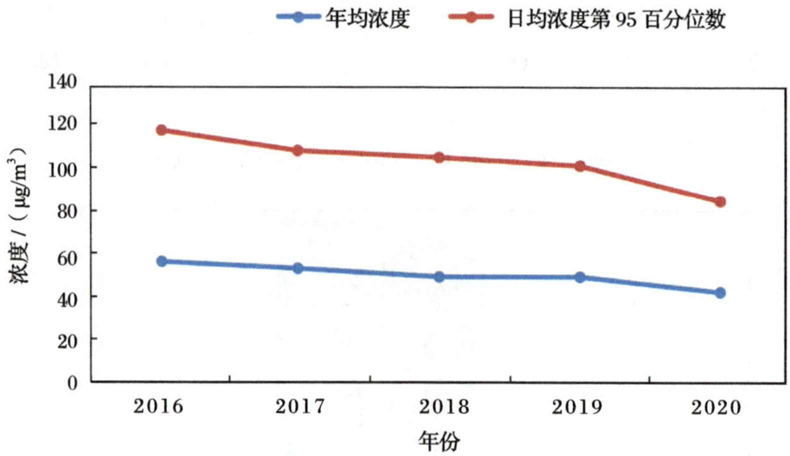

图 6-30 “十三五”期间浙江省县级及以上城市 PM_{10} 浓度变化

“十三五”期末，浙江省省县级及以上城市环境空气中 PM_{10} 年均浓度（42 μg/m³）较“十二五”期末（64 μg/m³）下降 22 μg/m³，降幅为 34.4%；PM_{10} 日均浓度第 95 百分位数（84 μg/m³）较“十二五”期末（130 μg/m³）下降 46 μg/m³，降幅为 35.4%。

2. 各设区城市

“十三五”期间，浙江省 11 个设区城市 PM_{10} 浓度达到二级标准的城市比例范围为 90.9% ～ 100%，变化趋势不显著。2016 年和 2018 年各有 1 个城市未达到二级标准。

设区城市 PM_{10} 年均浓度范围为 45 ～ 60 μg/m³，年均浓度呈下降趋势；低于（含）年均二级标准限值（70 μg/m³）的城市比例为 90.9% ～ 100%，除 2016 年杭州市 PM_{10} 年均浓度超过二级标准外，其余各年各城市均达到二级标准。除金华市、衢州市和丽水市 PM_{10} 年均浓度变化趋势不显著外，其余 8 个设区城市均呈下降趋势。PM_{10} 5 年平均浓度杭州市最高，舟山市最低。见表 6-19。

设区城市 PM_{10} 日均浓度第 95 百分位数平均值范围为 88 ～ 126 μg/m³，呈逐年下降趋势；低于（含）日均二级标准限值（150 μg/m³）的城市比例为 90.9% ～ 100%，除 2016 年杭州市、2018 年绍兴市 PM_{10} 日均浓度第 95 百分位数超过二级标准外，其余各年各城市均达到二级标准。除嘉兴市和绍兴市 PM_{10} 日均浓度第 95 百分位数平均值变化趋势不显著外，其余 9 个设区城市均呈下降趋势。见表 6-20。

“十三五”期末，浙江省设区城市环境空气中 PM_{10} 年均浓度（45 μg/m³）较“十二五”期末（65 μg/m³）下降 20 μg/m³，降幅为 30.8%；PM_{10} 日均浓度第 95 百分位数（88 μg/m³）较“十二五”期末（134 μg/m³）下降 46 μg/m³，降幅为 34.3%。

与“十二五”期末相比，“十三五”期末浙江省 11 个设区城市 PM_{10} 年均浓度均明显下降，降幅为 23.1% ～ 40.9%，其中降幅最大的为宁波市，下降 27 μg/m³。就年均变化率而言，宁波市下降速度最快，年均下降 9.8%。见图 6-31。

表 6-19 “十三五”期间浙江省设区城市 PM_{10} 年均浓度

单位：μg/m³

城市	2016 年	2017 年	2018 年	2019 年	2020 年	秩相关系数
杭州市	75	68	64	67	55	−0.90
宁波市	59	57	50	48	39	−1.00
温州市	65	61	54	53	51	−1.00
嘉兴市	65	63	59	56	46	−1.00
湖州市	65	61	57	58	53	−0.90
绍兴市	65	67	63	62	49	−0.90
金华市	59	54	51	55	49	−0.70
衢州市	59	60	51	51	42	−0.82
舟山市	40	42	37	36	31	−0.90
台州市	57	56	50	49	45	−1.00

城市	2016 年	2017 年	2018 年	2019 年	2020 年	秩相关系数
丽水市	46	47	43	43	40	−0.82
平均值	60	58	53	53	45	−0.92

表 6-20 “十三五”期间浙江省设区城市 PM_{10} 日均浓度第 95 百分位数

单位：μg/m³

城市	2016 年	2017 年	2018 年	2019 年	2020 年	秩相关系数
杭州市	165	139	142	133	111	−0.90
宁波市	129	116	106	107	85	−0.90
温州市	120	116	107	110	92	−0.90
嘉兴市	143	121	132	130	91	−0.70
湖州市	141	121	124	115	100	−0.90
绍兴市	144	147	156	131	98	−0.60
金华市	125	108	102	107	92	−0.90
衢州市	126	120	103	102	79	−1.00
舟山市	87	85	79	84	62	−0.90
台州市	110	109	101	107	87	−0.90
丽水市	94	93	84	81	74	−1.00
平均值	126	116	112	110	88	−1.00

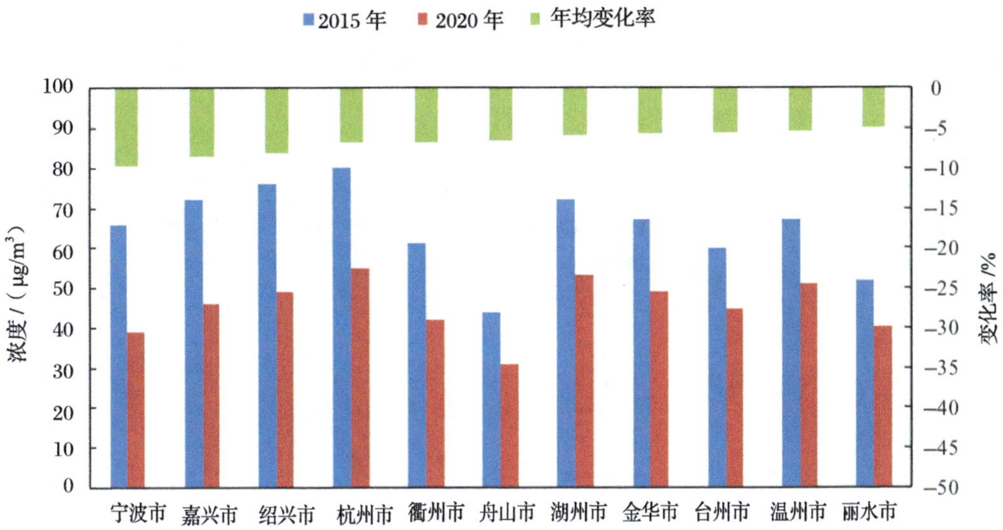

图 6-31 "十三五"期间浙江省各设区城市 PM_{10} 年均浓度变化

3. 区域分布变化

就区域分布而言，与"十二五"期末相比，"十三五"期末全省 PM_{10} 年均浓度相对高值区域明显减少，低值区域明显增加，污染程度明显减轻。

"十二五"期末，PM_{10} 浓度高值区主要分布在浙江省中北部地区，包括杭州市、湖州市、绍兴市等部分地区。杭州市浓度最高，超过二级标准限值。"十三五"期末，全省 PM_{10} 浓度明显降低，尤其是原浓度相对较高的浙江省中北部地区 PM_{10} 浓度降低显著，均低于二级标准限值，高值区和低值区浓度差距缩小，见图 6-32。

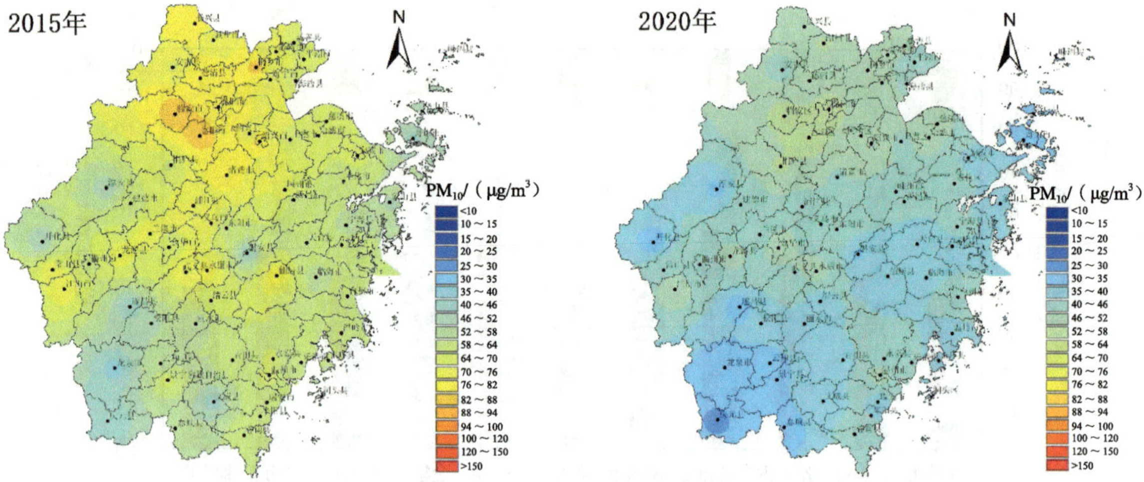

图 6-32　浙江省 PM_{10} 浓度区域分布示意图

（三）NO_2

1. 县级及以上城市

“十三五”期间，浙江省县级及以上城市 NO_2 浓度达到一级标准的城市比例为 97.1%～100%，2016 年、2017 年和 2019 年各有 2 个城市超过二级标准，2018 年和 2020 年全部城市均达到一级标准。见表 6-21，图 6-33。

表 6-21　“十三五”期间浙江省县级及以上城市 NO_2 级别分布

年份	城市个数 / 个				城市比例 /%			
	一级	二级	达标城市	超标城市	一级	二级	达标城市	超标城市
2016	67	0	67	2	97.1	0	97.1	2.9
2017	67	0	67	2	97.1	0	97.1	2.9
2018	69	0	69	0	100	0	100	0
2019	67	0	67	2	97.1	0	97.1	2.9
2020	69	0	69	0	100	0	100	0

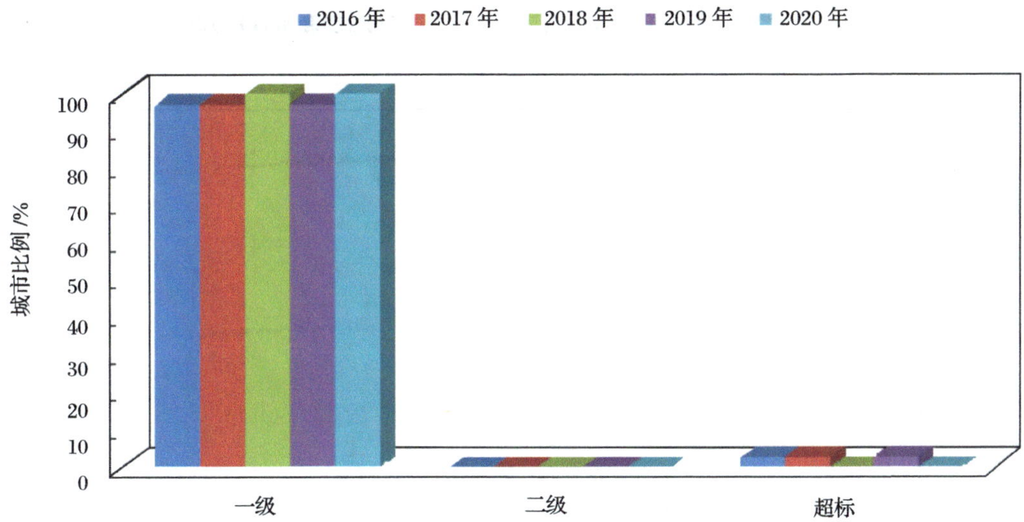

图 6-33 “十三五”期间浙江省县级及以上城市 NO_2 级别比例变化

县级及以上城市 NO_2 年均浓度范围为 22 ～ 24 μg/m^3，2016 年、2017 年和 2019 年杭州市年均浓度高于二级标准限值（40 μg/m^3），其余城市各年均达到一级标准。县级及以上城市 NO_2 年均浓度变化趋势不显著。见表 6-22。

表 6-22 “十三五”期间浙江省县级及以上城市 NO_2 浓度情况

单位：μg/m^3

年份	2016 年	2017 年	2018 年	2019 年	2020 年	秩相关系数
年均浓度	24	25	23	24	22	−0.62
日均浓度第 98 百分位数	53	54	52	51	49	−1.00

县级及以上城市 NO_2 日均浓度第 98 百分位数范围为 49 ～ 54 μg/m^3，2016 年、2017 年和 2019 年各有 1 个城市（依次为永康市、桐乡市、湖州市）NO_2 日均浓度第 98 百分位数高于日均二级标准限值（80 μg/m^3），其余城市各年均达到一级标准。县级及以上城市日均浓度第 98 百分位数平均值呈逐年下降趋势。见图 6-34。

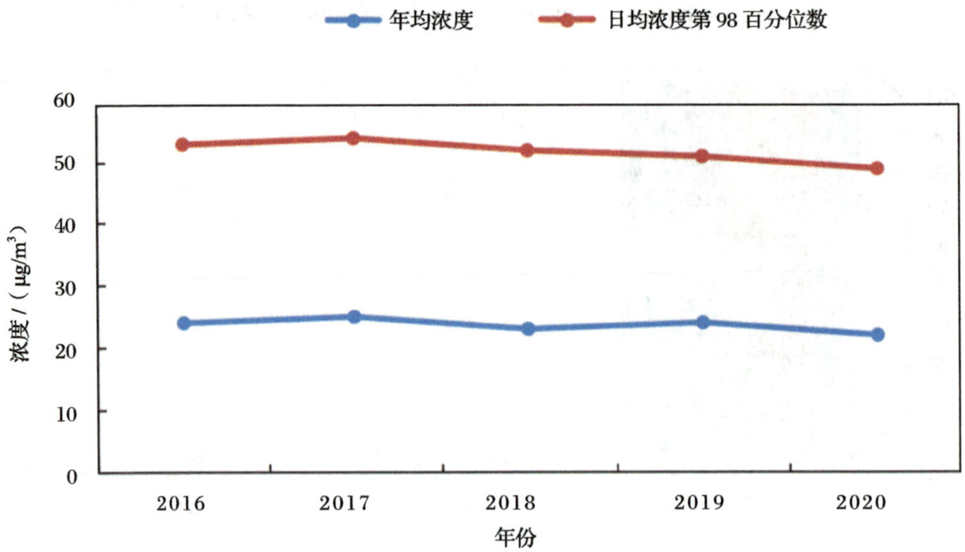

图 6-34 “十三五”期间浙江省县级及以上城市 NO_2 浓度变化

“十三五”期末，浙江省县级及以上城市环境空气中 NO_2 年均浓度（22 μg/m³）较“十二五”期末（26 μg/m³）下降 4 μg/m³，降幅为 15.4%；NO_2 日均浓度第 98 百分位数（49 μg/m³）较“十二五”期末（59 μg/m³）下降 10 μg/m³，降幅为 16.9%。

2. 各设区城市

“十三五”期间，浙江省设区城市 NO_2 浓度达到一级标准的城市比例范围为 81.8% ～ 100%，2016 年和 2017 年杭州市超过二级标准，2019 年杭州市和湖州市 2 个城市超过二级标准，其余城市各年均达到一级标准。

设区城市 NO_2 年均浓度范围为 29 ～ 31 μg/m³，2016 年、2017 年和 2019 年杭州市年均浓度高于二级标准限值（40 μg/m³），其余设区城市各年均达到一级标准。设区城市 NO_2 年均浓度变化趋势不显著；温州市 NO_2 年均浓度呈下降趋势，其余 10 个设区城市变化趋势不显著。5 年平均浓度杭州市最高，舟山市最低。见表 6-23。

设区城市 NO_2 日均浓度第 98 百分位数平均值范围为 60 ～ 65 μg/m³，除湖州市在 2019 年超过二级标准限值（80 μg/m³）外，其余城市各年均达到一级标准。设区城市 NO_2 日均浓度第 98 百分位数平均值变化趋势不显著；除温州市 NO_2 日均浓度第 98 百分位数呈逐年下降趋势外，其余 10 个设区城市变化趋势不显著。见表 6-24。

“十三五”期末，全省设区城市环境空气中 NO_2 年均浓度（29 μg/m^3）较“十二五”期末（34 μg/m^3）下降 5 μg/m^3，降幅为 14.7%；NO_2 日均浓度第 98 百分位数（60 μg/m^3）较“十二五”期末（71 μg/m^3）下降 11 μg/m^3，降幅为 15.5%。

表 6-23 “十三五”期间浙江省设区城市 NO_2 年均浓度

单位：μg/m^3

城市	2016 年	2017 年	2018 年	2019 年	2020 年	秩相关系数
杭州市	41	42	40	41	38	−0.62
宁波市	36	35	33	36	32	−0.52
温州市	38	37	34	34	30	−0.92
嘉兴市	34	34	33	33	32	−0.85
湖州市	33	35	35	37	35	0.70
绍兴市	35	32	29	32	30	−0.57
金华市	33	34	32	34	32	−0.25
衢州市	30	31	30	31	29	−0.25
舟山市	17	16	18	19	17	0.43
台州市	20	22	21	22	20	0.05
丽水市	22	22	21	22	20	−0.50
平均值	31	31	30	31	29	−0.50

表 6-24 “十三五”期间浙江省设区城市 NO_2 日均浓度第 98 百分位数

单位：μg/m^3

城市	2016 年	2017 年	2018 年	2019 年	2020 年	秩相关系数
杭州市	80	80	75	75	72	−0.85
宁波市	75	69	72	72	70	−0.32
温州市	73	71	69	65	57	−1.00

城市	2016 年	2017 年	2018 年	2019 年	2020 年	秩相关系数
嘉兴市	80	71	79	75	69	−0.70
湖州市	75	73	75	81	74	0.12
绍兴市	69	66	73	65	68	−0.30
金华市	66	72	67	67	65	−0.32
衢州市	60	66	60	67	56	−0.18
舟山市	44	38	42	44	40	−0.12
台州市	46	48	47	49	43	−0.10
丽水市	44	46	41	44	41	−0.50
平均值	65	64	64	64	60	−0.70

与“十二五”期末相比，“十三五”期末浙江省 11 个设区城市中，除衢州市 NO_2 年均浓度持平外，其他 10 个设区城市均有所下降，降幅为 4.8% ～ 26.8%，其中降幅最大的为温州市和绍兴市，均下降 11 μg/m^3。就年均变化率而言，除衢州市年均上升 0.1% 外，其余 10 个设区城市年均下降，温州市下降速度最快，年均下降 6.0%。见图 6-35。

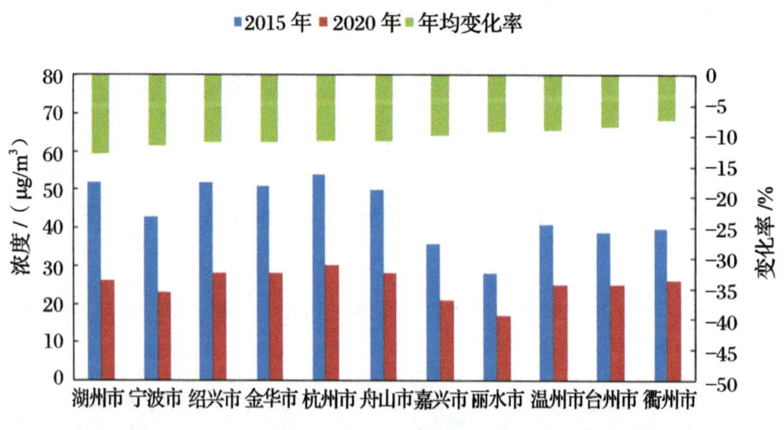

图 6-35　“十三五”期间浙江省各设区城市 NO_2 年均浓度变化

3. 区域分布变化

就区域分布而言，与“十二五”期末相比，“十三五”期末全省 NO_2 浓度相对高值区域有所减少，低值区域有所增加，污染程度略有减轻。

“十二五”期末，NO_2 浓度高值区主要分布在浙江省东北部、浙中和东南沿海地区，包括杭州市、绍兴市、嘉兴市、金华市和温州市部分区域；杭州市区浓度最高，超过二级标准限值。“十三五”期末，全省 NO_2 浓度均有所降低，原浓度相对较高的浙江省中北部和浙江省东南沿海地区 NO_2 浓度有所降低，见图 6-36。

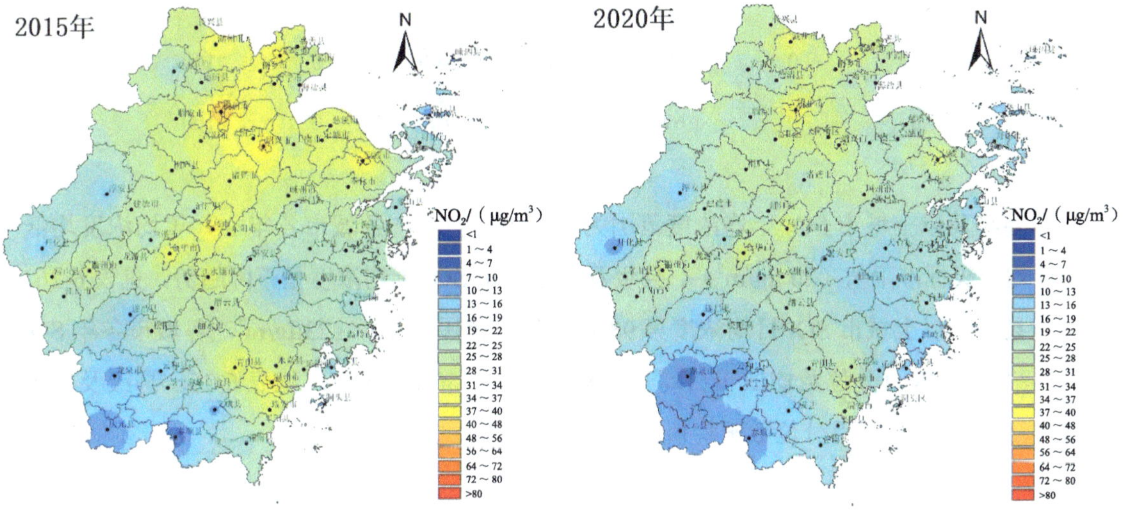

图 6-36 “十三五”期间浙江省 NO_2 浓度区域分布示意图

（四）SO_2

1. 县级及以上城市

“十三五”期间，浙江省县级及以上城市 SO_2 浓度达到一级标准的城市比例均为 100%，即各城市各年 SO_2 浓度均达到一级标准。见表 6-25。

表 6-25 “十三五”期间浙江省县级及以上城市 SO_2 级别分布

年份	城市个数 / 个				城市比例 /%			
	一级	二级	达标城市	超标城市	一级	二级	达标城市	超标城市
2016	69	0	69	0	100	0	100	0
2017	69	0	69	0	100	0	100	0
2018	69	0	69	0	100	0	100	0
2019	69	0	69	0	100	0	100	0
2020	69	0	69	0	100	0	100	0

县级及以上城市 SO_2 年均浓度范围为 6 ～ 10 μg/m^3，各城市各年 SO_2 年均浓度均低于年均一级标准限值（20 μg/m^3）。县级及以上城市 SO_2 年均浓度呈下降趋势，见表 6-26。

县级及以上城市 SO_2 日均浓度第 98 百分位数范围为 10 ～ 23μg/m^3，各城市各年 SO_2 日均浓度第 98 百分位数均低于日均一级标准限值（50 μg/m^3），见表 6-26。县级及以上城市日均浓度第 98 百分位数平均值呈逐年下降趋势。见图 6-37。

表 6-26 “十三五”期间浙江省县级及以上城市 SO_2 浓度情况

单位：μg/m^3

年份	2016 年	2017 年	2018 年	2019 年	2020 年	秩相关系数
年均浓度	10	9	7	6	6	-0.92
日均浓度第 98 百分位数	23	18	14	11	10	-1.00

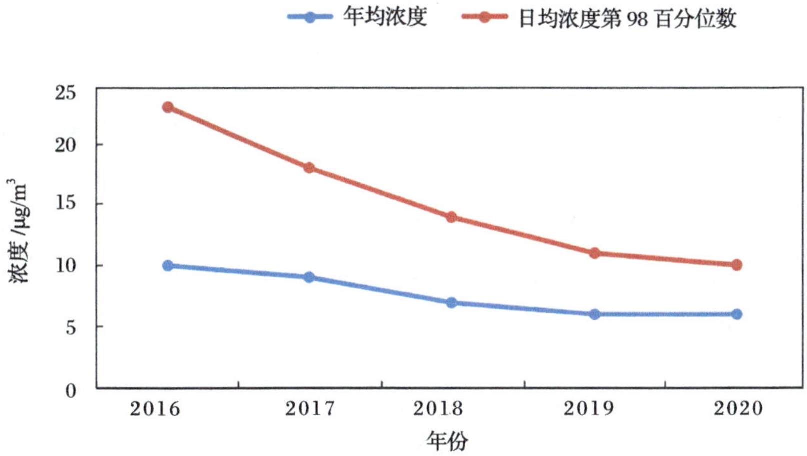

图 6-37 “十三五”期间浙江省县级及以上城市 SO_2 浓度变化

“十三五”期末，浙江省县级及以上城市环境空气中 SO_2 年均浓度（6 μg/m^3）较“十二五”期末（13 μg/m^3）下降 7 μg/m^3，降幅达到 53.8%；SO_2 日均浓度第 98 百分位数（10 μg/m^3）较“十二五”期末（32 μg/m^3）下降 22 μg/m^3，降幅达到 68.8%。

2. 各设区城市

“十三五”期间，设区城市 SO_2 浓度达到一级标准的城市比例均为 100%，即各设区城市各年 SO_2 浓度均达到一级标准。

设区城市 SO_2 年均浓度范围为 6 ～ 12 μg/m^3，各年均达到一级标准，各城市各年 SO_2 年均浓度均低于年均一级标准限值（20 μg/m^3）。设区城市 SO_2 年均浓度呈逐年下降趋势，其中杭州市、温州市、嘉兴市、湖州市、绍兴市、金华市、衢州市和台州市 8 个城市的 SO_2 年均浓度呈下降趋势，其余 3 个城市变化趋势不显著。5 年平均浓度湖州市最高，台州市最低。见表 6-27。

设区城市 SO_2 日均浓度第 98 百分位数平均值范围为 11 ～ 27 μg/m^3，各城市各年 SO_2 日均浓度第 98 百分位数均低于日均一级标准限值（50 μg/m^3）。设区城市 SO_2 日均浓度第 98 百分位数平均值呈逐年下降趋势，其中宁波市和舟山市 SO_2 日均浓度第 98 百分位数下降趋势不明显，其余 9 个设区城市均呈显著逐年下降趋势。见表 6-28。

“十三五”期末，全省设区城市环境空气中 SO_2 年均浓度（6 μg/m^3）较“十二五”期末（15 μg/m^3）下降 9 μg/m^3，降幅达到 60.0%；SO_2 日均浓度第 98 百分位数（11 μg/m^3）较“十二五”期末（38 μg/m^3）下降 27 μg/m^3，降幅达到 71.1%。

表 6-27 “十三五”期间浙江省设区城市 SO_2 年均浓度

单位：μg/m^3

城市	2016 年	2017 年	2018 年	2019 年	2020 年	秩相关系数
杭州市	11	10	9	7	6	-1.00
宁波市	12	9	8	8	8	-0.70
温州市	12	11	8	8	6	-0.92
嘉兴市	12	10	8	7	7	-0.92
湖州市	16	13	12	8	6	-1.00
绍兴市	14	11	8	7	5	-1.00
金华市	13	11	10	7	6	-1.00
衢州市	14	13	8	7	6	-1.00
舟山市	8	8	6	5	5	-0.85
台州市	8	6	6	5	4	-0.92
丽水市	8	8	6	6	5	-0.85
平均值	12	10	8	7	6	-1.00

表 6-28 “十三五”期间浙江省设区城市 SO_2 日均浓度第 98 百分位数

单位：μg/m^3

城市	2016 年	2017 年	2018 年	2019 年	2020 年	秩相关系数
杭州市	22	19	16	11	10	-1.00
宁波市	24	17	17	15	14	-0.92
温州市	27	20	15	13	10	-1.00
嘉兴市	35	23	18	13	11	-1.00
湖州市	37	30	27	18	14	-1.00
绍兴市	36	21	17	13	11	-1.00
金华市	28	24	20	15	12	-1.00
衢州市	33	31	18	16	15	-1.00
舟山市	15	14	13	9	9	-0.92

城市	2016年	2017年	2018年	2019年	2020年	秩相关系数
台州市	17	13	12	8	7	−1.00
丽水市	20	17	10	9	8	−1.00
平均值	27	21	17	13	11	−1.00

与“十二五”期末相比，“十三五”期末浙江省11个设区城市SO_2年均浓度均明显下降，降幅为28.6%～80.0%，其中降幅最大的为绍兴市，下降20 μg/m³。就年均变化率而言，绍兴市下降速度最快，年均下降26.8%。见图6-38。

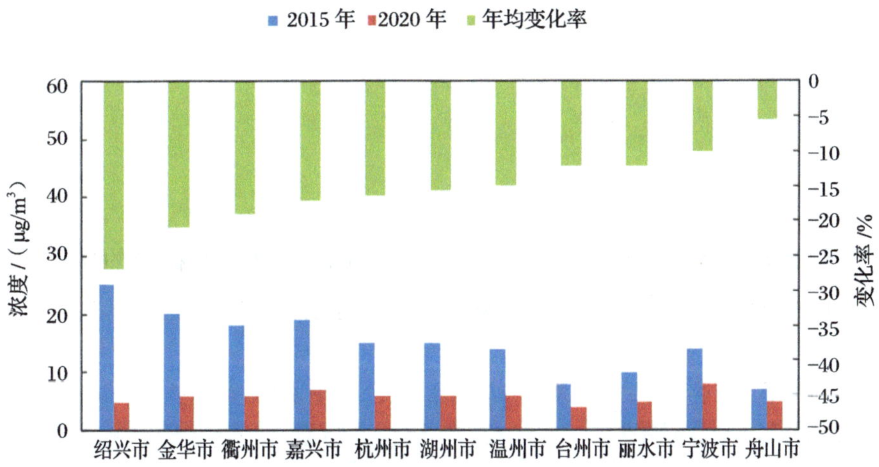

图6-38 “十三五”期间浙江省各设区城市SO_2浓度变化

3. 区域分布变化

就区域分布而言，与“十二五”期末相比，“十三五”期末浙江省SO_2浓度相对高值区域明显减少，低值区域明显增加，污染程度明显减轻。

“十二五”期末，浙江省SO_2浓度均较低，SO_2浓度相对高值区主要分布在浙江省中西部和中北部地区，包括绍兴市、金华市和衢州市部分区域。衢州市浓度最高，但远低于二级标准限值。“十三五”期末，原浓度相对较高的浙江省中部和浙江省中北部地区SO_2浓度明显降低。见图6-39。

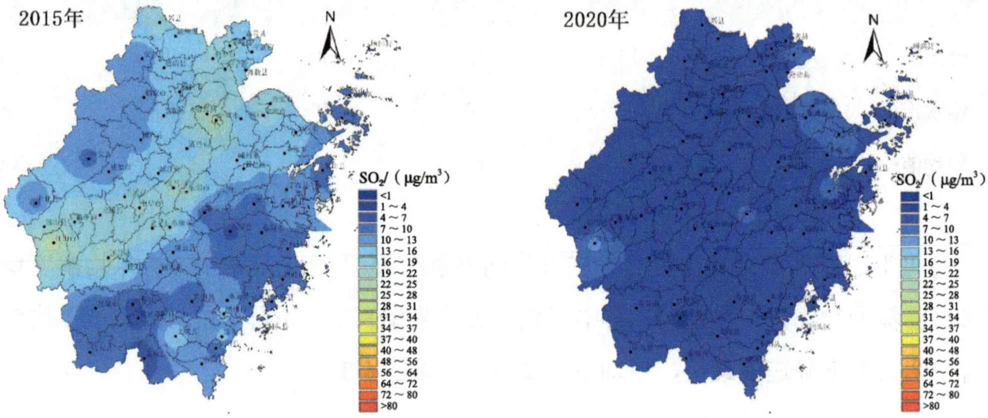

图 6-39 “十三五”期间浙江省 SO_2 浓度区域分布示意图

（五）CO

1．县级及以上城市

“十三五”期间，浙江省县级及以上城市 CO 浓度达到一级标准的城市比例均为 100%，即各城市各年 CO 浓度均达到一级标准，见表 6-29。

表 6-29 “十三五”期间浙江省县级及以上城市 CO 级别分布

年份	城市个数 / 个				城市比例 /%			
	一级	二级	达标城市	超标城市	一级	二级	达标城市	超标城市
2016	69	0	69	0	100	0	100	0
2017	69	0	69	0	100	0	100	0
2018	69	0	69	0	100	0	100	0
2019	69	0	69	0	100	0	100	0
2020	69	0	69	0	100	0	100	0

县级及以上城市 CO 日均浓度第 95 百分位数范围为 0.9 ～ 1.1 mg/m³，各城市各年 CO 日均浓度第 95 百分位数均低于日均一级标准限值（4 mg/m³）。县级及以上城市 CO

日均浓度第 95 百分位数平均值变化趋势不显著，见表 6-30。

表 6-30 “十三五”期间浙江省县级及以上城市 CO 日均浓度第 95 百分位数

单位：mg/m³

年份	2016	2017	2018	2019	2020	秩相关系数
日均浓度第 95 百分位数	1.1	1.0	1.0	1.0	0.9	−0.70

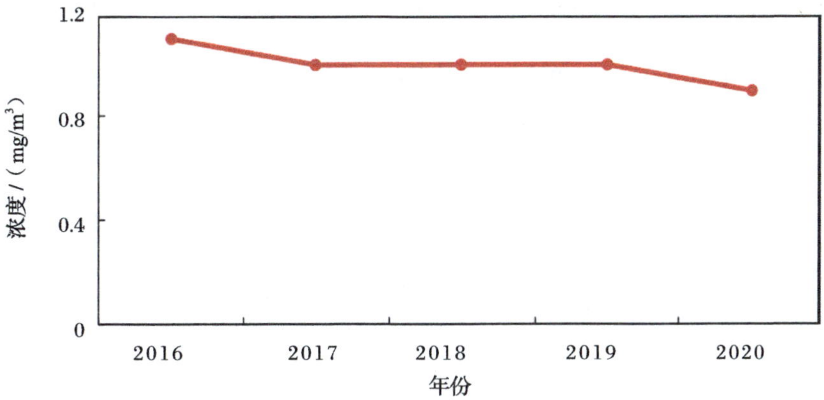

图 6-40 “十三五”期间浙江省县级及以上城市 CO 日均浓度第 95 百分位数变化

“十三五”期末，浙江省县级及以上城市环境空气中 CO 日均浓度第 95 百分位数（0.9 mg/m³）较“十二五”期末（1.3 mg/m³）下降 0.4 mg/m³，降幅为 30.8%，表明城市 CO 浓度下降较为明显。见图 6-40。

2. 各设区城市

“十三五”期间，浙江省设区城市 CO 浓度达到一级标准的城市比例均为 100%，即各设区城市各年 CO 浓度均达到一级标准。

设区城市 CO 日均浓度第 95 百分位数平均值范围为 0.9 ～ 1.1 mg/m³，各城市各年 CO 日均浓度第 95 百分位数均低于日均一级标准限值。设区城市 CO 日均浓度第 95 百分位数平均值变化趋势不显著，其中台州市 CO 日均浓度第 95 百分位数呈下降趋势，其余 10 个设区城市变化趋势不显著。5 年 CO 日均浓度第 95 百分位数平均值杭州市、嘉兴市、湖州市最高，台州市最低。见表 6-31。

“十三五”期末，浙江省设区城市 CO 日均浓度第 95 百分位数（0.9 mg/m³）较“十二五”期末（1.3 mg/m³）下降 0.4 mg/m³，降幅为 30.8%，表明城市 CO 浓度下降较为明显。

表 6-31 “十三五”期间浙江省设区城市 CO 日均浓度第 95 百分位数

单位：mg/m³

城市	2016 年	2017 年	2018 年	2019 年	2020 年	秩相关系数
杭州市	1.2	1.2	1.2	1.1	1.1	-0.62
宁波市	1.1	1.0	1.0	1.1	1.0	-0.12
温州市	1.2	1.0	0.9	1.0	0.8	-0.77
嘉兴市	1.2	1.2	1.2	1.1	1.1	-0.62
湖州市	1.2	1.2	1.2	1.2	1.0	-0.25
绍兴市	1.3	1.1	1.2	1.1	1.0	-0.77
金华市	1.2	1.0	1.1	1.1	0.9	-0.62
衢州市	1.2	1.0	1.1	1.1	1.0	-0.45
舟山市	1.0	1.0	0.9	0.9	0.9	-0.62
台州市	1.1	1.0	0.9	0.8	0.7	-1.00
丽水市	0.9	1.1	0.9	1.0	0.9	0
平均值	1.1	1.1	1.1	1.0	0.9	-0.70

与“十二五”期末相比，“十三五”期末浙江省 11 个设区城市 CO 日均浓度第 95 百分位数均有所下降，降幅为 8.3% ～ 41.2%，其中降幅最大的为衢州市，下降 0.7 mg/m³。就年均变化率而言，衢州市下降速度最快，年均下降 9.0%。见图 6-41。

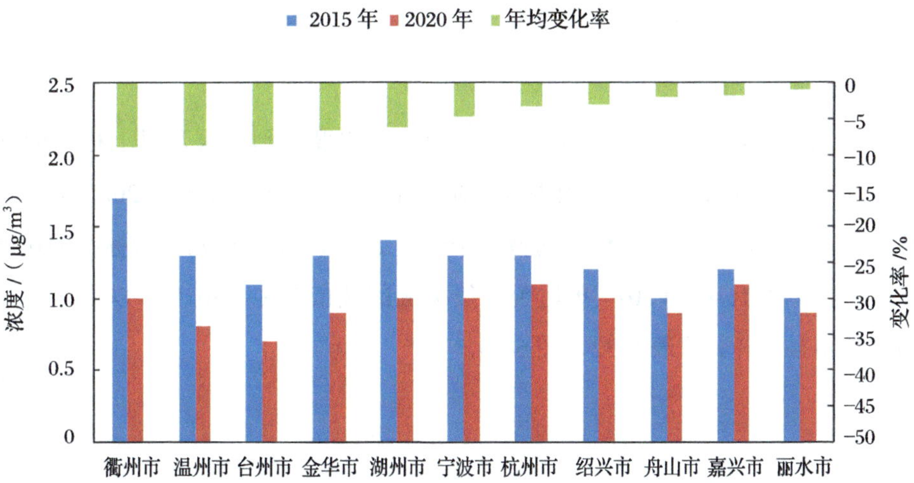

图 6-41 “十三五”期间浙江省各设区城市 CO 日均浓度第 95 百分位数变化

3. 区域分布变化

就区域分布而言，与“十二五”期末相比，“十三五”期末浙江省 CO 浓度相对高值区域明显减少，低值区域明显增加，污染程度明显减轻。

“十二五”期末，CO 浓度高值区主要分布在浙江省中西部地区，包括金华市和衢州市部分区域。金华市域浓度最高，但低于一级标准限值。“十三五”期末，全省 CO 浓度均较低，原浓度相对较高的浙江省中西部地区 CO 浓度明显降低，浙江省北部区域浓度变化不明显。见图 6-42。

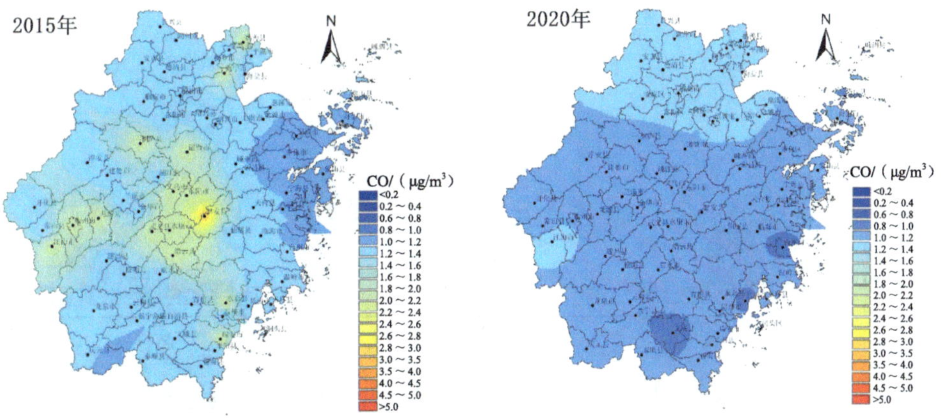

图 6-42 “十三五”期间浙江省 CO 日均浓度第 95 百分位数区域分布示意图

（六）O_3

1. 县级及以上城市

“十三五”期间，浙江省县级及以上城市 O_3 浓度达到二级及以上标准的城市个数为 59 ～ 69 个，达标城市比例范围为 85.5% ～ 100%，2019 年最低，2020 年全部城市达到二级标准。其中，达到一级标准的城市个数为 2 ～ 15 个，达到一级标准的城市比例为 2.9% ～ 21.7%，2016 年和 2017 年达到一级标准的城市较多，2018 年以后达到一级标准的城市个数明显下降。见表 6-32、图 6-43。

表 6-32 “十三五”期间浙江省县级及以上城市 O_3 级别分布

年份	城市个数 / 个				城市比例 /%			
	一级	二级	达标城市	超标城市	一级	二级	达标城市	超标城市
2016	15	51	66	3	21.7	73.9	95.7	4.3
2017	13	53	66	3	18.8	76.8	95.7	4.3
2018	2	62	64	5	2.9	89.9	92.8	7.2
2019	3	56	59	10	4.3	81.2	85.5	14.5
2020	2	67	69	0	2.9	97.1	100	0

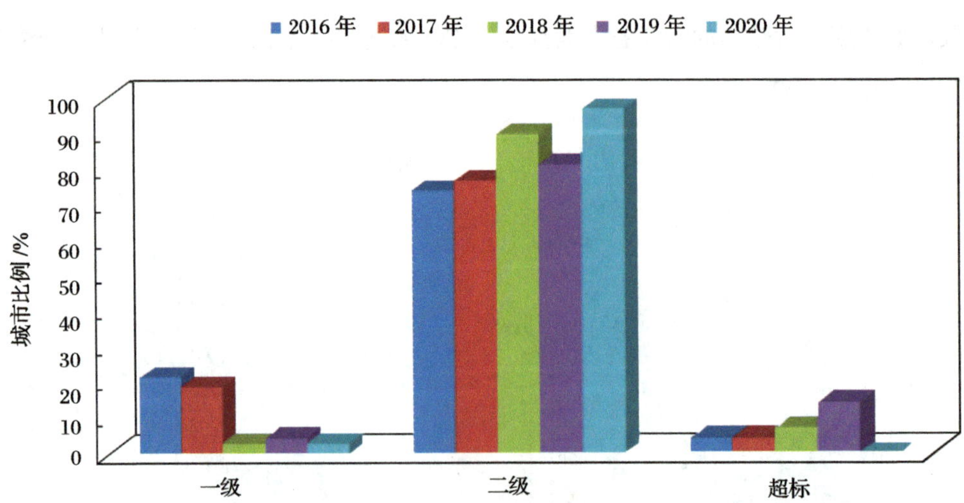

图 6-43 “十三五”期间浙江省县级及以上城市 O_3 级别比例变化

县级及以上城市 O_3 日最大 8 h 平均浓度第 90 百分位数范围为 121 ～ 136 μg/m^3，变化趋势不显著，具体而言，2016 年至 2019 年逐年上升，2020 年略有下降，与 2018 年持平。见表 6-33。

表 6-33 “十三五”期间浙江省县级及以上城市 O_3 日最大 8 h 平均浓度第 90 百分位数

单位：μg/m³

年份	2016	2017	2018	2019	2020	秩相关系数
最大 8 h 平均浓度第 90 百分位数	121	124	130	136	130	0.82

“十三五”期末全省县级及以上城市环境空气中 O_3 日最大 8 h 平均浓度第 90 百分位数（130 μg/m³）较“十二五”期末（124 μg/m³）上升 6 μg/m³，升幅为 4.8%。见图 6-44。

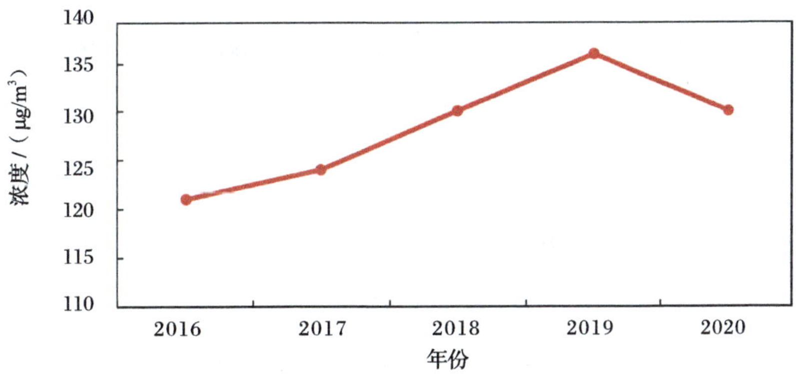

图 6-44 “十三五”期间浙江省县级及以上城市 O_3 日最大 8 h 平均浓度第 90 百分位数变化

2. 各设区城市

“十三五”期间，浙江省设区城市 O_3 浓度达到二级标准的城市个数为 8 ～ 11 个，达标城市比例范围为 72.7% ～ 100%。2016 年和 2017 年 9 个设区城市达到二级标准，2018 年和 2019 年 8 个设区城市达到二级标准，2020 年全部设区城市达到二级标准。其中，嘉兴市和湖州市在 2016 年至 2019 年连续 4 年未达到二级标准，杭州市 2018 年和 2019 年未达到二级标准。

设区城市 O_3 日最大 8 h 平均浓度第 90 百分位数平均值为 140 ～ 154 μg/m³，2016 年至 2019 年有所上升，2020 年略有回落，变化趋势不显著，其中温州市、金华市和衢州市

O_3 日最大 8 h 平均浓度第 90 百分位数呈上升趋势，其余 8 个设区城市变化趋势不显著。5 年 O_3 日最大 8 h 平均浓度第 90 百分位数平均值湖州市最高，丽水市最低，见表 6-34。

“十三五”期末全省设区城市 O_3 日最大 8 h 平均浓度第 90 百分位数（145 μg/m^3）与“十二五”期末（145 μg/m^3）持平。

与“十二五”期末相比，“十三五”期末杭州市、嘉兴市和湖州市 O_3 日最大 8 h 平均浓度第 90 百分位数有所下降，降幅为 2.6% ～ 8.0%，其中降幅最大的为湖州市，下降 14 μg/m^3；绍兴市持平；其余 7 个设区城市有所上升，升幅为 1.3% ～ 4.3%。就年均变化率而言，湖州市下降速度最快，年均下降 1.3%；舟山市上升速度最快，年均上升 1.1%。见图 6-45。

表 6-34　“十三五”期间浙江省设区城市 O_3 日最大 8 h 平均浓度第 90 百分位数

单位：μg/m^3

城市	2016 年	2017 年	2018 年	2019 年	2020 年	秩相关系数
杭州市	157	158	166	181	151	0.00
宁波市	136	145	139	150	146	0.80
温州市	129	134	130	136	140	0.90
嘉兴市	162	167	170	169	160	−0.10
湖州市	179	171	173	187	160	−0.30
绍兴市	135	156	157	159	148	0.40
金华市	136	149	151	158	153	0.90
衢州市	126	132	140	140	140	0.90
舟山市	126	139	120	130	136	0.20
台州市	135	130	133	144	139	0.60
丽水市	121	124	124	135	124	0.70
平均值	140	146	146	154	145	0.38

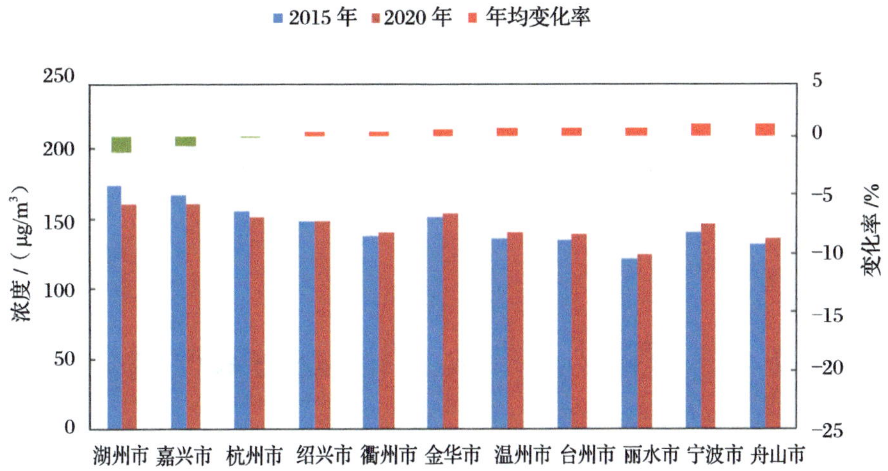

图 6-45 “十三五”期间浙江省各设区城市 O_3 日最大 8 h 平均浓度第 90 百分位数变化

3. 区域分布变化

就区域分布而言，与“十二五”期末相比，“十三五”期末浙江省 O_3 浓度相对高值区污染程度有所减轻，浓度低值区域污染程度有所加重，污染呈现区域化特征。

“十二五”期末，O_3 浓度高值区主要分布在浙江省北部和东北部地区，包括湖州市、嘉兴市、杭州市和宁波市部分区域。“十三五”期末，O_3 浓度相对高值区基本不变，但程度有所降低，原浓度相对较低的浙江省南部和浙江省西部地区 O_3 浓度有所上升，全省 O_3 浓度趋向均一化。见图 6-46。

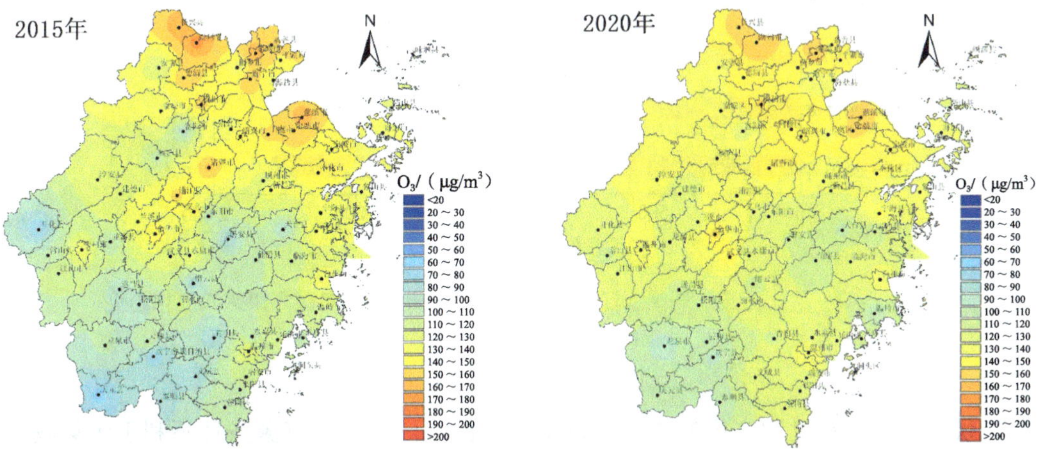

图 6-46 “十三五”期间浙江省 O_3 日最大 8 h 平均浓度第 90 百分位数区域分布示意图

第四节　典型大气污染过程

一、秋冬季细颗粒物污染状况和典型污染过程

（一）秋冬季大气污染状况变化趋势

“十三五”期间秋冬季（秋冬季统计时段为上年 10 月至当年 3 月），浙江省 69 个县级及以上城市日空气质量污染天数比例范围为 3.3% ～ 14.3%，呈下降趋势，其中重度污染天次范围为 0 ～ 104 天次，严重污染天次为 0 ～ 6 天次（2015—2018 年秋冬季依次分别为 6 天次、1 天次、3 天次，之后无严重污染天次），均呈下降趋势。各年秋冬季首要污染物均为 $PM_{2.5}$，平均浓度范围为 31 ～ 47 μg/m³，呈逐年下降趋势；$PM_{2.5}$ 超标率范围为 2.1% ～ 13.2%，呈下降趋势。见图 6-47。

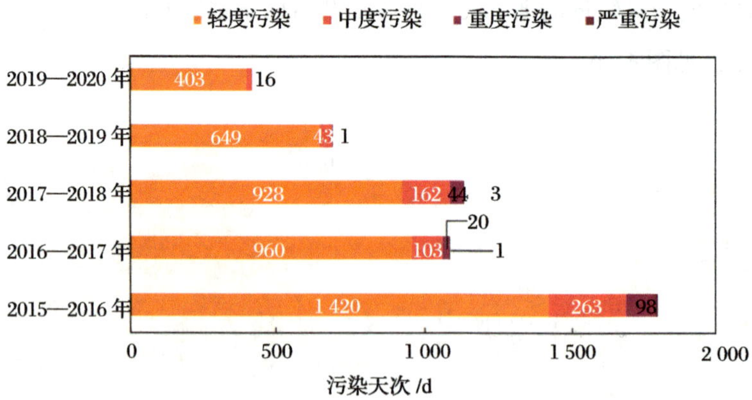

图 6-47　“十三五”期间浙江省秋冬季县级及以上城市各级污染天次变化趋势

秋冬季重污染过程产生的原因有以下几方面：一是冬季气象条件不利于污染物扩散和去除，同时北方冬季取暖导致污染排放增加，污染气团随北风入境与本地排放的污染物相叠加易形成秋冬季雾霾天气；二是春节期间烟花爆竹集中燃放造成 $PM_{2.5}$ 浓度瞬间激

增，2016 年至 2018 年共发生 10 天次严重污染，均是由于极少部分县级城市未控制春节烟花爆竹燃放导致。见图 6-48。

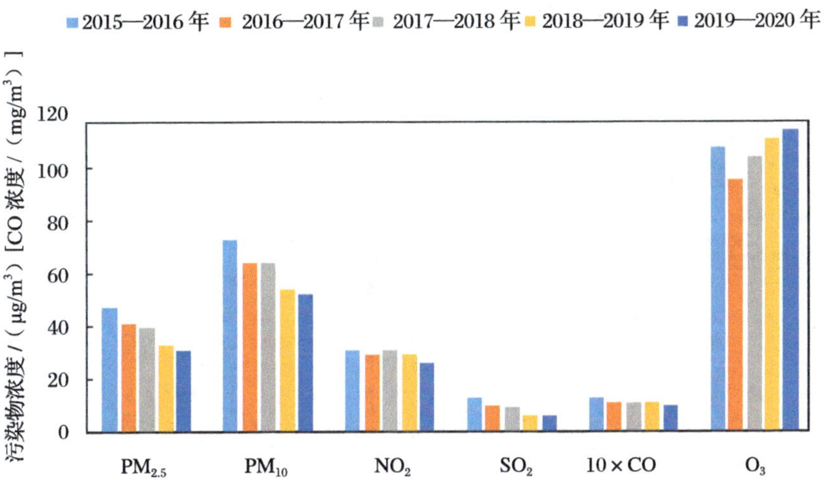

图 6-48 “十三五”期间浙江省秋冬季县级及以上城市各项污染物浓度变化趋势

注：“10×CO”指 CO 日均浓度第 95 百分位数的 10 倍，下同。

（二）秋冬季细颗粒物典型污染过程分析

1. 空气质量状况

2016 年 12 月 31 日至 2017 年 1 月 3 日，长三角地区出现了一次大气重污染过程，浙江省多个城市出现中度至重度污染，首要污染物为 $PM_{2.5}$。

2016 年 12 月 31 日，浙江省 $PM_{2.5}$ 高值区域主要分布在浙江省北部地区的湖州市、嘉兴市、杭州市、绍兴市和宁波市，浙江省中部的金华市 $PM_{2.5}$ 浓度也较高。2017 年 1 月 1 日，浙江省西北部和中部污染加重，湖州市、杭州市、绍兴市和金华市出现中度污染，嘉兴市和宁波市等沿海地区受东北风影响，$PM_{2.5}$ 浓度下降。1 月 2 日全省 $PM_{2.5}$ 浓度均显著上升，浙江省北部和中部污染继续加重，湖州市和杭州市出现重度污染，绍兴市和金华市为中度污染，嘉兴市和衢州市为轻度污染，其他地区以良为主。1 月 3 日 $PM_{2.5}$ 浓度高值区域逐渐向中西部转移，金华市和衢州市分别出现重度和中度污染，浙北地区 $PM_{2.5}$ 浓度下降，杭州市为中度污染，其他地区以轻度污染和良为主，之后该污染过程逐渐结束，见图 6-49。

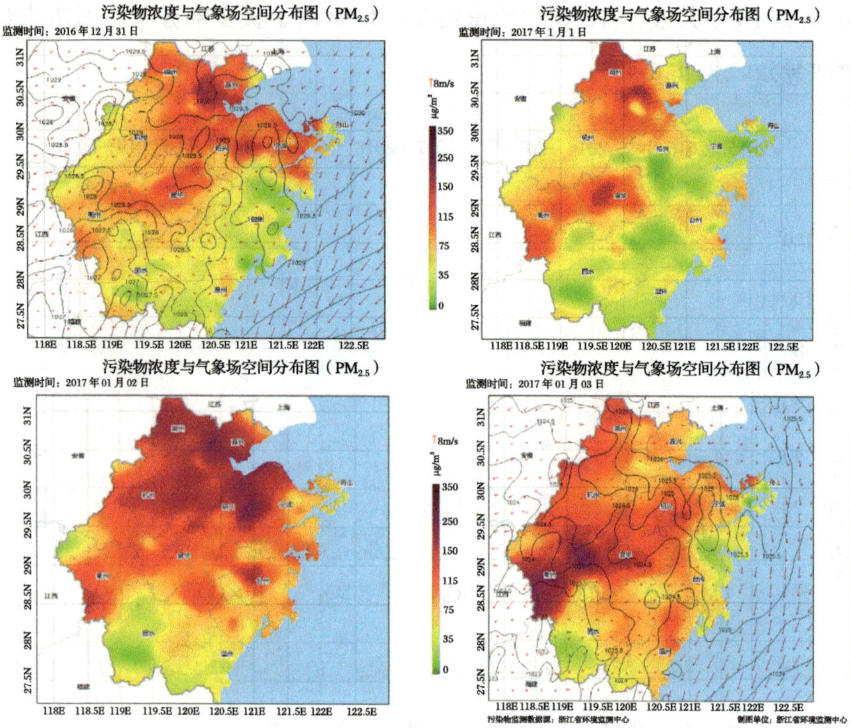

图 6-49　2016 年 12 月 31 日至 2017 年 1 月 3 日浙江省 $PM_{2.5}$ 浓度分布

浙江省主要城市 $PM_{2.5}$ 浓度水平时间序列图如图 6-49 所示，除嘉兴市 1 月 1 日受偏东风影响 $PM_{2.5}$ 浓度水平下降外，总体而言，2016 年 12 月 31 日至 2017 年 1 月 2 日，各城市 $PM_{2.5}$ 浓度均呈缓慢上升趋势。

1 月 2 日下午开始，受到区域传输影响，自北向南各城市依次出现 $PM_{2.5}$ 浓度峰值：2 日 16 时嘉兴市 $PM_{2.5}$ 出现峰值，达到 186 $\mu g/m^3$；18 时湖州市 $PM_{2.5}$ 出现峰值，达到 207 $\mu g/m^3$；22 时杭州市和绍兴市 $PM_{2.5}$ 均出现峰值，分别达到 207 $\mu g/m^3$ 和 208 $\mu g/m^3$。

1 月 3 日嘉兴市、湖州市、杭州市和绍兴市 $PM_{2.5}$ 浓度下降，金华市和衢州市 $PM_{2.5}$ 浓度继续上升，9 时金华市 $PM_{2.5}$ 达到 191 $\mu g/m^3$，20 时衢州市 $PM_{2.5}$ 出现峰值，达到 182 $\mu g/m^3$。

2. 气象条件影响分析

造成灰霾污染的原因除污染物排放的内因外，不利气象条件是其外因。

2016 年 12 月 31 日，全省受弱高压系统控制，以偏东北气流为主，扩散条件较差。2017 年 1 月 1 日受高压后部影响，转成偏东南气流，白天扩散条件略有好转，夜晚起转差，西北部有弱冷高压南下扩散，但未到浙江省。1 月 2 日受弱冷高压扩散影响，凌晨起转为偏北偏西北气流，扩散条件一般。1 月 3 日受弱高压底部影响，以偏东北气流为主，夜晚转成偏东南气流，内陆扩散条件较差，沿海地区略好。

综上所述，从天气系统来看，2016 年 12 月 31 日和 2017 年 1 月 1 日浙江省地面受弱高压控制，地面气象条件有利于本地污染积累及二次转化，2 日开始弱冷高压南下，促使北方污染向浙江省传输。

3. $PM_{2.5}$ 组分分析

靠近长三角的浙北地区为此次污染过程中最先受到影响的地区，以浙北的大气超级站善西站为例，分析 $PM_{2.5}$ 组成和来源特征。

2016 年 12 月 31 日至 2017 年 1 月 3 日，出现了两个 $PM_{2.5}$ 浓度较高的时段，第一段为 12 月 31 日 7 时持续到 20 时左右，第二段为 1 月 2 日 15 时到 20 时，其中 1 月 2 日的污染过程 $PM_{2.5}$ 浓度水平更高，峰值出现在 1 月 2 日 17 时，达到 251 μg/m^3。

$PM_{2.5}$ 化学组成以有机物 OM（有机碳 OC×1.6）为主，平均占 $PM_{2.5}$ 质量浓度的 32%；其次为二次无机离子（硝酸根 NO_3^-、硫酸根 SO_4^{2-} 和铵根 NH_4^+，统称为 SNA），占 32%，其中 NO_3^- 占 14%，NH_4^+ 和 SO_4^{2-} 分别占 10% 和 8%；元素碳占 5%，其他微量元素和未知组分占 32%。12 月 31 日至 1 月 1 日，$PM_{2.5}$ 化学组成中有机物占比较高，占 38%，其次为 SNA，占 28%，EC 占比为 6%；1 月 2 日至 3 日，$PM_{2.5}$ 中有机物占比显著下降，为 27%，SNA 占比显著上升，达到 34%，EC 占比下降，为 4.5%；反映了两个阶段不同的污染特征。见图 6-50。

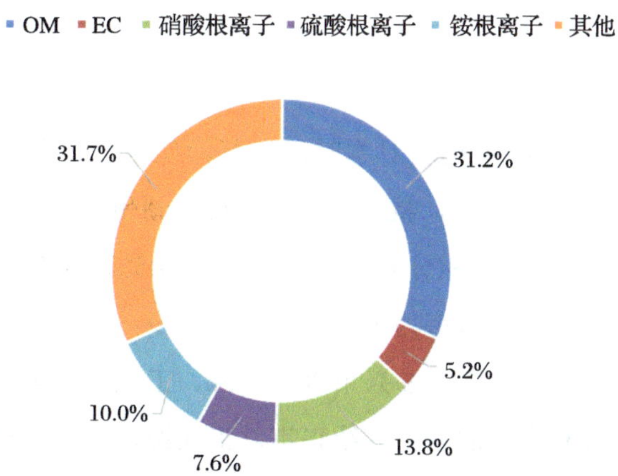

图 6-50 $PM_{2.5}$ 化学组成比例

$PM_{2.5}$ 中有机物 OM 和元素碳 EC 高峰值主要出现在 8 时和 18 时左右，与早晚高峰时间一致。元素碳 EC 是燃料不完全燃烧的产物，主要来自一次排放，除 1 月 2 日 16 时的 $PM_{2.5}$ 和 EC 峰值外，EC 早晚高峰的峰值均对应着 EC/$PM_{2.5}$ 的显著上升，用 EC 占 $PM_{2.5}$ 的比例来表征一次排放对 $PM_{2.5}$ 的贡献，推测这些时段 $PM_{2.5}$ 主要受到一次排放的影响。

1 月 2 日 16 时左右的 $PM_{2.5}$ 污染过程中，有机物 OM 和元素碳 EC 的峰值浓度与 12 月 31 日相似，但是二次无机离子 SO_4^{2-}、NO_3^- 与 NH_4^+ 的浓度显著升高，特别是 NO_3^- 浓度增长迅速，导致 $PM_{2.5}$ 浓度显著升高，说明此次污染过程主要是由于二次转化造成的。见图 6-51。

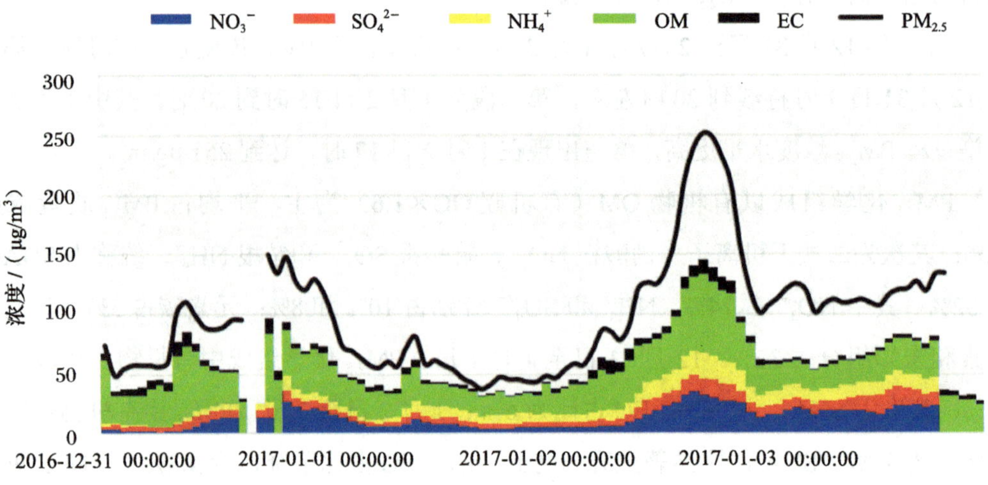

图 6-51　$PM_{2.5}$ 中化学组分时间序列

4. 快速源解析结果分析

运用 WRF-CAMx 中 PAST 模块对本时段进行污染来源诊断，每日结果显示，2016 年 12 月 31 日和 2017 年 1 月 1 日，杭州市、嘉兴市、湖州市、绍兴市、金华市和衢州市本地源对 $PM_{2.5}$ 小时浓度最高贡献分别为 81%、58%、45%、82%、78% 和 91%。本时段各城市外来源中，以本省其他城市为主，外省来源较少；各城市本地源中，杭州市以居民生活源、交通源和工业源为主，嘉兴市以电厂源、工业源和居民生活源为主，湖州市以工业源、居民生活源和农业源为主，绍兴市以工业源、电厂和居民生活源为主，金华市以工业源、居民生活源和农业源为主，衢州市以工业源、居民生活源和农业源为主。见图 6-52。

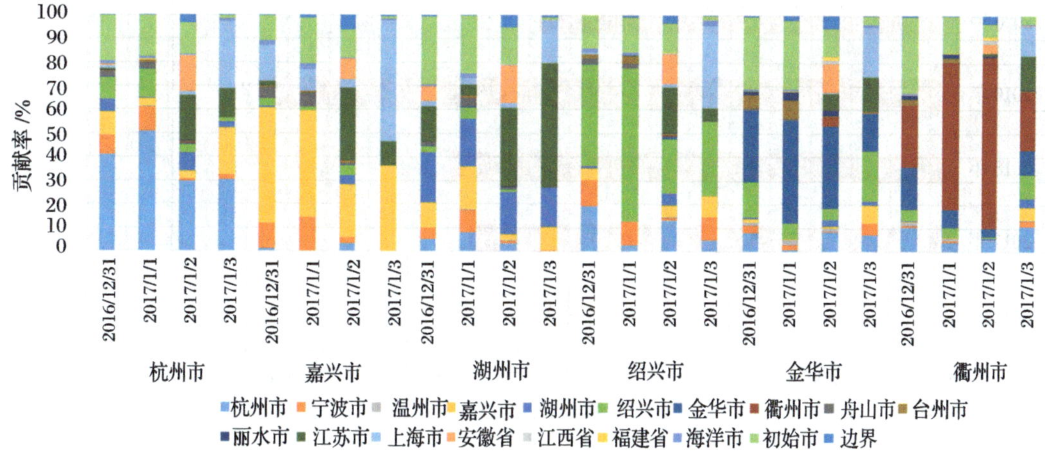

图 6-52 浙江省各城市本地污染源对 $PM_{2.5}$ 浓度的贡献

二、春夏季 O_3 污染状况和典型污染过程

（一）春夏季大气污染状况变化趋势

“十三五”期间春夏季（春夏季统计时段为 4—9 月），浙江省 69 个县级及以上城市日空气质量污染天数比例在 5.0% ～ 8.2% 范围内波动变化，其中各年春夏季中度污染天次范围为 16 ～ 101 天次，2018 年和 2019 年春夏季各发生 1 天次和 2 天次重度污染，其余各年春夏季未发生重度污染天次，各年春夏季均未发生严重污染天次。各年春夏季首要污染物均为 O_3，O_3 日最大 8 h 浓度第 90 百分位数范围为 132 ～ 147 μg/m^3，呈上升趋势；O_3 平均超标率范围为 5.0% ～ 8.2%，前四年逐年上升，2020 年春夏季 O_3 超标率为 5 年来最低。O_3 超标率远高于其他污染物，尤其是 2020 年春夏季，除慈溪市 $PM_{2.5}$ 浓度超标 1 d 外，其他各城市 PM_{10}、NO_2、SO_2 和 CO 均未发生超标天次。见图 6-53、图 6-54。

春夏季 O_3 污染过程产生的原因主要是因为春夏季太阳辐射较强，由氮氧化物（NO_x）和挥发性有机物（VOCs）等前体物经光化学反应产生高浓度 O_3 而造成光化学污染天气。

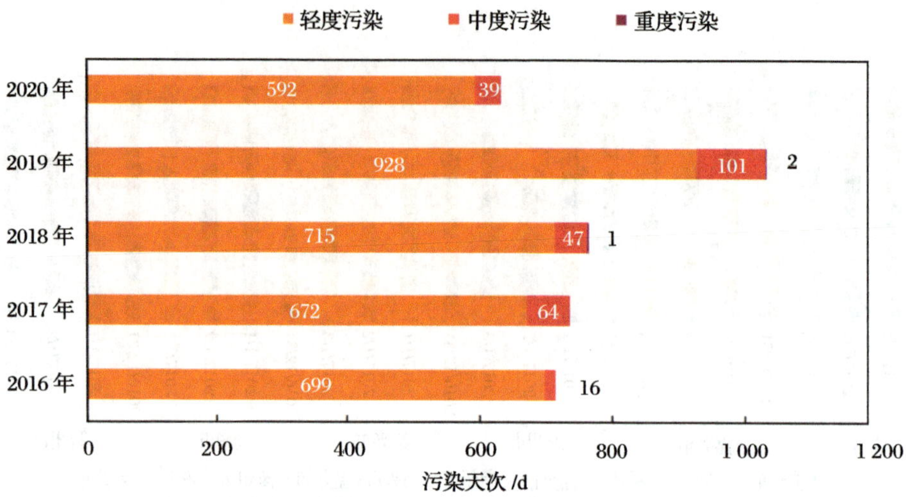

图 6-53　“十三五”期间浙江省春夏季县级及以上城市各级污染天次变化趋势

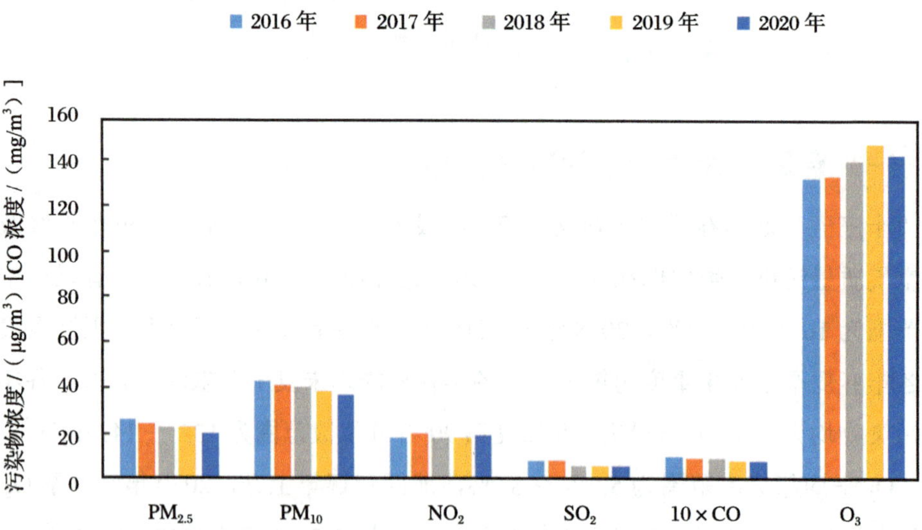

图 6-54　“十三五”期间浙江省春夏季县级及以上城市各项污染物浓度变化趋势

（二）春夏季 O_3 典型污染过程分析

1. 空气质量状况

2020 年 5 月 12—13 日浙江省发生了大面积的污染过程，尤其是 5 月 13 日 11 个设区城市中，杭州市、湖州市为中度污染，其他 9 个设区城市均为轻度污染，首要污染物均为 O_3。2020 年 5 月 13 日，浙江省多数城市日照小时数偏高，紫外指数偏高，最高温度为 28 ～ 31℃，有利于 O_3 生成。从全省 O_3 污染状况来看，浙东北地区 O_3 污染状况最为严重，浙南丽水市和温州市地区的污染较轻。杭州市 O_3 日最大 8 h 浓度最高，达到 232 μg/m^3。

从全省 5 月 13 日 O_3 小时浓度时空分布来看，宁波市和金华市地区 O_3 浓度最先升高，之后由点到面污染范围逐渐扩大，12 点后浙北地区与浙中地区的污染已连为一体，高污染的状况维持了 4 h 左右，到 16 点后，宁波市、台州市、温州市等沿海城市的浓度率先降低，可能是受到海风扩散的影响。见图 6-55。

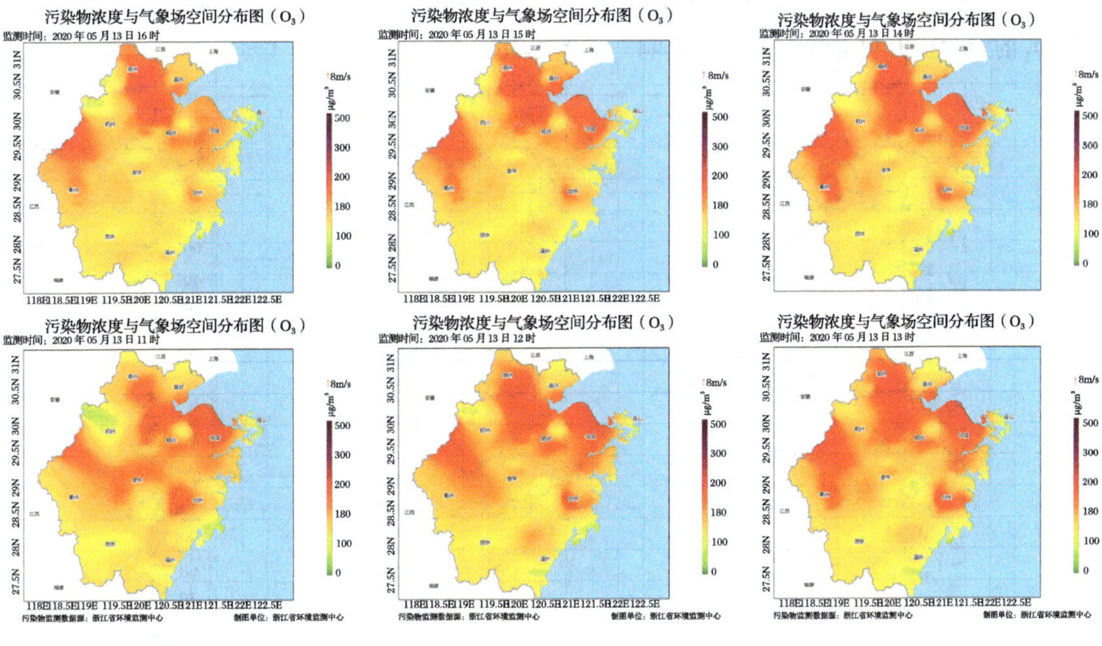

图 6-55　2020 年 5 月 13 日浙江省 O_3 污染物浓度空间分布

2. 典型城市 O_3 污染特征分析

（1）污染过程

2020 年 5 月 12—13 日的 O_3 污染过程以杭州市为例进行分析。杭州市出现了一次典型的 VOCs 累积过程，总 VOCs 浓度从 22.6 ppb（5 月 12 日 18 时）上升至 70.2 ppb（5 月 13 日 2 时），缓慢下降后在 5 月 13 日 5 时再次达到高值，并一直维持在较高水平。同时，NO_x 也出现了污染累积过程，说明不利的气象条件（低风速、高湿度和较低的边界层高度）使污染物不易扩散，是导致这一污染过程出现的重要原因。由于大气中含有大量的前体物 VOCs 和 NO_x，同时白天太阳辐射较强，大气二次反应十分活跃，O_3 浓度迅速升高，杭州市 O_3 在 5 月 13 日 13 时达到 237 μg/m^3，略微下降后在 5 月 13 日 17 时达到第二次峰值（249 μg/m^3）。同为光化学产物的 PAN 与 O_3 具有相同的变化趋势，在 13 日下午出现了两次峰值，但第二次峰值低于第一次。

邻–二甲苯和乙苯从同一污染源排放到大气中，邻–二甲苯化学消耗的速率大于乙苯，随着光化学反应的进行，邻–二甲苯 / 乙苯比值会下降。在此次污染过程中，邻–二甲苯 / 乙苯比值的下降与 O_3 浓度的升高同步，说明 O_3 主要是由光化学反应生成，但在 13 日凌晨 O_3 的短时上升可能受到传输的影响。见图 6-56。

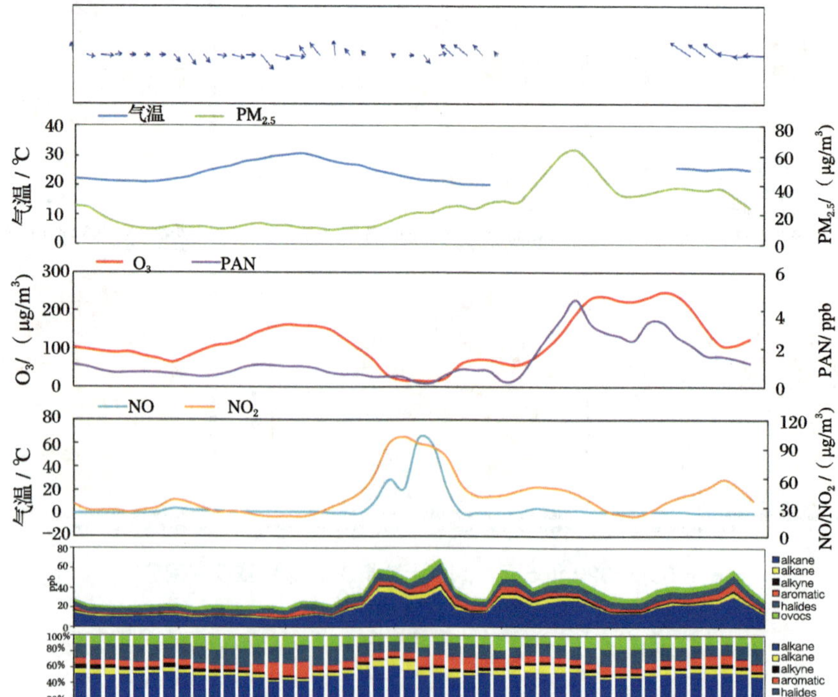

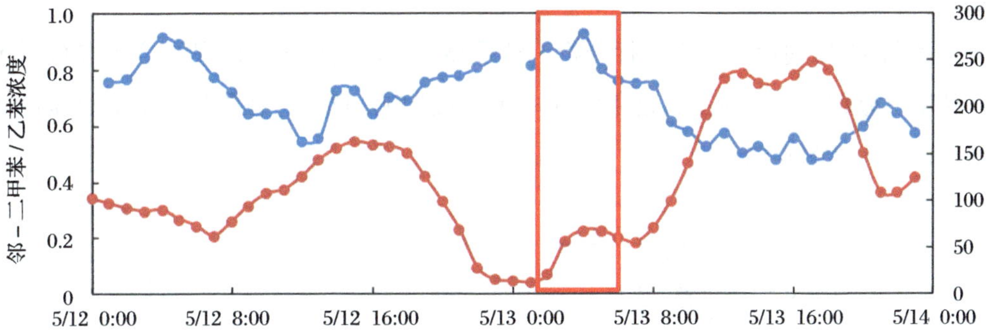

图 6-56　2020 年 5 月 12—13 日杭州市 O_3 及相关影响因子的时间序列

（2）VOCs 活性评估

2020 年 5 月 12 日和 13 日杭州市 VOCs 对 O_3 的生成潜势贡献分别为 122 μg/m^3 和 200 μg/m^3。从物种来看，对 OFP 贡献最高的前三位主要是间-对二甲苯、甲苯、乙烯。从 5 月 12 日夜间开始，这些活性物种浓度呈现上升趋势，并一直持续较高浓度。见图 6-57。

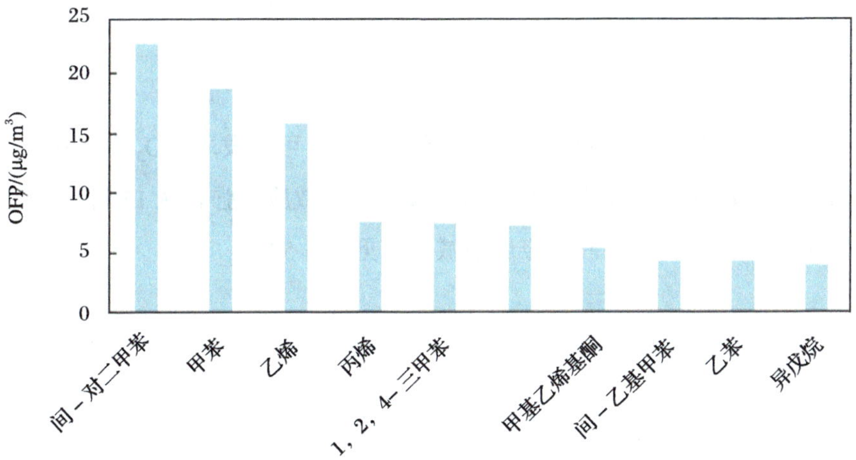

图 6-57　2020 年 5 月 12—13 日杭州市 VOCs 的 O_3 生成潜势值

（3）污染来源及 O_3 生成控制敏感性分析

基于 NO*x* 和 VOCs 的观测模型（OBM）是采用盒子模型模拟大气化学过程，分析 O_3 的生成机制及其对前体物的敏感性。通过 O_3 生成速率的信息，区分传输与化学生成的贡献。

对 5 月 13 日的污染过程进行分析，结果显示，日出至正午时段，杭州市 O_3 本地生成和传输贡献相当，午后至日落主要受本地生成影响，同时，在午后有本地 O_3 向外输送的情况出现。见图 6-58。

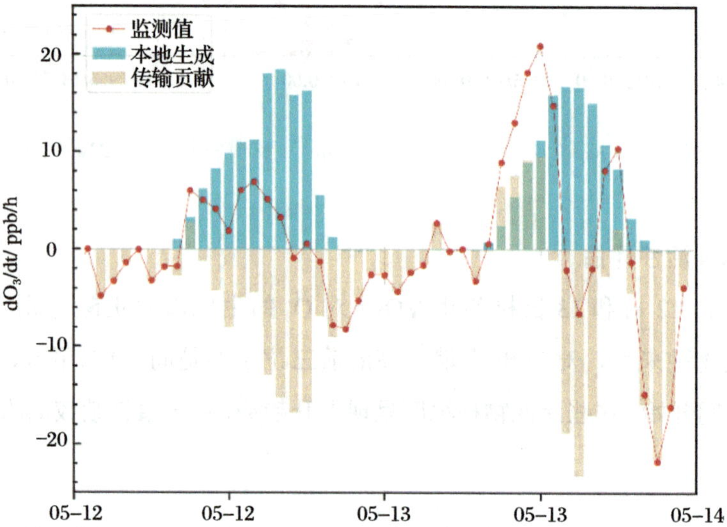

图 6-58　2020 年 5 月 13 日杭州市 O_3 本地生成与区域传输关系

通过计算 O_3 各前体物的相对增量反应活性（RIR）可以发现，O_3 生成受到 VOCs 排放的正影响，芳烃和烯烃的贡献均占比较高，NO_x 不利效应较强。从 13 日小时变化来看，VOCs 影响变化不明显，NO_x 不利效应逐渐减弱。见图 6-59。

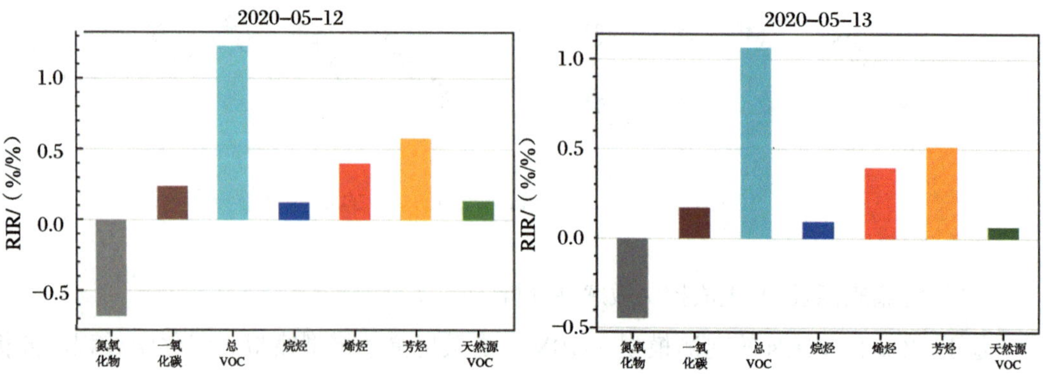

图 6-59　2020 年 5 月 12—13 日杭州市 O_3 前体物 RIR 值

经验动力学模拟方法（Empirical Kinetics Modeling Approach, EKMA）曲线模拟结果显示 5 月 12 日和 13 日杭州市 O_3 生成处于 VOCs 控制区（虚线上方区域）。见图 6-60。

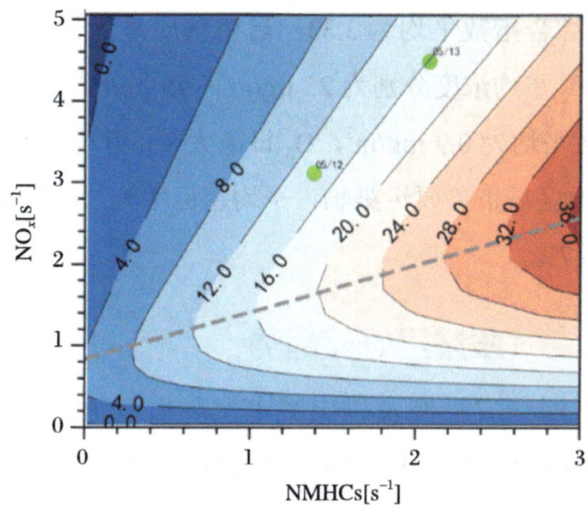

图 6-60　2020 年 5 月 12—13 日杭州市 O_3 生成敏感性 EKMA 曲线

第五节　小结

一、现状与趋势

（一）城市环境空气质量均达标，O_3 为城市首要污染物

2020 年，浙江省 69 个县级及以上城市环境空气质量全部达到国家二级标准；城市环境空气质量综合指数平均为 3.07[参照《关于印发〈城市环境空气质量排名技术规定〉的通知》（环办监测〔2018〕19 号），环境空气质量综合指数平均为 2.99]；日空气质量优良天数比例平均为 96.2%，无重度及以上污染天次；$PM_{2.5}$、PM_{10}、NO_2 和 SO_2 年均浓度分别为 24 μg/m^3、42 μg/m^3、22 μg/m^3 和 6 μg/m^3，CO 日均浓度第 95 百分位数平均为 0.9 mg/m^3，O_3 日最大 8 h 滑动平均浓度第 90 百分位数平均为 130 μg/m^3。O_3 为城市

首要污染物，且超标最为频繁，平均超标率为 2.6%。

11 个设区城市环境空气质量均达到国家二级标准；环境空气质量综合指数平均为 3.37[参照《关于印发〈城市环境空气质量排名技术规定〉的通知》（环办监测〔2018〕19 号]，环境空气质量综合指数平均为 3.33；日空气质量优良天数比例平均为 93.3%；$PM_{2.5}$、PM_{10}、NO_2 和 SO_2 年均浓度分别为 25 μg/m^3、45 μg/m^3、29 μg/m^3 和 6 μg/m^3，CO 日均浓度第 95 百分位数平均为 0.9 mg/m^3，O_3 日最大 8 h 滑动平均浓度第 90 百分位数平均为 145 μg/m^3。O_3 为设区城市首要污染物，平均超标率为 5.4%，以 O_3 为首要污染物的天次占总超标天次的 80.7%。

（二）城市环境空气质量呈好转趋势

“十三五”期间，浙江省县级及以上城市空气质量达到二级标准的城市比例为 46.4% ～ 100%，达标城市比例呈上升趋势。设区城市达标比例为 27.3% ～ 100%，达标城市比例呈逐年上升趋势，2016 年只有 3 个设区城市达标，至 2020 年所有设区城市均达标。

县级及以上城市和设区城市空气质量综合指数平均值分别为 3.07 ～ 3.72 和 3.37 ～ 4.16，均呈逐年下降趋势。县级及以上城市和设区城市日空气质量优良天数比例平均值分别为 91.1% ～ 96.2% 和 86.6% ～ 93.3%，均呈上升趋势；设区城市 2019 年以来未出现重度及以上污染天次。城市环境空气质量总体呈好转趋势。

县级及以上城市和设区城市 $PM_{2.5}$ 年均浓度分别为 24 ～ 35 μg/m^3 和 25 ～ 38 μg/m^3，均呈逐年下降趋势；PM_{10} 年均浓度分别为 42 ～ 56 μg/m^3 和 45 ～ 60 μg/m^3，均呈下降趋势。县级及以上城市和设区城市 NO_2 年均浓度分别为 22 ～ 25 μg/m^3 和 29 ～ 31 μg/m^3，浓度较为稳定，下降趋势不显著。县级及以上城市和设区城市 SO_2 年均浓度分别为 6 ～ 10 μg/m^3 和 6 ～ 12 μg/m^3，均呈下降趋势。县级及以上城市和设区城市 CO 日均浓度第 95 百分位数平均值均为 0.9 ～ 1.1 mg/m^3，下降趋势不显著。县级及以上城市和设区城市 O_3 日最大 8 小时平均浓度第 90 百分位数平均值分别为 121 ～ 136μg/m^3 和 140 ～ 154 μg/m^3，2016—2019 年有所上升，2020 年略有回落，上升趋势不显著。2016 年—2018 年 $PM_{2.5}$ 为城市环境空气中的首要污染物，2019 年以来 O_3 污染凸显，已成为城市环境空气中的首要污染物。

二、存在问题

“十三五”期间，城市环境空气质量总体改善明显，尤其是 $PM_{2.5}$、PM_{10} 和 SO_2 浓度明显下降，但仍存在以下问题：

（1）O_3 浓度稳中有升，尤其是浓度低值区域的 O_3 浓度呈上升趋势，呈现区域连片污染特征。O_3 污染日益凸显，至“十三五”末期已成为影响浙江省城市环境空气质量的首要污染物，超标率高于其他污染因子，初夏至初秋时期 O_3 污染频发。

（2）秋冬季 $PM_{2.5}$ 仍出现超标天次，在不利气象条件下易发生灰霾天气。

（3）NO_2 浓度较为稳定，下降趋势不显著，NO_2 和 SO_2 年均浓度比值自 2015 年以来呈逐年上升趋势，表明机动车尾气型污染相比煤烟型污染贡献增加。

（4）浙中北地区城市环境空气污染相对其他地区较重。

（5）浙江省城市环境空气污染特征仍表现为多物质共存、多物质相互影响的区域性大气复合污染。

三、原因分析

（一）前体物浓度未得到有效控制，O_3 污染凸显

“十三五”期间，城市环境空气中的 O_3 浓度在其他污染物浓度总体呈下降趋势的情况下波动上升，超标现象较其他污染物更为频繁，已成为城市环境空气中的首要污染物。O_3 除少量直接由平流层传输外，大部分来源于 VOCs 和 NO*x* 等前体物通过光化学反应二次产生。NO*x* 主要来源于化石燃料的燃烧、机动车尾气的排放等，VOCs 的来源更为广泛，包括工业排放、机动车尾气排放、生活排放和天然排放等。自从 NO*x* 被纳入污染减排目标，工业排放的 NO*x* 有所下降，但 2016 年以来空气中 NO_2 浓度下降趋势不显著，浓度较为稳定；而 VOCs 污染防治工作因其来源复杂、无组织排放量大等原因，减排难度较大。另外，由于近年来颗粒物浓度持续下降，使光辐射有所增强，在一定程度上有利于光化学反应生成 O_3。前体物 VOCs、NO*x* 与其光化学产物 O_3 的浓度关系复杂，在 NO*x* 和 VOCs 尚未得到有效控制的情况下，O_3 浓度控制难度较大，因而若要降低 O_3 浓度，必须协同减排 VOCs 和 NO*x*。

（二）细颗粒物浓度较高导致灰霾污染

大部分城市秋冬季仍易发生灰霾天气，在不利气象条件下出现 $PM_{2.5}$ 超标情况。较高浓度的细颗粒物是造成城市能见度降低、导致灰霾天气的主要污染物，其来源复杂，主要来自机动车尾气、工业燃煤、地面扬尘、建筑源、农村秸秆焚烧、矿山开采等一次源；另外，还来自气态一次污染物经化学反应形成的二次气溶胶细粒子污染物，如二次有机碳、硫酸盐和硝酸盐粒子。城市快速发展，人口集聚，以煤炭为主的能源消费结构和机动车保有量的迅速增加，使部分城市细颗粒物浓度仍然超标，在静风、逆温等不利气象条件下极易形成灰霾天气。

（三）减排取得成效，SO_2 浓度明显下降，但 NO_2 下降幅度较小

城市空气中 SO_2 主要来源于工业和生活燃煤排放，全省一次能源消费中，煤炭、燃油等化石燃料消耗仍占 60% 以上。“十一五”以来，随着 SO_2 污染减排政策的实施，燃煤电厂加快脱硫工程建设，SO_2 排放量呈明显的逐年下降趋势，2007 年之后空气中 SO_2 浓度基本呈逐年下降态势，2020 年为有监测数据以来浓度最低，平均浓度低至 6 μg/m^3。表明减排取得明显成效，但控制煤烟型污染仍是浙江省大气污染防治的重要方面。“十二五”期间 NO*x* 才被正式纳入污染减排目标，虽然工业排放的 NO*x* 逐年下降，但是全省机动车保有量仍在增加，交通源排放的 NO*x* 居高不下，因而 NO_2 下降幅度明显小于 SO_2，浓度较为稳定，表明机动车尾气型污染相比煤烟型污染贡献增加。

（四）浙中北地区污染相对较重

浙中北地区位于长三角南端，人口密集、工业发达、城市化水平较高，局地大气污染物排放量大，而且浙江省地势西南高、东北低，西南部山峦盘结，中部多为丘陵和盆地。湖州市、杭州市、绍兴市、宁波市等地的西部及金衢盆地，大气流场受低丘盆地地形的影响，风速较小，静风频率较高，大气稳定度大，低空易出现逆温层，大气扩散稀释能力较差。受城市热岛效应和山间盆地特有的地方性环流的复杂影响，通过区域输送和本地源排放进入大气的污染物质在逆温层下往返积累，难以得到稀释和扩散，导致浙中北地区大气污染水平重于其他地区。

（五）空气污染物浓度呈现明显的季节变化特征

空气污染物浓度呈现明显的季节变化特征，主要受气象条件和人类生产及生活活动

影响。对于 $PM_{2.5}$、PM_{10}、NO_2、SO_2 和 CO 等污染物而言，秋冬季低温干燥，静稳天气出现频率较高，大气边界层高度相对较低，容易出现逆温层结，不利于污染物的扩散和去除；同时北方冬季取暖导致污染排放增加，污染气团随北风入境与本地排放的污染物相叠加易形成污染天气；而夏季受季风和台风影响，扩散条件改善，降水较多，有利于污染物浓度的降低。O_3 的季节变化特征与上述五种污染因子不同，由于它是由 VOCs 和 NO_x 等前体物经过光化学反应产生的二次污染物，除前体物浓度外，太阳辐射强度是影响大气中 O_3 浓度变化的主要决定因素，因而 O_3 浓度高峰一般出现在一年中太阳辐射最强的初夏至初秋期间，其浓度低值出现在太阳辐射最弱的冬季。

四、对策建议

未来浙江省经济仍将保持快速增长，大气环境保护面临较大压力，仍需在以下方面持续推进全省大气污染防治工作，切实改善环境空气质量。

（一）调整优化产业结构

一是推动产业绿色低碳发展。加快培育壮大新一代信息技术产业、生物医药、新材料、高端装备、新能源汽车等产业，推动绿色制造产业成为新支柱产业。加快工业低碳转型，抑制高碳排放行业过快增长。以钢铁、铸造、建材、有色金属、石化、化工、制药、工业涂装、包装印刷、制革、纺织印染等行业为重点，开展全流程清洁化、低碳化改造，促进传统产业绿色转型升级。实施能源和资源利用高效化改造工程。实施绿色制造工程，构建制造业绿色产业链。

二是严控“两高”行业产能。严格执行有关质量、环保、耗能、安全等方面的法规标准和《产业结构调整指导目录》。严禁新增钢铁、焦化、铸造、水泥、平板玻璃等产能，严格执行产能置换实施办法。禁止建设生产 VOCs 含量限值不符合国家标准的涂料、油墨、胶黏剂、清洗剂等项目。加大钢铁、水泥熟料、烧结砖瓦、化工、印染、炼化等行业落后产能淘汰和过剩产能压减力度，严格控制化纤、制革、橡胶、塑料等行业产能。加快城市建成区重污染企业搬迁改造、兼并重组、转型升级或退出。

三是开展清新园区建设。对标先进治气，制定实施清新园区建设指南和评价办法，以省级以上工业园区为重点，从园区管理、产业水平、能源利用、清洁运输、污染治理、监测监控、数字治气等方面，推进全省开发区（园区）开展新一轮园区大气污染综合治理，引导产业转型升级和绿色发展，进一步提升全省园区治气能力和水平，稳步改善园区环境空气质量。

四是深化涉气企业集群整治。推进建材、家具、铸造、包装印刷等企业集群提升改造，全面提升企业集群区域大气污染治理水平。建设提升小微企业园，积极探索小微企业园区废气治理。

（二）深化能源结构调整

一是推动能源清洁化发展。以碳达峰碳中和为契机，推动能源结构绿色低碳转型，推动非化石能源成为能源消费增量的主体。大力发展太阳能、风能等可再生能源，安全高效发展核电，有序发展抽水蓄能，强化天然气供应保障，增加外购电中清洁电力的比例，优化外购电的电源结构。

二是控制煤炭消费总量。加强能源消费总量和强度双控，严控新增耗煤项目，新建、改建、扩建项目实施煤炭减量替代，重点削减非电力用煤。推动能源低碳变革，探索建立将新增可再生能源消费量纳入能源消费强度和总量的考核抵扣机制。禁止建设企业自备燃煤设施，不得将兰炭、石油焦等高污染燃料作为煤炭替代措施。加快纯凝机组、热电联产机组技术改造和供热管网建设，充分释放和提高供热能力。

三是加强锅炉综合整治。巩固禁燃区建设成果，进一步扩大 III 类禁燃区范围。严格实施行业规范和锅炉的环保、能耗等标准，进一步加大落后燃煤小热电、燃煤锅炉淘汰力度，全面淘汰 35 蒸吨 /h 以下燃煤锅炉。推进城市建成区生物质锅炉实施超低排放改造或淘汰，继续推进燃气锅炉低氮改造。

（三）强化 VOCs 综合治理工程

一是需要大力推进 VOCs 源头替代。全面推进工业涂装企业使用低 VOCs 含量原辅材料。加大非溶剂型低 VOCs 含量原辅材料替代溶剂型原辅材料的力度，引导技术和工艺创新，促进源头减排。全面排查使用涂料、油墨、胶黏剂、清洗剂等原辅材料的企业，按照“可替尽替、应代尽代”的原则，实施源头替代项目。

二是不断提高废气收集效率。在保证安全的前提下，加强含 VOCs 物料的全方位、全链条、全环节密闭管理，做好 VOCs 物料储存、转移和输送、设备与管线组件泄漏、敞开液面逸散以及工艺过程等无组织排放环节的管理。严格按照石油炼制、石油化学、合成树脂等行业排放标准和《挥发性有机物无组织排放控制标准》要求开展泄漏检测与修复（LDAR）工作。

三是有效提高废气处理率。推动企业合理选择治理技术，对现有 VOCs 低效治理设施进行更换或升级改造，提高废气治理设施去除率。逐步取消非必要的 VOCs 排放系统旁路，保留的旁路在非紧急情况下保持关闭并加强监管。加强化工企业开停车、检维修等非正常工况下的大气环境管理。加强油品储运销和汽修行业的 VOCs 治理。

（四）调整优化运力结构

一是调整优化运力结构。推进大宗货物及中长距离货物运输向铁路和水路有序转移。加快提升铁路运输能力，重点推进港口集疏运铁路、物流园及大型工矿企业铁路专用线等“公转铁”线路建设，加快主要耗煤企业铁路专用线建设。进一步拓展水路运输优势，大力发展江海直达、江海联运。沿海主要港口禁止接收通过公路集疏港运输的煤炭，矿石、焦炭应主要通过铁路或水路集疏港运输，鼓励发展集装箱多式联运。建设城市绿色物流体系，实现仓储、运输、包装、配送物流供应链的绿色低碳循环发展，支持利用城市现有铁路物流货场转型升级为城市配送中心。

二是推进车船结构升级优化。全面实施重型柴油车“国六”排放标准，持续推进清洁柴油车（机）行动。实施公共汽车和物流配送车辆清洁能源替换行动，推广使用新能源汽车，鼓励各地出台新能源物流配送车辆便利通行和停靠政策。加快淘汰高污染、高耗能运输船舶，加强新能源和清洁能源船舶推广应用，全面实施船舶“国二”排放标准。加强岸电设施建设利用，新建码头（油气化工码头除外）和船舶应按要求同步建设岸电设施，加快现有码头设施改造，确保主要港口五类码头泊位岸电供应能力全覆盖，岸电使用量增长一倍以上。

三是提高非道路移动机械清洁化水平。全面实施非道路移动柴油机械“国四”排放标准。推广使用新能源和清洁能源非道路移动机械，积极推进高能耗、高污染非道路移动机械淘汰置换或清洁化改造。

（五）实施大气面源污染治理工程

一是加强国土绿化和生态修复。严格落实矿山生态修复主体责任，督促矿山企业履行“边开采、边治理”义务，严格执行矿山生态环境保护和土地复垦方案，开展 500 个废弃矿山治理。推进智能化绿色矿山建设，推进浙江省矿山粉尘实时在线监测，开展绿色矿山建设质量再提升行动。

二是加强扬尘综合治理。严格落实建筑工地、拆房工地、道路施工工地等“七个百分之百”扬尘防控长效机制，落实建设单位和施工单位扬尘防控责任，加强自动冲洗、自动喷淋、雾炮、洒水等扬尘防控作业，建立健全建筑工地扬尘在线监测与联网机制。加强港口、码头、堆场扬尘综合管控。提高环卫机械化作业水平，推进城市道路扬尘在线监测。

三是加强农业面源治理和露天禁烧管理。加强秸秆综合利用，使秸秆综合利用率达 95% 以上，进一步优化利用结构。严格禁止露天焚烧，加强露天焚烧高空瞭望监控，落实属地责任，加强生态环境、综合执法、农业农村部门联动，及时发现和处置火点。控制农业源氨排放，加强源头防控，优化化肥、饲料结构，推进养殖业、种植业大气氨减排。

（六）打好两大攻坚战

打好两大攻坚战，一是打好夏秋季 O_3 污染阻击战。以 4—9 月为重点时段，深入开展 NO*x* 和 VOCs 协同治理，加快推进 VOCs 深度治理、非电行业超低排放改造、工业炉窑深度治理及移动源污染管控等重点任务落实。以石化、化工、工业涂装、包装印刷、油品储运销、合成革、纺织印染、制鞋、化纤等行业为重点领域，建立完善 VOCs 强化减排正面清单，分区分类分时精准实施强化减排措施。建筑装修、外立面改造、道路沥青铺设、市政设施维护、交通标志标线刷漆等涉及喷涂的施工作业，尽量避开 O_3 污染易发时段。加强 O_3 污染天气监测预警，视情况采取人工影响天气作业等手段，努力减少污染天气。加大涉 VOCs 企业治理情况专项检查力度，加强对机动车和非道路移动机械的多部门联合执法监管。

二是持续深入开展秋冬季大气污染综合治理攻坚行动。以浙北地区和金衢盆地为重点区域，加快推进产业、能源、运输结构调整以及非电行业超低排放、工业炉窑整治和面源污染治理等重点任务，有序推动各项措施落实到位。加强污染天气监测预报和应对措施，因地制宜、因企施策，突出水泥、铸造、钢铁、化工、涂装等重点行业治理和扬尘污染防控。以施工扬尘、工业锅炉、工业炉窑、柴油货车等为重点，开展多部门联合、异地交叉执法、督查督办等形式的专项执法检查、巡查。

（七）完善大气监测网络，推进数字治气工程

一是建立健全大气环境感知网络。按照科学布点、分级实施、全省联网、自动预警的原则，进一步加强大气自动监测站点建设。加强区域及城市 O_3、VOCs 传输和溯源监测。

完善县（市、区）及乡镇（街道）环境空气质量自动监测网建设，全省工业园区建设完善清新园区大气环境监测监控体系。推进道路、港口空气质量监测体系建设。

二是提高大气污染源监测监控水平。综合运用多种手段提升大气污染源监测能力，加强卫星遥感、无人机、在线监测、VOCs便携式监测仪、走航车等科技手段对大气污染源的监测应用。加强机动车遥感（黑烟抓拍）监测系统建设。推进露天焚烧高空瞭望设施和城市道路扬尘自动监测设施建设。

三是推进数字治气集成和应用。以数字化改革为牵引，强化整体智治，依托生态环境保护协同平台，加强各类大气环境和污染源监测数据、平台系统的集成、分析、应用和迭代升级，建设 $PM_{2.5}$ 和 O_3 “双控双减”作战图等应用场景，提高预测预警能力、精准发现问题能力，强化部门协同，省、市、县协同，实现治气工作和问题处置高效闭环管理。

专　栏 ▶

环境空气降尘监测和污染状况

为落实《打赢蓝天保卫战三年行动计划》，根据《关于印发〈汾渭平原、长三角地区城市环境空气降尘监测方案〉的通知》（环办监测函〔2018〕1519 号）和《关于开展汾渭平原和长三角地区环境空气降尘监测工作的通知》（总站气字〔2019〕11 号），浙江省在 89 个县（市、区）设置了共 131 个降尘监测点位，其中 120 个城市评价点，11 个对照点。2019 年开始进行降尘监测，监测频次为每月 1 次。

2020 年，浙江省 11 个设区城市降尘量范围为 2.2 ~ 3.1t/（km^2 · 月），最低为温州市，最高为金华市，平均为 2.7 t/（km^2 · 月），较 2019 年下降 0.4 t/（km^2 · 月），降幅为 12.9%。58 个县级城市降尘量范围为 0.8 ~ 3.7 t/（km^2 · 月），最低为景宁县，最高为余姚市，平均为 2.3 t/（km^2 · 月），较 2019 年下降 0.5t/（km^2 · 月），降幅为 17.9%。

从地域分布来看，2020 年，浙北湖州和绍兴地区、浙东台州地区、浙西衢州地区降尘量相对较高，浙南地区降尘量相对较低。与 2019 年相比，2020 年全省各地降尘量均有所降低，污染程度明显减轻，尤其是浓度相对高值区的降幅尤为显著。

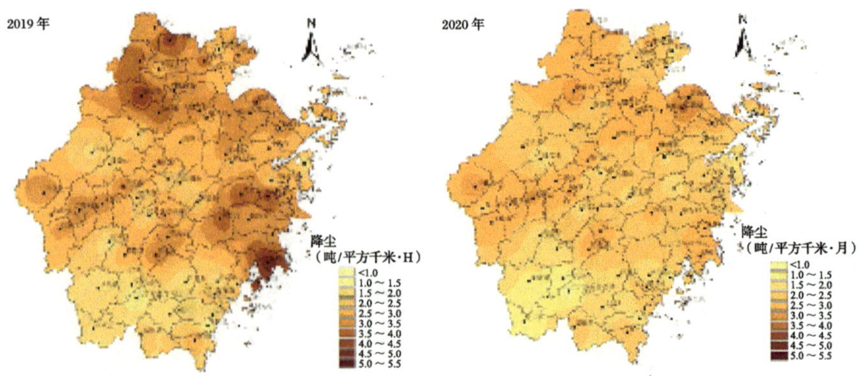

城市环境空气中降尘量分布

专 栏▶

清新空气（负氧离子）监测

2017 年 5 月，时任浙江省省长袁家军同志考察开化县古田山时提出在全省开展清新空气监测和信息发布，深入推进践行“两山”理论，充分发挥浙江省生态优势，打造“大花园”的金名片，引导绿色消费，为产业发展营造更好的生态环境，启动浙江省清新空气监测网建设。

根据浙江省委、省政府的部署，浙江省生态环境厅联合浙江省气象局、浙江省林业局、浙江省文化和旅游厅，建设浙江省清新空气（负氧离子）监测及网络体系，监测因子为负氧离子、O_3 和 $PM_{2.5}$。经过四年的建设，共计建设清新空气监测站位 269 个，清新空气监测站点覆盖全省 11 个设区市，其中环保站点 88 个、气象站点 82 个、林业站点 53 个、旅游站点 46 个。

2020 年，浙江省清新空气（负氧离子）清新率平均为 90.1%（很清新为 35.8%，清新为 54.3%），其余为一般清新（8.5%）和不清新（1.5%）。

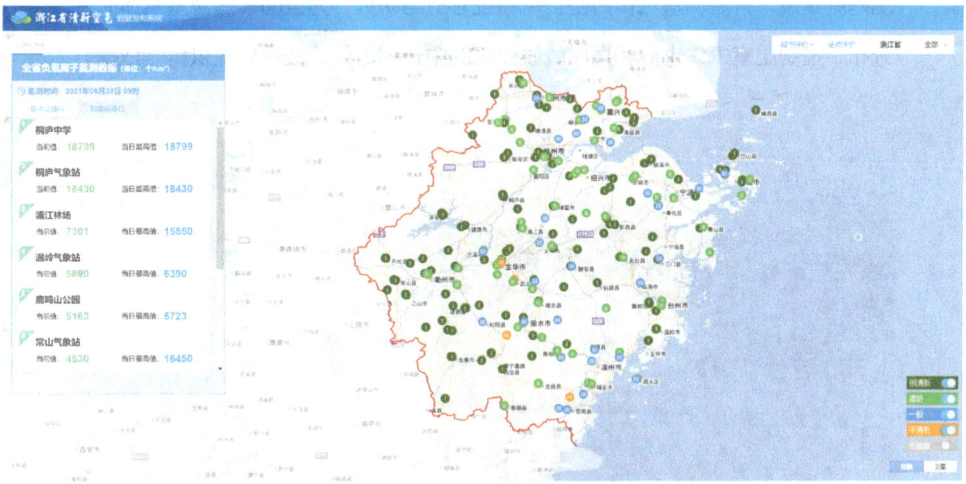

浙江省清新空气数据发布系统

专　栏 ▶

温室气体监测网络构建的初步研究

随着机构职能调整，温室气体监测已成为生态环境管理的一项基本职能。浙江省目前已建成三个含温室气体指标的监测和观测站点，分别为浙江省大气复合污染区域站的嘉兴善西站和金华塘雅站、浙江省气象局区域大气本底观测站的杭州临安站，对二氧化碳、甲烷和氧化亚氮开展监测。

根据《生态环境监测规划纲要（2020—2035 年）》《关于推进生态环境监测体系与监测能力现代化的若干意见》的有关要求，在前期研究基础上，浙江省积极探索构建温室气体监测网络。拟以省会城市和敏感行业城市为重点，依托现有大气监测城市站点或区域站点，将温室气体监测纳入常规监测体系统筹设计，重点针对二氧化碳、甲烷、氧化亚氮、氢氟碳化物、全氟碳化物、六氟化硫和三氟化氮等温室气体因子，采用自动监测手段开展监测，设置城市站、背景站、区域站和移动站，实现全省区域温室气体现状监测及趋势预警。通过温室气体监测网络建设，开展温室气体时空变化特征分析与研究，为全面掌握温室气体时空分布、控制温室气体排放和适应气候变化的中长期发展战略规划提供科学依据。

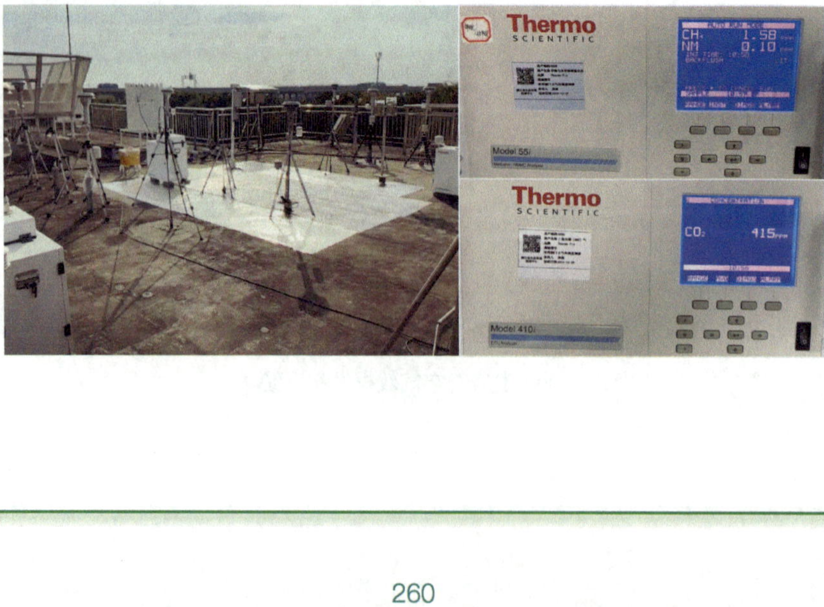

第七章

酸雨

ZHEJIANG SHENG
SHENGTAI HUANJING ZHILIANG ZHUANGKUANG
JI BIANHUA QUSHI YANJIU

（2016—2020年）

2020年，浙江省酸雨污染仍较严重，绝大部分地区被酸雨覆盖，降水pH年均值为5.16，酸雨率平均为52.6%。降水离子中硫酸根离子和硝酸根离子的平均当量浓度比为1.2 ∶ 1，酸雨类型为硫酸-硝酸混合型。“十三五”期间，全省降水pH年均值逐年上升，酸雨率逐年下降，酸雨污染程度有所减轻。

第一节　监测概况

一、监测站位布设

浙江省69个县级以上城市均开展了酸雨监测，各城市至少设置1个监测点位。

二、监测项目与频次

监测项目：pH、电导率、降水量及硫酸根（SO_4^{2-}）、硝酸根（NO_3^-）、氟离子（F^-）、氯离子（Cl^-）、铵离子（NH_4^+）、钙离子（Ca^{2+}）、镁离子（Mg^{2+}）、钠离子（Na^+）、钾离子（K^+）九项离子组分。

监测频次：逢雨（雪）必测，每天上午9：00至第二天上午9：00为一个采样监测周期。

三、评价标准与方法

以pH =5.60作为划分酸雨的界限，pH小于5.60的降水则为酸雨。

降水酸度的计算方法是，将单位时间内每次降水的pH换算成[H^+]浓度后，再以雨量加权求其平均值，再换算成pH，得到单位时间内pH均值。即以氢离子浓度来划分降水酸度等级。

酸雨频率为单位时间内实测pH小于5.60的降水样品个数与降水样品总个数的百分比。

$$F_{[<5.60]} = \frac{N_{[<5.60]}}{N_{总}} \times 100\% \tag{7-1}$$

式中，$F_{[<5.60]}$ 为酸雨的频率；$N_{[<5.60]}$ 为单位时间内 pH 小于 5.60 的降水样品个数；N 总为单位时间内降水样品总个数。

第二节　酸雨现状

一、降水酸度

2020 年，浙江省 69 个县级以上城市降水 pH 年均值为 4.51 ～ 6.73，平均为 5.16，与 2019 年相比上升 0.03。

整体而言，全省酸雨污染仍较严重。酸雨覆盖的城市有 50 个，占县级以上城市总数的 72.5%；湖州市降水 pH 年均值为 4.51，为全省最低。按不同降水酸度划分，无降水 pH年均值小于4.50的城市，与2019年相比下降1.4个百分点；降水pH年均值为4.50～5.00 的城市占 18.8%，与 2019 年相比下降 1.4 个百分点；降水 pH 年均值为 5.0 ～ 5.6 的城市占 53.6%，与 2019 年相比下降 5.8 个百分点；降水 pH 年均值大于 5.60 的城市占 27.5%，与 2019 年相比上升 8.7 个百分点。见图 7-1。

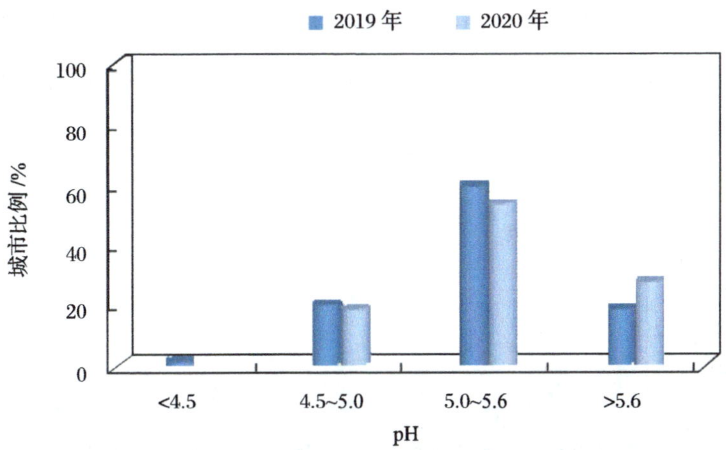

图 7-1　浙江省不同降水 pH 年均值城市比例

二、酸雨频率

2020 年，浙江省降水酸雨率为 0 ～ 100%，平均为 52.6%，与 2019 年相比下降 4.5 个百分点。见图 7-2。

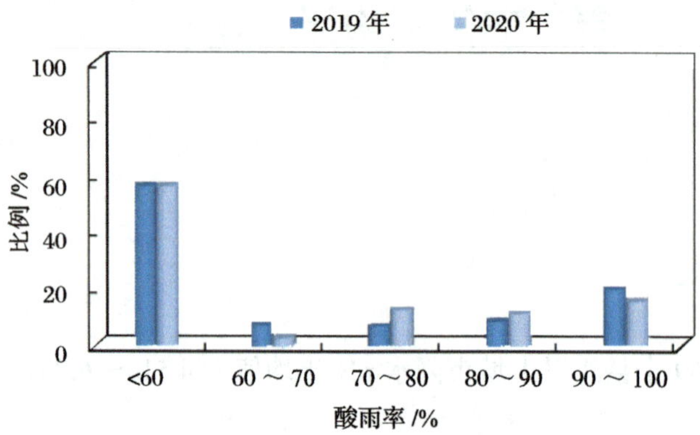

图 7-2　浙江省不同酸雨发生率城市比例

上虞区、天台县酸雨率最低，均为 0；酸雨率为 100% 的城市有长兴县、柯桥区和缙云县，占城市总数的 4.3%。

三、降水离子组成

降水离子组成中，阴离子浓度最高的是硫酸根离子，其次为硝酸根离子和氯离子；阳离子中钙离子和铵离子浓度最高。硫酸根离子和硝酸根离子的平均当量浓度比为 1.2 ∶ 1，酸雨类型为硫酸-硝酸混合型，降水中主要致酸物质为硫酸盐和硝酸盐。见图 7-3。

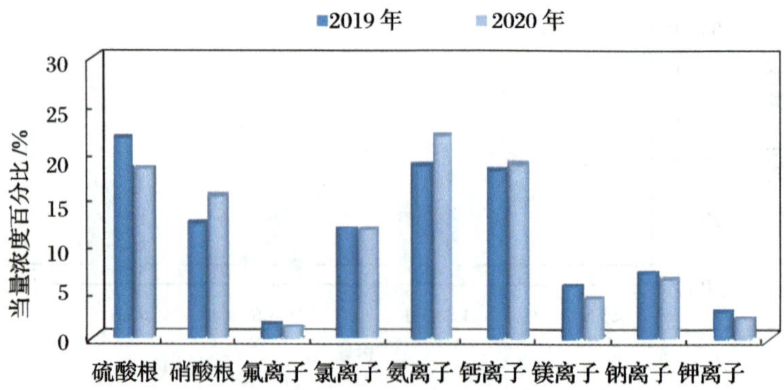

图 7-3　浙江省降水离子组成

四、酸雨地域分布

按降水酸度划分，pH 年均值相对较低的城市分布在浙北、浙西和浙东地区；按降水酸雨率划分，酸雨率相对较高的城市与 pH 较低的城市分布基本一致。见图 7-4。

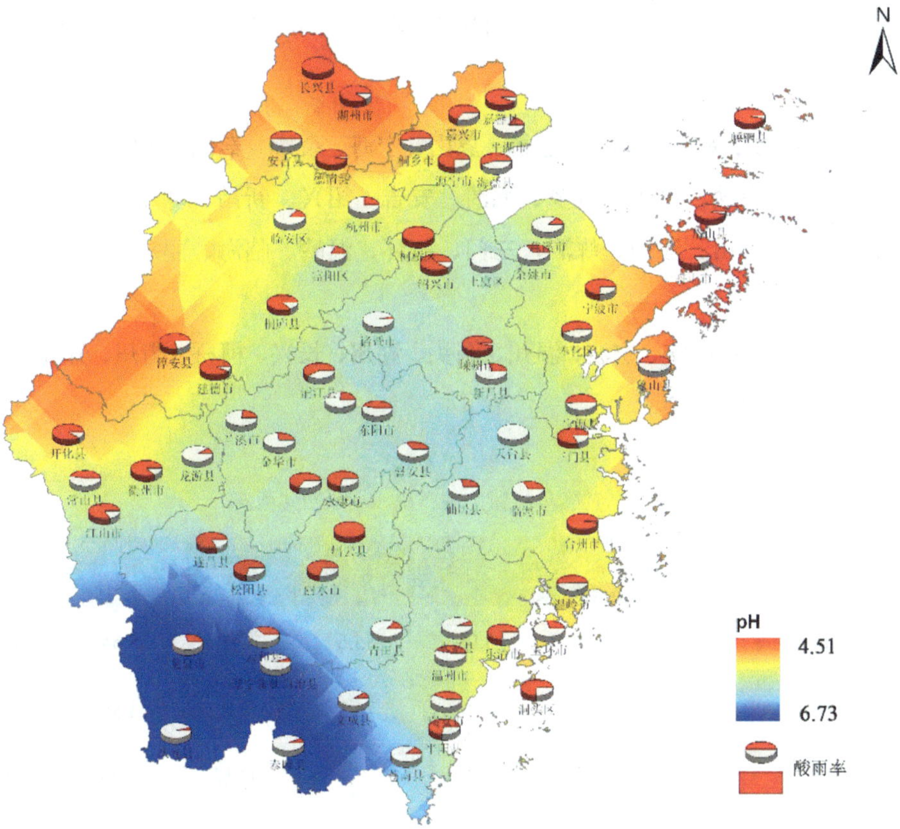

图 7-4　浙江省酸雨地域分布

在对酸雨控制区和二氧化硫污染控制区的划分中，pH 年均值在 4.50 以下的城市被列为重酸雨区。根据国家对于“两控区”酸雨污染控制的要求，评价目前全省酸雨的污染现状，对酸雨污染状况作了简要的分级：轻酸雨区 37 个，占比为 53.6%；中酸雨区 13 个，占比为 18.8%；无重酸雨区。临安区、富阳区、慈溪市等 19 个城市不属于酸雨区，占比为 27.5%。见表 7-1。

表 7-1　浙江省酸雨类别划分情况

等级	质量状况	pH	城市个数 / 个	所占比例 /%
Ⅰ	轻酸雨区	5.00 ≤ pH ＜ 5.60	37	53.6
Ⅱ	中酸雨区	4.50 ≤ pH ＜ 5.00	13	18.8

Ⅰ级（轻酸雨区）：杭州、桐庐、建德、象山、宁海、余姚、奉化、文成、瑞安、乐清、平阳、嘉兴、海宁、海盐、嘉善、桐乡、德清、安吉、绍兴、新昌、嵊州、金华、武义、浦江、东阳、永康、常山、江山、嵊泗、三门、玉环、温岭、临海、丽水、云和、松阳、遂昌。

Ⅱ级（中酸雨区）：淳安、宁波、温州、洞头、湖州、长兴、柯桥、衢州、开化、舟山、岱山、台州、缙云。见表 7-2。

表 7-2　浙江省县级以上城市降水 pH 和酸雨率

城市	pH	酸雨率 /%	城市	pH	酸雨率 /%	城市	pH	酸雨率 /%
杭州 *	5.41	24.8	海盐	5.08	55.6	常山	5.54	47.6
桐庐	5.10	86.6	海宁	5.28	75.3	开化	4.86	89.7
临安	5.76	14.1	平湖	5.73	17.8	龙游	5.94	10.0
淳安	4.65	78.2	桐乡	5.29	53.1	江山	5.19	83.0
建德	5.08	92.9	湖州 *	4.51	88.9	舟山 *	4.73	83.1
富阳	5.67	17.9	德清	5.00	98.4	岱山	4.62	96.2
宁波 *	4.98	74.1	长兴	4.72	100	嵊泗	5.17	95.7
象山	5.32	47.5	安吉	5.55	50.4	台州	4.82	98.2
宁海	5.16	51.2	绍兴 *	5.02	90.8	仙居	5.62	28.9

城市	pH	酸雨率 /%	城市	pH	酸雨率 /%	城市	pH	酸雨率 /%
余姚	5.48	34.8	柯桥	4.82	100	三门	5.20	82.0
慈溪	5.87	13.5	新昌	5.41	27.9	天台	6.15	0
奉化	5.15	55.2	诸暨	5.73	3.8	玉环	5.43	29.0
温州 *	4.88	45.3	上虞	6.05	0	温岭	5.26	51.2
洞头	4.84	73.8	嵊州	5.04	97.4	临海	5.46	32.6
永嘉	6.13	6.6	金华 *	5.52	26.5	丽水 *	5.06	70.3
平阳	5.06	71.3	武义	5.31	65.6	龙泉	5.81	28.1
苍南	5.82	13.0	浦江	5.33	59.6	青田	5.64	14.2
文成	5.47	9.9	磐安	5.64	34.2	云和	5.44	36.4
泰顺	5.63	7.6	兰溪	5.90	22.6	庆元	6.73	3.9
瑞安	5.36	43.3	义乌	5.62	23.0	缙云	4.89	100
乐清	5.06	73.7	东阳	5.30	47.3	遂昌	5.26	82.5
嘉兴 *	5.25	65.1	永康	5.13	71.2	松阳	5.52	70.8
嘉善	5.16	92.9	衢州 *	4.75	86.6	景宁	6.04	6.7

注：带 * 为设区城市。

五、酸雨季节变化

浙江省降水酸度的季节变化特征表现为四季度＞一季度＞二、三季度（按 pH 从低到高）；酸雨率的季节变化表现为一季度＞四季度＞二季度＞三季度（按酸雨率从高到低）。总体而言，第一、第四季度降水 pH 相对较低，酸雨率相对较高，酸雨污染程度较其他季度相对严重。见表 7-3、图 7-5。

表 7-3 浙江省降水 pH 和酸雨率的季节变化

指标＼季节	第一季度	第二季度	第三季度	第四季度
pH	5.03	5.26	5.26	4.97
酸雨率 /%	62.5	49.8	46.4	51.6

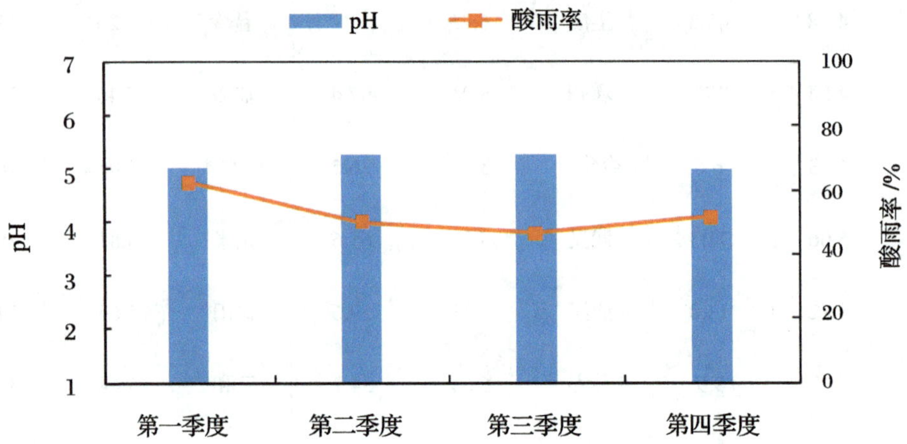

图 7-5 浙江省降水 pH 和酸雨率季节变化

第三节 酸雨变化趋势

一、降水酸度和酸雨频率

“十三五”期间，浙江省降水 pH 年均值为 4.88 ～ 5.16，全省降水年均酸雨率为 52.6% ～ 69.9%。秩相关分析表明，“十三五”期间全省降水 pH 年均值和酸雨率变化趋势明显，见表 7-4。pH 逐年上升，酸雨率逐年下降，酸雨污染程度有所减轻。见图 7-6。

与“十二五”期末相比，全省降水 pH 年均值上升 0.3，酸雨率下降 20.6 个百分点。

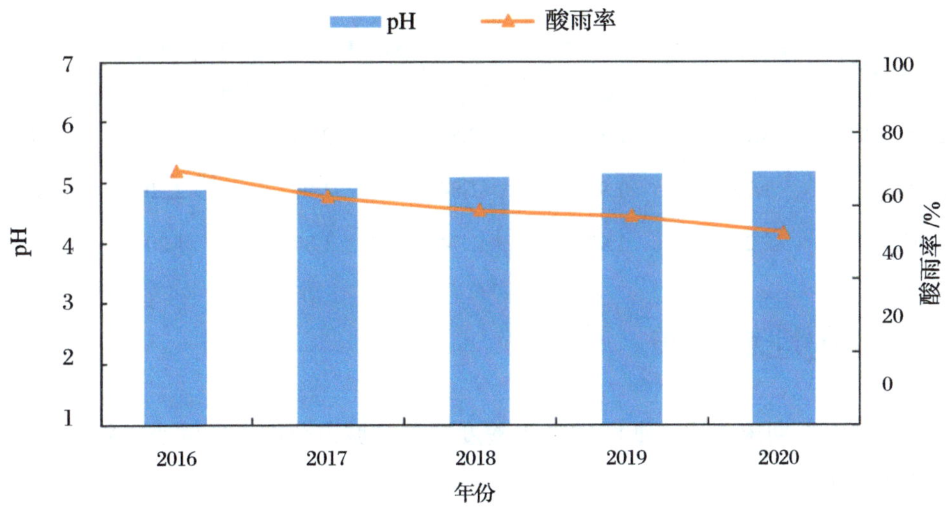

图 7-6 “十三五”期间浙江省降水 pH 和酸雨率变化趋势

表 7-4 “十三五”期间浙江省降水 pH 和酸雨率变化

指标 \ 年份	2016 年	2017 年	2018 年	2019 年	2020 年	秩相关系数
pH	4.88	4.91	5.06	5.13	5.16	1.00
酸雨率 /%	69.9	62.6	58.7	57.1	52.6	-1.00

二、降水离子组成

“十三五”期间，浙江省城市降水中的硫酸根和硝酸根离子浓度分别为 2.09 ～ 3.10 mg/L 和 1.76 ～ 2.30 mg/L，硫酸根与硝酸根离子当量浓度比为 1.20 ～ 2.27。秩相关系数表明，硫酸根离子浓度显著降低，硝酸根离子浓度显著上升，硫酸根与硝酸根离子当量浓度比显著下降。见表 7-5。

与“十二五”期末相比，浙江省城市降水中硫酸根离子浓度下降 37.2%，硝酸根离子浓度上升 34.5%，硫酸根与硝酸根离子当量浓度比由 2.57 变为 1.20，硝酸根离子对降水酸度影响呈相对增加趋势，酸雨类型已由硫酸型转为硫酸-硝酸混合型。

表 7-5　“十三五”期间浙江省城市降水离子浓度和当量比变化

指标＼年份	2016 年	2017 年	2018 年	2019 年	2020 年	秩相关系数
硫酸根 /（mg/L）	3.10	2.89	2.52	2.09	2.14	-0.90
硝酸根 /（mg/L）	1.76	1.94	1.88	1.96	2.30	0.90
当量比	2.27	1.92	1.74	1.37	1.20	-1.00

三、酸雨地域分布

与“十二五”期末相比，浙江省降水酸度较重的城市范围有所缩小，特别是西部地区最为明显。见图 7-7。

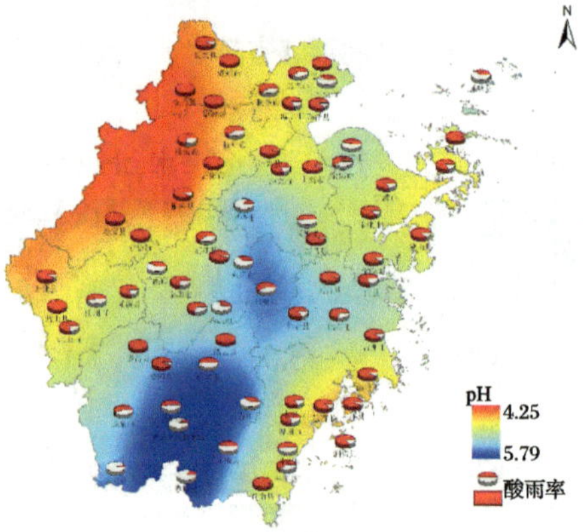

（a）2015 年

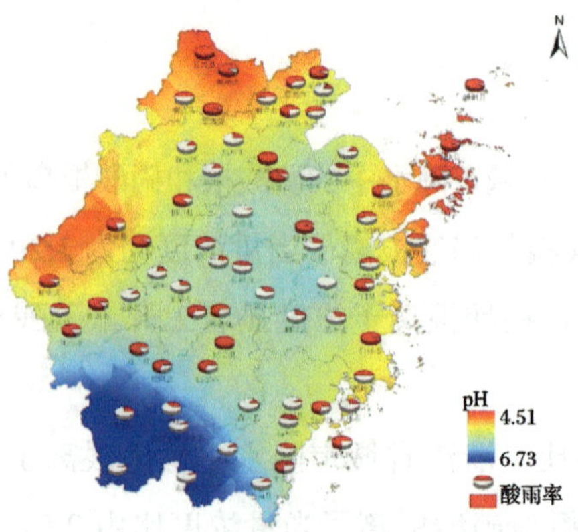

（b）2020 年

图 7-7　浙江省酸雨地域分布对比示意图

第四节 小结

一、结论

2020年，浙江省酸雨污染仍较严重，绝大部分地区被酸雨覆盖，降水pH年均值为5.16，酸雨率平均为52.6%。降水离子中硫酸根离子和硝酸根离子的平均当量浓度比为1.2 ∶ 1，属硫酸-硝酸混合型酸雨。酸雨污染季节变化特征明显，酸雨污染程度一、四季度重于二、三季度。从地域分布上看，浙北、浙西和浙东地区相对较重，县级以上城市中除临安区、富阳区、慈溪市等19个城市外，其余城市均属于酸雨区。

“十三五”期间，全省降水pH年均值逐年上升，酸雨率逐年下降，酸雨污染程度有所减轻，降水酸度较重的城市范围有所缩小，酸雨类型已由硫酸型变为硫酸-硝酸混合型。

二、存在问题

浙江省酸雨污染形势依然严峻，绝大部分地区被酸雨覆盖，酸雨发生频率仍然较高，平均在50%以上。硝酸根离子浓度显著上升，对降水酸度影响日益增大。

三、原因分析

1. 能源消耗是酸雨污染的根本原因

浙江省酸雨污染主要受局地污染排放和长距离区域输送的影响，致酸前体物排放负荷大是酸雨污染的根本原因。化石性燃料的大量使用是造成酸雨污染的重要因素。浙江省作为能源消耗大省，一次能源消费构成中，煤炭、石油和天然气等化石能源占85%左右。全省能源消费量逐年增加，从2015年的19 610.00万吨标准煤上升到2019年的22 392.77万吨标准煤，尽管能源结构不断优化，但仍以化石性燃料为主，全省产业及生活能源消费中煤炭仍占50%以上。与此同时，机动车数量大幅增加，人均拥有量和增长速度明显高于全国平均水平，截至 2019 年，全省机动车拥有量已超过 1 878 万辆。

2. 污染减排是减轻酸雨污染的重要手段，氮氧化物致酸影响显著增加

根据环境统计数据，2016 年以来，浙江省二氧化硫排放量呈显著下降趋势，环境空气中二氧化硫浓度也呈现相同趋势，降水中硫酸根离子浓度显著降低，酸雨污染呈减轻的趋势，四者的变化趋势基本一致。说明二氧化硫减排管控成效明显，是近年来全省酸雨污染逐渐好转的重要原因。氮氧化物减排管控难度较大且相对滞后，虽然工业氮氧化物排放量总体呈下降趋势，但是生活源氮氧化物排放量近年来有升高趋势（2019 年比 2017 年上涨了 9.3%），环境空气中的二氧化氮浓度总体呈波动变化，且变化趋势不显著。尽管近年来氮氧化物减排管控力度不断加大，但减排效果的显现有一定的时滞性；与此同时，随着燃料使用量和机动车拥有量的不断增加，氮氧化物也会随之增加；此外，能源消费结构尚存在较大的不合理现象，不利于氮氧化物减排。多重因素交互叠加影响，导致氮氧化物对酸雨污染的影响增加。

四、对策建议

1. 优化调整能源结构

加强能源管理，限制、淘汰现有煤耗高、热效低、污染重的工业装备，坚决关停小火电，推行火电行业循环式发展。积极使用替代燃煤的清洁能源。

2. 加强硫氮协同控制

加强对重点排污企业的监管，加强硫氮协同控制的同时，重点加强氮氧化物的深度减排管控。

3. 加强机动车污染防治

采取有效措施控制机动车尾气污染，不断提高机动车尾气排放标准，安装尾气净化装置，推广使用清洁能源。

第八章

城市声环境质量

ZHEJIANG SHENG
SHENGTAI HUANJING ZHILIANG ZHUANGKUANG
JI BIANHUA QUSHI YANJIU

（2016—2020 年）

2020 年，浙江省城市区域环境噪声平均声级为 54.1 dB，11 个设区城市声级范围为 51.7 ～ 57.8 dB。全省城市道路交通噪声平均声级为 67.1 dB，11 个设区城市声级范围为 64.2 ～ 69.2 dB。全省功能区定点噪声昼间达标率为 91.2%，夜间达标率为 73.7%。社会生活噪声源和交通噪声源仍是城市主要环境噪声源。“十三五”期间，全省城市区域和道路交通声环境质量总体保持稳定，功能区昼间、夜间达标率均有上升。

第一节　监测概况

一、监测点位布设

2020 年，浙江省 11 个设区城市声环境监测共设置区域环境噪声测点 2 042 个，道路交通噪声测点 881 个，功能区定点噪声测点 147 个。由于城市建成区面积的扩大和交通干线的增加，各年间的噪声测点数有所变化。

二、监测项目、监测频次与方法

浙江省城市环境噪声监测项目、频次与方法执行《声环境质量标准》(GB 3096 － 2008)和《环境噪声监测技术规范　城市声环境常规监测》（HJ 640 － 2012）相关规定。见表 8-1。

表 8-1　浙江省城市环境噪声监测项目、频次与方法

监测项目	监测频次	监测方法
区域环境噪声	每年监测 1 ～ 2 次	网格法布点，大于 100 个测点，每一测点测量 10min
道路交通噪声	每年监测 1 ～ 2 次	每一路段 (交通主、次干线) 设 1 个测点，每一测点测量 20min

监测项目	监测频次	监测方法
功能区定点噪声	每季度监测 1 次	每一测点连续测量 24h

三、评价标准与方法

（一）评价标准

评价标准执行《声环境质量标准》（GB 3096 － 2008）。见表 8-2。

表 8-2 《声环境质量标准》（GB 3096—2008）环境噪声限值

单位：dB

类别		昼间	夜间
0 类		50	40
1 类		55	45
2 类		60	50
3 类		65	55
4 类	4a 类	70	55
	4b 类	70	60

（二）评价方法

数据统计、评价参照《环境噪声监测技术规范 城市声环境常规监测》（HJ 640—2012）和《声环境质量标准》（GB 3096—2008）执行，城市区域和道路交通噪声平均值采用面积（或路长）加权平均值，功能区定点噪声按照昼间、夜间点次达标率统计。

第二节　城市声环境现状

一、城市区域声环境

2020 年，浙江省 11 个设区城市区域环境噪声监测的覆盖面积为 1 345.57 km^2，有效网格测点数 2 042 个，全省城市区域声环境质量平均值为 54.1 dB，评价等级为二级，全省城市区域声环境质量较好。见表 8-3。

表 8-3　2020 年浙江省城市区域环境噪声监测结果统计

城市	网格大小 /m	网格数 / 个	等效声级 /dB	评价等级	质量等级
杭州市	1 000×1 000	231	56.3	三级	一般
宁波市	1 200×1 200	202	55.3	三级	一般
温州市	900×900	252	54.9	二级	较好
嘉兴市	700×700	236	53.9	二级	较好
湖州市	600×600	217	57.8	三级	一般
绍兴市	600×600	234	51.7	二级	较好
金华市	1 100×1 100	109	54.0	二级	较好
衢州市	500×500	130	53.5	二级	较好
舟山市	500×500	190	52.1	二级	较好
台州市	900×900	124	53.4	二级	较好
丽水市	500×500	117	52.0	二级	较好
全省	—	2 042	54.1	二级	较好

11 个设区城市区域环境噪声平均等效声级范围为 51.7 ～ 57.8 dB，区域环境噪声相对较低的城市为绍兴市、丽水市和舟山市，各设区城市按区域环境噪声声级由大到小顺序排列依次为：湖州市（57.8）＞杭州市（56.3）＞宁波市（55.3）＞温州市（54.9）＞金华市（54.0）＞嘉兴市（53.9）＞衢州市（53.5）＞台州市（53.4）＞舟山市（为 52.1）＞丽水市（52.0）＞绍兴市（51.7）。见表 8-3。

各设区城市区域环境噪声声级主要分布在 50 ～ 60 dB 范围内，处于此范围的城市区域面积占总面积的 69.8%；声级处于 50 dB 及以下的城市区域面积占 15.9%；声级处于 60 dB 以上的城市区域面积占 14.3%。见表 8-4。

表 8-4　2020 年浙江省 11 个设区城市合计暴露在不同等效声级下的面积分布

声级范围 /dB	35 ～ 40	40 ～ 45	45 ～ 50	50 ～ 55	55 ～ 60	60 ～ 65	65 ～ 70	70 ～ 75
声级覆盖面积 /km^2	1.31	21.53	190.49	566.46	373.22	157.47	32.36	2.72
占总面积比例 /%	0.1	1.6	14.2	42.1	27.7	11.7	2.4	0.2

与 2019 年相比，2020 年浙江省城市区域环境噪声平均声级下降 0.3 dB。11 个设区城市中，3 个有所上升，6 个有所下降，2 个没有变化。见图 8-1。

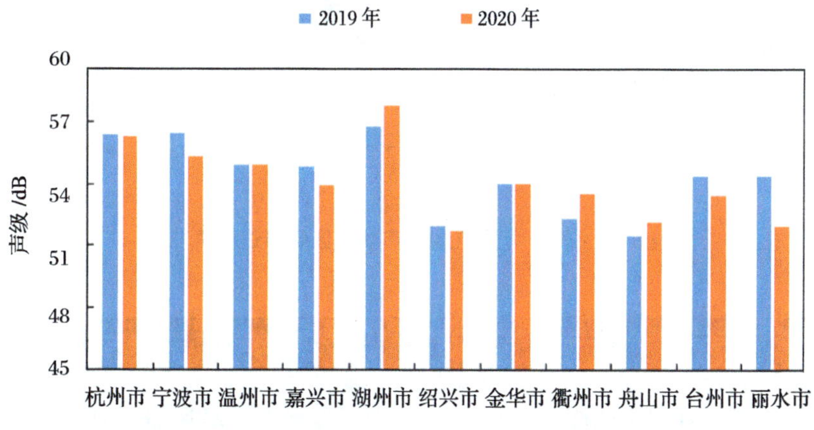

图 8-1　2019 年和 2020 年浙江省 11 个设区城市区域环境噪声平均声级比较

二、城市功能区声环境

2020 年，浙江省 11 个设区城市开展了功能区声环境质量监测，各类功能区共监测 1 164 点次，昼间、夜间各 582 点次。昼间共有 531 个监测点次达标，达标率为 91.2%；夜间共有 429 个监测点次达标，达标率为 73.7%。总体来看，全省功能区声环境质量昼间点次达标率高于夜间。见图 8-2。

其中，1 类区昼间点次达标率为 78.7%，夜间点次达标率为 57.5%；2 类区昼间点次达标率为 89.7%，夜间点次达标率为 77.5%；3 类区昼间点次达标率为 97.6%，夜间点次达标率为 86.3%；4a 类区昼间点次达标率为 100%，夜间点次达标率为 71.7%。各类功能区昼间监测点次达标率均高于夜间，3 类区和 4a 类区昼间点次达标率相对较高，3 类区夜间点次达标率相对较高。见表 8-5。

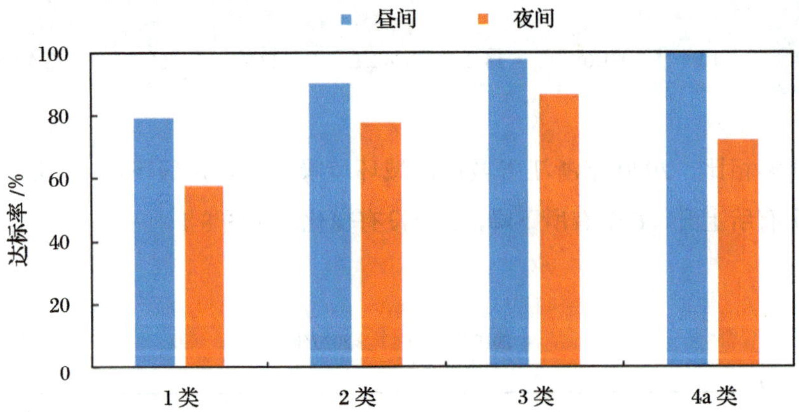

图 8-2　2020 年浙江省各类功能区监测点次达标率

表 8-5　2020 年浙江省城市功能区噪声达标情况

单位：%

城市	1 类		2 类		3 类		4a 类	
	昼间	夜间	昼间	夜间	昼间	夜间	昼间	夜间
杭州市	70.0	35.0	92.5	70.0	100	75.0	100	75.0
宁波市	81.3	25.0	95.0	60.0	100	83.3	100	75.0

城市	1 类		2 类		3 类		4a 类	
	昼间	夜间	昼间	夜间	昼间	夜间	昼间	夜间
温州市	75.0	58.3	100	90.0	100	87.5	100	75.0
嘉兴市	45.5	54.5	33.3	25.0	100	100	100	87.5
湖州市	93.8	75.0	100	100	100	100	100	100
绍兴市	50.0	50.0	100	80.0	100	75.0	100	12.5
金华市	100	75.0	100	80.0	100	93.8	100	57.1
衢州市	75.0	87.5	75.0	91.7	100	100	100	83.3
舟山市	83.3	91.7	75.0	100	100	100	100	50.0
台州市	100	50.0	81.3	68.8	81.3	56.3	100	62.5
丽水市	100	75.0	100	93.8	100	100	100	100
全省	78.7	57.5	89.7	77.5	97.6	86.3	100	71.7

浙江省 11 个设区城市功能区昼间点次达标率为 64.1% ～ 100%，其中金华市、丽水市、湖州市等城市达标率相对较高；夜间点次达标率为 59.4% ～ 93.3%，其中丽水市、湖州市、衢州市等城市达标率相对较高。见图 8-3。

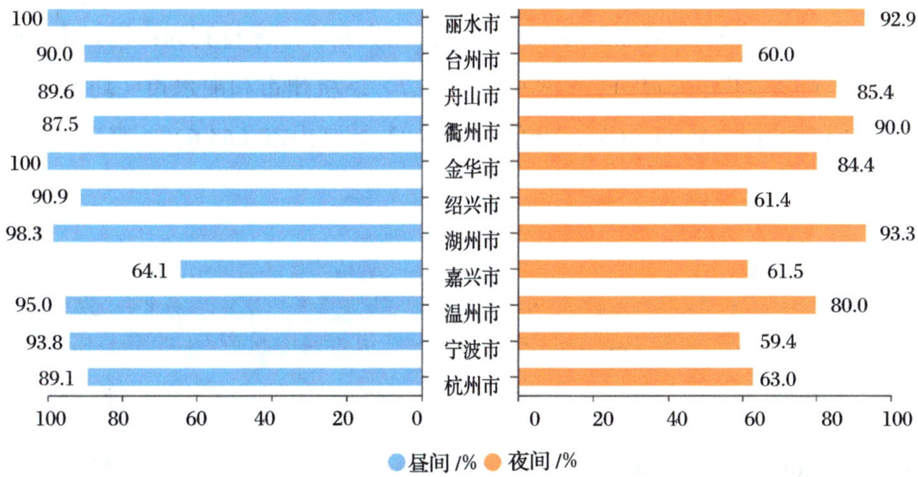

图 8-3 2020 年浙江省各设区城市功能区监测点次达标率

与 2019 年相比，2020 年浙江省昼间点次达标率上升 3.0 个百分点，夜间点次达标率上升 10.4 个百分点。见表 8-6。

表 8-6　浙江省城市功能区监测点次达标率年度比较

单位：%

类别 年份	1 类		2 类		3 类		4a 类		合计	
	昼间	夜间	昼间	夜间	昼间	夜间	昼间	夜间	昼间	夜间
2020	78.7	57.5	89.7	77.5	97.6	86.3	100.0	71.7	91.2	73.7
2019	78.0	54.5	87.2	70.8	93.1	72.4	96.9	53.9	88.2	63.3
变化	+0.7	+3.0	+2.5	+6.7	+4.5	+13.9	+3.1	+17.8	+3.0	+10.4

三、城市道路交通噪声

2020 年，浙江省 11 个设区城市道路交通噪声监测的道路总长度为 2 267.6 km，测点 881 个，平均路宽为 34.6 m。全省城市道路交通声环境质量平均值为 67.1dB，低于国家 70 dB 的控制值要求。道路交通噪声超过 70 dB 的路段长度合计为 492.3 km，超标率为 21.7%。

11 个设区城市道路交通噪声平均声级范围为 64.2 ～ 69.2 dB，均在 70 dB 控制值内；各设区城市超标率为 0 ～ 39.1%。交通噪声声级由大到小顺序排列为：绍兴市（69.2）＞台州市（68.6）＞温州市（68.0）＞湖州市（67.7）＞杭州市和丽水市（均为 67.6）＞宁波市（为 67.4）＞衢州市（67.0）＞金华市（65.8）＞舟山市（64.6）＞嘉兴市（64.2）。见表 8-7。

表 8-7　2020 年浙江省城市道路交通噪声监测结果统计

城市	监测道路总长 /km	测点数 / 个	平均路宽 /m	等效声级 / dB	质量等级	评价等级	超标率 /%
杭州市	707.8	241	36.3	67.6	一级	好	24.2
宁波市	118.4	80	28.9	67.4	一级	好	34.0
温州市	245.1	82	34.2	68.0	一级	好	32.2

城市	监测道路总长 /km	测点数 / 个	平均路宽 /m	等效声级 / dB	质量等级	评价等级	超标率 /%
嘉兴市	203.7	81	28.9	64.2	一级	好	3.3
湖州市	207.6	83	30.3	67.7	一级	好	22.7
绍兴市	212.5	50	39.8	69.2	二级	较好	39.1
金华市	189.9	68	37.3	65.8	一级	好	9.4
衢州市	24.7	46	29.3	67.0	一级	好	11.1
舟山市	89.0	49	34.5	64.6	一级	好	4.8
台州市	174.7	80	30.2	68.6	二级	较好	22.9
丽水市	94.2	21	50.5	67.6	一级	好	0
全省	2 267.6	881	34.6	67.1	一级	好	21.7

与 2019 年相比，2020 年城市道路交通噪声平均值下降了 0.5 dB，超标路段长度占总路段百分比下降了 2.6 个百分点。见图 8-4。

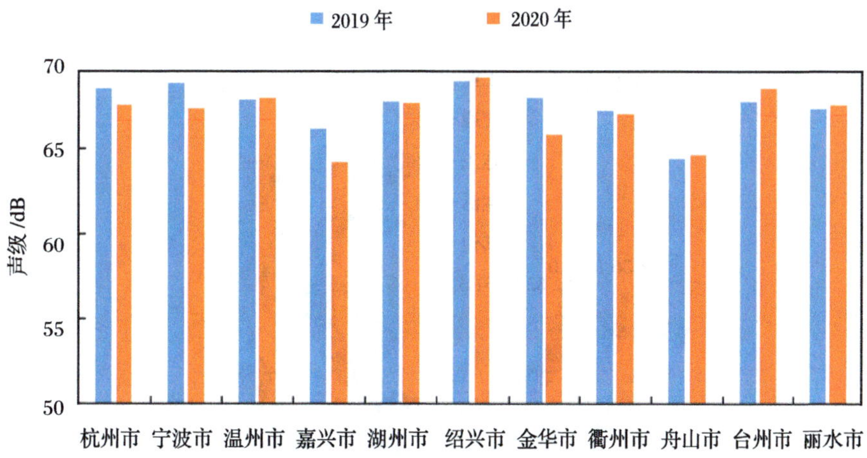

图 8-4 2019 年和 2020 年浙江省道路交通噪声平均声级比较

四、环境噪声声源构成

2020 年，浙江省 2 042 个城市区域环境噪声测点中，受生活声源影响的最多，为 1 099 个，占 53.8%；其次是受交通声源影响的为 597 个，占 29.2%；受工业声源影响的为 204 个，占 10.0%；受施工声源影响的为 71 个，占 3.5%；受其他声源影响的为 71 个，占 3.5%。由此可见，社会生活噪声源和交通噪声源是城市的主要环境噪声源。见图 8-5。

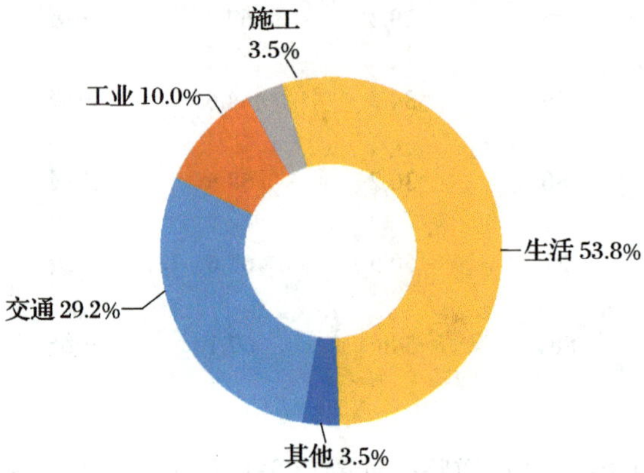

图 8-5　2020 年浙江省城市环境噪声声源构成比

各声源平均声级为 51.3～56.2dB，其中施工、交通和工业噪声平均声级较高。见图 8-6。

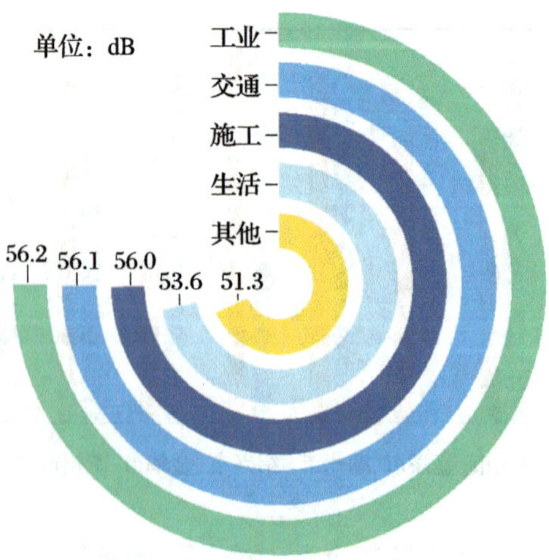

图 8-6　2020 年浙江省城市环境噪声源平均声级

与2019年相比，2020年工业噪声源比例有所上升，其他声源比例有所下降。见表8-8。

表8-8 2019年和2020年浙江省城市环境噪声声源构成比较

声源 年份	交通		工业		施工		生活		其他	
	构成比/%	平均声/级 dB	构成比/%	平均声/级 dB	构成比/%	平均声/级 dB	构成比/%	平均声/级 dB	构成比/%	平均声级/dB
2020	29.2	56.1	10.0	56.2	3.5	56.0	53.8	53.6	3.5	51.3
2019	30.8	56.6	7.1	57.0	3.7	55.7	54.3	54.0	4.1	53.0

第三节 城市声环境质量变化趋势

一、城市区域声环境

“十三五”期间，浙江省城市区域环境噪声平均值为54.1～54.4dB，秩相关分析表明，五年间全省城市区域环境噪声平均值变化趋势不明显，城市区域环境噪声基本保持稳定。各设区城市中，绍兴市和金华市区域环境噪声声级下降较明显，衢州市上升较明显，其余城市变化趋势不明显。见表8-9。

与“十二五”期末相比，全省城市区域环境噪声无明显变化。见图8-7。

表8-9 “十三五”期间浙江省城市区域环境噪声状况

单位：dB

年份 城市	2016年	2017年	2018年	2019年	2020年	秩相关系数
杭州市	56.4	55.2	56.8	56.4	56.3	0.05
宁波市	56.5	57.6	56.1	56.5	55.3	−0.55
温州市	54.9	54.8	54.9	54.9	54.9	0.20
嘉兴市	53.6	54.9	54.7	54.8	53.9	0.10

城市＼年份	2016 年	2017 年	2018 年	2019 年	2020 年	秩相关系数
湖州市	53.7	53.7	52.0	56.8	57.8	0.75
绍兴市	54.7	53.7	52.3	52.0	51.7	-1.00
金华市	54.4	54.0	54.6	54.0	54.0	-0.95
衢州市	51.8	52.2	53.1	52.3	53.5	0.90
舟山市	51.0	51.7	51.6	51.5	52.1	0.60
台州市	54.9	55.0	55.0	54.4	53.4	-0.45
丽水市	54.3	54.3	55.0	54.4	52.0	-0.05
全省	54.2	54.3	54.2	54.4	54.1	-0.15

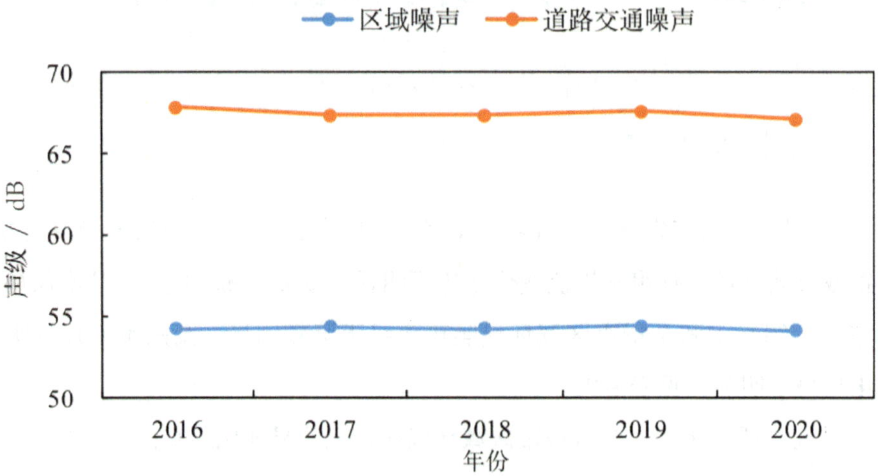

图 8-7 “十三五”期间浙江省城市环境噪声变化情况

二、城市功能区声环境

“十三五”期间，从浙江省各类功能区噪声昼间达标情况来看，1 类、2 类、3 类和 4 类标准适用区昼间达标率分别为 70.0% ～ 78.7%、83.6% ～ 89.7%、86.1% ～ 97.6% 和 96.7% ～ 100%。秩相关分析表明，各类功能区噪声昼间达标率变化趋势较明显，达标率有所上升。

从各类功能区噪声夜间达标情况来看，1 类、2 类、3 类和 4 类标准适用区夜间达标率分别为 51.1% ～ 57.5%、70.3% ～ 77.5%、69.8% ～ 86.3% 和 53.9% ～ 71.7%。秩相关分析表明，各类功能区噪声夜间达标率变化趋势不明显，达标率基本保持稳定。见表 8-10。

与“十二五”期末相比，“十三五”期末浙江省城市功能区昼间达标率上升 6.2 个百分点，夜间达标率上升 9.4 个百分点。

表 8-10　“十三五”期间浙江省城市功能区噪声达标情况

单位：%

年份	1类		2类		3类		4类		合计	
	昼间	夜间	昼间	夜间	昼间	夜间	昼间	夜间	昼间	夜间
2016 年	72.6	52.4	86.3	71.7	86.1	69.8	96.7	55.4	85.5	63.1
2017	70.0	51.1	83.6	72.8	89.2	70.8	96.9	61.1	84.5	64.8
2018	77.9	53.0	88.7	70.3	88.2	71.4	98.4	61.7	88.0	64.2
2019	78.0	54.5	87.2	70.8	93.1	72.4	96.9	53.9	88.2	63.3
2020	78.7	57.5	89.7	77.5	97.6	86.3	100	71.7	91.2	73.7
秩相关系数	0.90	0.90	0.80	0.20	0.90	1.00	0.75	0.40	0.90	0.60

三、城市道路交通噪声

“十三五”期间，浙江省城市道路交通噪声等效声级平均值为 67.1 ～ 67.8 dB，秩相关分析表明，五年间全省城市道路交通环境噪声平均值变化趋势不明显，城市道路交通噪声基本保持稳定。各设区城市中，宁波市和嘉兴市道路交通噪声等效声级下降趋势较明显，绍兴市上升趋势较明显，其余城市变化趋势不明显。

与“十二五”期末相比，全省道路交通噪声无明显变化。见表 8-11。

表 8-11 “十三五”期间浙江省城市道路交通噪声状况

单位：dB

城市＼年份	2016 年	2017 年	2018 年	2019 年	2020 年	秩相关系数
杭州市	68.6	67.8	67.8	68.6	67.6	−0.30
宁波市	69.2	69.0	68.6	68.9	67.4	−0.90
温州市	67.5	67.5	66.8	67.9	68.0	0.75
嘉兴市	66.7	67.0	66.4	66.1	64.2	−0.90
湖州市	67.1	66.5	68.0	67.8	67.7	0.50
绍兴市	68.4	68.5	68.7	69.0	69.2	1.00
金华市	66.9	67.2	67.4	68.0	65.8	0
衢州市	65.6	67.1	67.0	67.2	67.0	0.25
舟山市	67.0	66.1	66.8	64.4	64.6	−0.80
台州市	69.3	68.9	67.8	67.8	68.6	−0.85
丽水市	69.7	64.3	65.5	67.4	67.6	0
全省	67.8	67.3	67.3	67.6	67.1	−0.65

第四节　小结

一、结论

2020 年，浙江省城市区域噪声平均值为 54.1 dB；与上年相比，城市区域噪声平均值下降 0.3 dB；11 个设区城市区域环境噪声平均等效声级范围为 51.7 ～ 57.8dB。全省城市道路交通噪声平均值为 67.1 dB，低于国家 70 dB 的控制值要求；与 2019 年相比，城市道路交通噪声平均值下降 0.5 dB；11 个设区城市道路交通噪声平均声级范围为 64.2 ～ 69.2

dB。全省功能区定点噪声昼间达标率为 91.2%，夜间达标率为 73.7%；各类功能区昼间监测点次达标率均高于夜间。社会生活噪声源和交通噪声源仍是城市主要环境噪声源；各噪声声源平均声级为 51.3 ～ 56.2 dB，其中施工、交通和工业噪声平均声级较高。

“十三五”期间，浙江省城市区域环境噪声平均值为 54.1 ～ 54.4 dB，全省城市道路交通噪声等效声级平均值为 67.1 ～ 67.8 dB，城市区域环境和道路交通声环境质量总体保持稳定。从全省各类功能区噪声昼间和夜间达标情况来看，功能区昼间达标率有所上升，夜间达标率变化趋势不明显。

二、存在问题

浙江省个别城市区域环境噪声和道路交通噪声平均等效声级仍相对较高；功能区夜间达标率较低，特别是 1 类功能区的夜间声环境质量相对较差，达标率最低。社会生活噪声源和交通噪声源是城市的主要环境噪声源。

三、原因分析

1. 社会生活影响

“十三五”期间，浙江省第三产业增长迅速，2020 年第三产业所占比重已高达 55.8%。随着城市化进程加快，人口不断向城市聚集，城市生活区域的扩大，人民生活水平的提高，使社会活动更加频繁，各类娱乐设施不断增加，夜间营业时间延长，这都对城市声环境产生重要影响。

2. 交通运输影响

随着经济社会的发展，机动车保有量迅速增加，交通干线运载压力持续增大，路面拥堵、机动车鸣笛等现象比较普遍。同时，各地轨道交通发展迅速，运行时间较长，班次较密集，也对声环境质量产生一定影响。

3. 工业噪声影响

随着企业外迁进程的加快，大部分企业搬入工业园区，工业噪声更加集中，声级更高，对其周边的影响更大。

四、对策建议

1. 加强规划，合理布局

城市规划部门在制订建设规划时，应充分考虑对城市居民声环境质量的影响。除了考虑建设项目和区域开发、改造所产生的噪声对周围环境的影响外，还应统筹规划、合理安排功能区和建设布局，妥善安排居住用地、工业用地、交通运输用地的相对位置。

2. 加大社会生活噪声源规划与管理

社会生活噪声源已经成为影响城市声环境质量的主要声源类型，应加强对社会生活噪声源的规划与管理，这是减轻社会生活噪声源对城市区域声环境质量影响的必要手段。目前社会生活噪声源属于分散经营，遍布居民小区、行政办公场所、学校等噪声敏感区域的周围，影响着城市居民的生活、学习和工作。城市管理部门应通过对社会生活噪声源规划集中管理、联合执法等措施加强对社会生活噪声源的管理和规划。

3. 控制交通噪声对城市声环境的影响

影响城市道路交通噪声的因素主要是城市道路的车流量、城市道路的路面状况、道路行驶车辆的状况等。政府应通过加大市政建设力度，进一步改善城市道路交通网络，通过保持城市外环快速路的畅通、部分路段实行单行、优先发展公共交通等措施，使车辆分流，减少部分路段的平均车流量，通过推广使用新型低噪声路面材料建设城市道路，进一步降低噪声。

4. 减少建筑施工噪声污染

随着城市的发展和改造，市政建设项目大规模开建，建筑施工工地数量急剧增加。打桩、电锯、混凝土搅拌和振捣等施工噪声的扰民问题非常严重。政府应加大监管和监察力度，列出禁用、限用、可用的施工设备名单，推广低噪声施工设备，使建筑施工工地的厂界噪声符合国家规定的建筑施工厂界环境噪声排放标准；同时加强管理监督，要求施工单位严格落实噪声防治措施，必须在开工前建成隔声墙，进行排污申报登记，对每个建筑施工工地的厂界噪声进行监督性监测。

专 栏▶

浙江省声环境质量监督性监测工作

为强化声环境监测数据质量监管，及时掌握城市声环境监测数据质量现状，了解地方监测站声环境监测面临的技术问题和技术需求，浙江省生态环境监测中心于 2020 年开展了声环境质量监督性监测工作，该工作采取 11 个设区市交叉比对抽测方式，主要分为以下三个阶段：

一、调查研究和方案制订

收集整理全省声环境质量监测点位布设、现场监测、质控及数据报送情况，全面梳理调查内容；编制《2020 年浙江省声环境质量监督监测方案》，明确分工，落实责任到人。

二、现场抽测和资料核查

共完成 66 个区域监测点和 66 个道路交通监测点的现场比对监测；对 220 个监测点的点位布设规范性、历史基本信息和监测数据的原始记录进行核查；完成对 11 个设区市监测点位仪器设备日常维护、出入库记录管理及实验室质控记录等材料的检查。

三、诊断总结和问题反馈

从各站现场实测比对情况来看，抽测单位、被抽测单位与省中心监测数据的绝对差值均在 1.0 dB（A）以内，现场抽测比对结果相对较好，但存在噪声监测点位管理不规范、噪声监测数据错误或原始记录填写不规范、质量管理不到位等问题。

通过此次监督性监测，优化了全省声环境质量监测网络，提升了地方声环境质量监测技术，为全省声环境质量监测的规范性和监测数据的准确性打下了坚实基础。

第九章

土壤环境质量

ZHEJIANG SHENG
SHENGTAI HUANJING ZHILIANG ZHUANGKUANG
JI BIANHUA QUSHI YANJIU

（2016—2020年）

“十三五”期间，浙江省国家网土壤环境质量监测点位包括背景点 69 个，基础点 662 个，风险监控点 375 个。监测结果表明：69 个背景点各剖面层中，个别样品镉、铅、砷、铬、铜、镍、锌含量高于风险筛选值，但均低于风险管制值。662 个基础点位中，等于或低于风险筛选值的占 74.0%；高于风险筛选值，低于或等于风险管制值的占 25.5%；高于风险管制值的占 0.5%。375 个风险监控点中，等于或低于风险筛选值的有 300 个，占 80.0%；高于风险筛选值，低于或等于风险管制值的有 64 个，占 17.1%；高于风险管制值的有 11 个，占 2.9%。

第一节　监测概况

一、监测点位分布

“十三五”期间，浙江省对国家土壤环境监测网中 69 个背景点、662 个基础点和 375 个风险监控点（236 个污染源周边点位、115 个水源地周边点位和 24 个畜禽养殖场周边点位）开展了监测见表 9-1、图 9-1。

表 9-1　“十三五”期间浙江省土壤环境监测点位统计

单位：个

设区市	背景点位	基础点位	风险监控点位			总计
			污染源	水源地	畜禽养殖场	
杭州市	6	58	25	15	—	104
宁波市	9	72	24	10	—	115
温州市	15	78	6	10	—	109
嘉兴市	2	58	18	10	6	94
湖州市	5	54	23	10	6	98
绍兴市	4	64	25	10	—	103

设区市	背景点位	基础点位	风险监控点位			总计
			污染源	水源地	畜禽养殖场	
金华市	2	95	16	10	6	129
衢州市	7	45	23	10	6	91
舟山市	3	14	23	10	—	50
台州市	8	79	31	10	—	128
丽水市	8	45	22	10	—	85
全省	69	662	236	115	24	1 106

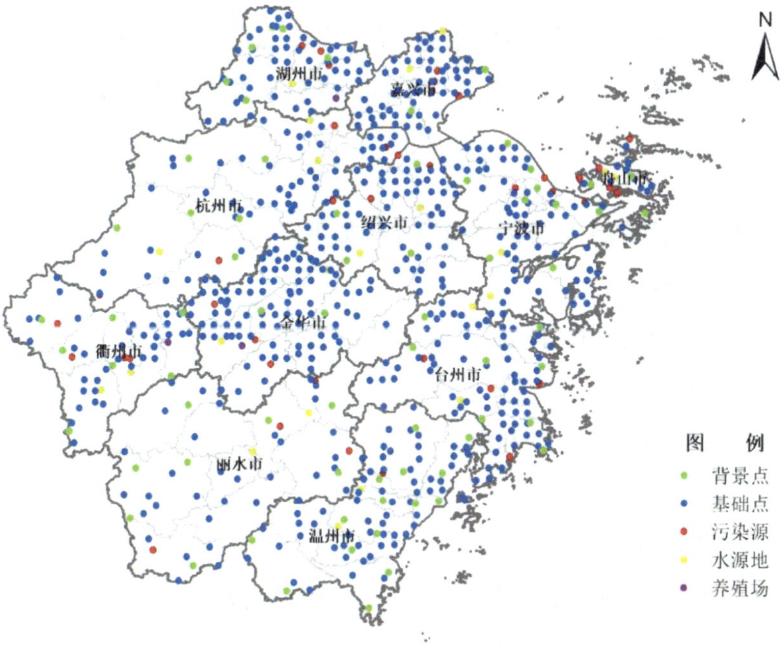

图 9-1 浙江省国家网土壤环境质量监测点位分布

二、监测项目

（一）背景点

样品采集采用发生层剖面采样方式，采集 A、B、C 三层。有机测试项目采集表层土壤新鲜样品，土壤理化性质和无机测试项目逐层采集样品。监测指标如下：

（1）土壤理化指标

土壤 pH、阳离子交换量和有机质含量。

（2）无机污染物

常规项目：镉、汞、砷、铅、铬、铜、锌、镍；

非常规项目：钴、氟、锰、硒、钒、锂、钠、钾、铷、铯、银、铍、镁、钙、锶、钡、硼、铝、镓、铟、铊、钪、钇、镧、铈、镨、钕、钐、铕、钆、铽、镝、钬、铒、铥、镱、镥、钍、铀、锗、锡、钛、锆、铪、锑、铋、钽、碲、钼、钨、溴、碘和铁共 53 种元素。

（3）有机污染物

有机氯农药（六六六和滴滴涕）；

多环芳烃（苊烯、苊、芴、菲、蒽、荧蒽、芘、苯并 [*a*] 蒽、䓛、苯并 [*b*] 荧蒽、苯并 [*k*] 荧蒽、苯并 [*a*] 芘、茚苯 [1,2,3-*c*,*d*] 芘、二苯并 [*a*,*h*] 蒽和苯并 [*g*,*h*,*i*] 苝）。

（二）基础点

采集 0 ～ 20 cm 表层的土壤样品，监测指标如下：

（1）土壤理化指标

土壤 pH、阳离子交换量和有机质含量。

（2）无机污染物

镉、汞、砷、铅、铬、铜、锌和镍。

（3）有机污染物

有机氯农药（六六六和滴滴涕）；

多环芳烃（苊烯、苊、芴、菲、蒽、荧蒽、芘、苯并 [*a*] 蒽、䓛、苯并 [*b*] 荧蒽、苯并 [*k*] 荧蒽、苯并 [*a*] 芘、茚苯 [1,2,3-*c*,*d*] 芘、二苯并 [*a*,*h*] 蒽和苯并 [*g*,*h*,*i*] 苝）。

（三）风险监控点

采集 0 ～ 20 cm 表层的土壤样品，监测指标如下：

（1）土壤理化指标

土壤 pH、阳离子交换量和有机质含量。

（2）无机污染物

镉、汞、砷、铅、铬、铜、锌、镍、锰和钒。

（3）有机污染物

有机氯农药（六六六和滴滴涕；污染源周边土壤未监测此项目）；

苯并 [*a*] 芘。

三、评价标准和方法

（一）评价标准

评价标准执行《土壤环境质量 农用地土壤污染风险管控标准（试行）》（GB 15618—2018）。

表 9–2 农用地土壤污染风险筛选值

单位：mg/kg

序号	污染物项目		风险筛选值			
			pH ≤ 5.5	5.5<pH ≤ 6.5	6.5<pH ≤ 7.5	pH ＞ 7.5
1	镉	水田	0.3	0.4	0.6	0.8
		其他	0.3	0.3	0.3	0.6
2	汞	水田	0.5	0.5	0.6	1.0
		其他	1.3	1.8	2.4	3.4
3	砷	水田	30	30	25	20
		其他	40	40	30	25
4	铅	水田	80	100	140	240
		其他	70	90	120	170
5	铬	水田	250	250	300	350
		其他	150	150	200	250
6	铜	果园	150	150	200	200
		其他	50	50	100	100
7	锌		200	200	250	300
8	镍		60	70	100	190

序号	污染物项目	风险筛选值			
		pH ≤ 5.5	5.5<pH ≤ 6.5	6.5<pH ≤ 7.5	pH > 7.5
9	六六六总量	0.1			
10	滴滴涕总量	0.1			
11	苯并 [*a*] 芘	0.55			

表 9-3　农用地土壤污染风险管制值

单位：mg/kg

序号	污染物项目	风险管制值			
		pH ≤ 5.5	5.5 < pH ≤ 6.5	6.5 < pH ≤ 7.5	pH > 7.5
1	镉	1.5	2.0	3.0	4.0
2	汞	2.0	2.5	4.0	6.0
3	砷	200	150	120	100
4	铅	400	500	700	1 000
5	铬	800	850	1 000	1 300

（二）评价方法

根据表 9-2 和表 9-3 的标准限值，按照单因子评价法，将评价结果分为三个级别，分别是“等于或低于风险筛选值”“高于风险筛选值，低于或等于风险管制值”“高于风险管制值”。

第二节 土壤环境质量状况

一、背景点

（一）监测结果

从土壤背景点监测结果来看，重金属中镉、砷变异系数较大，个别点位含量较高；有机物六六六、滴滴涕和苯并[a]芘均有检出，其中滴滴涕含量均值相对较大，应引起重视。

从背景点常规项目监测均值来看，镉、汞、铜、铅的表层含量高于下层；砷、铬和镍的表层含量低于下层；锌在B层土壤中含量最低。见表9-4。从富集系数看，镉、汞、铜、铅、锌均大于1，其中汞的富集系数最大，为1.90，其次是镉，为1.37，表明其受人类活动影响相对较大；砷、铬和镍的富集系数均小于1。见图9-2。

表9-4 “十三五”期间浙江省背景点土壤各项污染物监测结果统计

监测指标	剖面	点位个数/个	最小值/（mg/kg）	最大值/（mg/kg）	平均值/（mg/kg）	标准差	变异系数/%
镉	A	69	0.02	1.44	0.16	0.18	1.2
	B	69	0.01 L	1.17	0.11	0.16	1.4
	C	68	0.01	0.96	0.11	0.15	1.3
汞	A	69	0.029	0.324	0.117	0.07	0.6
	B	69	0.018	0.230	0.069	0.04	0.5
	C	68	0.015	0.223	0.062	0.04	0.6
砷	A	69	0.80	81.60	7.90	10.0	1.3
	B	69	0.70	91.00	8.40	10.97	1.3
	C	68	1.50	90.60	8.30	10.93	1.3

监测指标	剖面	点位个数 / 个	最小值 /（mg/kg）	最大值 /（mg/kg）	平均值 /（mg/kg）	标准差	变异系数 /%
铅	A	69	17	167	40	25.85	0.6
	B	69	18	128	34	18.75	0.6
	C	68	17	145	34	18.89	0.6
铬	A	69	3 L	133	56	30.57	0.6
	B	69	3 L	144	57	33.47	0.6
	C	68	9	242	61	38.43	0.6
铜	A	69	2.0	92.7	22.2	14.97	0.7
	B	69	1.3	87.4	19.8	13.99	0.7
	C	68	1.2 L	79.1	19.8	13.94	0.7
锌	A	69	36	241	94	37.47	0.4
	B	69	34	190	88	29.70	0.3
	C	68	38	310	94	41.29	0.4
镍	A	69	4.1	83.0	25.1	15.51	0.6
	B	69	4.5	82.9	27.7	17.04	0.6
	C	68	4.8	116.0	29.6	19.26	0.7
六六六	A	69	0.000 1 L	0.004 9	0.000 4	0.000 9	241.0
滴滴涕	A	69	0.000 2 L	0.152 2	0.007 7	0.02	260.0

监测指标	剖面	点位个数 / 个	最小值 /（mg/kg）	最大值 /（mg/kg）	平均值 /（mg/kg）	标准差	变异系数 /%
苯并 [*a*] 芘	A	69	0.000 5 L	0.066 4	0.005 8	0.01	1.8

注：一个剖面只采集到 A、B 两层，未采集到 C 层样品。

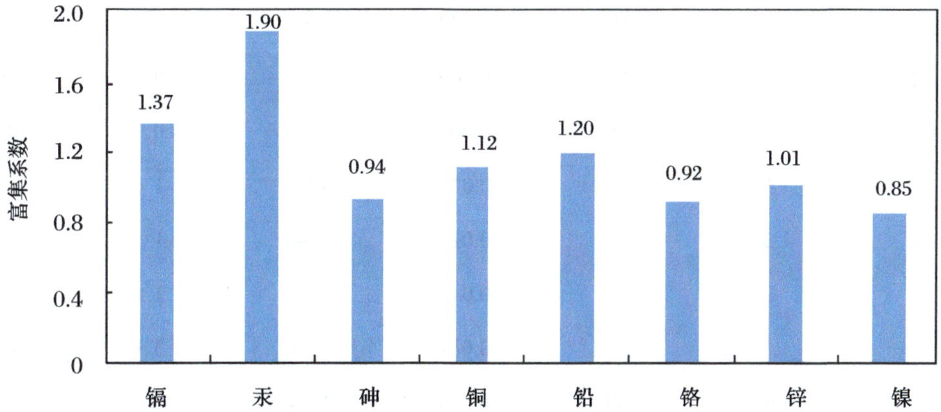

图 9-2 “十三五”期间浙江省土壤背景点常规项目富集系数示意图

从背景点非常规项目监测均值来看，53 种非常规项目的各层含量差别不大，除铋、锡、硒、溴、银外，其余 48 种非常规项目表层土壤含量均低于下层土壤。从富集系数看，铋、锡、硒、溴、银均大于 1，其中富集系数最大的是溴，为 1.62，其次是硒，为 1.57；锆、铪、硼、锑、钨富集系数基本接近 1；其余 43 项均小于 1。

（二）评价结果

选择镉、汞、砷、铅、铬、铜、锌、镍 8 种重金属污染物和六六六、滴滴涕、苯并 [*a*] 芘 3 种有机污染物对土壤环境污染状况进行评价。69 个剖面各层中个别样品的镉、铅、砷、铬、铜、镍、锌含量均高于风险筛选值，但均低于风险管制值，存在一定的土壤污染风险，应引起高度重视。其中镉、铅超过风险筛选值的样品相对较多；表层土壤中滴滴涕和苯并 [*a*] 芘在个别点位也存在土壤污染的风险。

表 9-5 “十三五”期间浙江省背景点土壤各项污染物评价结果统计

监测指标	剖面	点位数 / 个	单项污染指数		高于风险筛选值的点位	
			最小值	最大值	个数 / 个	占比 /%
镉	A	69	0.052	2.39	5	7.3
	B	69	0.002	1.95	4	5.8
	C	68	0.010	3.21	5	7.4
汞	A	69	0.009	0.37	0	0
	B	69	0.006	0.22	0	0
	C	68	0.004	0.21	0	0
砷	A	69	0.021	3.26	1	1.5
	B	69	0.022	3.64	1	1.5
	C	68	0.048	3.02	1	1.5
铅	A	69	0.081	2.09	3	4.4
	B	69	0.078	1.28	2	2.9
	C	68	0.076	1.61	1	1.5
铬	A	69	0.010	0.82	0	0
	B	69	0.010	0.94	0	0
	C	68	0.058	1.61	1	1.5
铜	A	69	0.040	1.85	1	1.5
	B	69	0.026	1.75	1	1.5
	C	68	0.012	1.58	1	1.5
锌	A	69	0.179	1.21	1	1.5
	B	69	0.136	0.95	0	0
	C	68	0.150	1.55	1	1.5
镍	A	69	0.068	1.08	1	1.5
	B	69	0.073	1.32	1	1.5
	C	68	0.058	1.66	2	2.9
六六六	A	69	0.000 5	0.05	0	0

监测指标	剖面	点位数 / 个	单项污染指数		高于风险筛选值的点位	
			最小值	最大值	个数 / 个	占比 /%
滴滴涕	A	69	0.001 0	1.52	1	1.5
苯并 [*a*] 芘	A	69	0.000 5	1.57	1	1.5

二、基础点

（一）监测结果

从基础点土壤监测结果来看，重金属中镉变异系数较大，个别点位含量较高；有机物六六六、滴滴涕和苯并 [*a*] 芘均有检出，其中滴滴涕含量最大值较大，应引起重视。见表 9-6。

表 9-6 “十三五”期间浙江省基础点土壤各项污染物监测结果统计

项目	最小值 /（mg/kg）	最大值 /（mg/kg）	平均值 /（mg/kg）	标准差	变异系数 /%
镉	0.01 L	12.40	0.27	0.5	199.3
汞	0.015	1.750	0.143	0.1	92.1
砷	0.72	85.60	6.60	6.1	93.3
铅	5	469	40	28.6	71.4
铬	3	295	54	32.2	59.2
铜	0.5	178.0	24.7	17.4	70.4
锌	16	676	96	54.8	57.3
镍	2.0	292.0	21.9	18.2	83.4
六六六	0.000 08 L	0.095 0	0.001 0	0.005	342.9
滴滴涕	0.000 1 L	10.050 0	0.034 0	0.4	1 198.7
苯并 [*a*] 芘	0.000 1 L	0.133 0	0.006 0	0.013	215.3

（二）评价结果

在662个基础点位中，等于或低于风险筛选值的有490个，占74.0%；高于风险筛选值，低于或等于风险管制值的有169个，占25.5%；高于风险管制值的有3个，占0.5%。见表9-7。

镉：在 662 个样品中，镉含量等于或低于风险筛选值的有 536 个，占 81.0%；高于风险筛选值，低于或等于风险管制值的有 124 个，占 18.7%；高于风险管制值的有 2 个，占 0.3%，这两个点位分别出现在湖州市安吉县上墅乡上墅村和衢州市开化县池淮乡篁岸村。

汞：在 662 个样品中，汞含量等于或低于风险筛选值的有 660 个，占 99.7%；高于风险筛选值，低于或等于风险管制值的有 2 个，占 0.3%，这两个点位分别出现在嘉兴市南湖区大桥镇中华村和绍兴市越城区禹陵镇任家湾。

砷：在 662 个样品中，砷含量等于或低于风险筛选值的有 657 个，占 99.2%；高于风险筛选值，低于或等于风险管制值的有 5 个，占 0.8%。

铅：在 662 个样品中，铅含量等于或低于风险筛选值的有 641 个，占 96.8%；高于风险筛选值，低于或等于风险管制值的有 20 个，占 3.0%；高于风险管制值的有 1 个，占 0.2%，这个点位出现在绍兴市嵊州市鹿山街道上任村。

铬：在 662 个样品中，铬含量等于或低于风险筛选值的有 658 个，占 99.4%；高于风险筛选值，低于或等于风险管制值的有 4 个，占 0.6%。

铜：在 662 个样品中，铜含量等于或低于风险筛选值的有 627 个，占 94.7%；高于风险筛选值的有 35 个，占 5.3%。

锌：在 662 个样品中，锌含量等于或低于风险筛选值的有 644 个，占 97.3%；高于风险筛选值的有 18 个，占 2.7%。

镍：在 662 个样品中，镍含量等于或低于风险筛选值的有 653 个，占 98.6%；高于风险筛选值的有 9 个，占 1.4%。

六六六：在 655 个样品中，六六六含量均未超过风险筛选值，土壤污染风险较低。

滴滴涕：在 655 个样品中，滴滴涕含量等于或低于风险筛选值的有 639 个，占 97.6%；高于风险筛选值的有 16 个，占 2.4%。

苯并 [*a*] 芘：在 655 个样品中，苯并 [*a*] 芘含量均未超过风险筛选值，土壤污染风险较低。

表 9-7 “十三五”期间浙江省基础点土壤各项污染物评价结果统计

监测项目	点位数 / 个	单项污染指数		等于或低于风险筛选值		高于风险筛选值，低于或等于风险管制值		高于风险管制值	
		最小值	最大值	个数 / 个	占比 /%	个数 / 个	占比 /%	个数 / 个	占比 /%
镉	662	0.02	41.33	536	81.0	124	18.7	2	0.3
汞	662	0.01	2.02	660	99.7	2	0.3	0	0
砷	662	0.02	2.14	657	99.2	5	0.8	0	0
铅	662	0.05	6.70	641	96.8	20	3.0	1	0.2
铬	662	0.02	1.97	658	99.4	4	0.6	0	0
铜	662	0.01	3.56	627	94.7	35	5.3	—	—
锌	662	0.08	2.94	644	97.3	18	2.7	—	—
镍	662	0.03	4.87	653	98.6	9	1.4	—	—
六六六	655	0.000 4	0.95	655	100	0	0	—	—
滴滴涕	655	0.000 5	100.50	639	97.6	16	2.4	—	—
苯并 [*a*] 芘	655	0.000 1	0.24	655	100	0	0	—	—

三、风险监控点

（一）监测结果

“十三五”期间，浙江省共监测 375 个风险监控点，分别为 236 个污染源周边点位、115 个水源地周边点位和 24 个畜禽养殖场周边点位。见表 9-8。

从 236 个污染源周边点位看，监测项目的最小值与最大值差距较大，且变异系数较高，说明部分点位监测值较大，存在较大的污染风险。从 115 个水源地周边点位看，各项目监测平均值相对较小，个别点位由于土壤背景的影响监测值较大。从 24 个畜禽养殖场周边点位看，除铜变异系数较大外，其余监测项目点位差异相对较小，土壤可能存在铜污染的风险。

表 9-8 "十三五"期间浙江省风险监控点土壤各项污染物监测结果统计

监测项目	类型	最小值 /（mg/kg）	最大值 /（mg/kg）	平均值 /（mg/kg）	标准差	变异系数 /%
镉	污染源	0.01	6.22	0.40	0.83	209.2
	水源地	0.02	1.91	0.16	0.20	119.1
	畜禽养殖场	0.05	0.45	0.17	0.09	52.9
汞	污染源	0.010	1.320	0.140	0.18	130.4
	水源地	0.020	1.700	0.120	0.20	166.6
	畜禽养殖场	0.010	0.280	0.120	0.08	65.1
砷	污染源	1.40	131.00	10.41	11.61	111.5
	水源地	1.23	19.90	6.92	3.82	55.2
	畜禽养殖场	3.14	12.00	7.60	3.01	39.6
铅	污染源	5	486	52	60.38	116.3
	水源地	8	421	42	41.60	98.4
	畜禽养殖场	24	43	33	5.10	15.4
铬	污染源	3 L	1 440	66	101.45	152.8
	水源地	3 L	323	44	41.89	95.5
	畜禽养殖场	8	96	60	27.44	46.0
铜	污染源	0.5	914.0	42.8	80.50	188.0
	水源地	1.2 L	130.0	16.8	18.40	109.3
	畜禽养殖场	5.3	160.0	32.4	36.65	113.1

监测项目	类型	最小值/（mg/kg）	最大值/（mg/kg）	平均值/（mg/kg）	标准差	变异系数/%
锌	污染源	25	4 790	134	319.61	237.6
	水源地	43	309	99	42.95	43.5
	畜禽养殖场	45	367	106	78.40	73.7
镍	污染源	2.5	890.0	30.5	59.05	193.5
	水源地	1.5 L	119.0	16.4	16.80	102.4
	畜禽养殖场	2.9	42.9	22.3	14.08	63.1
六六六	污染源	—	—	—	—	—
	水源地	0.000 18 L	0.003 2	0.000 3	0.000 4	113.8
	畜禽养殖场	0.000 2	0.002 1	0.000 6	0.000 5	73.2
滴滴涕	污染源	—	—	—	—	—
	水源地	0.004 87 L	0.409 8	0.010 2	0.043 3	422.5
	畜禽养殖场	0.004 0	0.033 1	0.012 6	0.009 0	71.0
苯并[*a*]芘	污染源	0.002 5	0.474	0.020 0	0.040 0	257.5
	水源地	0.006 8	0.200 0	0.021 5	0.028 6	133.1
	畜禽养殖场	0.007 4	0.028 2	0.013 9	0.005 3	37.8

（二）评价结果

在 375 个风险监控点位中，等于或低于风险筛选值的有 300 个，占 80.0%；高于风险筛选值，低于或等于风险管制值的有 64 个，占 17.1%；高于风险管制值的有 11 个，占 2.9%。见表 9-9。

其中，在 236 个污染源周边土壤点位中，等于或低于风险筛选值的有 177 个，占 75.0%；高于风险筛选值，低于或等于风险管制值的有 49 个，占 20.8%；高于风险管制值的有 10 个，占 4.2%。在 115 个水源地周边土壤点位中，等于或低于风险筛选值的有 103 个，占 89.6%；高于风险筛选值，低于或等于风险管制值的有 11 个，占 9.6%；高于风险管制值的有 1 个，占 0.8%。在 24 个畜禽养殖场周边土壤点位中，等于或低于风险筛选值的有 20 个，占 83.3%；高于风险筛选值，低于或等于风险管制值的有 4 个，占 16.7%。

表 9-9 “十三五”期间浙江省风险监控点土壤各项污染物评价结果统计

监测项目	类型	点位数 / 个	单项污染指数		等于或低于风险筛选值		高于风险筛选值，小于或等于风险管制值		高于风险管制值	
			最小值	最大值	个数 / 个	占比 /%	个数 / 个	占比 /%	个数 / 个	占比 /%
镉	污染源	236	0.04	10.93	193	81.8	34	14.4	9	3.8
	水源地	115	0.07	3.18	109	94.8	6	5.2	0	0
	畜禽养殖场	24	0.17	1.50	22	91.7	2	8.3	0	0
汞	污染源	236	0.00	1.20	233	98.7	3	1.3	0	0
	水源地	115	0.01	0.50	115	100	0	0	0	0
	畜禽养殖场	24	0.01	0.18	24	100	0	0	0	0
砷	污染源	236	0.04	4.37	229	97.0	6	2.5	1	0.4
	水源地	115	0.03	0.61	115	100	0	0	0	0
	畜禽养殖场	24	0.08	0.37	24	100	0	0	0	0

监测项目	类型	点位数/个	单项污染指数		等于或低于风险筛选值		高于风险筛选值，小于或等于风险管制值		高于风险管制值	
			最小值	最大值	个数/个	占比/%	个数/个	占比/%	个数/个	占比/%
铅	污染源	236	0.03	4.96	211	89.4	25	10.6	0	0
	水源地	115	0.10	6.01	111	96.5	3	2.6	1	0.9
	畜禽养殖场	24	0.18	0.61	24	100	0	0	0	0
铬	污染源	236	0.02	5.76	233	98.7	2	0.8	1	0.4
	水源地	115	0.01	2.15	114	99.1	1	0.9	0	0
	畜禽养殖场	24	0.05	0.64	24	100	0	0	0	0
铜	污染源	236	0.01	18.28	215	91.1	21	8.9	—	—
	水源地	115	0.01	2.60	113	98.3	2	1.7	—	—
	畜禽养殖场	24	0.06	2.16	20	83.3	4	16.7	—	—
锌	污染源	236	0.08	15.97	218	92.4	18	7.6	—	—
	水源地	115	0.18	1.55	112	97.4	3	2.6	—	—
	畜禽养殖场	24	0.19	1.54	22	91.7	2	8.3	—	—
镍	污染源	236	0.03	4.68	233	98.7	3	1.3	—	—
	水源地	115	0.01	1.70	114	99.1	1	0.9	—	—
	畜禽养殖场	24	0.05	0.72	24	100	0	0	—	—

监测项目	类型	点位数 / 个	单项污染指数		等于或低于风险筛选值		高于风险筛选值，小于或等于风险管制值		高于风险管制值	
			最小值	最大值	个数 / 个	占比 /%	个数 / 个	占比 /%	个数 / 个	占比 /%
六六六	污染源	—	—	—	—	—	—	—	—	—
	水源地	115	0.000 9	0.032 13	115	100	0	0	—	—
	畜禽养殖场	24	0.000 9	0.021 38	24	100	0	0	—	—
滴滴涕	污染源	—	—	—	—	—	—	—	—	—
	水源地	115	0.024 4	4.097 8	113	98.3	2	1.7	—	—
	畜禽养殖场	24	0.024 4	0.331 3	24	100	0	0	—	—
苯并 [*a*] 芘	污染源	236	0.004 5	0.861 8	236	100	0	0	—	—
	水源地	115	0.012 4	0.363 6	115	100	0	0	—	—
	畜禽养殖场	24	0.013 5	0.051 3	24	100	0	0	—	—

第三节 小结

一、基本状况

69个背景点各剖面层中个别样品的镉、铅、砷、铬、铜、镍、锌含量高于风险筛选值，但均低于风险管制值，存在一定的土壤污染风险，应引起高度重视；其中镉、铅超过风险筛选值的样品相对较多；表层土壤中滴滴涕和苯并[*a*]芘在个别点位也存在土壤污染的风险。

在662个基础点位中，等于或低于风险筛选值的有490个，占74.0%；高于风险筛选值，低于或等于风险管制值的有169个，占25.5%；高于风险管制值的有3个，占0.5%。

在375个风险监控点位中，等于或低于风险筛选值的有300个，占80.0%；高于风险筛选值，低于或等于风险管制值的有64个，占17.1%；高于风险管制值的有11个，占2.9%。

二、存在问题

1. 个别背景点受人为活动干扰较大，不适合再做背景点。
2. 极个别基础点出现重金属元素镉和铅超过土壤风险管制值的情况。
3. 在污染源周边土壤风险监控点中，超过土壤风险管制值的点位相对较多。

三、原因分析

造成土壤重金属元素浓度高的因素主要有表生环境中地质作用和人为污染的影响。工农业的快速发展、交通运输的日益发达，各地区的土壤性质、土壤类型、成土母质等自然条件均是造成土壤中某些元素浓度较高的原因。如浙西一带砷含量较高，与该地区特殊的地层岩性有关，浙西地区古生代碎屑岩风化形成的红壤中砷含量明显高于其他土壤；新昌—嵊州盆地广泛分布着新生代嵊县组玄武岩，此类岩石亲铁元素含量较高，故此类岩石风化残积的红壤中往往存在镍异常，这类元素的分布形态、空间展布、范围大小均与玄武岩的分布相一致。

除自然背景值较高的因素外，一般来说，进入土壤的外源污染物主要来自水、固体废物、农药、化肥以及大气沉降物等。部分监测点位污染物超标主要原因可能有以下三个方面：

一是与农业生产活动关系密切。如土壤中镉、汞超标可能与农业生产活动长期施用大量的农药和化肥等有关。有研究表明，不同品牌的磷肥及复合肥中，镉含量最高达 54.12 mg/kg，是浙江省土壤背景值的 773 倍；汞含量也较高，有的复合肥汞含量超过土壤环境背景值近 100 倍。长期大量地施用化肥，存在土壤重金属积累的风险，这也是造成种植区土壤中重金属积累和超标的重要原因。

二是工业生产活动对土壤环境的影响。浙江省是中国经济最发达的省份之一，地处工农业繁荣发展的长江三角洲地区，人多地少，土地利用类型多样，由于工业化发展初期粗放的生产经营方式、落后的生产工艺，工业“三废”等污染物排放造成了一定程度的土壤污染。

三是交通运输业的飞速发展对土壤环境的影响。如铅、苯并 [*a*] 芘等通过大气沉降可能引起土壤污染物的积累。

四、对策建议

1. 加强源头控制，预防土壤污染

针对部分土壤监测点位出现的超标现象，应采取源头控制。一方面规范农业生产过程，严格管制乱用、滥用农业投入品的行为，引导农民科学合理使用肥料、农药；严格控制化肥施用量，禁止登记、生产、销售和施用重金属等有毒有害物质超标的肥料；选用优良品种，利用植物的抗虫性，选育丰产、抗虫并且具备其他优良性状的良种，尽量少用杀虫剂，确需使用时应选择高效、低毒、低残、高选择性与环境友好的新农药产品，大力发展生物防治措施。另一方面加强对污染行业工业企业的监管，重点加强对涉重金属和持久性有机污染物的制革、合金、化工、有色金属、制药、煤炭等行业的监管，规范对含危险废物的排放物质的收集、贮存、转移、运输和处理处置，严禁工业排放污染

物进入土壤。

2. 制定合理管控目标，建立精准管理平台

根据污染成因提出更加精准的分区域管理目标，结合当地工业格局和中长期规划，提出更加符合区域经济社会发展的农用地土壤污染风险管控方案，以优先保护农用地为主，重点管控治理安全利用类农用地，建立多尺度、多目标的农用地土壤环境质量综合管理平台，精准指导全省农用地分类保护、修复与管控工作的开展。

3. 加强宣传教育，增强公众的环保意识

长期以来，人们对水和大气环境质量的关注远远超过对土壤环境质量的关注，因此要充分发挥舆论导向作用，通过多种媒介（如电视、网络）的环境类节目开展宣传教育，提高全民对土壤污染危害的认识，促使防治土壤污染成为一种自觉行为。同时对潜在的土壤污染及事故应对进行科普宣传教育，把土壤污染防治融入学校、工厂、农村、社区等的环境教育和干部培训中，引导广大群众积极参与和支持土壤污染防治工作，提高全民对于土壤环境的保护意识。

第十章

农村环境质量

ZHEJIANG SHENG
SHENGTAI HUANJING ZHILIANG ZHUANGKUANG
JI BIANHUA QUSHI YANJIU

（2016—2020 年）

2020 年，浙江省对 11 个设区市 80 个县（市、区）中 274 个村庄的环境空气质量、饮用水水源地水质、土壤环境质量、县域河流（湖库）地表水水质和县域生态环境质量开展试点监测。根据《农村环境质量综合评价技术规定（试行）》的标准，80 个县（市、区）农村环境质量综合指数范围为 67.5 ～ 93.7，农村环境质量综合状况为优的有 43 个，占 53.8%；综合状况为良的有 36 个，占 45.0%；综合状况为一般的有 1 个，占 1.2%。

第一节　监测概况

一、基本情况

按照《2020 年国家生态环境监测方案》《全国农村环境质量试点监测工作方案》《全国农村环境质量试点监测技术方案》（环发〔2014〕125 号）等相关文件要求，2020 年浙江省共选取 11 个设区市 80 个县域的 274 个村庄开展农村环境质量监测，包括 12 个必测村庄和 262 个选测村庄。按村庄类型划分，生态型 46 个、种植型 80 个、养殖型 13 个、工业型 35 个、旅游型 37 个、其他型 63 个。见图 10-1。

农村环境质量试点监测分县域和村庄两个层次。在县域监测层次上，对 80 个县（市、区）开展了地表水水质监测（192 个断面）和生态环境质量状况监测；在村庄监测层次上，对 274 个村庄开展了环境空气质量、饮用水水源地水质（146 个水源地）和土壤环境质量监测（1 203 个点位）。

“十三五”期间，浙江省累计对 1 153 个村庄开展农村环境质量监测，包括 12 个必测村庄和 1 141 个选测村庄，监测范围覆盖全部县域，建成了较为完善的农村环境监测业务、技术、质量管理和能力保障体系，实现了农村环境质量例行监测。

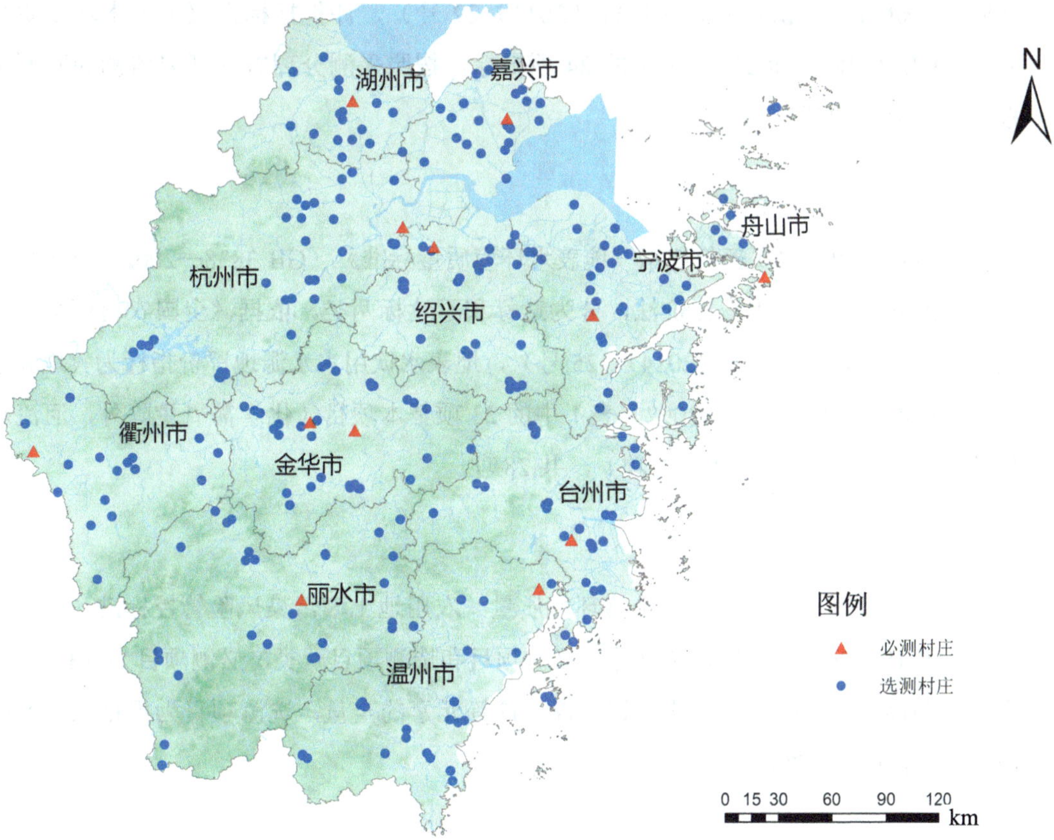

图 10-1 2020 年浙江省农村环境质量试点监测村庄分布

二、评价方法

（一）环境空气

根据《全国农村环境质量试点监测技术方案》（环发〔2014〕125 号）要求，农村环境空气质量评价依据《环境空气质量标准》（GB 3095—2012）。评价指标为 SO_2、NO_2、PM_{10}、$PM_{2.5}$、O_3 和 CO。

（二）地表水

根据《全国农村环境质量试点监测技术方案》（环发〔2014〕125 号）要求，农村地表水环境质量评价依据《地表水环境质量标准》（GB 3838—2002）《地表水环境质量评价办法（试行）》（环办〔2011〕22 号），评价指标为《地表水环境质量标准》（GB 3838—2002）表 1 中的 24 项指标，按照采测分离方式开展监测的断面可不报送“粪大肠菌群”项。

（三）饮用水水源地

饮用水水源地水质评价依据《地表水环境质量标准》（GB 3838—2002）Ⅲ类标准或相应标准值，采用单因子评价法，分为达标和不达标两类。依据《全国农村环境质量试点监测技术方案》（环发〔2014〕125 号），地表水饮用水水源地评价指标为《地表水环境质量标准》（GB 3838—2002）表 1 中的 23 项基本项目（化学需氧量除外，河流总氮除外），表 2 中的补充项目（5 项），共 28 项。

（四）土壤

土壤环境质量评价依据《土壤环境质量　农用地土壤污染风险管控标准（试行）》（GB 15618—2018）。评价指标分为必测项目和选测项目两类，必测项目为 pH、阳离子交换量和镉、汞、砷、铅、铬、铜、镍、锌等元素的全量，选测项目为根据当地实际情况增加的特征污染物。

（五）生态

根据《全国农村环境质量试点监测技术方案》（环发〔2014〕125 号），对农村生态质量状况采用农村生态状况指数进行评价，农村生态状况指数由生物丰度指数、植被覆盖指数、水网密度指数、土地胁迫指数、人类干扰指数加权计算得出。生物丰度指数、植被覆盖指数、水网密度指数、土地胁迫指数参考《生态环境状况评价技术规范》（HJ 192 － 2015）确定，人类干扰指数参考《国家重点生态功能区县域生态环境质量考核办法》的评价办法确定。

（六）农村环境质量综合评价

执行中国环境监测总站《农村环境质量综合评价技术规定（试行）》的相关要求。

第二节　农村环境质量状况

一、环境空气质量状况

274 个村庄的日环境空气质量达标率范围为 50.0% ～ 100%，平均达标率为 97.8%，其中，228 个村庄达标率为 100%。存在超标天次的村庄有 46 个，超标率范围为 5.0% ～ 50.0%；总超标天次为 119 天次，超标项目为 O_3、$PM_{2.5}$ 和 NO_2。除绍兴市、舟山市和丽水市 3 个地市外，其余 8 个设区市均有村庄存在超标现象。12 个必测村庄日环境空气质量达标率平均为 96.2%，其中，8 个村庄达标率为 100%。

274 个村庄的环境空气质量指数为 64 ～ 100；80 个县（市、区）农村环境空气质量指数为 72.5 ～ 100。

二、饮用水水源地水质状况

274 个村庄的 146 个饮用水水源地中（均为地表水饮用水水源地，部分村庄集中供水），每季度水质均达标的水源地有 143 个，存在超标季度的水源地有 3 个，个数达标率为 97.9%。存在超标季度的 3 个水源地分布在宁波市（2 个）和湖州市（1 个），主要超标指标为总磷、溶解氧。12 个必测村庄饮用水水源地水质每季度均达标，个数达标率为 100%。

274 个村庄饮用水水源地水质指数值为 30.0 ～ 100；80 个县（市、区）农村饮用水水源地水质指数为 30.0 ～ 100。

三、土壤环境质量状况

对 274 个村庄的 17 种类型土壤共布设了 1 203 个监测点位。评价结果显示，在 1 203 个点位中，有 1 011 个点位（占总监测点位数的 84.0%）的各项污染物含量均低于或等于风险筛选值，土壤污染风险低；有 190 个点位（占总监测点位数的 15.8%）至少有一种污染物含量高于风险筛选值，但低于或等于风险管制值，可能存在土壤污染风险；有 2 个点位（占总监测点位数的 0.2%）至少有一种污染物含量高于风险管制值，土壤污染风险高。

274 个村庄土壤监测点位环境质量指数范围为 60.0 ～ 100，80 个县（市、区）土壤环境质量指数范围为 65.3 ～ 100。

四、地表水水质状况

80 个县（市、区）的 192 个县域河流（湖库）断面中，Ⅰ～Ⅲ类水质断面有 178 个，占 92.7%（其中，Ⅰ类 8.9%、Ⅱ类 46.9%、Ⅲ类 37.0%）；Ⅳ类有 13 个，占 6.8%；Ⅴ类有 1 个，占 0.5%。主要污染指标为总磷、氨氮、化学需氧量等。

80 个县（市、区）地表水水质指数值为 36.0 ～ 95.0。

五、生态环境质量状况

参与评价的 80 个县（市、区）的生态环境状况指数为 55.1 ～ 90.7，人类干扰指数分布为 21.2 ～ 91.5。市区生态环境状况指数相对较低，人类干扰指数较多；一些山区县生态环境状况指数相对较高，人类干扰指数相对较少。根据生态环境质量分级，80 个县（市、区）中生态环境质量为优的有 50 个，占 62.5%；质量为良的有 30 个，占 37.5%。

六、农村环境质量综合评价结果

根据《农村环境质量综合评价技术规定（试行）》进行评价，80 个县（市、区）农村环境质量综合指数范围为 67.5 ～ 93.7，农村环境质量综合状况为优的有 43 个，占 53.8%；综合状况为良的有 36 个，占 45.0%；综合状况为一般的有 1 个，占 1.2%。见图 10-2。

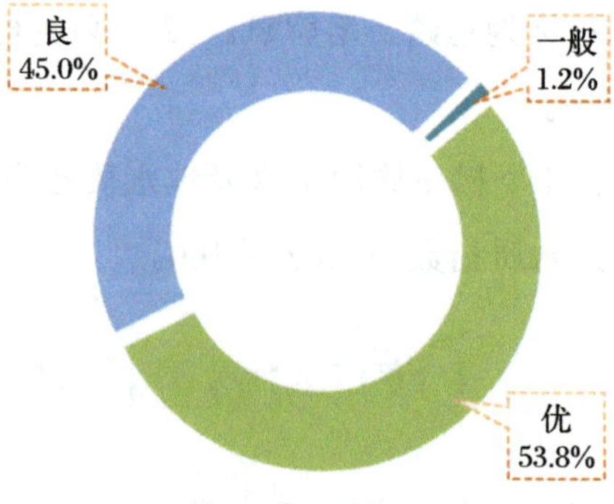

图 10-2　2020 年浙江省 80 个县（市、区）农村环境质量综合评价结果

第三节 小结

一、基本状况

274 个村庄的日环境空气质量达标率平均为 97.8%，超标率范围为 5.0% ～ 50.0%，超标项目为 O_3、$PM_{2.5}$ 和 NO_2。146 个饮用水水源地个数达标率为 97.9%，3 个水源地存在超标，主要超标指标为总磷、溶解氧。在 1 203 个土壤监测点位中，84.0% 的点位各项污染物含量均低于或等于风险筛选值，15.8% 的点位至少有一种污染物含量高于风险筛选值但低于或等于风险管制值，0.2% 的点位至少有一种污染物含量高于风险管制值。192 个县域河流（湖库）断面中，Ⅰ～Ⅲ类水质断面占 92.7%、Ⅳ类占 6.8%、Ⅴ类占 0.5%，主要污染指标为总磷、氨氮、化学需氧量等。80 个县（市、区）生态环境状况指数范围为 55.1 ～ 90.7，农村环境质量综合指数范围为 67.5 ～ 93.7，农村环境质量综合状况为优的占 53.8%（43 个），综合状况为良的占 45.0%（36 个），综合状况为一般的占 1.2%（1 个）。

二、存在问题

（1）农村环境监测能力不足。部分基层环境监测站由于监测仪器与技术较为落后，缺乏专业人才和资金投入的保障，整体监测力量较为薄弱，且地区间监测能力差异相对较大，无法满足农村环境质量监测工作的需求。

（2）农村环境质量监测体系尚需完善。目前农村环境质量监测的主要内容和方法、监测的要素和具体的指标缺乏针对性，如缺少面源污染监测，而农业面源污染仍是大多数村庄的主要污染来源，农村面源污染的监测和评价分析有助于全面反映农村环境质量。

（3）农村环境监测质量管理仍需加强。目前农村环境质量监测工作在质控体系上还不够完善，尤其是对于第三方监测业务委托单位没有一个较为完善的质量监督管理机制，无法确保监测工作全过程的规范性。

三、对策建议

（1）加强农村环境监测基础能力建设，组织基层环境监测站的技术人员进行培训，加强交流，配备适合农村环境质量监测的仪器设备，加强仪器运行维护等方面的能力建设。同时，加强对农村环境监测工作的支持力度，加大经费投入，切实保障农村环境监测工作正常顺利地开展。

（2）完善农村环境质量监测体系，根据不同类型村庄环境污染特点，设置有针对性的监测要素和评价指标。同时，开展农村环境质量监测相关科研工作，在已掌握数据的基础上，重点围绕农村土壤环境质量、饮用水水质、面源污染等农村环境主要问题开展研究工作，从点到面进一步掌握农村环境质量状况以及存在的问题，为农村环境保护和污染治理提供支撑。

（3）加强农村环境监测质量管理，承担监测任务的基层监测站要进一步加强内部质量控制与管理，提升监测工作的规范性；同时，对于第三方监测业务委托单位要定期开展质量监督与管理，确保工作的及时性、监测的规范性、数据的准确性。

专 栏 ▶

农田灌溉水与污水处理设施水质监测

2020 年，浙江省对 9 个地市（除舟山市、丽水市外）的 33 个 10 万亩及以上农田灌区的主要灌溉水水源开展监测，共设置 45 个监测断面，上下半年各监测 1 次，全年共 2 次；监测项目为《农田灌溉水质标准》（GB 5084—2005）中基本控制项目 16 项及部分重金属等选测项目；开展监测的灌溉水类型主要为地表水、江河、湖泊及水库，灌溉农作物主要为水稻及蔬果。评价结果显示，33 个灌区中主要灌溉水年均水质达标的有 19 个，占灌区总数的 57.6%；超标的有 14 个，占灌区总数的 42.4%，超标指标为 pH、粪大肠菌群、氯化物和镉，其中 pH 超标最多，超标率为 21.2%。

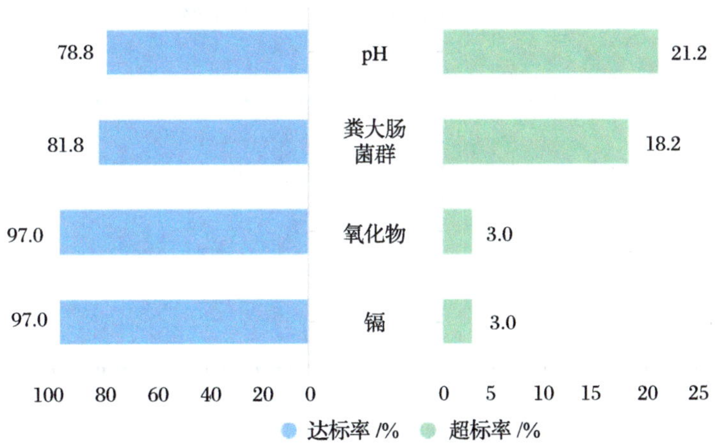

2020 年，浙江省对 20 t 及以上农村生活污水处理设施的出水水质开展监测，上下半年各监测 1 次，全年 2 次，共监测 32 527 家次；监测

项目为氨氮、化学需氧量 2 个必测项目（部分设施增加 5 个选测项目）。按《农村生活污水处理设施水污染排放标准》（DB 33/973—2015），对两项必测指标进行评价，有 28 564 家次设施出水水质达标，占监测总数的 87.8%；有 3 963 家次超标，占监测总数的 12.2%；氨氮超标率为 10.5%，化学需氧量超标率为 3.8%。

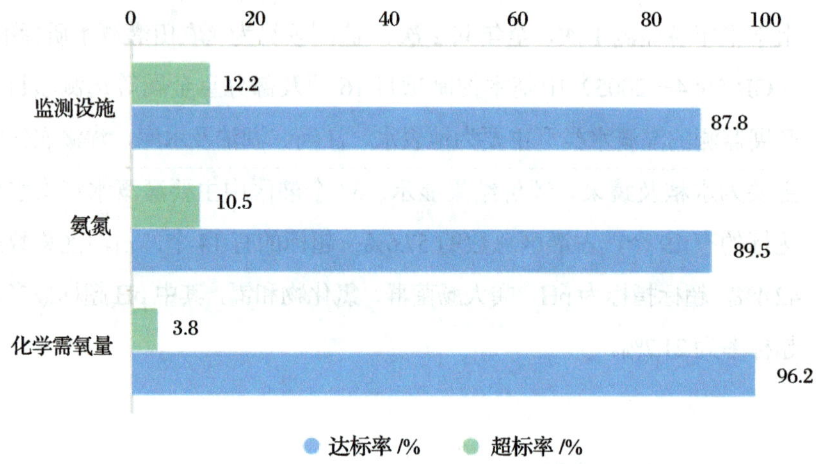

第十一章

生态环境状况

ZHEJIANG SHENG
SHENGTAI HUANJING ZHILIANG ZHUANGKUANG
JI BIANHUA QUSHI YANJIU

（2016—2020年）

良好的生态环境是人类生存和可持续发展的基础。无论是维持生态系统结构和功能的可持续性，还是修复受损生态系统，或是重建充满活力、结构稳定、具有自我调节能力的生态系统，其首要前提都是要掌握与人类发展密切相关的生态环境状况。生态环境状况评价是从生态系统的层次上，对生态环境状况的优劣程度进行定性或定量分析，以反映生态环境对人类生存及经济社会持续发展的适宜程度。

第一节　生态环境状况

2019 年浙江省县级评价单元生态环境状况级别主要为优，优、良、一般三个级别的县（市、区）面积分别占全省土地总面积的 81.4%、18.5% 和 0.1%；“十三五”期间，全省生态环境状况指数总体稳定在高位水平，持续居全国前列。

一、生态环境现状

（一）空间分布特征

参照《生态环境状况评价技术规范》（HJ 192—2015），对浙江省生态环境状况进行评价。采用生物丰度指数、植被覆盖指数、水网密度指数、土地胁迫指数和污染负荷指数等评价指标，各指标分别赋予不同权重，计算生态环境状况指数（EI）。根据生态环境状况指数，将区域生态环境状况划分为五级，即优（EI ≥ 75）、良（55 ≤ EI < 75）、一般（35 ≤ EI < 55）、较差（20 ≤ EI < 35）和差（EI < 20）。根据生态环境状况指数变化情况，将其变化幅度分为四级，即无明显变化（|ΔEI| < 1）、略微变化（1 ≤ |ΔEI| < 3）、明显变化（3 ≤ |ΔEI| < 8）和显著变化（|ΔEI| ≥ 8）。

浙江省生态系统类型以森林、农田、城镇和湿地为主，另有少量草地与裸地生态系统。森林生态系统主要分布在浙西北和浙西南等山地丘陵区；农田生态系统主要分布在浙北平原、浙东南沿海平原及金衢盆地等地势平坦区域；城镇生态系统集中在浙北平原、浙东南沿海及浙中丘陵盆地，呈块状或点状分布；湿地生态系统由内陆广泛分布的河流和湖泊以及浙东沿海的滩涂沼泽构成；草地生态系统夹杂在林地及其他地类之间，主要由草丛构成；裸地分布较少，由裸岩和裸土构成，零星分布在浙西北山地丘陵区。浙江省生态环境状况指数空间分布见图 11-1。

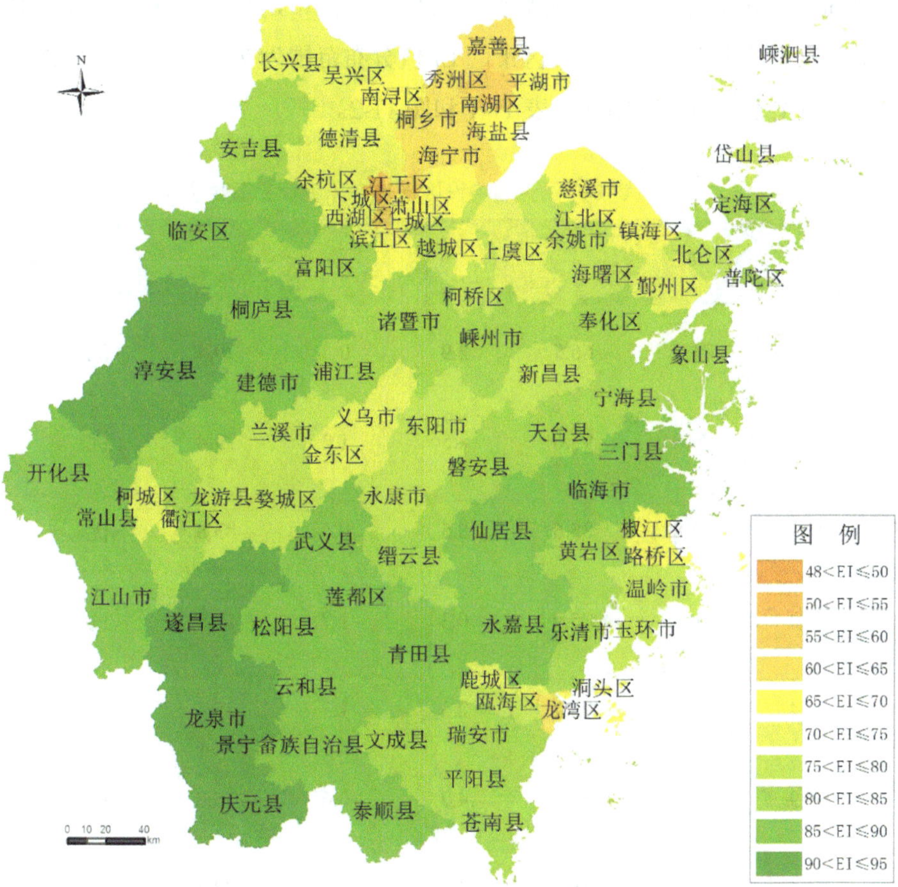

图 11-1　浙江省生态环境状况指数空间分布示意图

（二）设区市状况

根据生态环境状况分级，浙江省 11 个设区市中，除嘉兴市生态环境状况级别为良外，其余各市均为优。以设区市为评价单元，生态环境状况为优、良的区域面积分别占全省土地总面积的 96.0% 和 4.0%。

11 个设区市的 EI 值分布范围为 62.5 ～ 89.4，按 EI 值降序排列依次为丽水市 > 衢州市 > 台州市 > 温州市 > 舟山市 > 杭州市 > 宁波市和杭州市（EI 值相同）> 金华市 > 绍兴市 > 湖州市 > 嘉兴市。丽水市 EI 值最高，为 89.4，生态环境状况最好，其森林覆盖、生物多样性丰度状况明显优于其他设区市。嘉兴市地处浙北平原，由于森林覆盖率低、植被群系相对简单，其生物丰度指数明显低于其他各设区市，且污染排放强度相对较高，生态环境状况评价结果为良。其余设区市的 EI 值分布范围为 75.6 ～ 84.9，生态环境状况为优。各设区市生态环境状况指数见表 11-1 和图 11-2。

表 11-1　2019 年浙江省各设区市生态环境状况指数统计

设区市名称	生物丰度指数	植被覆盖指数	水网密度指数	土地胁迫指数	污染负荷指数	EI	等级	排序
杭州市	77.3	71.5	66.5	2.9	0.4	79.4	优	6
宁波市	60.2	79.0	93.6	2.5	1.2	79.4	优	6
温州市	75.9	82.8	85.6	8.5	0.4	83.8	优	4
嘉兴市	25.0	70.5	75.9	0.3	1.7	62.5	良	11
湖州市	57.4	78.9	75.1	2.3	1.3	75.6	优	10
绍兴市	65.9	85.2	54.4	4.7	0.6	76.8	优	9
金华市	71.6	89.9	45.6	3.9	0.6	78.7	优	8
衢州市	79.0	91.2	67.5	3.6	1.0	84.9	优	2
舟山市	65.7	73.3	100.0	3.4	0.6	80.7	优	5
台州市	73.0	80.9	92.3	3.7	0.6	84.0	优	3
丽水市	90.5	98.5	58.3	4.2	0.2	89.4	优	1

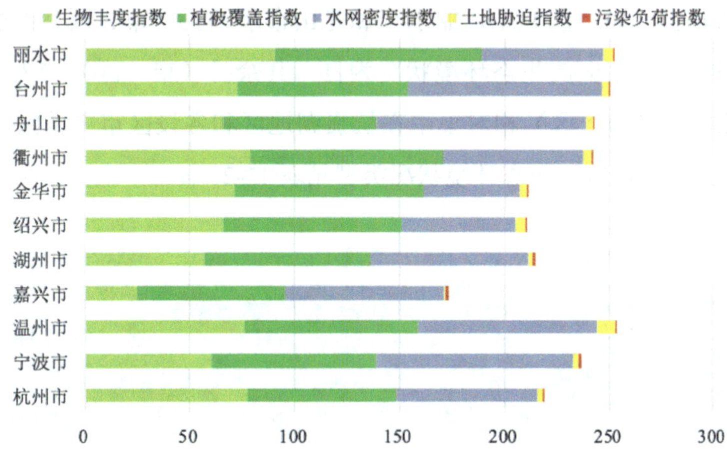

图 11-2 浙江省 11 个设区市生态环境状况指数

（三）县（市、区）状况

以县（市、区）为评价单元，对区域生态环境状况进行评价。浙江省共计 89 个评价单元，包括 52 个县（市）、37 个市属区。2019 年浙江省各县（市、区）的 EI 值分布范围为 48.1 ～ 92.3，生态环境状况为优的有 56 个，占评价单元总数的 62.9%；生态环境状况为良的有 31 个，占评价单元总数的 34.8%；生态环境状况为一般的有 2 个，占评价单元总数的 2.3%。生态环境状况为优、良和一般的区域面积分别占全省土地总面积的 81.4%、18.5% 和 0.1%。见图 11-3。

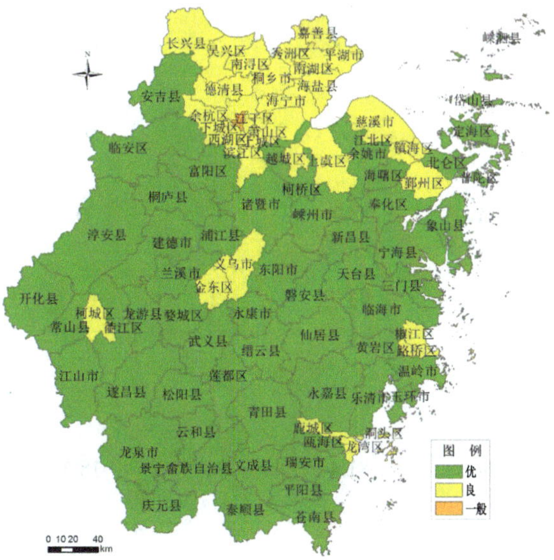

图 11-3 2019 年浙江省县（市、区）生态环境状况评价结果

各设区市所辖县（市、区）中，丽水市和舟山市所辖县（市、区）的生态环境状况全部为优；衢州市有 1 个区的生态环境状况为良，其余县（市、区）均为优。生态环境状况为良和一般的县（市、区）相对集中在杭嘉湖地区和各设区市主城区。2019 年浙江省各设区市所辖县（市、区）生态环境状况类型见表 11-2。

表 11-2　2019 年浙江省各设区市所辖县（市、区）生态环境状况类型统计

设区市名称	县（市、区）总数 / 个	优		良		一般	
		个数 / 个	面积百分比 /%	个数 / 个	面积百分比 /%	个数 / 个	面积百分比 /%
杭州市	13	5	80.1	6	19.3	2	0.6
宁波市	10	6	72.3	4	27.7	0	0
温州市	11	8	94.6	3	5.4	0	0
嘉兴市	7	0	0	7	100	0	0
湖州市	5	1	32.4	4	67.6	0	0
绍兴市	6	4	79.4	2	20.6	0	0
金华市	9	7	83.8	2	16.2	0	0
衢州市	6	5	93.2	1	6.8	0	0
舟山市	4	4	100	0	0	0	0
台州市	9	7	93.7	2	6.3	0	0
丽水市	9	9	100	0	0	0	0
全省合计	89	56	81.4	31	18.5	2	0.1

二、生态环境状况变化分析

（一）浙江省生态环境状况变化及原因分析

2015—2019 年，浙江省生态环境状况指数均值为 78.8 ～ 79.4，总体稳定在高位水平，年度间均无明显变化。近五年来，全省生物丰度指数和土地胁迫指数相对稳定，变化幅度均小于 1.0，为无明显变化；植被覆盖指数和污染负荷指数变化幅度小于 3.0，为略微变化；水网密度指数最大变化幅度为-3.8，为明显变化，与水资源总量有关。

水网密度指数发生了明显变化，与全省水资源总量丰枯变化有关，丰水年与枯水年的水资源总量差距较大，其中 2016 年全省水资源总量为 1 323.75 亿 m^3，而 2018 年则降为 866.54 亿 m^3，下降了 34.5%。

污染负荷指数的变化主要由污染物排放量变化引起，2015—2019 年，浙江省主要污染物排放量有所下降，化学需氧量、氨氮、二氧化硫、烟粉尘和氮氧化物排放量分别下降了 46.8%、37.1%、82.2%、62.7% 和 34.1%。近五年浙江省生态环境状况指数变化趋势见图 11-4。

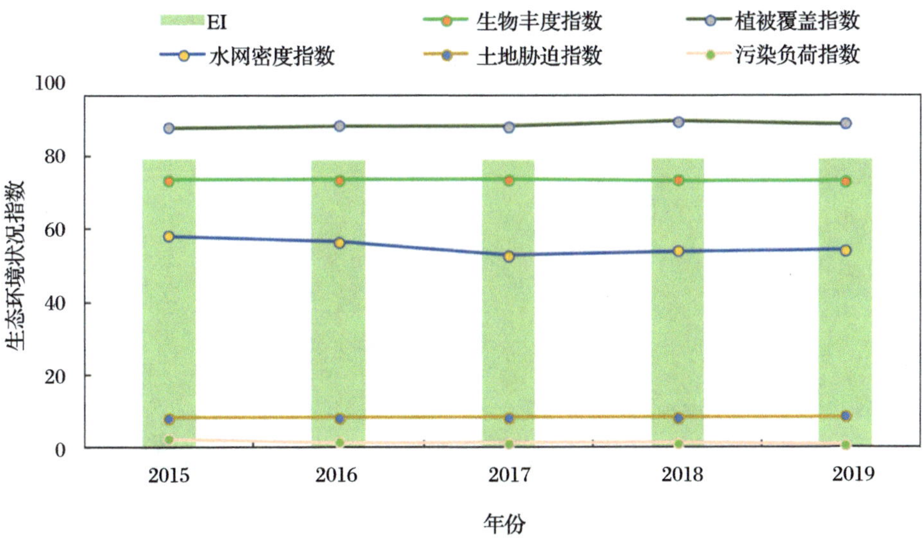

图 11-4　2015—2019 年浙江省生态环境状况指数变化趋势

（二）设区市生态环境状况变化及原因分析

2015—2019 年，浙江省 11 个设区市中，除湖州市外，各设区市生态环境状况等级均维持不变，湖州市生态环境状况等级由良升为优。衢州、湖州、温州 3 个市生态环境状况明显变好，杭州、舟山、绍兴 3 个市略微变好，台州 1 市略微变差，金华、宁波、嘉兴和丽水 4 个市无明显变化。各设区市生态环境状况指数变化见图 11-5。

衢州市生态环境状况明显变好，变化幅度为 3.9，主要由水网密度指数变化较大引起。水网密度指数变化的主要原因是水资源总量的变化，2015 年和 2019 年衢州市水资源总量分别为 79.4 亿 m^3 和 137.4 亿 m^3，增幅达 72.9%。

台州市生态环境状况略微变差，变化幅度为−1.9，主要由水网密度指数变化较大引起。水网密度指数发生变化的主要原因是水资源总量的变化，2015 年和 2019 年台州市水资源总量分别为 106.2 亿 m^3 和 72.6 亿 m^3，降幅达 31.6%。

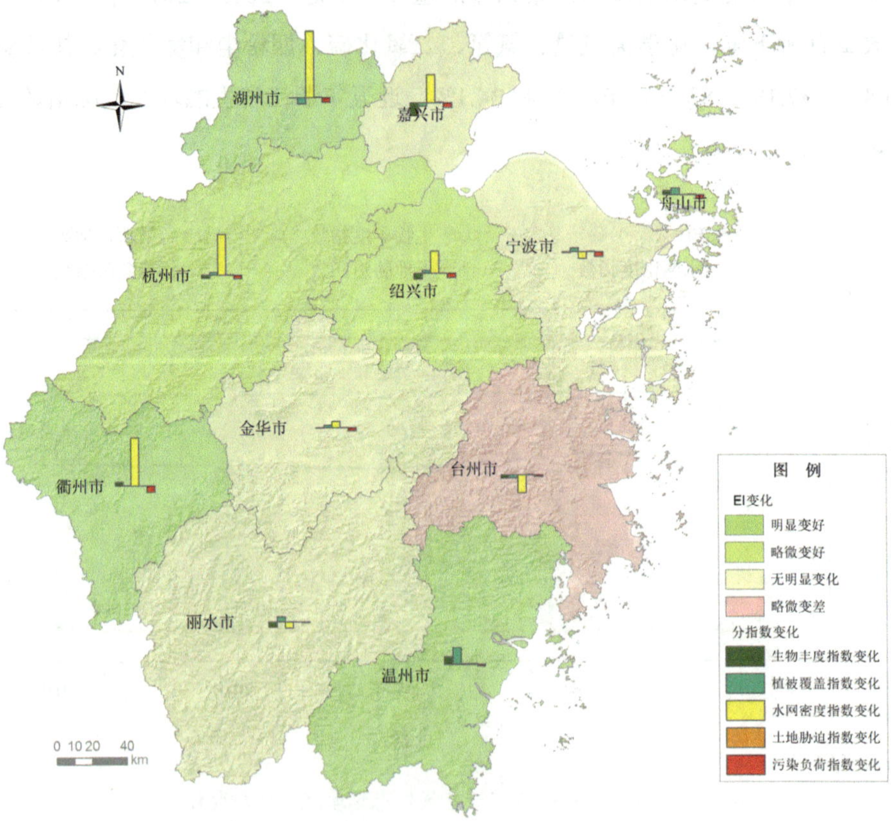

图 11-5　2015—2019 年浙江省各设区市生态环境状况指数变化情况

（三）县（市、区）生态环境状况变化及原因分析

2015—2019 年，浙江省大部分县（市、区）生态环境状况指数的变化幅度主要与水网密度指数和污染负荷指数有关。受水资源和降水的时空分布影响，浙西北地区的县（市、区）水网密度指数明显增加；受主要污染物排放量削减效应影响，多数县（市、区）污染负荷指数均有所下降。

浙江省 89 个县（市、区）级生态环境状况评价单元中，24 个县（市、区）的生态环境状况无明显变化，2 个区显著变好，17 个县（市、区）明显变好，29 个县（市、区）略微变好，15 个县（市、区）略微变差，2 个县明显变差。各县（市、区）EI 值的变化情况见图 11-6。

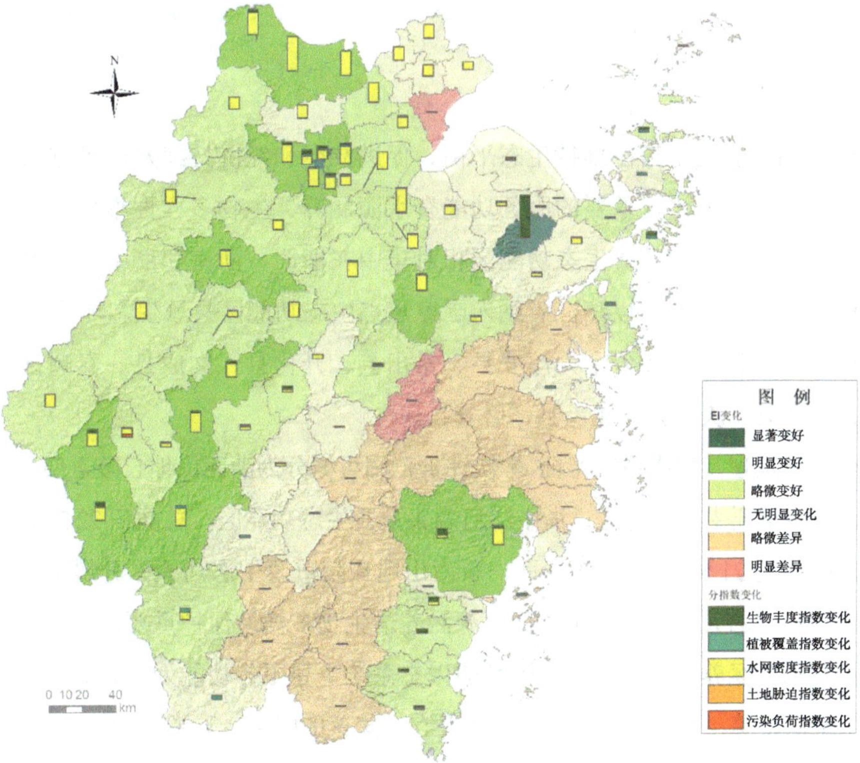

图 11-6 2015—2019 年浙江省各县（市、区）生态环境状况指数变化情况

生态环境状况显著变好的 2 个区为宁波市海曙区和杭州市拱墅区。海曙区的变化是因为行政区划范围调整，调入的区域植被覆盖指数和生物丰度指数较高，引起海曙区生

态环境状况指数升高。拱墅区生态环境状况指数升高的主要原因是水资源量增加和污染物排放量减少，水资源量增加了70.3%，水网密度指数值由45.8升至57.0；化学需氧量排放量、氨氮排放量、二氧化硫排放量、烟（粉）尘排放量和氮氧化物排放量分别减少了45.4%、95.8%、99.2%、99.7%和82.7%，污染负荷指数值由100降至2.3。

生态环境状况明显变差的2个县为嘉兴市海盐县和金华市磐安县，生态环境状况指数下降的主要原因是水网密度指数的降低，2019年这两个县水资源总量较2015年分别下降了21.3%和49.2%。

第二节　重要生态功能区生态功能评价

重要生态功能区是指在维持生态平衡、促进社会和经济持续发展等方面发挥重要效用的区域。生态系统比较重要的服务功能有水源涵养、生物多样性维持、水土保持、洪水调蓄等功能。浙江省重要生态功能区相对集中在浙西、浙南和浙中，是维护区域生态安全的重要屏障。2019年以浙江省纳入国家重点生态功能区县域生态环境质量考核的11个县（市）为评价范围，分别为淳安县、常山县、开化县、文成县、泰顺县、景宁县、龙泉市、云和县、庆元县、遂昌县、磐安县。

按照自然地理及生态系统特征，本次评价范围可概分为浙西山地丘陵重要生态功能区、浙南山地丘陵重要生态功能区、浙中江河源头重要生态功能区，总面积22 380.7 km^2，占全省土地总面积的21.5%。其中的浙西、浙南山地丘陵重要生态功能区分属于《全国生态环境功能区划》中的天目山—怀玉山区水源涵养与生物多样性保护重要区、浙闽山地生物多样性保护与水源涵养重要区。三个区域的生态系统主导服务功能为水源涵养、生物多样性维持、水土保持等，是多种生态服务功能并存、集聚的区域。见图11-7。

评价方法参照《生态环境状况评价技术规范》（HJ 192—2015），以县级行政区域为基本评价单元，采用生态功能区功能状况指数（FEI）评价生态功能区生态功能状况。评价指标包括生态状况指标、环境状况指标和生态功能调节指标。生态状况指标包括生态功能指数、生态结构指数和生态胁迫指数，反映了生态系统的功能、结构和压力；环境状况指标包括污染负荷指数和环境质量指数，反映了生态功能区的污染负荷压力和环境质量状况；生态功能调节指标是通过遥感监测功能区内重要生态类型变化和人为因素引起的突发环境事件对区域生态功能状况进行调节。

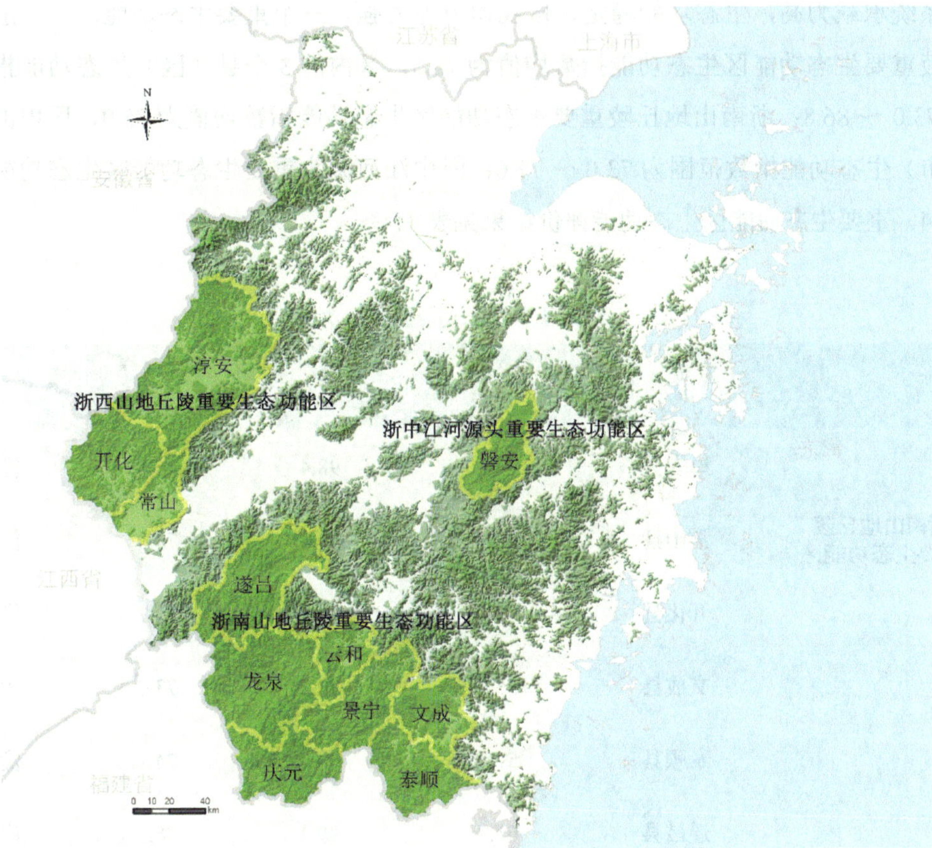

图 11-7　浙江省重要生态功能区评价范围示意图

浙江省重要生态功能区具有多种服务功能集聚的特点，因此，对生态状况指标采用了综合评价方法，采用水源涵养、水土保持和生物多样性维持三项指标，进行加权平均，用于反映区域内多种生态服务功能状况。根据生态功能指数，将区域生态功能状况分为五级，即优（FEI ≥ 70）、良（60 ≤ FEI < 70）、一般（50 ≤ FEI < 60）、较差（40 ≤ FEI < 50）和差（FEI < 40）。

一、重要生态功能区生态功能评价结果

2019年，浙江省重要生态功能区生态功能评价结果总体为优，表明区域自然环境优越，生态系统承载力高，生态功能稳定，自我调节能力强。三个重要生态功能区中，浙西山地丘陵重要生态功能区生态功能指数均值为78.5，区内的3个县（区）生态功能指数范围为73.0～86.8；浙南山地丘陵重要生态功能区生态功能指数均值为75.9，区内的7个县（市）生态功能指数范围为73.0～77.6；浙中江河源头重要生态功能区生态功能指数为74.4。重要生态功能区生态功能评价结果见表11-3。

表11-3　浙江省重要生态功能区生态功能评价结果

区域名称	县（市）名称	生态状况综合指标	环境状况指标	FEI	等级
浙南山地丘陵重要生态功能区	淳安县	79.4	98.4	86.8	优
	常山县	55.9	99.1	73.0	优
	开化县	60.4	99.2	75.7	优
浙南山地丘陵重要生态功能区	文成县	55.8	99.2	73.0	优
	泰顺县	57.3	99.8	74.1	优
	遂昌县	61.7	99.3	76.5	优
	云和县	60.7	99.8	76.2	优
	庆元县	62.4	99.7	77.0	优
	景宁畲族自治县	61.3	99.8	76.6	优
	龙泉市	63.3	99.7	77.6	优
浙中江河源头重要生态功能区	磐安县	57.7	99.9	74.4	优

二、重要生态功能区生态功能状况变化及原因分析

因不同年份评价单元的变化，2015 年和 2019 年对比分析的县（市）为淳安县、开化县、文成县、泰顺县、景宁县、龙泉市、云和县、庆元县、遂昌县、磐安县 10 个县（市）。

对比分析 2015 年和 2019 年浙江省重要生态功能区生态功能状况，10 个县（市）的重要生态功能区生态功能状况等级均为优，未发生变化。与 2015 年相比，2019 年 10 个县（市）的重要生态功能区生态功能状况指数变化范围为−1.3 ～ 1.2，其中磐安县为略微变好，景宁畲族自治县、文成县、庆元县、龙泉市、开化县和泰顺县 6 个县（市）无明显变化，淳安县、云和县和遂昌县 3 个县为略微变差。见图 11-8。

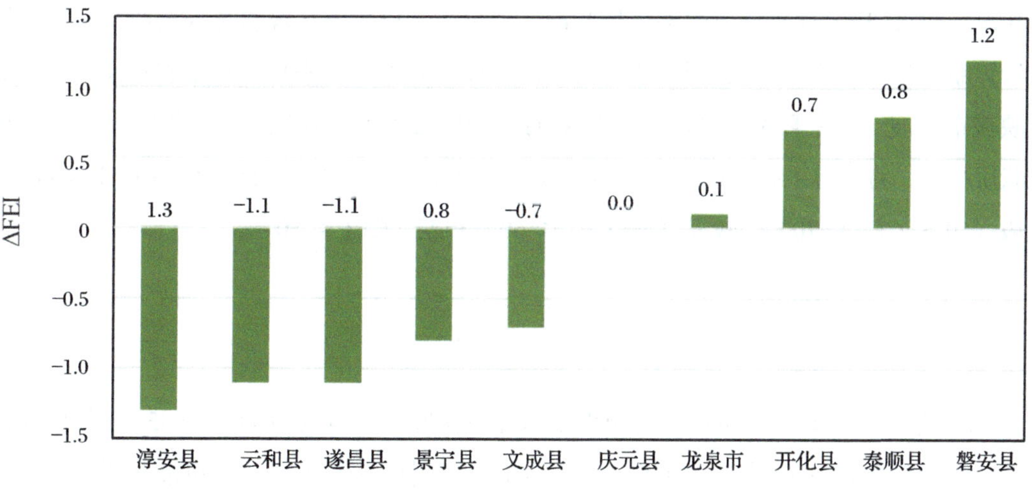

图 11-8　2019 年浙江省重要生态功能区生态功能状况指数变化范围

2015—2019 年 10 个县（市）的重要生态功能区生态功能状况变化中，生态状况指标和环境状况指标均有略微变化，其中生态状况指标变化幅度为−1.9 ～ 1.3，环境状况指标变化幅度为−0.1 ～ 1.6。磐安县生态功能状况变化主要是由于环境状况指标变化引起，城镇污水集中处理率由 89.8% 升至 100%，引起环境状况指标升高 1.6。

第三节　城市生态环境状况评价

随着浙江省城市化的快速发展，城市人口急剧增加，城市空间日益扩展，从而带来资源短缺、生态破坏和环境污染等问题。城市化与生态环境要素之间存在极其复杂的耦合关系，明确城市生态系统生态环境状况及胁迫因子，对于改善城市环境质量，优化城镇发展生态空间，建设资源节约型的生态城市具有重要意义。本节对浙江省 11 个设区市的市区进行生态环境状况评价。

评价方法依据《生态环境状况评价技术规范》（HJ 192—2015），采用城市生态环境状况指数（CEI）评价城市生态环境状况。评价指标以生态环境质量为核心，采用二级指标体系，包括三个分指数，共 18 个指标，从环境质量、污染负荷和生态建设三个方面反映城市发展过程中环境质量状况、受纳的污染压力和生态环境状况。根据城市生态环境状况指数，将城市生态环境质量分为五级，即优（CEI ≥ 80）、良（70 ≤ CEI ＜ 80）、一般（60 ≤ CEI ＜ 70）、较差（50≤CEI ＜ 60）和差（CEI ＜ 50）。

一、城市生态环境状况

2019 年，浙江省设区市市区的城市生态环境状况指数范围为 71.9 ～ 83.2，按降序排列依次为：丽水市 > 衢州市 > 金华市 > 舟山市 > 湖州市 > 温州市 > 杭州市 > 绍兴市 > 台州市 > 宁波市 > 嘉兴市。其中超过全省设区市市区生态环境状况指数均值（79.1）的是丽水市、衢州市、金华市和舟山市 4 个市的市区。嘉兴市区因环境质量指数最低、污染负荷指数较高，位列设区市市区中最后一位。见图 11-9。

设区市市区的城市生态环境状况等级为优或良，表明城市生态环境良好，各系统协调性较强，城市生态建设程度较好。浙江省 11 个设区市市区中，城市生态环境状况等级为优的有 4 个，为丽水市、衢州市、金华市和舟山市市区；等级为良的有 7 个；无一般、较差和差等级。城市生态环境状况为优和良的面积分别占设区市市区总面积的 24.7% 和 75.3%。

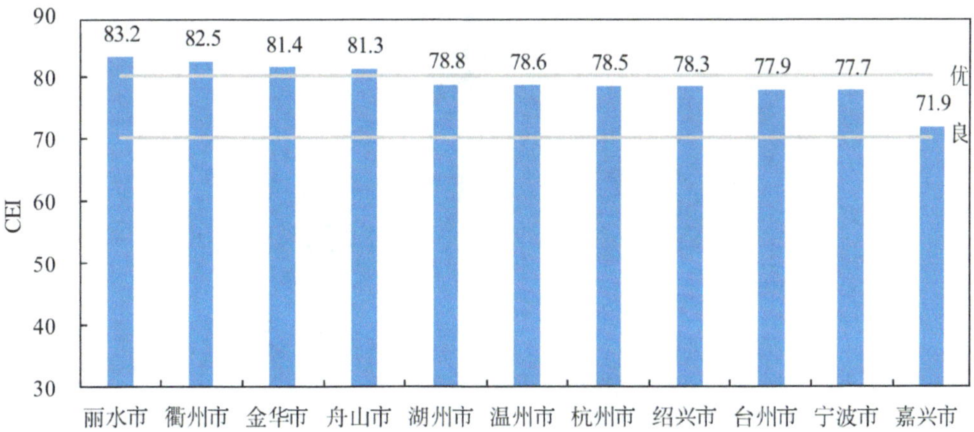

图 11-9　2019 年浙江省设区市市区城市生态环境状况评价结果

二、城市生态环境状况变化及原因分析

对比分析 2015 年和 2019 年城市生态环境状况，浙江省 11 个设区市市区城市生态环境状况均有不同幅度好转。与 2015 年相比，2019 年 11 个设区市市区城市生态环境状况指数变化范围为 1.7 ～ 10.2，其中台州市、湖州市、丽水市和衢州市为略微变好；温州市、绍兴市、宁波市、金华市、杭州市和舟山市为明显变好；嘉兴市为显著变好。从城市生态环境状况等级变化情况来看，除嘉兴市由“一般”升为“良”、金华市和舟山市由“良”升为“优”外，其他设区市市区城市生态环境状况等级均未发生变化。见图 11-10。

11 个设区市市区城市生态环境状况变化主要原因是环境质量指数的变化，如嘉兴市区城市生态环境状况指数升高了 10.2，变化等级为显著变好，引起变化的主要原因是环境质量指数有所提升，其中空气质量达标率、水质达标率、集中式饮用水水源地水质达标率均有不同幅度的升高。

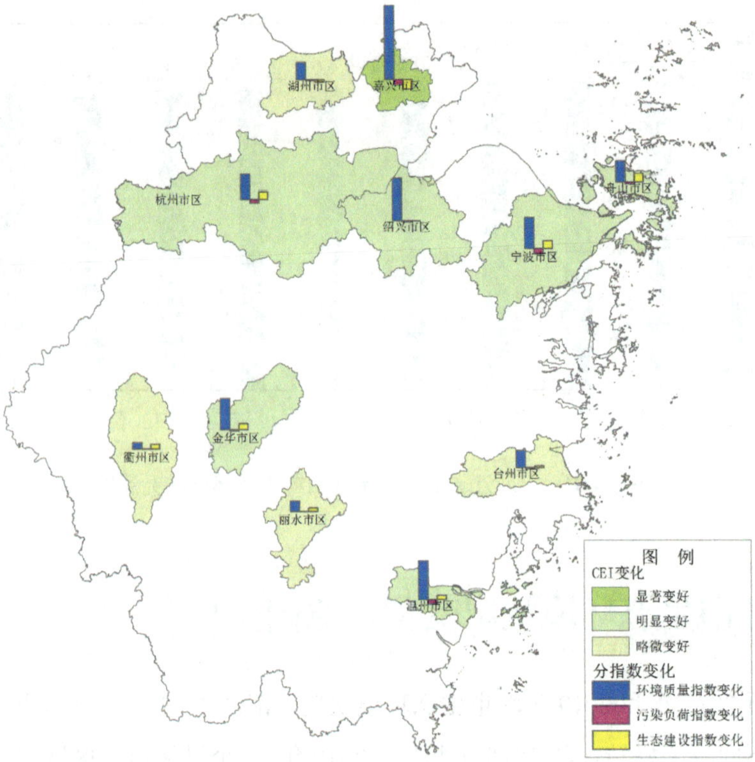

图 11-10　2019 年浙江省设区市市区城市生态环境状况指数变化

第四节　自然保护区生态保护状况评价

自然保护区是对有代表性的自然生态系统、珍稀濒危野生动植物物种天然分布集中区等实施强制性保护的区域。开展自然保护区生态保护状况评价，有助于了解自然保护区生态环境状况，检验自然保护区生态保护管理成效，提升自然保护区规范化管理水平。截至 2019 年，浙江省共建有省级以上自然保护区 26 个，保护区总面积约 18.57 万 hm^2，其中陆地面积约 11.83 万 hm^2，约占全省国土总面积的 1.16%。与 2015 年相比，2019 年保护区数量增加 5 个，面积增加 2.04 万 hm^2。保护区中包括森林类型 13 处，野生动物类型 3 处，地质遗迹类型 4 处，海洋类型 2 处，湿地类型 4 处。

一、评价方法及保护区空间分布

依据《生态环境状况评价技术规范》(HJ 192—2015)，从面积适宜性、外来物种入侵度、生境质量和开发干扰程度四个方面评价自然保护区生态保护状况。根据自然保护区生态保护状况指数（NEI）值，将自然保护区生态保护状况分为 5 级，即优（NEI ≥ 75）、良（55 ≤ NEI ＜ 75）、一般（35 ≤ NEI ＜ 55）、较差（20 ≤ NEI ＜ 35）和差（NEI ＜ 20）；根据自然保护区生态保护状况指数变化情况，将生态保护状况变化幅度分为无明显变化（|ΔNEI| ＜ 2）、略微变化（2 ≤ |ΔNEI| ＜ 5）、明显变化（5 ≤ |ΔNEI| ＜ 10）、显著变化（|ΔNEI| ≥ 10）4 个级别。

参与评价的森林植被类型的自然保护区共 13 个，包括浙江天目山国家级自然保护区等 7 个国家级自然保护区及浙江仙居括苍山省级自然保护区等 6 个省级自然保护区。评价范围见图 11-11。

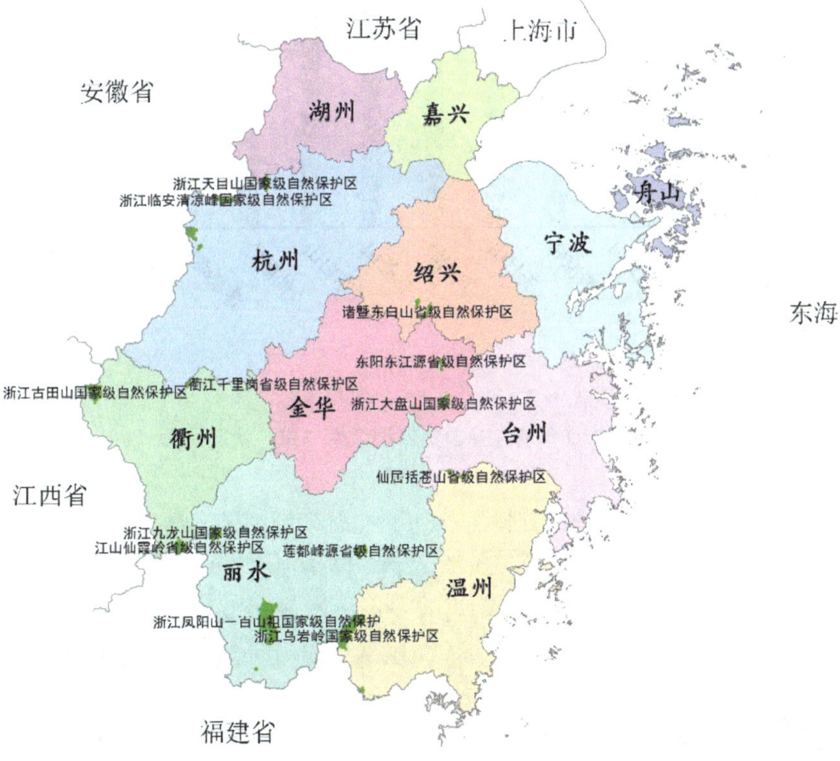

图 11-11　浙江省自然保护区生态保护状况评价范围

二、各保护区生态保护状况

2019 年浙江省省级以上森林类型自然保护区生态保护状况指数为 80.3 ～ 94.3，生态环境状况均为优。其中，浙江九龙山国家级自然保护区、仙居括苍山省级自然保护区、江山仙霞岭省级自然保护区、衢江千里岗省级自然保护区、东阳东江源省级自然保护区和丽水莲都峰源省级自然保护区 6 个自然保护区的生态保护状况指数值均大于 90.0。总体上浙江省自然保护区生态环境质量好，植被覆盖率高，生物多样性丰富，保护面积适宜，能够满足珍稀濒危野生动植物保护的需要。2019 年浙江省自然保护区生态保护状况评价结果见图 11-12、图 11-13 和表 11-4。

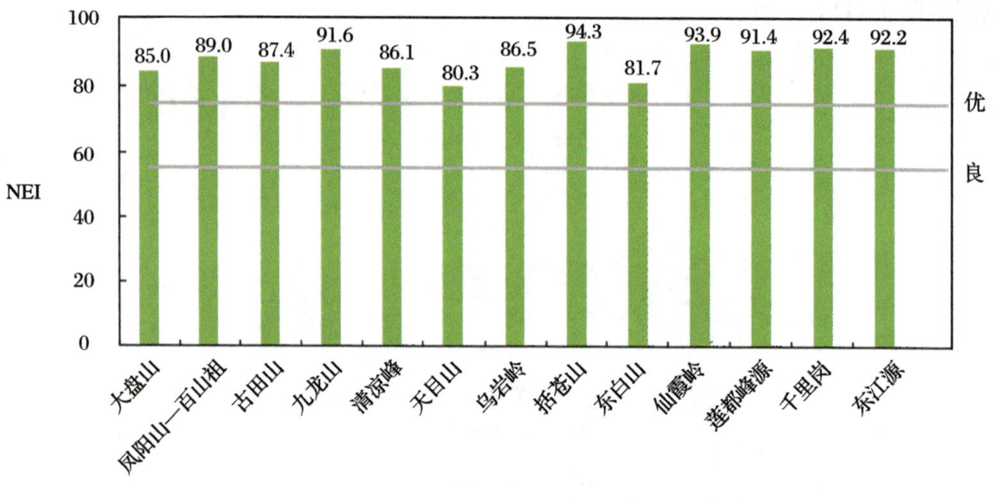

图 11-12　2019 年浙江省自然保护区生态保护状况指数

表 11-4　2019 年浙江省自然保护区生态保护状况评价结果

自然保护区名称	面积适宜指数	外来物种入侵指数	生境质量指数	开发干扰指数	生态保护状况指数（NEI）	评价结果
浙江大盘山国家级自然保护区	22.4	0.0	87.5	5.5	85.0	优

自然保护区名称	面积适宜指数	外来物种入侵指数	生境质量指数	开发干扰指数	生态保护状况指数（NEI）	评价结果
浙江凤阳山—百山祖国家级自然保护区	26.7	16.7	96.6	1.6	89.0	优
浙江古田山国家级自然保护区	26.6	12.5	93.2	3.2	87.4	优
浙江九龙山国家级自然保护区	27.7	8.3	99.5	0.4	91.6	优
浙江清凉峰国家级自然保护区	24.1	33.3	94.1	1.6	86.1	优
浙江天目山国家级自然保护区	14.4	33.3	81.0	0.5	80.3	优
浙江乌岩岭国家级自然保护区	24.4	8.3	92.7	5.4	86.5	优
仙居括苍山省级自然保护区	43.0	0.0	100.0	0.0	94.3	优
诸暨东白山省级自然保护区	26.0	33.3	84.6	3.5	81.7	优
江山仙霞岭省级自然保护区	43.0	0.0	99.1	0.2	93.9	优
莲都峰源省级自然保护区	45.3	10.4	96.6	1.8	91.4	优

自然保护区名称	面积适宜指数	外来物种入侵指数	生境质量指数	开发干扰指数	生态保护状况指数（NEI）	评价结果
衢江千里岗省级自然保护区	35.7	12.5	100.0	0.0	92.4	优
东阳东江源省级自然保护区	45.2	0.0	96.1	1.8	92.2	优

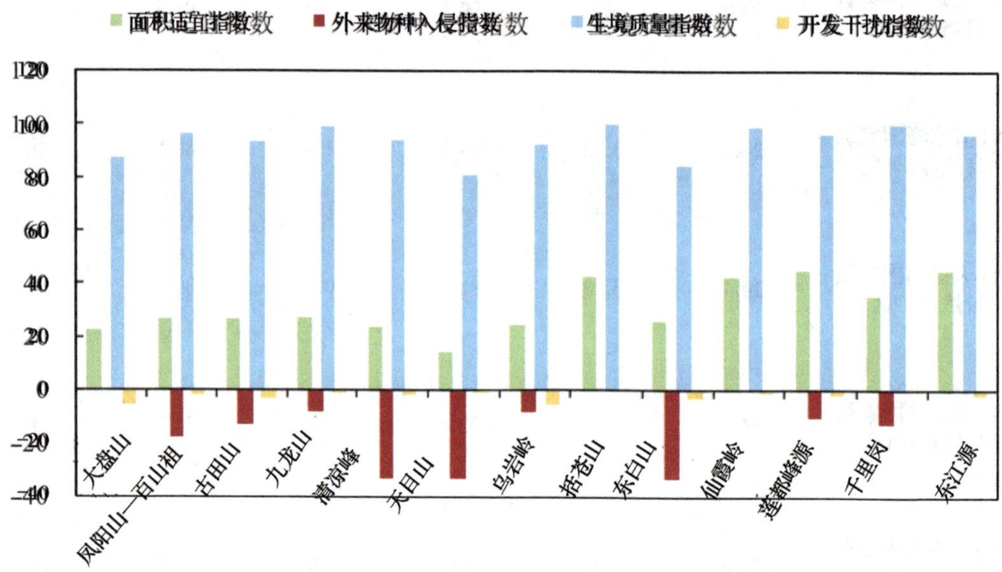

图 11-13　2019 年浙江省自然保护区生态保护状况分指数评价结果

注：因外来入侵指数、开发干扰指数为负向指标，采用负值。

三、自然保护区生态保护状况变化情况

与 2015 年相比，2019 年浙江省自然保护区生态保护状况指数略有下降，NEI 从 2015 年的 89.2 下降到 2019 年的 86.9，见图 11-14，各年份各保护区生态保护状况指数

均为优。从各个保护区的 NEI 指数看，天目山国家级自然保护区和东白山省级自然保护区的 NEI 指数略低于其他保护区，原因是两个保护区的生境质量指数相对低于其他保护区。

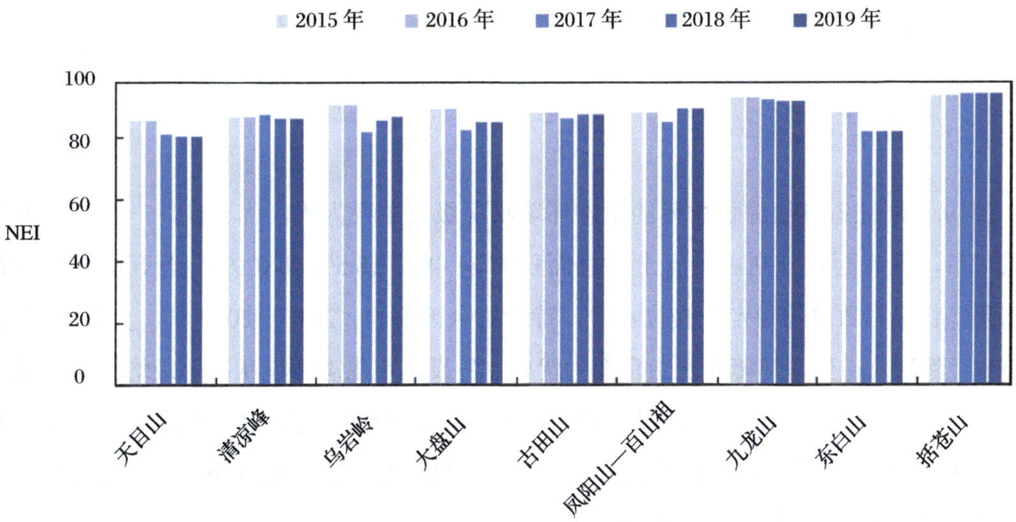

图 11-14 2015—2019 年浙江省自然保护区 NEI 指数变化

总体来看，浙江省自然保护区生态环境质量好，保护区核心区面积适宜，人为干扰程度低，外来入侵物种种类及数量较低，生态保护状况评价结果均为优。自然保护区的典型生态系统、重要动植物栖息生境得到了有效保护，提升了保护区的物种多样性和丰富性。但应进一步控制人类活动的影响，建立外来入侵物种预警和风险评估机制，有效控制外来入侵物种的扩散蔓延。

第五节　小结

一、结论

2019年浙江省县级评价单元的生态环境状况级别主要为优，优、良、一般三个级别的县（市、区）面积分别占全省土地总面积的81.4%、18.5%和0.1%；近五年来，全省生态环境状况指数总体稳定在高位水平，持续居全国前列。2015—2019年，全省11个设区市中，除湖州市生态环境状况由良变为优外，各设区市生态环境状况等级均维持不变。全省89个县（市、区）生态环境状况评价单元中，24个县（市、区）的生态环境状况无明显变化，2个区显著变好，17个县（市、区）明显变好，29个县（市、区）略微变好，15个县（市、区）略微变差，2个县明显变差。

2019年，浙江省重要生态功能区生态功能评价结果总体为优，表明区域自然环境优越，生态系统承载力高，生态功能稳定，自我调节能力强。对比分析2015年和2019年重要生态功能区的生态功能状况，10个县（市）评价单元内的重要生态功能区生态功能状况等级均为优，未发生变化；重要生态功能区生态功能状况指数变化范围为−1.3 ~ 1.2。

总体上浙江省设区市市区的城市生态环境状况等级为优或良，表明城市生态环境良好，各系统协调性较强，城市生态建设程度较好。对比分析2015年和2019年城市生态环境状况，11个设区市市区城市生态环境状况均有不同幅度好转，城市生态环境状况指数变化范围为1.7 ~ 10.2。

二、存在问题及原因

浙江省大部分县（市、区）生态环境状况指数的变化幅度主要与水网密度指数和污染负荷指数有关。受水资源和降水的时空分布影响，浙西北地区的县（市、区）水网密度指数明显增加；受主要污染物排放量削减效应影响，多数县（市、区）污染负荷指数均有所下降。

总体上全省生态环境状况指数仍维持在高位水平，生态环境状况由“总体稳定、局部好转”逐步向“总体稳定、局部良性循环”转变，但存在的水土流失、外来物种入侵、城市化影响等生态环境问题须引起足够重视；部分自然保护区的生物多样性保护热点区域存在一定的人类活动干扰，对区内生态系统的稳定性和完整性产生影响；随着国际及国内贸易活动的增加，外来物种入侵问题较为突出，其造成的经济损失及生态影响日趋严重，特别是对浙江省典型生态系统构成潜在威胁。

三、对策建议

加强森林、农田、河流（湖泊）、海洋等生态系统的保护与恢复，合理开发和持续利用自然资源，改善生态环境质量；加强生态环境监测能力建设，逐步开展重要生态功能区、生态敏感区、易灾区的生态环境监测，构建覆盖全省的省、市、县三级生态环境监测网络；对自然保护区的空间格局进行优化，构建生物廊道，提升生态系统的完整性，继续推进自然保护区规范化建设，全面提升自然保护区的管护水平；严格按照自然保护区生态功能分区要求，适度开展生态旅游，减少人类活动对生态系统的影响；加强外来物种风险评估，建立早期预警系统和安全评价机制，有效防范外来物种入侵。

专　栏▶

秸秆焚烧遥感监测

一、秸秆焚烧遥感监测概况

2016—2020 年，浙江省生态环境监测中心依据《卫星遥感秸秆焚烧监测技术规范》（HJ 1008—2018），基于 TERRA/MODIS（上午）和 AQUA/MODIS（下午）卫星遥感数据，对全省秸秆焚烧状况进行了实时监控、数据分析及评价。期间共发布《浙江省秸秆焚烧遥感监测月报》60 期，为落实《浙江省打赢蓝天保卫战三年行动计划》（浙政发〔2018〕35 号）、开展环境监察、生态省考核等提供了有力的技术支持。为配合 2016 年在杭州召开的 G20 峰会以及在乌镇召开的世界互联网大会，浙江省生态环境监测中心共发布《杭州市秸秆焚烧遥感监测日报》1 286 期、月报 40 期，强化会议期间区域秸秆焚烧遥感监测工作。

二、秸秆焚烧遥感监测结果

2016—2020 年浙江省共监测到秸秆火点 1 584 处，相比“十二五”期间的 7 820 处火点大幅降低。焚烧区域主要焚烧等级以 3 级为主，合计 1 070 处，约占总监测频次的 67.6%；监测到 1 级焚烧区域 25 处，约占 1.6%；2 级焚烧区域 114 处，约占 7.2%；4 级焚烧区域 359 处，约占 22.7%；5 级焚烧区域 16 处，约占 1.0%；未监测到 6 级焚烧区域。

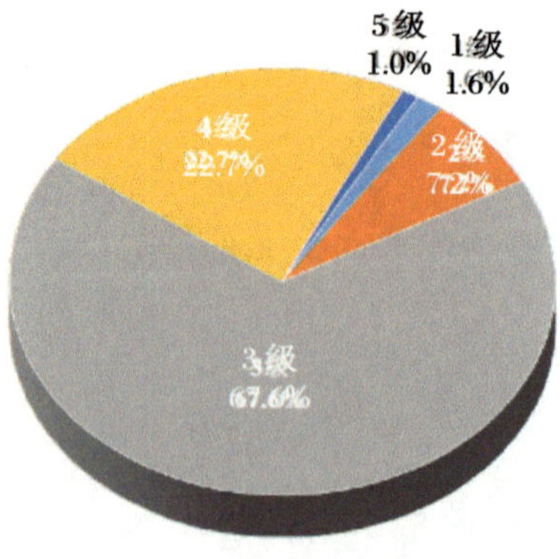

2016—2020 年浙江省秸秆焚烧等级分布统计

在2016—2020年的遥感监测中，2017年监测到的秸秆焚烧火点数量最多，为489处，之后呈逐年下降趋势，2020年监测到的火点下降到160处。表明浙江省落实《浙江省打赢蓝天保卫战三年行动计划》（浙政发〔2018〕35号）取得明显成效。

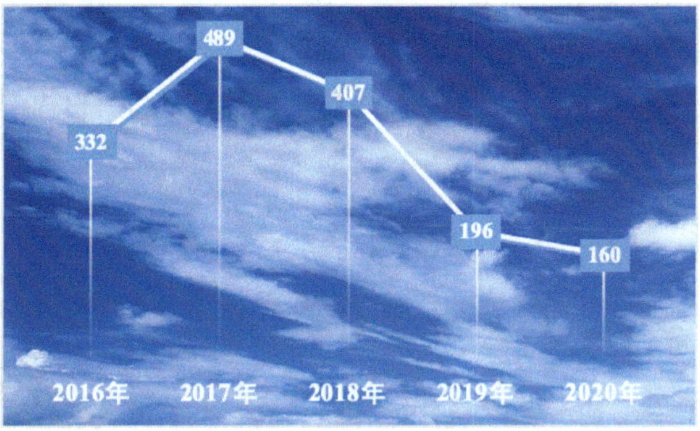

2016—2020年浙江省秸秆焚烧火点数量变化趋势

从秸秆焚烧火点累计分布情况来看，浙北平原是秸秆焚烧情况最为严重的地区，其次为东南沿海平原地区，浙西丘陵地区秸秆焚烧发生相对较少。11个设区市中，秸秆焚烧火点累计数由多至少依次为湖州市、嘉兴市、宁波市、衢州市、杭州市、金华市、丽水市、绍兴市、台州市、温州市和舟山市。

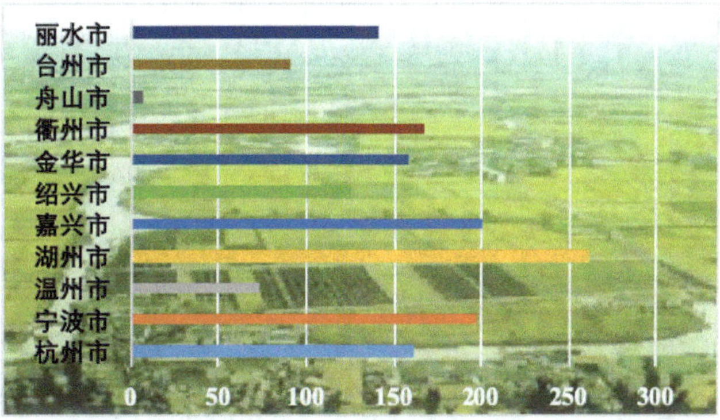

2016—2020年浙江省各设区市秸秆焚烧火点分布统计

第十二章

辐射环境质量

ZHEJIANG SHENG
SHENGTAI HUANJING ZHILIANG ZHUANGKUANG
JI BIANHUA QUSHI YANJIU

（2016—2020 年）

辐射环境监测包括电离辐射环境监测和电磁辐射环境监测。“十三五”期间，浙江省辐射环境质量总体良好，其中环境电离辐射水平处于本底涨落范围内，环境电磁辐射水平低于国家规定的电磁环境控制限值。

第一节　监测概况

一、辐射环境监测概况

1. 现状

2020 年，根据《全省辐射环境监测方案》，浙江省 11 个设区城市开展辐射环境自动监测站（以下简称自动站）空气吸收剂量率自动监测和累积剂量监测，浙江省 75 个县级及以上城市开展环境 γ 辐射空气吸收剂量率监测；11 个设区城市开展气溶胶监测，9 个设区城市开展气态放射性碘同位素（以下简称气碘）和沉降物监测，杭州市开展空气（水蒸汽）和降水中氚监测；钱塘江、曹娥江、甬江、椒江、瓯江、飞云江、鳌江、苕溪、京杭运河等流域开展江河水监测，西湖和千岛湖开展湖库水监测，11 个设区城市开展集中式饮用水水源地水监测，杭州市开展地下水监测，宁波市、温州市、舟山市和台州市开展近岸海域海水和海洋生物监测；11 个设区城市开展土壤监测和环境电磁辐射监测。浙江省辐射环境质量监测方案见表 12-1。

表 12-1　2020 年浙江省辐射环境质量监测方案

监测对象	监测项目	监测（采样）点位	监测（采样）频次
环境 γ 辐射水平	空气吸收剂量率自动监测[1]	12 个点位	连续
	累积剂量	每个设区城市 1 个点位	累积样 / 季
	环境 γ 辐射空气吸收剂量率	同累积剂量	1 次 / 季
		每个县级城市 1 个点位	1 次 / 半年

监测对象	监测项目	监测（采样）点位	监测（采样）频次
气溶胶 1)	^{210}Po、^{210}Pb	1 个点位	1 次 / 月
	γ 能谱分析 2)	6 个点位	1 次 / 月
		5 个点位	1 次 / 季
气溶胶 1)	^{90}Sr、^{137}Cs（放化）	11 个点位	1 次 / 年（每月或每季采集 1 次样品，累积 1 年样品测量）
气 碘 1)	^{131}I	9 个点位	1 次 / 季
沉降物 1)	γ 能谱分析 2)	9 个点位	累积样 / 季
	^{90}Sr、^{137}Cs（放化）		1 次 / 年（每季采集累积样，累积1年样品测量）
水蒸汽	^{3}H	1 个点位	1 次 / 年
降 水	^{3}H	1 个点位	累积样 / 季
江河水	总 α、总 β、U、Th、^{226}Ra	20 个点位	2 次 / 年（枯、平水期各1次）
	^{90}Sr、^{137}Cs（放化）	2 个点位	
湖泊水、水库水	总 α、总 β、U、Th、^{226}Ra、^{90}Sr、^{137}Cs（放化）	2 个点位	2 次 / 年（枯、平水期各1次）
地下水	总 α、总 β、U、Th、^{226}Ra	1 个点位	1 次 / 年
饮用水水源地水	总 α、总 β	12 个点位	1 次 / 半年
	U、Th、^{226}Ra、^{90}Sr、^{137}Cs（放化）	3 个点位	
海 水	U、Th、^{226}Ra、^{90}Sr、^{137}Cs（放化）	5 个点位	1 次 / 年
海洋生物	^{90}Sr、^{137}Cs（放化）	4 个点位	1 次 / 年
土 壤	γ 能谱分析 2)	同累积剂量	1 次 / 年
电磁辐射	综合电场强度	14 个点位	1 次 / 季

注：1）按照《全国辐射环境监测方案（2020 版）》（环辐监〔2020〕4 号），2020 年浙江省辐射环境质量监测，新增 5 个空气吸收剂量率自动监测点；新增 5 个气溶胶监测点；新增 8 个气碘监测点和 8 个沉降物监测点。2）气溶胶和沉降物 γ 能谱分析项目包括：^{7}Be、^{40}K、^{131}I、^{134}Cs、^{137}Cs 等放射性核素；土壤 γ 能谱分析项目包括 ^{238}U、^{232}Th、^{226}Ra、^{137}Cs 等放射性核素。

2. 监测变化情况

2016—2020 年，开展空气吸收剂量率自动监测的点位从杭州市、宁波市、温州市 3 个设区城市增至 11 个设区城市，共增加 8 个点位。

开展气溶胶监测的点位从杭州市、宁波市、温州市 3 个设区城市增至 11 个设区城市，共增加 8 个点位；开展气碘和沉降物监测的点位从杭州市 1 个设区城市增至 9 个设区城市，共增加 8 个点位。

开展饮用水水源地水监测的点位从 21 个县级及以上城市的 21 个点位降至 11 个设区城市的 12 个点位；开展海水监测的点位从 4 个增至 5 个；开展海洋生物监测的点位从 3 个增至 4 个。

二、评价方法

2016—2020 年，辐射环境质量监测结果评价均采用对比分析法，依据历年测值、浙江省环境天然放射性水平调查值及核电厂的本底值进行本底水平评价，依据《生活饮用水卫生标准》（GB 5749—2006）、《海水水质标准》（GB 3097—1997）和《电磁环境控制限值》（GB 8702—2014）进行超标状况评价。

第二节　辐射环境质量现状

一、环境 γ 辐射水平

（一）空气吸收剂量率自动监测

2020 年，浙江省空气吸收剂量率自动监测点分布见图 12-1，监测结果见表 12-2。

监测结果表明，自动站空气吸收剂量率处于本底涨落范围内。各自动站的年均值范围为 83.3 ～ 101.1 nGy/h，小时均值≤（年均值 +10）的比例为 93.6% ～ 98.7%。

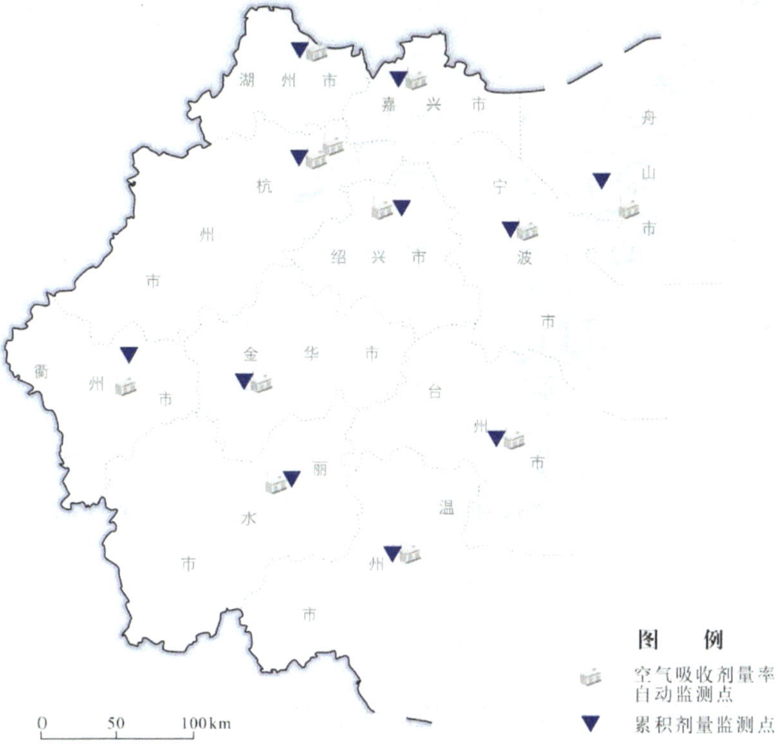

图 12-1 2020 年浙江省自动站和累积剂量监测分布点示意图

表 12-2 2020 年浙江省自动站空气吸收剂量率监测结果

自动站名称	空气吸收剂量率均值 /（nGy/h）		空气吸收剂量率分布 /%		
	小时均值范围	年均值	A[1] ≤ 10	10<A ≤ 40	A > 40
杭州省辐射站	97.1 ～ 123.5	100.4	98.7	1.3	0.0
杭州三义村站	76.5 ～ 156.6	81.9	93.6	6.0	0.5
宁波宝善路站	77.4 ～ 122.4	83.3	96.9	3.1	0.0
温州三垟湿地公园站	#[2]	#	#	#	#
嘉兴凌公塘路站	67.0 ～ 126.1	71.1	95.7	4.3	0.1
湖州市沿圩湾站	91.1 ～ 156.3	101.1	94.6	5.2	0.2

自动站名称	空气吸收剂量率均值 /（nGy/h）		空气吸收剂量率分布 /%		
	小时均值范围	年均值	A[1) ≤ 10	10<A ≤ 40	A ＞ 40
绍兴市环保局站	83.1 ～ 124.3	88.4	97.3	2.7	0.0
金华金东区站	86.2 ～ 141.3	94.9	96.1	3.9	0.1
衢州西区站	91.2 ～ 152.2	97.5	94.3	5.6	0.1
舟山市体育路站	80.7 ～ 131.6	85.1	97.6	2.4	0.0
台州椒江区站	71.4 ～ 105.9	74.6	98.5	1.5	0.0
丽水经济开发区站	87.6 ～ 132.6	93.5	97.2	2.8	0.0

注：1）A= 小时均值—年均值，单位为 nGy/h。2）#：表示数据获取率不满足统计有效性规定（下同）。

（二）累积剂量

2020 年，浙江省设区城市累积剂量监测点分布见图 12-1，监测结果见表 12-3。

监测结果表明，累积剂量测得的空气吸收剂量率（未扣除宇宙射线响应值）处于本底涨落范围内。各监测点的年均值范围为 87.0 ～ 133 nGy/h。

表 12-3　2020 年浙江省累积剂量测得的空气吸收剂量率

点位数 / 个	空气吸收剂量率 /（nGy/h）	
	范围	均值
11	87.0 ～ 133	103

（三）环境 γ 辐射空气吸收剂量率

2020 年，浙江省县级及以上城市环境 γ 辐射空气吸收剂量率监测点分布和监测结果见图 12-2。

监测结果表明，环境 γ 辐射空气吸收剂量率处于本底涨落范围内。各监测点的年均值范围为 41.9 ～ 166 nGy/h，主要分布区间为 55.8 ～ 96.4 nGy/h。

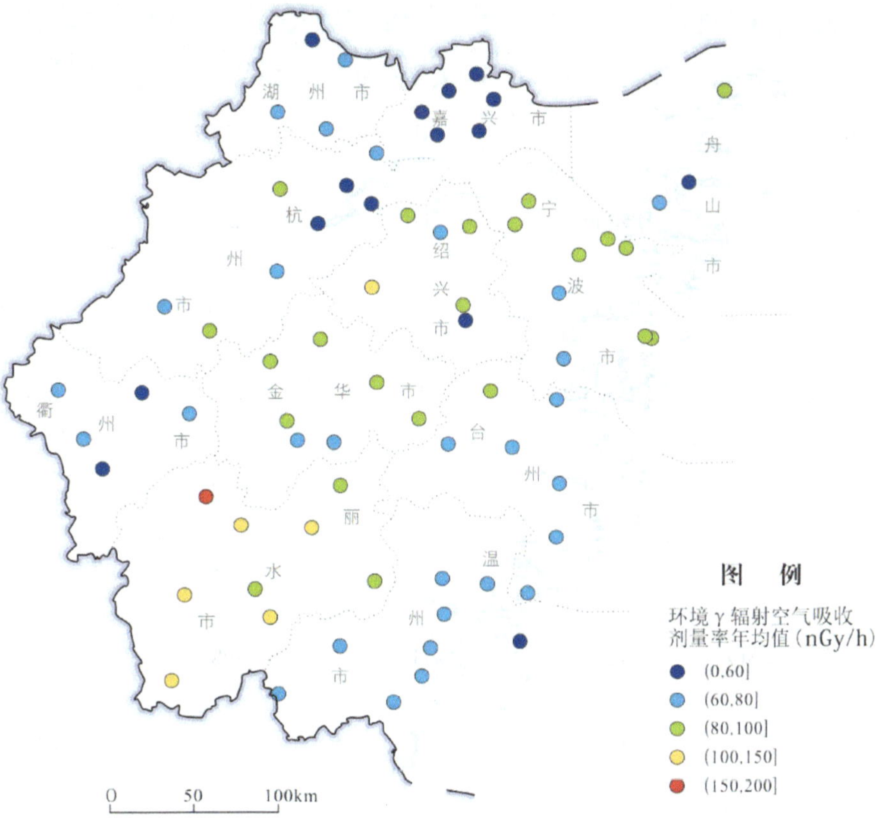

图 12-2 2020 年浙江省环境 γ 辐射空气吸收剂量率年均值分布示意图

二、空气

（一）气溶胶

2020 年，浙江省气溶胶监测点均布设在自动站，监测点分布见图 12-1，监测结果见表 12-4。

监测结果表明，气溶胶中天然放射性核素的活度浓度处于本底涨落范围内；人工放射性核素的活度浓度未见异常。

表 12-4　2020 年浙江省气溶胶监测结果

监测项目	单位	点位数 / 个	n/m[1)]	范围[2)]
铍 -7	mBq/m^3	11	87/87	0.32 ～ 12
钾 -40	$\mu Bq/m^3$	11	2/87	136 ～ 167
铅 -210	mBq/m^3	1	12/12	0.54 ～ 2.2
钋 -210	$\mu Bq/m^3$	1	12/12	0.10 ～ 1.0
碘 -131	$\mu Bq/m^3$	11	0/87	—
铯 -134	$\mu Bq/m^3$	11	0/87	—
铯 -137（γ 能谱分析）	$\mu Bq/m^3$	11	0/87	—
铯 -137（放化分析）	$\mu Bq/m^3$	11	11/11	0.20 ～ 0.64
锶 -90	$\mu Bq/m^3$	11	9/11	0.24 ～ 0.99

注：1）“n”表示 2020 年高于探测下限测值数，“*m*”表示 2020 年测值总数；“—”表示不适用（下同）。2）范围为高于探测下限测值范围（下同）。

（二）气碘

2020 年，浙江省气碘监测点均布设在自动站，监测点分布见图 12-1，监测结果见表 12-5。

监测结果表明，空气中气态放射性核素碘 -131 活度浓度未见异常。

表 12-5　2020 年浙江省气碘监测结果

监测项目	单位	点位数 / 个	n/m	范围
碘 -131	mBq/m^3	9	0/36	—

（三）沉降物

2020 年，浙江省沉降物监测点均布设在自动站，监测点分布见图 12-1，监测结果见表 12-6。

监测结果表明，沉降物中天然放射性核素日沉降量处于本底涨落范围内；人工放射性核素日沉降量未见异常。

表 12-6　2020 年浙江省沉降物监测结果

监测项目	单位	点位数 / 个	n/m	范围
铍 -7	Bq/（m^2·d）	9	28/28	0.42 ～ 7.3
钾 -40	mBq/（m^2·d）	9	20/28	50 ～ 401
碘 -131	mBq/（m^2·d）	9	0/28	—
铯 -134	mBq/（m^2·d）	9	0/28	—
铯 -137（γ 能谱分析）	mBq/（m^2·d）	9	0/28	—
铯 -137（放化分析）	mBq/（m^2·d）	9	7/9	0.23 ～ 0.71
锶 -90	mBq/（m^2·d）	9	9/9	0.25 ～ 1.8

（四）空气（水蒸汽）和降水中的氚

2020 年，浙江省空气（水蒸汽）和降水中的氚的监测点设置在杭州市的三义村站自动站，监测点分布见图 12-1，监测结果见表 12-7。

监测结果表明，空气（水蒸汽）和降水中的氚活度浓度未见异常。

表 12-7　2020 年浙江省空气（水蒸汽）和降水中的氚监测结果

监测项目	单位	点位数 / 个	n/m	范围
空气（水蒸汽）中的氚	mBq/m^3	1	0/1	—
降水中的氚	Bq/L	1	0/4	—

三、水体

（一）主要江河流域

2020 年，浙江省主要江河流域监测点分布见图 12-3，监测结果见表 12-8 和图 12-4。

监测结果表明，钱塘江、曹娥江、甬江、椒江、瓯江、飞云江、鳌江、苕溪、京杭运河的地表水中天然放射性核素铀和钍的浓度、镭 -226 的活度浓度处于本底涨落范围内；人工放射性核素锶 -90 和铯 -137 的活度浓度未见异常。高于探测下限的测值中，天然放射性核素铀的浓度主要分布区间为 0.07 ～ 1.0 μg/L，钍的浓度主要分布区间为 0.13 ～ 0.37 μg/L，镭 -226 的活度浓度主要分布区间为 6.7 ～ 15 mBq/L。

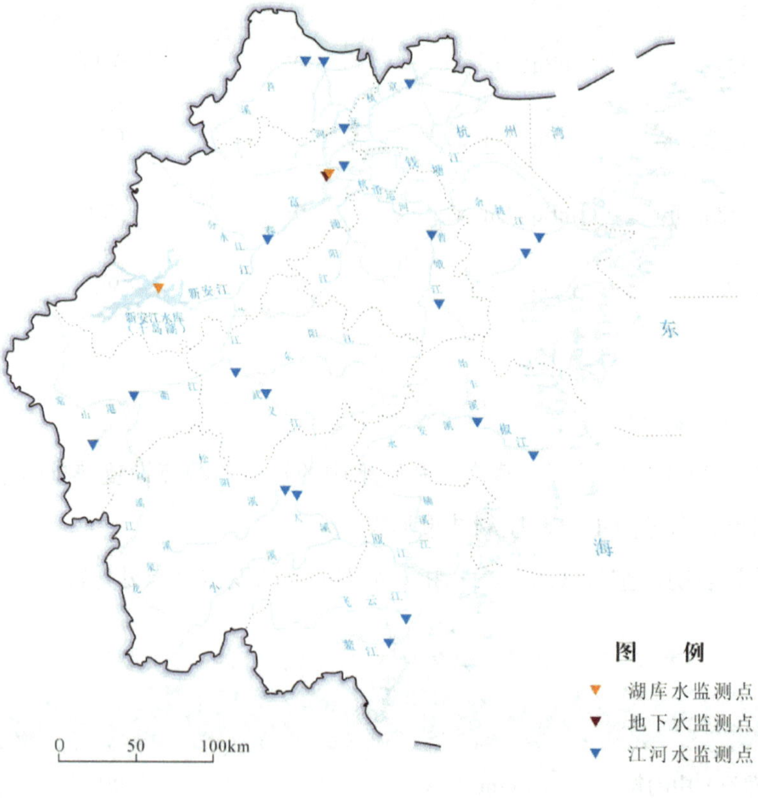

图 12-3　2020 年浙江省主要江河流域、湖库和地下水监测布点示意图

表 12-8　2020 年浙江省主要江河流域监测结果

监测项目	单位	点位数 / 个	n/m	范围
总 α	Bq/L	20	25/38	0.01 ～ 0.24
总 β	Bq/L	20	39/39	0.04 ～ 3.3
铀	μg/L	20	38/40	0.04 ～ 1.8
钍	μg/L	16	25/26	0.08 ～ 0.58
镭 -226	mBq/L	19	38/38	6.1 ～ 21
锶 -90	mBq/L	2	4/4	1.6 ～ 3.3
铯 -137	mBq/L	2	1/4	0.32

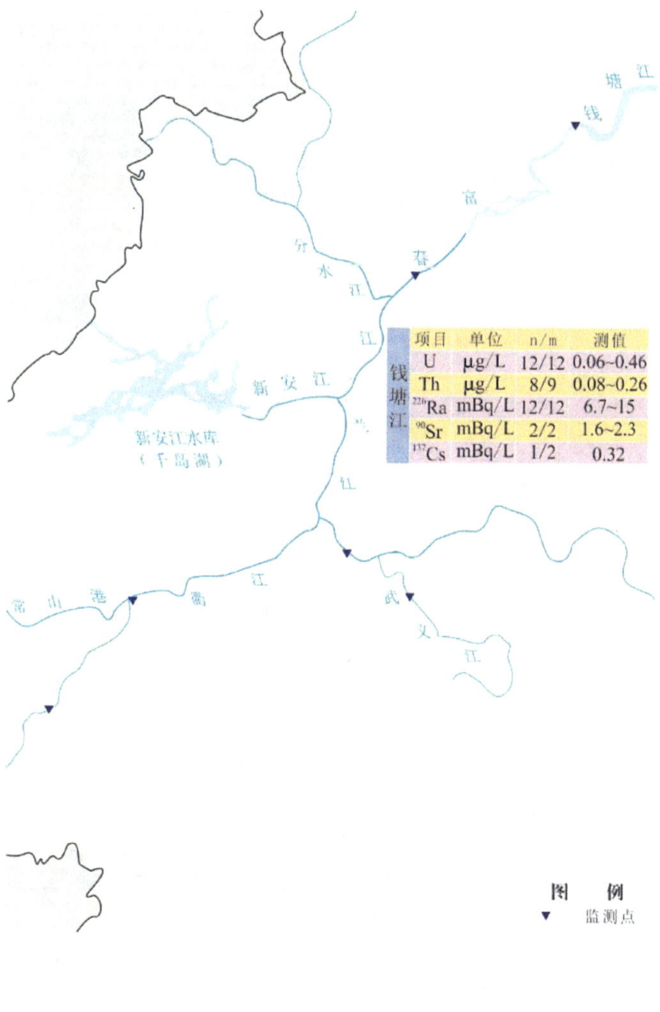

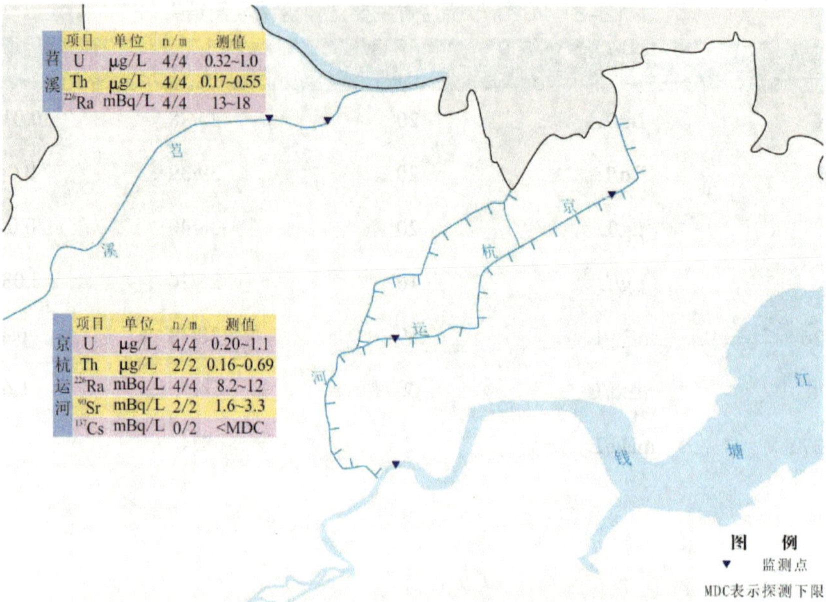
苕溪
项目 单位 n/m 测值
U μg/L 4/4 0.32~1.0
Th μg/L 4/4 0.17~0.55
226Ra mBq/L 4/4 13~18
苕
溪
京杭运河
项目 单位 n/m 测值
U μg/L 4/4 0.20~1.1
Th μg/L 2/2 0.16~0.69
226Ra mBq/L 4/4 8.2~12
90Sr mBq/L 2/2 1.6~3.3
137Cs mBq/L 0/2 <MDC
京
杭
运
河
钱
塘
江
图 例
监测点
MDC表示探测下限

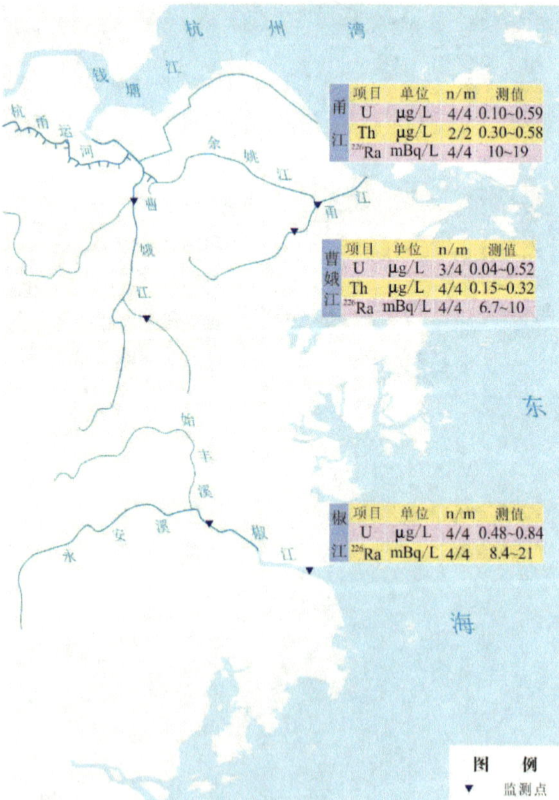
杭 州 湾
钱
塘
江
杭
甬
运
河
余
姚
江
甬江
项目 单位 n/m 测值
U μg/L 4/4 0.10~0.59
Th μg/L 2/2 0.30~0.58
226Ra mBq/L 4/4 10~19
江
甬
曹
娥
江
曹娥江
项目 单位 n/m 测值
U μg/L 3/4 0.04~0.52
Th μg/L 4/4 0.15~0.32
226Ra mBq/L 4/4 6.7~10
东
始
丰
溪
永
安
溪
椒
江
椒江
项目 单位 n/m 测值
U μg/L 4/4 0.48~0.84
226Ra mBq/L 4/4 8.4~21
海
图 例
监测点

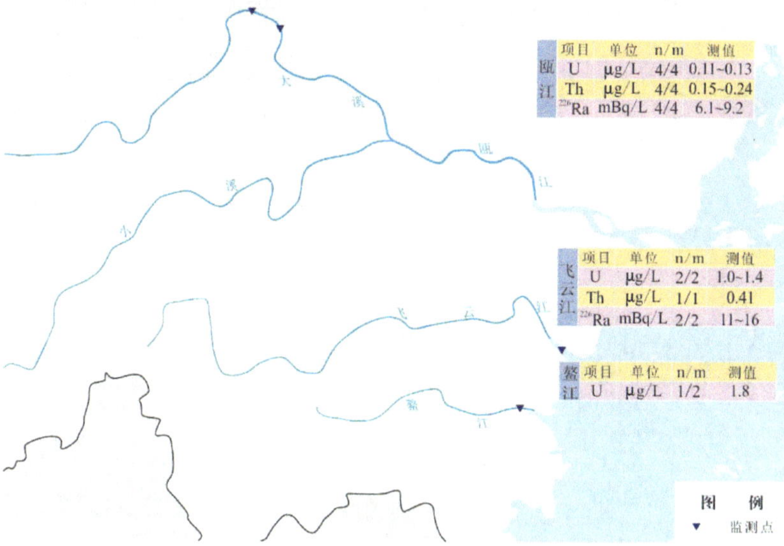

图 12-4 2020 年浙江省主要江河流域监测结果

（二）湖泊（水库）

2020 年，浙江省湖泊（水库）监测点设置在杭州西湖和千岛湖，监测点分布见图 12-3，监测结果见表 12-9。

监测结果表明，西湖和千岛湖的地表水中总 α 和总 β 活度浓度、天然放射性核素铀和钍浓度、镭 -226 活度浓度处于本底涨落范围内；人工放射性核素锶 -90 和铯 -137 活度浓度未见异常，见图 12-5。

表 12-9 2020 年浙江省湖泊（水库）监测结果

监测项目	单位	点位数 / 个	n/m	范围
总 α	Bq/L	2	0/4	—
总 β	Bq/L	2	4/4	0.01 ～ 0.08
铀	μg/L	2	4/4	0.09 ～ 0.28
钍	μg/L	2	4/4	0.11 ～ 0.21
镭 -226	mBq/L	2	4/4	7.7 ～ 9.7
锶 -90	mBq/L	2	4/4	1.3 ～ 2.8
铯 -137	mBq/L	2	0/4	—

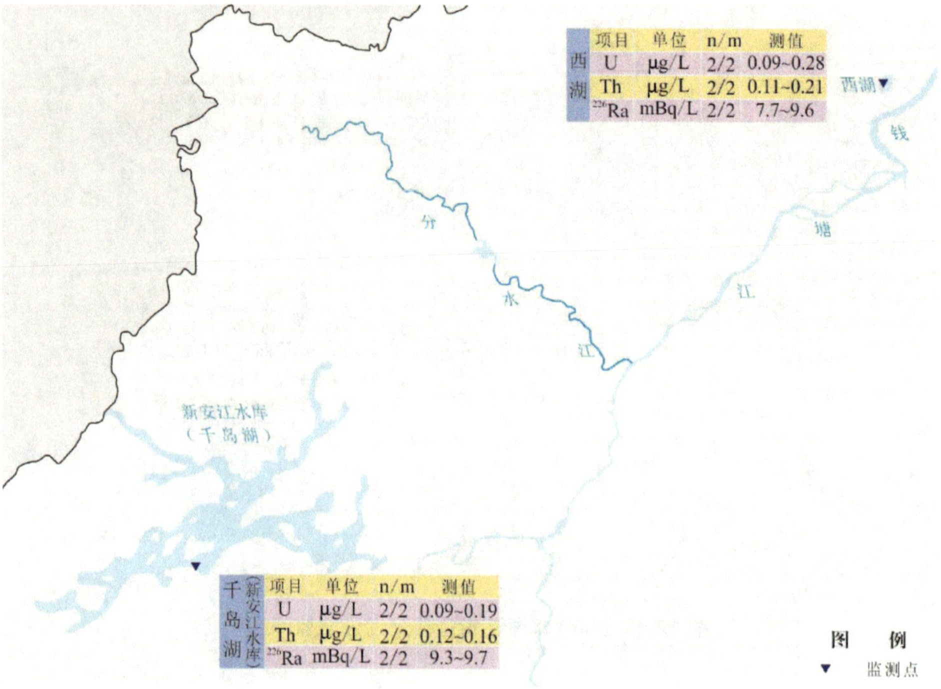

图 12-5　2020 年浙江省湖泊（水库）监测结果

（三）地下水

2020 年，浙江省地下水监测点设置在杭州四眼井，监测点见图 12-3，监测结果见表 12-10。

监测结果表明，地下水中总 α 和总 β 活度浓度、天然放射性核素铀和钍浓度、镭 -226 活度浓度处于本底涨落范围内。

表 12-10　2020 年浙江省地下水监测结果

监测点位	放射性核素活度浓度				
	总 α/（Bq/L）	总 β/（Bq/L）	铀 /（μg/L）	钍 /（μg/L）	镭 -226/（mBq/L）
四眼井	<MDC[1]	0.05	0.63	0.31	4.9

注：1）“MDC”表示探测下限。

（四）饮用水水源地水

2020 年，浙江省集中式饮用水水源地监测点分布见图 12-6，监测结果见表 12-11、表 12-12 和图 12-7、图 12-8。

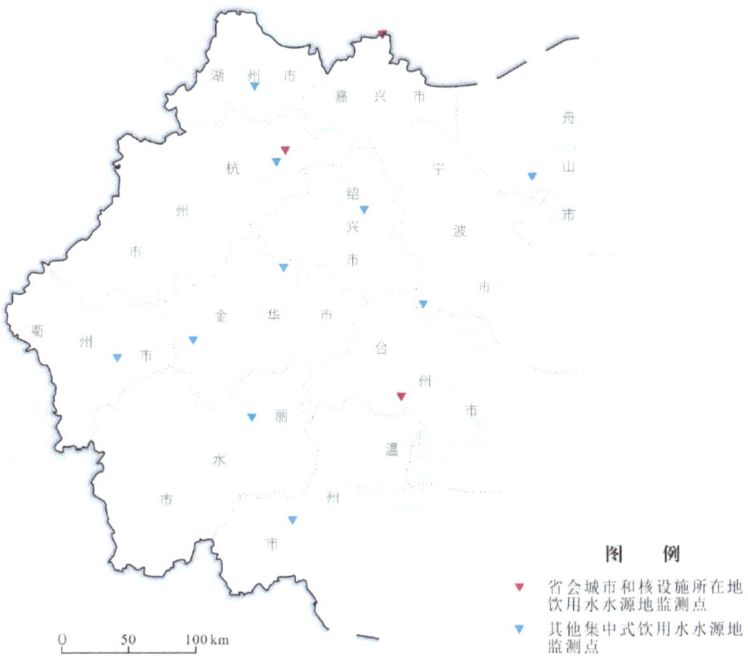

图 12-6 2020 年浙江省集中式饮用水水源地监测布点示意图

监测结果表明，集中式饮用水水源地水中总 α 和总 β 活度浓度、天然放射性核素铀和钍浓度、镭 -226 活度浓度处于本底涨落范围内；人工放射性核素锶 -90、铯 -137 活度浓度未见异常。其中，总 α 和总 β 活度浓度低于《生活饮用水卫生标准》（GB 5749—2006）规定的放射性指标指导值。

表 12-11 2020 年浙江省集中式饮用水水源地水监测结果

监测项目	单位	点位数 / 个	n/m	范围
总 α	Bq/L	12	10/24	0.01 ～ 0.06
总 β	Bq/L	12	24/24	0.02 ～ 0.17

监测项目	单位	点位数 / 个	n/m	范围
铀	μg/L	3	5/6	0.02 ～ 0.41
钍	μg/L	3	6/6	0.13 ～ 0.47
镭 -226	mBq/L	3	6/6	8.1 ～ 12
锶 -90	mBq/L	3	6/6	1.6 ～ 3.3
铯 -137	mBq/L	3	2/6	0.24 ～ 0.25

表 12–12　2020 年浙江省 11 个设区市集中式饮用水水源地水监测结果

设区市	总 α		总 β	
	n/m	范围 /（Bq/L）	n/m	范围 /（Bq/L）
杭州市	0/2	—	2/2	0.05 ～ 0.05
宁波市	0/2	—	2/2	0.02 ～ 0.03
温州市	2/2	0.01 ～ 0.01	2/2	0.03 ～ 0.07
嘉兴市	1/2	0.06	2/2	0.17 ～ 0.17
湖州市	2/2	0.01 ～ 0.01	2/2	0.04 ～ 0.05
绍兴市	1/2	0.01	2/2	0.05 ～ 0.05
金华市	2/4	0.01 ～ 0.01	4/4	0.02 ～ 0.04
衢州市	1/2	0.01	2/2	0.04 ～ 0.04
舟山市	0/2	—	2/2	0.07 ～ 0.08
台州市	1/2	0.01	2/2	0.04 ～ 0.04
丽水市	0/2	—	2/2	0.03 ～ 0.03

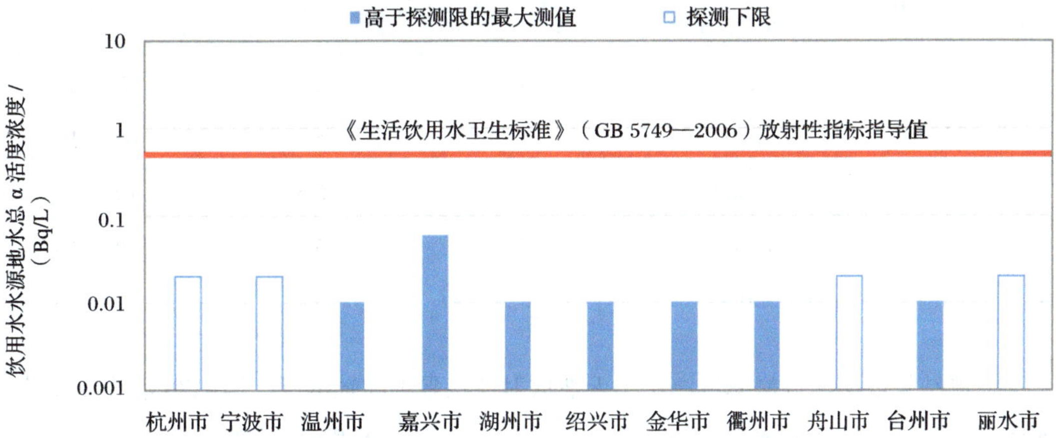

图 12-7　2020 年浙江省集中式饮用水水源地水中总 α 活度浓度

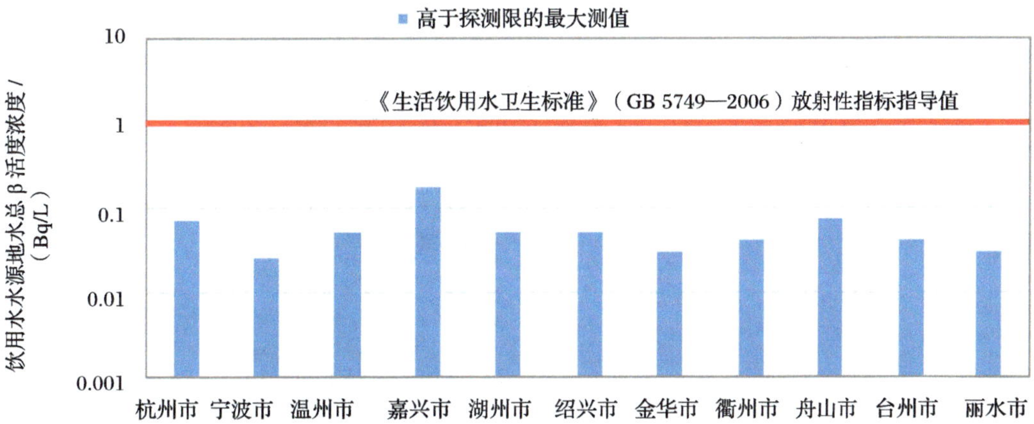

图 12-8　2020 年浙江省集中式饮用水水源地水中总 β 活度浓度

（五）海域

2020 年，浙江省近岸海域海水监测点分布见图 12-9，监测结果见表 12-13 和图 12-9；海洋生物监测结果见表 12-14。

表 12-13　2020 年浙江省近岸海域海水监测结果

监测项目	单位	点位数 / 个	n/m	范围
铀	μg/L	5	5/5	1.2 ～ 2.7
钍	μg/L	5	5/5	0.6 ～ 1.3
镭 -226	mBq/L	5	5/5	10 ～ 14
锶 -90	mBq/L	5	5/5	1.0 ～ 4.1
铯 -137	mBq/L	5	5/5	0.5 ～ 1.1

监测结果表明，近岸海域海水中天然放射性核素铀和钍浓度、镭 -226 活度浓度处于本底涨落范围内；人工放射性核素锶 -90 和铯 -137 活度浓度未见异常，且低于《海水水质标准》（GB 3097—1997）规定的限值。

海洋生物中人工放射性核素锶 -90 和铯 -137 活度浓度未见异常。

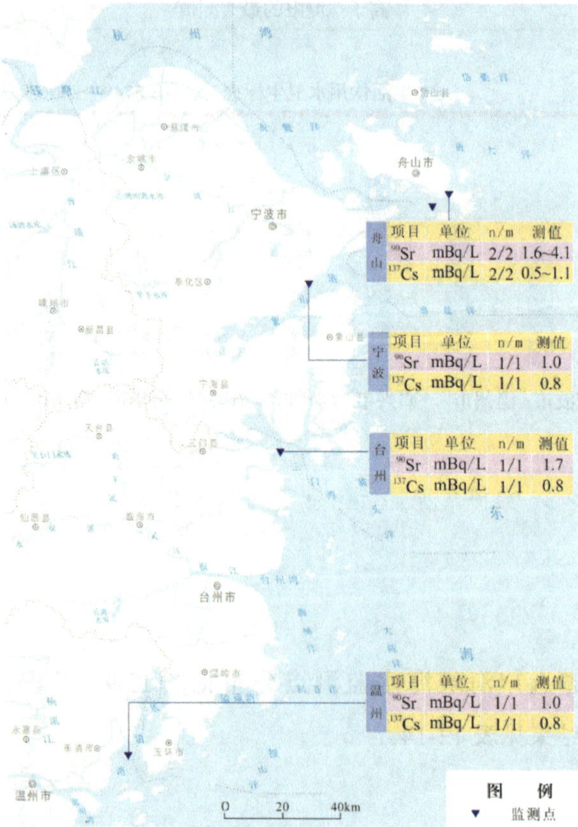

图 12-9　2020 年浙江省近岸海域海水监测布点及监测结果

表 12-14　2020 年浙江省近岸海域海洋生物监测结果

监测对象	放射性核素活度浓度 /（Bq/kg- 鲜）	
	锶 -90	铯 -137
梭鱼（骨或肉）[1]	0.07	0.13
弹涂鱼（全鱼）	<MDC[2]	0.11
蛏子（肉）	0.09	0.05
南美白对虾（全虾）	0.13	0.07

注：1）梭鱼监测，锶 -90 分析的样品为梭鱼骨，铯 -137 分析的样品为梭鱼肉。2）“MDC”表示探测下限。

四、土壤

2020 年，浙江省土壤监测点分布见图 12-10，监测结果见表 12-15。

监测结果表明，土壤中天然放射性核素铀 -238、钍 -232 和镭 -226 活度浓度处于本底涨落范围内，人工放射性核素铯 -137 活度浓度未见异常。

表 12-15　2020 年浙江省土壤监测结果

监测项目	单位	点位数 / 个	n/m	范围
铀 -238	Bq/kg- 干	11	11/11	21 ～ 55
钍 -232	Bq/kg- 干	11	11/11	33 ～ 75
镭 -226	Bq/kg- 干	11	11/11	20 ～ 47
铯 -137	Bq/kg- 干	11	7/11	0.52 ～ 3.4

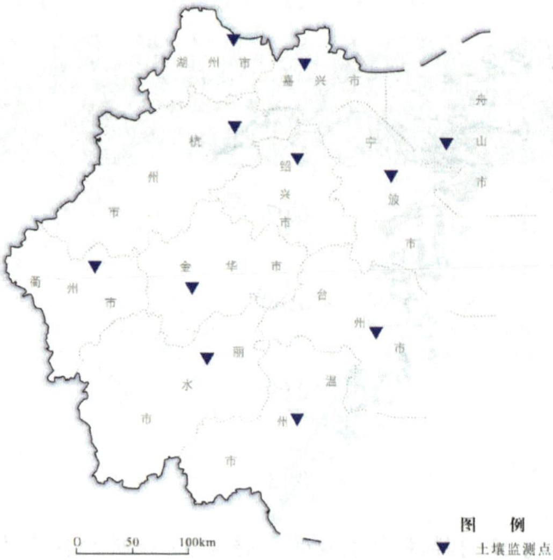

图 12-10 2020 年浙江省土壤监测布点示意图

五、环境电磁辐射

2020 年，浙江省环境电磁辐射监测点分布见图 12-11，监测结果见图 12-12。监测结果表明，设区城市环境电磁综合电场强度低于《电磁环境控制限值》（GB 8702—2014）规定的公众曝露控制限值。

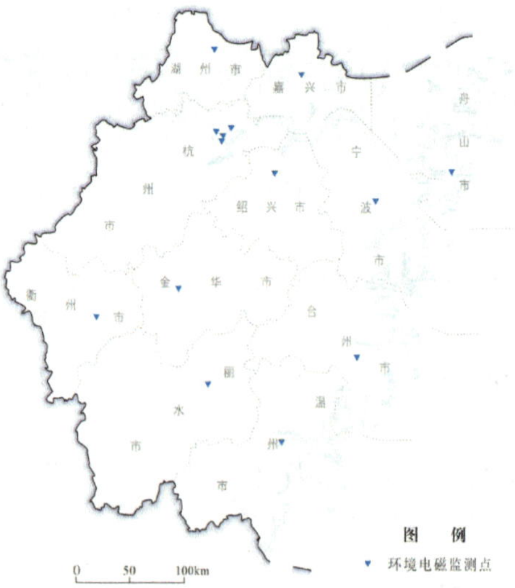

图 12-11 2020 年浙江省环境电磁辐射监测布点示意图

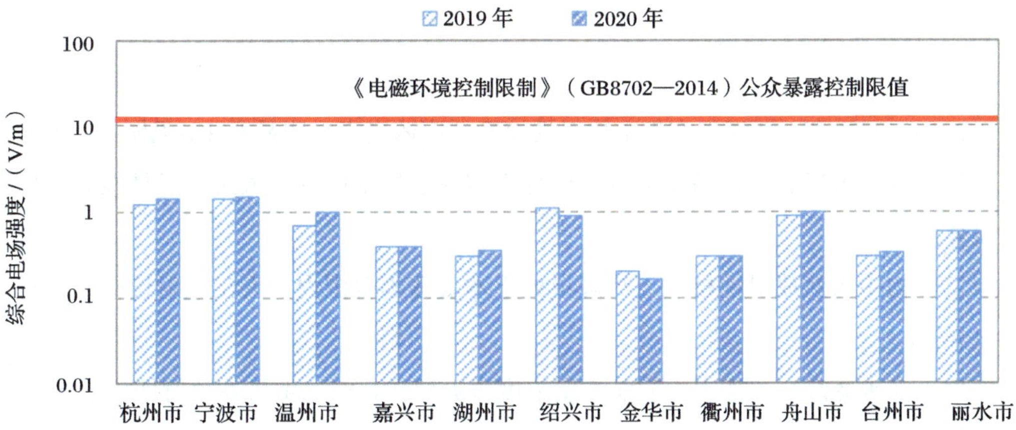

图 12-12 浙江省环境电磁辐射水平

第三节 辐射环境质量变化趋势

一、环境 γ 辐射水平

2016—2020 年，浙江省自动站空气吸收剂量率、累积剂量测得的空气吸收剂量率和环境 γ 辐射空气吸收剂量率未见明显变化，均处于本底涨落范围内。见图 12-13。

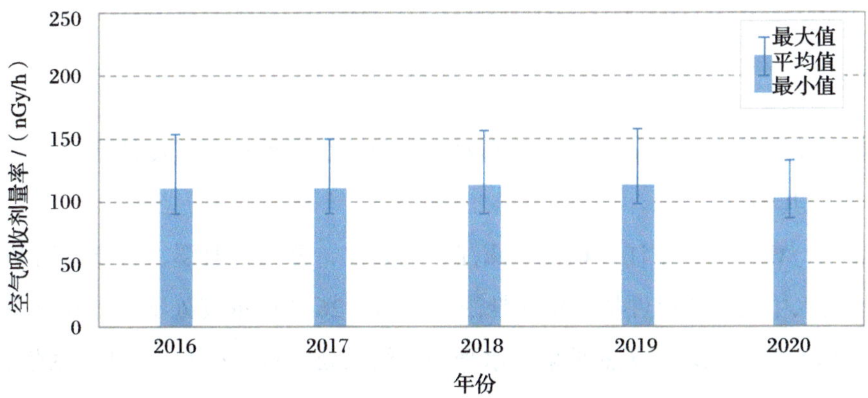

图 12-13 “十三五”期间浙江省累积剂量测得的空气吸收剂量率年际变化

二、空气

2016—2020 年，浙江省空气中放射性核素活度浓度未见明显变化，见图 12-14。其中：

气溶胶中天然放射性核素活度浓度处于本底涨落范围内，人工放射性核素活度浓度未见异常。

沉降物中天然放射性核素日沉降量处于本底涨落范围内，人工放射性核素日沉降量未见异常。

空气（水蒸汽）和降水中的氚活度浓度未见异常。空气中气态放射性核素碘 -131 活度浓度未见异常。

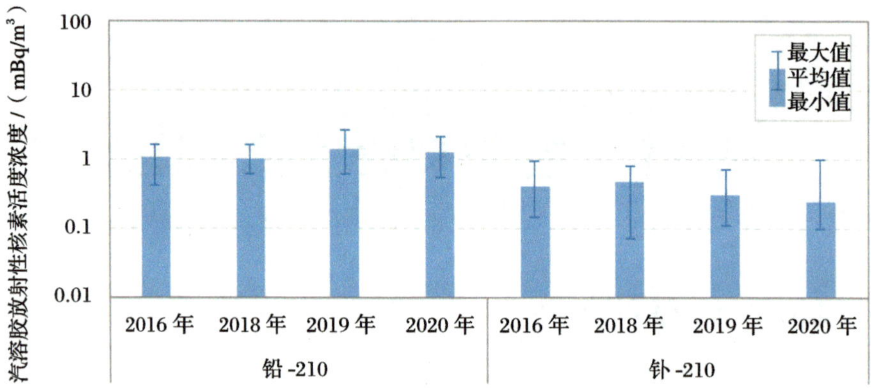

图 12-14 “十三五”期间浙江省气溶胶中铅 -210 和钋 -210 活度浓度年际变化

注：2017 年因供电故障导致未能采集到样品。

三、水体

2016—2020 年，浙江省主要水域和水中生物中放射性核素活度浓度未见明显变化，见图 12-15。其中：

钱塘江、曹娥江、甬江、椒江、瓯江、飞云江、鳌江、苕溪、京杭运河和西湖、千岛湖的地表水中天然放射性核素铀和钍浓度、镭 -226 活度浓度处于本底涨落范围内，且与 1983—1990 年全国环境天然放射性水平调查结果处于同一水平；人工放射性核素锶 -90 和铯 -137 活度浓度未见异常。

地下水中总 α 和总 β 活度浓度、天然放射性核素铀和钍浓度、镭 -226 活度浓度处于本底涨落范围内。

集中式饮用水水源地水中总 α 和总 β 活度浓度、天然放射性核素铀和钍浓度、镭 -226 活度浓度处于本底涨落范围内；人工放射性核素锶 -90、铯 -137 活度浓度未见异常。其中，总 α 和总 β 活度浓度低于《生活饮用水卫生标准》（GB 5749—2006）规定的放射性指标指导值。

近岸海域海水中天然放射性核素铀和钍浓度、镭 -226 活度浓度处于本底涨落范围内；人工放射性核素锶 -90 和铯 -137 活度浓度未见异常，且低于《海水水质标准》（GB 3097—1997）规定的限值。

海洋生物中人工放射性核素锶 -90 和铯 -137 活度浓度未见异常。

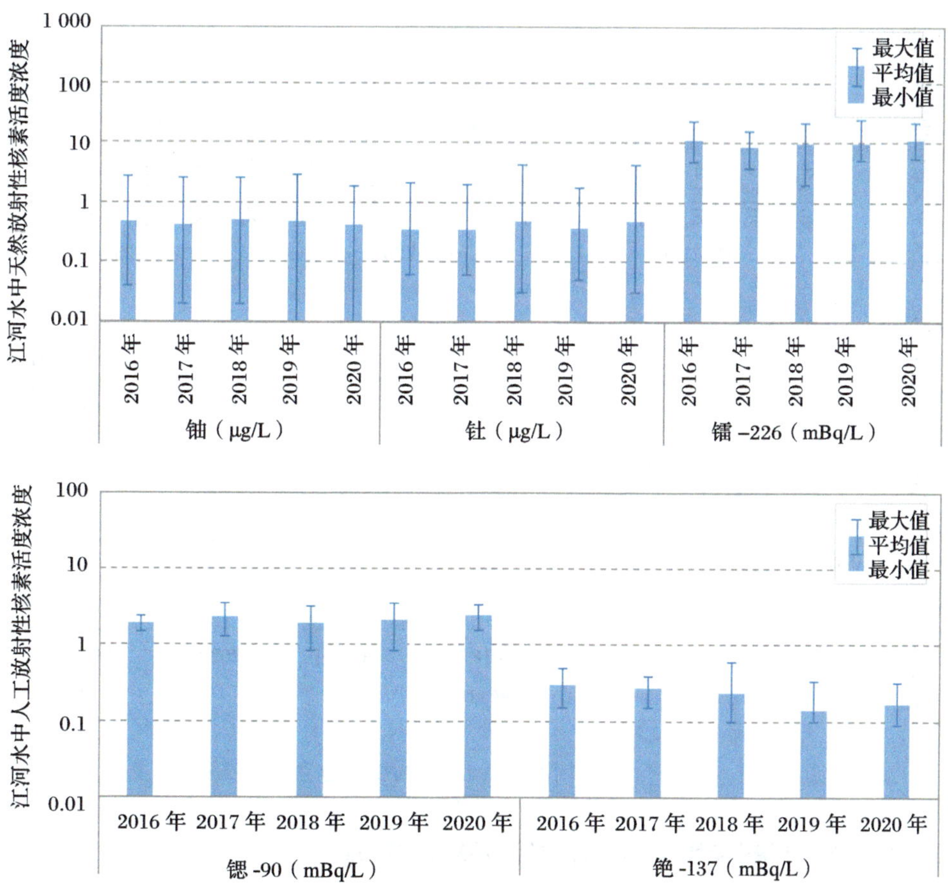

图 12-15 “十三五”期间浙江省主要江河流域水中放射性核素活度浓度年际变化

四、土壤

2016—2020 年，浙江省土壤中放射性核素活度浓度未见明显变化，见图 12-16。其中：

土壤中天然放射性核素铀 -238、钍 -232 和镭 -226 活度浓度处于本底涨落范围内，且与 1983—1990 年全国环境天然放射性水平调查结果处于同一水平；人工放射性核素锶 -90 和铯 -137 活度浓度未见异常。

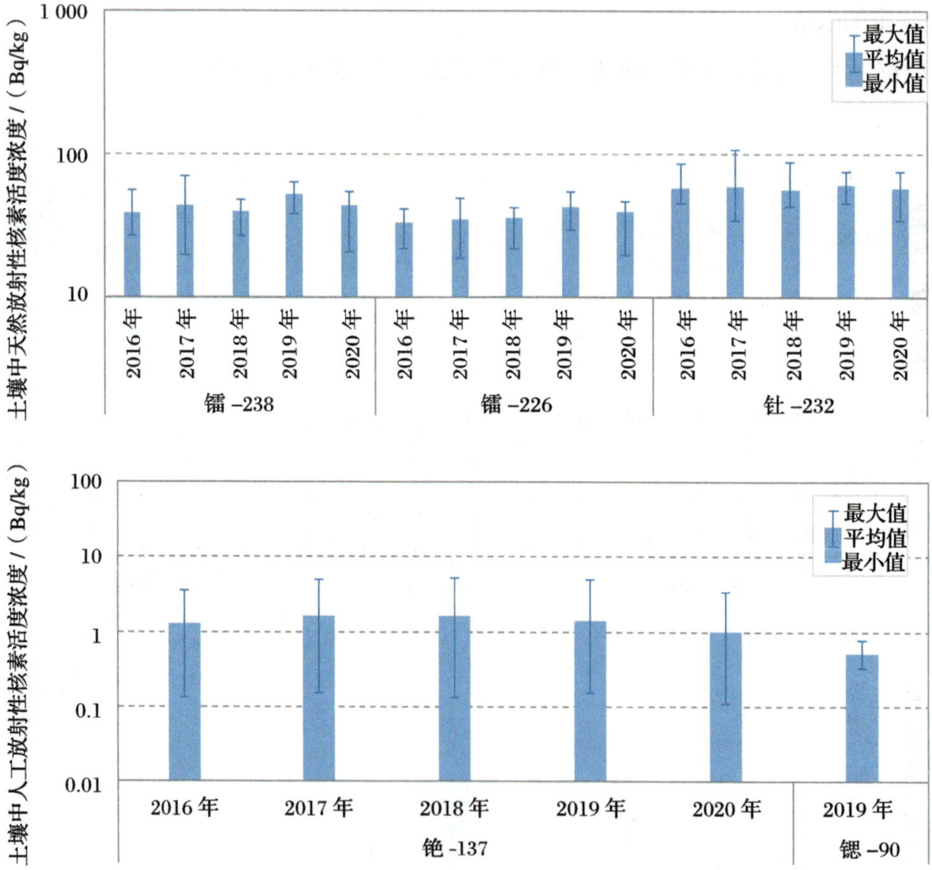

图 12-16　“十三五”期间浙江省土壤中放射性核素活度浓度年际变化

注：自 2019 年起，土壤中新增锶 -90 分析，监测频次为 1 次 /3a。

五、环境电磁辐射

2016—2020 年，浙江省设区城市环境电磁辐射水平未见明显变化，均低于《电磁环境控制限值》（GB 8702—2014）规定的公众曝露控制限值。见图 12-17。

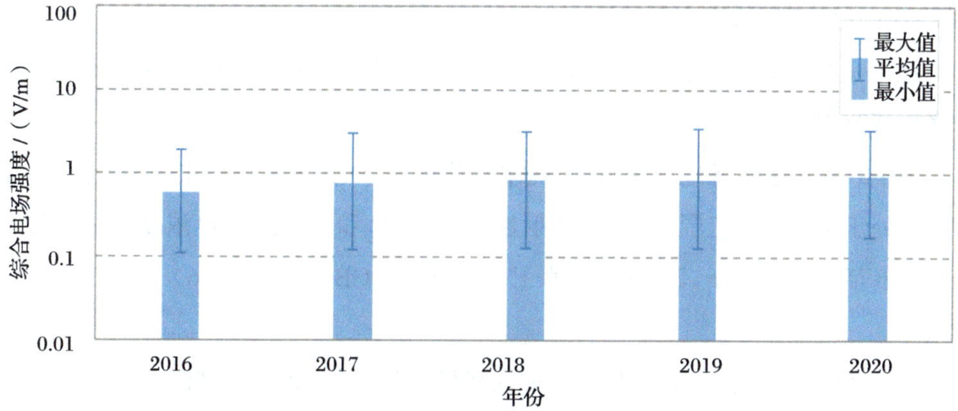

图 12-17 “十三五”期间浙江省环境电磁辐射水平年际变化

第四节 小结

2016—2020 年，浙江省辐射环境质量总体良好，环境辐射水平未见明显变化。其中环境电离辐射水平处于本底涨落范围内，环境电磁辐射水平低于国家规定的电磁环境控制限值。

一、环境电离辐射

1. 自动站空气吸收剂量率、累积剂量测得的空气吸收剂量率和环境 γ 辐射空气吸收剂量率均处于本底涨落范围内。

2. 气溶胶、沉降物中天然放射性核素活度浓度处于本底涨落范围内，人工放射性核素活度浓度未见异常。空气（水蒸汽）和降水中的氚活度浓度未见异常。空气中气态放射性核素碘 -131 活度浓度未见异常。

3. 钱塘江、曹娥江、甬江、椒江、瓯江、飞云江、鳌江、苕溪、京杭运河和西湖、千岛湖的地表水中天然放射性核素铀和钍浓度、镭 -226 活度浓度处于本底涨落范围内，且与 1983—1990 年全国环境天然放射性水平调查结果处于同一水平；人工放射性核素锶 -90 和铯 -137 活度浓度未见异常。

4. 地下水中总 α 和总 β 活度浓度、天然放射性核素铀和钍浓度、镭 -226 活度浓度处于本底涨落范围内。

5. 集中式饮用水水源地水中总 α 和总 β 活度浓度、天然放射性核素铀和钍浓度、镭 -226 活度浓度处于本底涨落范围内；人工放射性核素锶 -90 和铯 -137 活度浓度未见异常。其中，总 α 和总 β 活度浓度低于《生活饮用水卫生标准》（GB 5749—2006）规定的放射性指标指导值。

6. 近岸海域海水中天然放射性核素铀和钍浓度、镭 -226 活度浓度处于本底涨落范围内；人工放射性核素锶 -90 和铯 -137 活度浓度未见异常，且低于《海水水质标准》（GB 3097—1997）规定的限值。海洋生物中人工放射性核素锶 -90 和铯 -137 活度浓度未见异常。

7. 土壤中天然放射性核素铀 -238、钍 -232 和镭 -226 活度浓度处于本底涨落范围内，且与 1983—1990 年全国环境天然放射性水平调查结果处于同一水平；人工放射性核素锶 -90 和铯 -137 活度浓度未见异常。

二、环境电磁辐射

浙江省设区城市环境电磁辐射水平均低于《电磁环境控制限值》（GB 8702—2014）规定的公众曝露控制限值。

第十三章

关联分析与预测

ZHEJIANG SHENG
SHENGTAI HUANJING ZHILIANG ZHUANGKUANG
JI BIANHUA QUSHI YANJIU

（2016—2020年）

第一节　关联性分析方法

选取浙江省社会经济、污染排放等指标，对生态环境质量进行科学合理的关联分析，指标选择见表 13-1。选用 Pearson 相关系数进行关联性分析，再通过 t 检验验证是否具有统计学意义。Pearson 相关系数 r 是用协方差除以两个变量的标准差得到的，用来衡量两个随机变量之间的相关性。$|r|$ 值越接近于 1，相关程度越高，其绝对值可以比较不同指标相关程度的高低。相关系数 r 与相关程度对应关系为：

$|r|=0$，完全不相关；

$0<|r|\leqslant 0.3$，微弱相关；

$0.3<|r|\leqslant 0.5$，低度相关；

$0.5<|r|\leqslant 0.8$，显著相关；

$0.8<|r|\leqslant 1$，高度相关。

表 13–1　经济社会要素与生态环境质量指标

要素	指标
社会经济	人均地区生产总值（人均 GDP）、第三产业占 GDP 比重、机动车拥有量、能源消费总量（万吨标准煤）、环境污染治理投资总额
污染物排放	工业二氧化硫排放量、工业氮氧化物排放量、工业烟（粉）尘排放量、工业化学需氧量排放量、工业氨氮排放量
环境空气	设区城市空气质量优良天数比例、空气质量综合指数、SO_2 浓度、NO_2 浓度、PM_{10} 浓度、$PM_{2.5}$ 浓度、O_3 浓度
地表水	地表水优良率、满足功能类别要求比例、水质综合污染指数*、高锰酸盐指数、氨氮浓度、总磷浓度
酸雨	pH 年均值、酸雨率

注：* 水质综合污染指数选择高锰酸盐指数、化学需氧量、五日生化需氧量、氨氮、总磷和石油类 6 项指标进行计算。

第二节 污染排放与社会经济关联分析

进入21世纪以来，浙江省社会经济保持快速发展，2007年人均GDP一举跨过4 000美元大关，进入经济学意义上的“中等收入阶段”，2012年突破10 000美元，基本接近高收入发达国家行列。在经济快速发展的同时，产业结构不断升级，经济增长方式转变，第三产业占GDP比重逐年上升。此外，环保投资在筹措渠道和市场机制方面不断完善，环境污染治理投资总额逐年增加。

根据主要社会经济指标与污染物排放指标的相关性系数，二氧化硫排放量、化学需氧量排放量、氨氮排放量与人均GDP、第三产业比重及能源消费总量均呈高度负相关；氮氧化物排放量、烟（粉）尘排放量与主要社会经济指标呈显著负相关；污染物排放量与环境污染治理投资总额呈显著负相关。第三产业整体上具有高产出低污染的优势，产业结构和经济增长方式的转变从源头上遏制了污染物的排放量，面对煤炭消费量逐年上升的环境压力，各项污染物浓度却逐年下降。此外，环境治理投资力度的不断加大，强化了工程减排，有效保障了污染物减排工作。见表13-2、图13-1。

表13-2 2005—2019年社会经济与污染物排放指标相关性系数

指标	人均GDP	第三产业比重	能源消费总量	环境污染治理投资
工业二氧化硫排放量	−0.95	−0.95	−0.88	−0.74
工业氮氧化物排放量	−0.77	−0.73	−0.73	−0.70
工业烟（粉）尘排放量	−0.75	−0.70	−0.74	−0.59
工业化学需氧量排放量	−0.97	−0.97	−0.91	−0.80
工业氨氮排放量	−0.92	−0.82	−0.95	−0.78

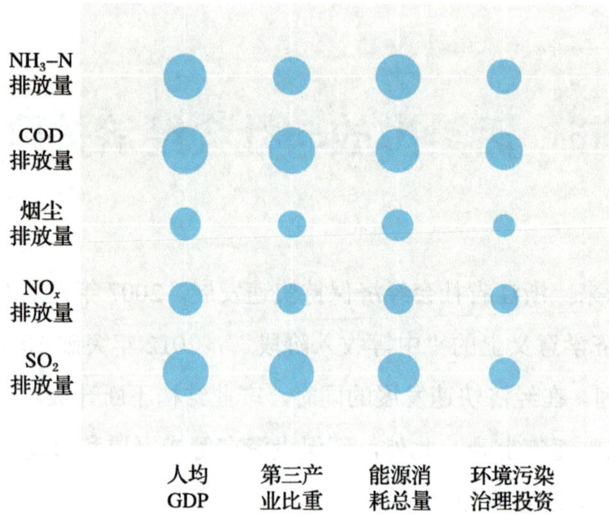

图 13-1　社会经济与污染物排放指标相关系数矩阵

注：蓝色表示负相关；气泡面积代表相关性系数绝对值大小。

第三节　环境质量与社会经济关联分析

一、环境空气

2013 年起，浙江省 11 个设区城市全面开展环境空气中 $PM_{2.5}$、PM_{10}、NO_2、SO_2、CO 和 $O_3$6 项因子的监测，因此环境空气质量相关分析选取 2013—2020 年相关数据。根据相关分析，设区城市空气质量优良天数比例与人均 GDP 和第三产业比重呈高度正相关，与污染物排放量主要指标呈高度负相关；空气质量综合指数、SO_2 浓度、NO_2 浓度、PM_{10} 浓度和 $PM_{2.5}$ 浓度与人均 GDP 呈高度负相关，与工业二氧化硫排放量、氮氧化物排放量、烟（粉）尘排放量呈高度正相关，与能源消费总量呈显著负相关；O_3 浓度与主要社会经济指标呈低度相关。见表 13-3、图 13-2。

近年来，浙江省持续深化污染减排，脱硫工作同时稳步、有序推进，2018 年开始实施“打赢蓝天保卫战三年行动”计划，环境政策影响相对较稳定。工业污染排放量与城市空气质量密切相关，在上述因素的综合作用下，全省环境空气质量逐年改善，空气质量综合指数和主要污染物年均浓度均呈逐年下降趋势。

表 13-3 2013—2020 年社会经济、污染物排放与环境空气质量指标相关性系数

指标	人均 GDP	第三产业比重	能源消费总量	SO_2 排放量	NO_x 排放量	烟（粉）尘排放量
优良天数比例	0.96	0.96	0.84	−0.92	−0.94	−0.82
空气质量综合指数	−0.92	−0.91	−0.73	0.90	0.94	0.82
SO_2 浓度	−0.92	−0.91	−0.71	0.92	0.96	0.85
NO_2 浓度	−0.89	−0.86	−0.70	0.97	0.99	0.95
PM_{10} 浓度	−0.93	−0.92	−0.75	0.95	0.98	0.89
$PM_{2.5}$ 浓度	−0.94	−0.93	−0.77	0.97	0.99	0.91
O_3 浓度 *	−0.25	−0.19	−0.21	0.41	0.44	0.52

注：*O_3 浓度为 O_3 日最大 8 h 平均浓度第 90 百分位数浓度，下同。

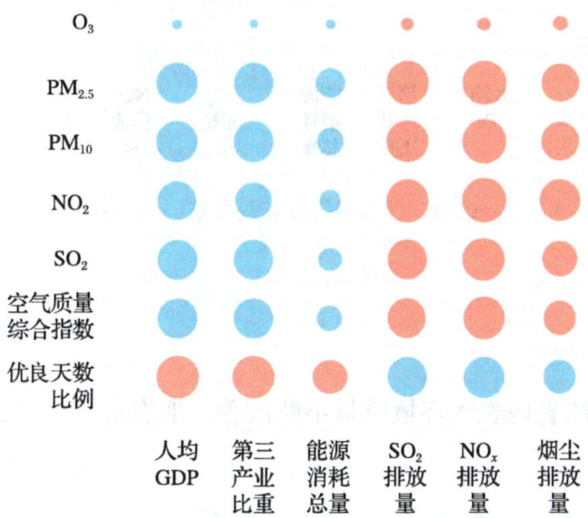

图 13-2 社会经济、污染物排放与环境空气质量指标相关系数矩阵

注：红色表示正相关，蓝色表示负相关；气泡面积代表相关性系数绝对值大小；下同。

二、酸雨

2001 年以来，浙江省人均 GDP\ 第三产业比重和能源消费总量持续上升，降水 pH 逐年上升，酸雨率逐年下降。根据相关分析，pH 与人均 GDP、第三产业比重、能源消费总量呈高度正相关；酸雨率与人均 GDP、第三产业比重、能源消费总量呈高度负相关；pH、酸雨率与污染物排放量基本呈显著相关性；pH、酸雨率与机动车拥有量呈低度相关。相关性分析结果也验证了工业二氧化硫的排放仍是形成酸雨的主要原因，随着产业结构调整和二氧化硫减排，酸雨污染呈现逐年减轻趋势。见表 13-4、图 13-3。

表 13-4　2001—2020 年社会经济、污染物排放与酸雨相关性系数

指标	人均 GDP	第三产业比重	能源消费总量	SO_2 排放量	NO_x 排放量	烟（粉）尘排放量
pH	0.96	0.97	0.90	−0.90	−0.71	−0.62
酸雨率	−0.95	−0.98	−0.81	0.94	0.73	0.66

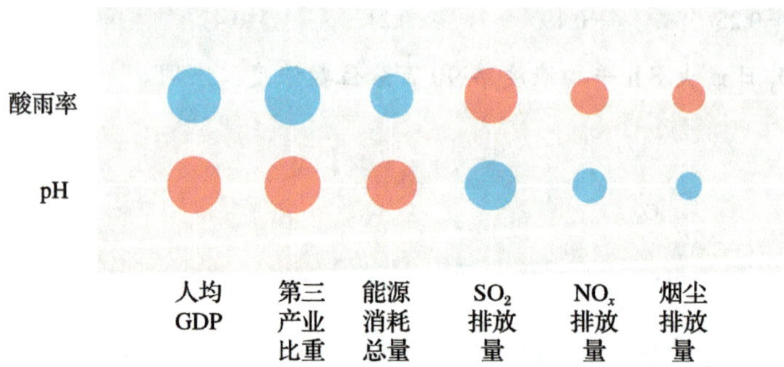

图 13-3　社会经济、污染物排放与酸雨率、pH 相关系数矩阵

三、地表水

2001 年以来，浙江省地表水环境质量不断改善，地表水优良率和满足功能类别要求比例逐年上升，水污染综合指数、高锰酸盐指数年均浓度、氨氮年均浓度和总磷年均浓度逐年下降。根据相关分析，地表水优良率与人均 GDP 呈显著正相关；满足功能类别要求比例与人均 GDP 和第三产业比重均呈高度正相关；水污染综合指数、高锰酸盐指数、氨氮和总磷浓度与人均 GDP、第三产业比重均呈高度负相关；高锰酸盐指数、氨氮和总

磷浓度与污染物排放量基本呈显著正相关。见表 13-5、图 13-4。

水环境污染是浙江省多年来的首要环境问题，历届党委、政府都高度重视水污染防治工作。尤其自 2005 年起连续实施三轮的“811”环境污染整治行动，2013 年年底开始实施“五水共治”，2015—2017 年实施了剿灭劣Ⅴ水行动，2018 年开始实施污水“零直排”区建设，通过逐个对重点环境问题的整治，降低了区域流域污染排放，同时改善了部分水体的水环境质量。经济发展与地表水相关指标相关性分析结果也验证了经济发展和污染治理投资力度的加大对水环境质量提升起到了明显的推动作用。

表 13-5　2001—2020 年社会经济、污染物排放与地表水相关指标相关性系数

指标	人均 GDP	第三产业比重	环境污染治理投资	化学需氧量排放量	氨氮排放量
地表水优良率	0.79	0.86	0.65	−0.72	−0.61
满足功能类别要求比例	0.99	0.98	0.81	−0.97	−0.86
水污染综合指数	−0.95	−0.89	−0.84	0.88	0.90
高锰酸盐指数浓度	−0.91	−0.90	−0.80	0.85	0.77
氨氮浓度	−0.78	−0.82	−0.73	0.72	0.59
总磷浓度	−0.88	−0.88	−0.76	0.81	0.69

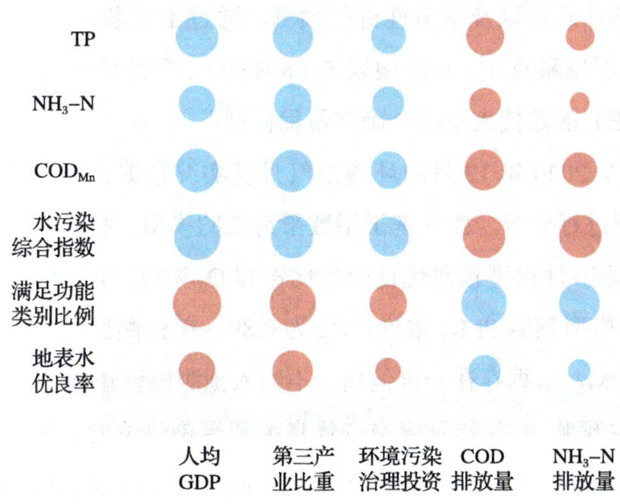

图 13-4　社会经济、污染物排放与地表水相关指标相关系数矩阵

第四节 “十四五”生态环境质量预测

对生态环境质量进行科学合理的预测，能够为“十四五”生态环境管理工作提供参考数据。能够应用于生态环境质量预测的模型有灰色预测模型、神经网络模型、指数平滑模型、ARIMA 模型、动态耦合模型等，不同的模型有各自的优点和适用条件。根据不同生态环境要素监测数据的各自特点，选择合理的模型，并进行模型的参数估计、拟合检验、计算和预测、检验与评价，并将预测值与实际值进行误差对比分析，进而确定各要素的最优模型。

一、基于指数平滑法的环境空气质量预测

指数平滑法是一种在移动平均法的基础上发展而来的时间序列分析预测方法，通过计算指数平滑系数，配合以时间序列预测模型对未来的现象做出预测。根据序列是否具有季节趋势性，可分为季节模型（季节指数平滑法、Holt-Winters 加法指数平滑法、Holt-Winters 乘法指数平滑法）和非季节模型（一次指数平滑法、二次指数平滑法）。综合运用整体均值、整体趋势以及季节性进行预测，通过不同参数值的组合进行建模。在选择参数的过程中，根据系数 R^2、均方根误差（RMSE）、平均绝对误差百分比（MAPE）、平均绝对误差（MAE）的数值大小综合确立最优模型。

将 2015 年 1 月至 2020 年 12 月的环境空气月度实况数据作为建模部分，运用 SPSS 软件对空气质量数据进行分析，建立基于指数平滑法的模型。根据 R^2、RMSE、MAPE、MAE 值，选择简单季节性模型预测优良天数比例和 O_3 浓度，R^2 分别为 0.71 和 0.87；选择 Holt-Winters 乘法模型预测 $PM_{2.5}$ 浓度，R2 为 0.89。在预测过程中发现 2020 年因新冠疫情影响，2020 年 $PM_{2.5}$ 数据存在一定偏离，不纳入预测模型建立。

基于指数平滑法预测 2025 年月度空气优良率和污染物浓度，得到 2025 年设区城市空气质量优良天数比例范围为 81.1% ～ 99.0%，$PM_{2.5}$ 月均浓度范围为 17 ～ 36 μg/m^3，O_3 浓度范围为 79 ～ 169 μg/m^3。预计 2025 年设区城市空气质量优良天数比例达到 92%，

$PM_{2.5}$ 年均浓度达到 24 μg/m³，O_3 浓度达到 132 μg/m³。见图 13-5 ～图 13-7。

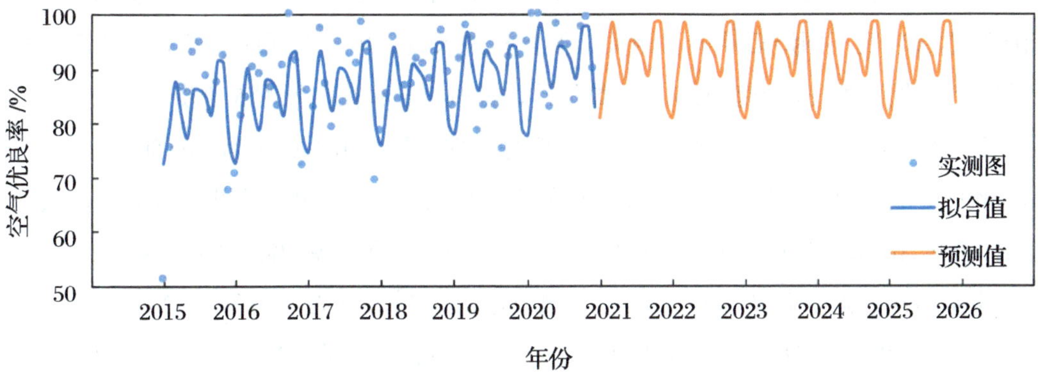

图 13-5 浙江省“十四五”空气优良率预测图

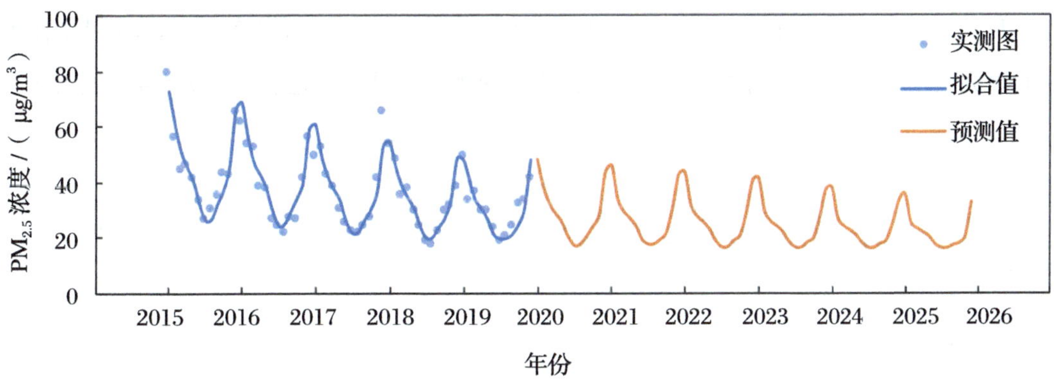

图 13-6 浙江省“十四五”$PM_{2.5}$ 浓度预测图

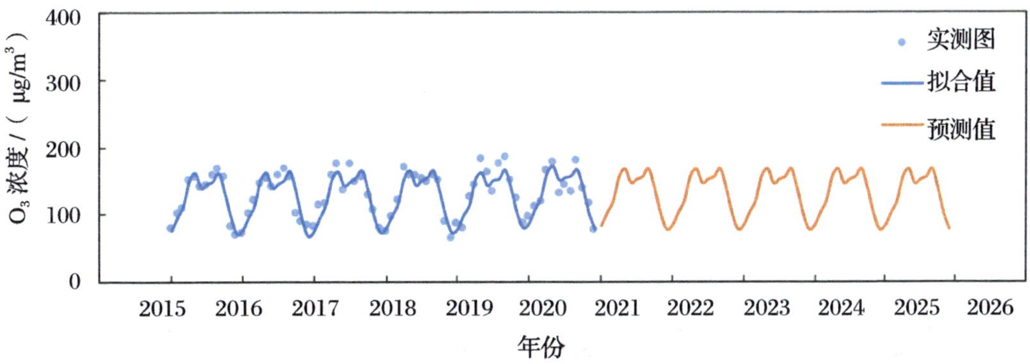

图 13-7 浙江省“十四五”O_3 浓度预测图

二、基于 ARIMA 模型的酸雨指标预测

自回归求和移动平均模型（ARIMA 模型）以时间序列的自相关分析为基础，分析时间序列本身以及不同滞后期的自相关、偏自相关系数，用于发现时间序列的特征。建模过程包括数据预处理、模型识别、参数估计、模型检验和模型预测 5 个步骤。

将 2011 年第一季度至 2020 年第四季度每个季度的酸雨数据作为建模部分，运用 Python 软件对酸雨数据进行拟合，并结合时间序列自相关和偏自相关图来选择合适的模型，确定 ARIMA(8,1,1) 为最优模型。根据 2011—2019 年数据建模预测 2020 年数据，将 2020 年酸雨率和 pH 预测值与实测数据比较得出决定系数 R^2 分别为 0.89 和 0.92。

基于 ARIMA 模型预测 2025 年每季度酸雨率和 pH，得到 2025 年浙江省酸雨率范围为 35.8% ～ 45.5%，pH 范围为 5.39 ～ 5.62。预计 2025 年降水 pH 年均值为 5.50，酸雨率平均为 40%。酸雨的形成过程非常复杂，降水的酸性强弱除了受致酸气体的排放源、污染特征和各种离子成分的影响外，还与气象条件、地形等一系列因素密切相关。ARIMA 模型作为时间序列数学模型，在预测酸雨相关指标方面的应用有待进一步完善。见图 13-8、图 13-9。

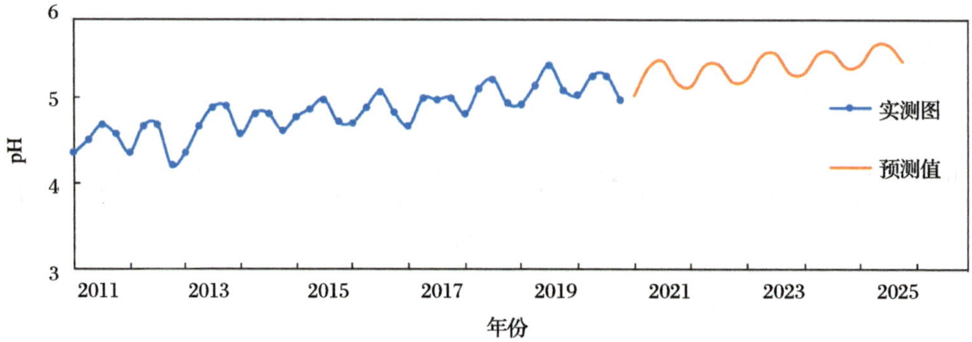

图 13-8　浙江省“十四五”降水 pH 值预测图

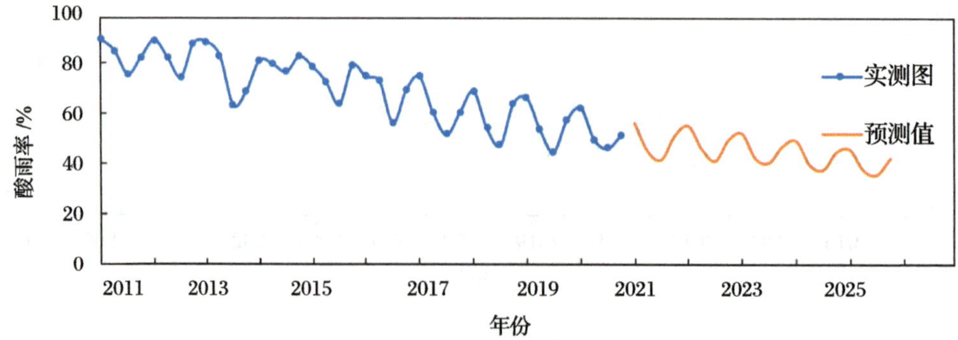

图 13-9　浙江省“十四五”酸雨率预测图

三、基于动态耦合模型的地表水环境质量预测

由于社会经济发展与生态环境的相互胁迫关系，可以把它们作为一个复合系统来考虑。在整个复合系统中，社会经济子系统和环境质量子系统的变化都将导致整个系统的变化。设定 V_a 为社会经济系统演化速度，V_b 为环境系统演化速度，假定经济发展过程与生态环境的动态关系呈周期性变化，可以把 Va 和 Vb 的演化轨迹投影在一个二维平面（V_a，V_b）中来分析。Va 和 Vb 的夹角 α 定义为耦合度，α=arctg（V_a/V_b），α 的变化可以反映两个子系统之间的协调耦合关系。在一个演化周期内，整个系统经历 4 个阶段：① -90°＜α≤0° 时，为低级协调共生阶段；② 0°＜α≤90° 时，为协调发展阶段；③ 90°＜α≤180° 时，为极限发展阶段；④-180°＜α≤-90° 时，为螺旋式上升阶段。

将地表水优良率和满足功能要求比例作为环境质量系统的一级指标代入动态耦合模型。模拟结果显示，预计到 2025 年地表水优良率将达到 92%，满足功能要求断面比例达到 95%。“十四五”期间环境质量演化速度 V_b 小于“十三五”期间的速度。“十四五”期间，浙江省继续深化“五水共治”碧水行动，将推动水环境质量进一步改善，但由于“十一五”以来已经有较大幅度改善，在此基础上继续改善的难度将增加。见图 13-10、图 13-11。

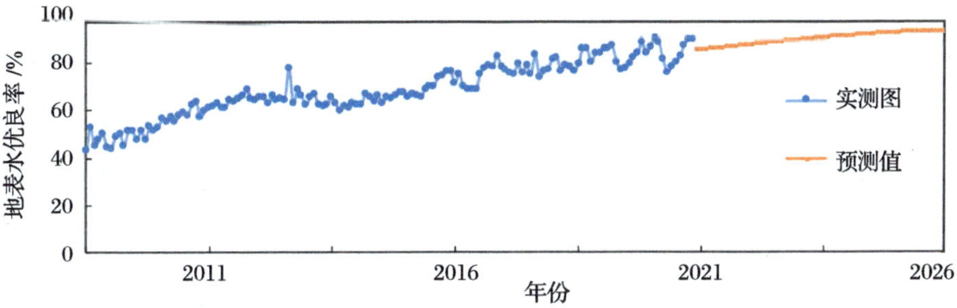

图 13-10　浙江省“十四五”地表水优良率预测图

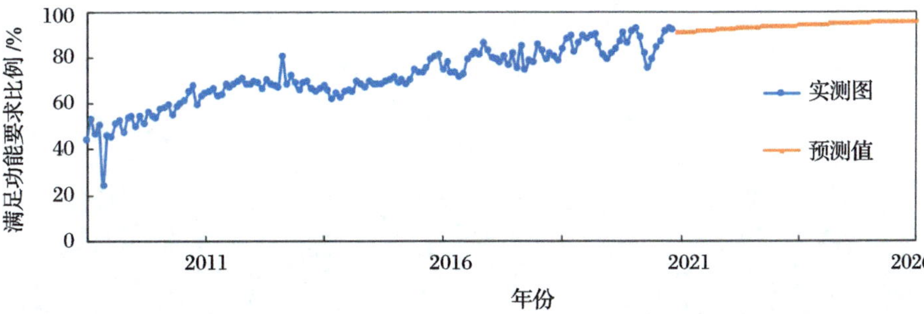

图 13-11　浙江省“十四五”地表水满足功能要求断面比例预测图

第十四章

结论与对策

ZHEJIANG SHENG
SHENGTAI HUANJING ZHILIANG ZHUANGKUANG
JI BIANHUA QUSHI YANJIU

（2016—2020年）

第一节　基本结论

一、主要污染物排放量呈逐年下降趋势，重点源达标率均有所提高

“十三五”期间，浙江省在工业废水量和工业废气排放量小幅增加的同时，全省化学需氧量、氨氮、二氧化硫、氮氧化物四项主要污染物的排放逐年下降，年均降幅分别达到 9.37%、12.45%、16.29% 和 5.01%；颗粒物和挥发性有机物的排放均呈下降态势，年均降幅为 14.88% 和 17.01%；主要重点源监测结果显示，废水重点源、废气重点源和污水处理厂达标率均有所上升，年均升幅分别为 2.50%、0.52% 和 1.10%。

二、地表水总体水质稳中趋好，个别水体存在污染

“十三五”期间，浙江省地表水总体水质呈好转趋势，Ⅰ～Ⅲ类水质断面比例为 77.4%～94.6%，满足功能要求水质断面比例为 80.5%～98.2%，劣Ⅴ类水质断面为 0～2.7%，2017 年至 2020 年连续四年均无劣Ⅴ类水质断面，高锰酸盐指数无明显变化，氨氮和总磷年均浓度呈下降趋势。

各水系中，甬江、鳌江和京杭运河呈好转趋势，钱塘江、曹娥江、椒江、瓯江、飞云江和苕溪保持优；各设区市中，湖州市、衢州市和丽水市继续保持优，舟山市保持良，杭州市和绍兴市由良转优，嘉兴市和金华市由轻度污染转为优，宁波市由轻度污染转为良，温州市和台州市由中度污染转为良。

省控湖库水质优良，水质为Ⅰ～Ⅲ类的湖库个数比例为 86.7%～93.3%，均无劣Ⅴ类，总体水质保持稳定。富营养化湖库个数比例均为 6.7%，嘉兴市的南湖为轻度富营养至中度富营养，其余湖库为贫营养至中营养。

平原河网水质为轻度污染至良；Ⅰ～Ⅲ类水质和满足功能要求比例呈上升趋势，劣Ⅴ类比例下降至 0；水体中高锰酸盐指数和总磷年均浓度变化趋势不明显，氨氮年均浓度

呈下降趋势；总体水质呈好转趋势。

县级以上集中式饮用水水源个数达标率为 91.1% ～ 100%，水量达标率为 93.0% ～ 100%，逐年稳步向好。

三、近岸海域总体水质有所改善，功能区水质达标率仍较低

“十三五”期间，浙江省近岸海域水质总体有所改善，水体富营养化有所缓解。其中第一类、第二类海水面积比例总体呈上升趋势，第四类和劣四类海水面积比例总体呈下降趋势；主要超标指标无机氮和活性磷酸盐的均值、超标率均有不同程度的下降；近岸海域环境功能区水质达标率有所上升，“十三五”期末达到 31.9%。

四、城市环境空气质量总体改善明显，O_3 为城市首要污染物

“十三五”期间，浙江省城市环境空气质量总体改善明显。县级及以上城市空气质量达到二级标准的城市比例呈上升趋势，至 2020 年所有城市均达标。城市空气质量综合指数呈下降趋势，日空气质量优良天数比例呈上升趋势，设区城市 2019 年以来未出现重度及以上污染天次。城市 $PM_{2.5}$、PM_{10} 和 SO_2 年均浓度呈下降趋势；NO_2 年均浓度较为稳定，下降趋势不显著；CO 日均浓度第 95 百分位数平均值下降趋势不显著；O_3 日最大 8 h 平均浓度第 90 百分位数平均值在 2016—2019 年有所上升，2020 年略有回落。O_3 已成为城市首要污染物。

五、酸雨污染仍较严重，污染程度有所减轻

酸雨污染仍较严重，浙江省绝大部分地区被酸雨覆盖，酸雨类型为硫酸 - 硝酸混合型。“十三五”期间，全省降水 pH 年均值逐年上升，酸雨率逐年下降，酸雨污染程度有所减轻。

六、声环境质量总体保持稳定，生活和交通仍为主要噪声源

2020 年，浙江省城市区域环境噪声平均声级为 54.1dB；城市道路交通噪声平均声级为 67.1 dB；全省功能区噪声昼间达标率为 91.2%，夜间达标率为 73.7%。“十三五”期间，全省城市区域和道路交通声环境质量总体保持稳定，功能区昼间、夜间达标率均有所上升。

社会生活噪声源和交通噪声源仍是城市主要环境噪声源。

七、土壤环境总体安全，个别点位存在污染风险

2020 年，浙江省 69 个背景点中个别样品重金属含量高于风险筛选值，但均低于风险管制值。在 662 个基础点位中，等于或低于风险筛选值的占 74.0%；高于风险筛选值，低于或等于风险管制值的占 25.5%；高于风险管制值的占 0.5%。在 375 个风险监控点中，等于或低于风险筛选值的有 300 个，占 80.0%；高于风险筛选值，低于或等于风险管制值的有 64 个，占 17.1%；高于风险管制值的有 11 个，占 2.9%。

八、农村环境质量基本良好，个别村庄环境质量有待提升

浙江省 11 个设区市 80 个县（市、区）的 274 个村庄开展了农村环境质量监测工作，农村环境质量综合指数范围为 67.5 ～ 93.7，农村环境质量综合状况为优的有 43 个，占 53.8%；良有 36 个，占 45.0%；一般有 1 个，占 1.2%。

九、生态环境状况总体优良，污染负荷指数有所降低

2019 年，浙江省生态环境状况级别主要为优，优、良、一般三个级别的县（市、区）面积分别占全省土地总面积的 81.4%、18.5% 和 0.1%；全省重要生态功能区生态功能评价结果总体为优。近五年，全省生态环境状况指数总体稳定在高位，持续位居全国前列；受主要污染物排放量下降的影响，绝大部分设区市污染负荷指数有所降低。

十、辐射环境质量总体良好，环境辐射水平未见明显变化

“十三五”期间，浙江省辐射环境质量总体良好，其中环境电离辐射水平处于本底涨落范围内，环境电磁辐射水平低于国家规定的电磁环境控制限值。

第二节 主要问题

一、生态环境质量改善成效尚不稳固

水环境质量高位提升压力仍然较大，水生态系统保护整体性仍有不足，水资源合理利用有待进一步加强。全省区域、流域间水质差异较大，部分平原河网水质仍为轻度污染，小微水体治理存在薄弱环节，杭州湾等重要海湾水质较差。部分河道生态流量不足、岸线硬质化普遍，水生态健康水平不高。在特殊气象条件下，蓝藻异常增殖现象仍有发生，影响饮用水安全。空气质量持续改善难度加大，环杭州湾区域 O_3 超标天次比例较高，成为影响城市环境空气质量改善的首要污染物。酸雨污染仍较严重，大部分县级以上城市属于酸雨区。近岸海域水环境质量不容乐观，无机氮和活性磷酸盐严重超标，功能区水质达标率较低。土壤环境个别点位存在污染风险。全省受污染耕地占比不高，但绝对数不小，需修复的污染地块和土壤污染重点监管单位数量分别占全国总数的 1/10。部分园区和企业地下水污染问题凸显，土壤和地下水污染"防控治"压力较大，而相应的工作基础和技术力量比较薄弱，管控和治理水平亟待提升。固体废物处置能力仍有不足，工业固体废物资源化利用水平有待提升，生活垃圾和建筑垃圾处理能力不平衡、处置水平有待提升。

二、绿色低碳发展水平有待进一步提升

浙江省内结构性、行业性污染仍然较为突出，生态环境保护和经济发展协调性仍有较大提升空间。能源清洁低碳化水平有待进一步提升，以煤炭为主的能源结构尚未根本性改变，天然气等清洁能源的供应能力和利用规模依然偏低，产业低碳转型进程有待加快，碳达峰面临较大压力。交通运输结构有待进一步优化，铁路、水路运输的优势有待进一步发挥，柴油货车运输仍是货运主要方式。产业生态化水平仍然不高，以纺织、皮革、造纸、橡塑、金属制品等为代表的传统制造业投入产出效益总体偏低。

三、生态环境风险隐患不容忽视

生态系统质量和稳定性有待提升，生态空间遭受挤占，局部地区自然生态系统出现退化。山水林田湖草保护和修复的系统性不足。生物物种资源本底调查尚不全面。生物多样性保护存在空缺区域，部分特有物种、遗传资源等尚未建立相关保护地，保护力度不够。外来生物入侵危害普遍存在，对浙江省生物多样性构成威胁。全省风险源企业数量多，涉危险化学品风险源布局性风险突出。核设施和放射源安全管控压力大。

四、生态环境治理体系和治理能力亟须加强

生态文明领域统筹协调机制仍需完善，各级各部门“管发展必须管环保、管行业必须管环保、管生产必须管环保”的责任体系有待健全。生态环境保护的陆海统筹、区域协调机制有待建立完善，环境污染问题发现机制仍需进一步落地见效。生态环境保护相关的地方法规标准仍不完善，土壤污染防治、生态环境监测等领域地方立法存在空白，农业面源、污染地块、挥发性有机物等环境治理重点领域缺乏技术标准。环境治理的市场手段和社会参与程度仍然偏弱，资源环境产权制度尚不健全，资源、能源价格机制有待进一步完善，资源环境的市场配置效率有待进一步提高。环境基础能力保障仍显不足，环境风险管控和应急能力建设比较薄弱，环保执法队伍建设、监管能力、管理手段亟须提升，现代信息技术在环境治理领域的应用有待进一步加强。

第三节　原因分析

一、污染防治攻坚战阶段性成效是生态环境质量持续向好的直接原因

浙江省坚持精准科学依法治污，高标准打赢污染防治攻坚战。国家“大气十条”“水

十条”考核持续保持优秀。环境空气质量在长三角区域率先实现全省达标，提前三年完成消除劣V类水质断面任务。近岸海域水质总体稳中有升，一类、二类海水优良率达到历史最好水平。全省处在生态环境质量改善最明显、公众获得感最明显的一个时期。“绿水青山”成为浙江省最亮丽的一张金名片。

二、绿色发展理念深入实践是生态环境质量持续向好的前提基础

坚持生态优先、绿色发展，持续推动优化产业布局、产业结构。全面形成覆盖全省的生态环境空间管控机制，全面完成六大重污染高能耗行业整治提升，全力构建新型环保咨询服务体系，全力服务重大战略、重大项目建设，切实提高环境要素投入产出效率，全省化学需氧量、氨氮、二氧化硫和氮氧化物四项主要污染物总量减排超额完成国家下达目标，单位生产总值二氧化碳排放量持续下降。浙江省绿色发展综合得分居全国首位。

三、体制机制先行先试是生态环境质量持续向好的动力源泉

坚持全面深化改革，有效构建浙江省生态文明制度体系的“四梁八柱”。实现五级河长制、四级生态环境状况报告制度、三级公检法机关驻环保联络机构以及主要环境要素的立法等全覆盖，创立全国首个主要污染物财政收费奖补政策、首个排污权交易指数、首家环境损害司法鉴定联合实验室、首张环境地图，在运用“最多跑一次”和数字化转型理念撬动环境治理现代化的机制上先行先试，打造了生态文明体制改革的浙江样本。

四、生态文明示范创建是生态环境质量持续向好的重要抓手

以生态文明示范创建为抓手，持续推进“811”美丽浙江建设行动，建成全国首个生态省，“千万工程”获得联合国“地球卫士奖”，成功承办联合国世界环境日全球主场活动，“美丽浙江”影响力显著提升。稳步推进部省共建美丽中国示范区建设，率先发布省域美丽建设规划纲要，实现全省生态环境公众满意度连续9年上升，建成国家级生态文明建设示范市县，“绿水青山就是金山银山”实践创新基地个数居全国第一。

五、自然条件和外来输送是影响局地生态环境质量的重要因素

除人类活动引起的污染排放外，气象水文等自然条件以及污染物外来输送也是影响生态环境质量的重要因素。浙北杭嘉湖地区以及浙东沿海平原河网地带水资源量少、环境容量低、水生系统自净能力差，加之人口密度大，这些区域水质改善缓慢。浙江省属亚热带季风气候，第一季度和第四季度盛行偏北风，北方沙尘南下引发的浮尘天气对浙江省环境空气质量改善有较大影响。

第四节　机遇与挑战

“十四五”时期，面临中华民族伟大复兴战略全局和世界百年未有之大变局，浙江省将迈入高水平建设社会主义现代化、高水平建设新时代美丽浙江的新征程，生态环境保护工作将面临重大机遇和挑战。

一、机遇和有利因素

（一）“努力成为新时代全面展示中国特色社会主义制度优越性的重要窗口”“高质量发展建设共同富裕示范区”“争创社会主义现代化先行省”“生态文明建设要先行示范”等指导思想为生态环境保护带来重要政治机遇。

（二）立足新发展阶段，贯彻新发展理念，构建新发展格局，将碳达峰、碳中和纳入生态文明建设整体布局，为统筹经济高质量发展和生态环境高水平保护提供重要推手。

（三）“一带一路”、长江经济带、长三角一体化发展等国家重大战略在浙江交汇落地，为拓展生态环境保护开放合作的深度广度、推动区域生态环境联保共治带来新动力。

（四）以数字科技创新为核心动力的新时代数字浙江建设全面推进，为产业结构绿色转型赋予新动能，也为全面推进生态环境治理现代化提供重要支撑。

（五）浙江省大都市区建设和新型城镇化深入推进，将带动全省城市化进程由速度型向质量型转换，为生态环境系统保护和系统治理提供有利条件。

二、面临的挑战

（一）新冠肺炎疫情影响广泛而深远，世界经济低迷和全球化逆流加大了开放型经济发展的风险，统筹发展和保护的难度增加，生态安全面临新要求、新挑战。

（二）国际社会对气候变化、生物多样性保护、海洋环境保护等领域日益关注，碳达峰和碳中和实践带来新的挑战，浙江省参与全球生态环境治理的治理体系和能力与治理需求仍不相适应。

（三）随着新发展阶段、新发展理念、新发展格局的深入推进，公众对优美生态环境的需求进一步提升，全省生态环境质量高位持续改善、生态环境保护继续走在前列的压力加大。

综合判断，“十四五”以及今后一个时期，浙江省生态环境保护工作面临的机遇与挑战交织、动力与困难并存，全面推进生态环境保护工作任重道远。必须锚定社会主义现代化先行省和美丽中国先行示范区建设目标，保持战略定力，强化系统观念，坚持底线思维，充分把握新机遇新条件，妥善应对各种风险和挑战，努力开创生态环境保护新局面，为高水平推进美丽浙江建设夯实生态环境基础。

第五节　对策建议

一、严格源头治理，全面推进绿色发展

浙江省要坚持绿色发展导向，强化生态空间管控，全面实施以“三线一单”为核心的生态环境分区管控体系，持续推动产业结构、能源结构、交通运输结构和农业投入结构优化，倡导绿色低碳生活方式，促进经济社会发展全面绿色转型。

二、加强协同治理，改善环境空气质量

坚持综合治理和重点突破，强化多污染物协同控制和区域协同治理，推动大气污染物和温室气体协同减排，以“清新空气示范区”建设为载体，深化固定源、移动源、面源治理，实现 $PM_{2.5}$ 和 O_3 “双控双减”，全面消除重污染天气，基本消除中度污染天气，巩固提升城市空气质量。

三、深化“五水共治”，提升水生态环境质量

坚持控源、扩容两手发力，以“美丽河湖”“污水零直排区”建设为载体，深化“五水共治”碧水行动，统筹水环境治理、水生态保护、水资源利用，全面控制工业、农业、生活和船舶港口污染，开展“八大水系”水生态健康评价和生态修复，全方位保障饮用水安全，推动水环境质量持续改善，促进水生态健康逐步恢复。

四、推动陆海统筹，着力建设美丽海湾

坚持陆海统筹、河海联动，以“美丽海湾”建设为载体，加快推进陆海污染协同治理、海洋生态保护修复、亲海环境品质提升等工作，建设“水清滩净、鱼鸥翔集、人海和谐”的美丽海湾，推动全省海洋生态环境稳中向好。

五、实施分类防治，保障土壤和地下水安全

坚持预防为主、保护优先和风险管控，深化土壤污染源头精准防控，实施农用地土壤分类精细化管理，落实建设用地风险管控和修复，加快构建土壤和地下水污染“防控治”体系，着力消除突出污染风险隐患，有力保障“吃得放心、住得安心”。扎实推进农业面源治理和农村环境整治，推动建立“洁农美村”长效管护机制，为保障食品安全、打造“诗意栖居”筑牢环境防线。

六、统筹保护修复，守住自然生态安全边界

坚持尊重自然、顺应自然、保护自然，统筹山水林田湖草系统治理，深化生态文明示范创建，加强重点生态空间保护监管，加大生物多样性保护力度，提升生态系统质量和稳定性，夯实全省生态安全基底，促进人与自然和谐共生。

七、强化风险防控，牢守环境安全底线

坚持主动防控和系统管理，加强生态环境风险源头防控，推进危险废物、化学物质、重金属、新型污染物、核与辐射等重点领域风险防控，开展生态环境与健康管理试点，构建“事前、事中、事后”全过程、多层级生态环境风险防范和应急体系。

八、控排温室气体，积极应对气候变化

坚持减缓和适应并重，实施二氧化碳排放达峰行动，推动部分行业和部分区域率先达峰。主动适应气候变化，提升应对气候变化治理能力，开发生态系统碳汇，降低碳排放强度，推进碳中和实践，开展“零碳”（低碳）体系试点建设。加快应对气候变化人才队伍培养，推动低碳智库建设。

九、推动数字赋能，提升整体智治水平

强化数字化改革引领，加快大数据、云计算、人工智能、区块链等数字技术在生态环境领域的集成应用，建好、用好生态环境保护综合协同管理平台，深入推进生态环境监测执法应急信息化建设，全面夯实生态环境科技创新支撑，有效提升环境治理的实时感知、智能预警、精准溯源、协同管理能力。

十、促进开放协作，推动区域共保联治

主动融入国家重大战略，落实长江经济带共抓大保护、长三角一体化发展战略，健全区域生态环境保护协作机制，开辟区域生态环境共保联治新境界。推进全民生态自觉，广泛开展绿色生活行动，弘扬生态文化建设，实现从“要我环保”到“我要环保”的根本性转变。